普通高等教育“十四五”规划教材
普通高等院校物理精品教材

大学物理实验(二)

主　编　熊泽本　张定梅

华中科技大学出版社
中国·武汉

内容提要

本书根据教育部高等学校物理学与天文学教学指导委员会物理基础课程教学指导分委员会制定的2010年版《理工科类大学物理实验课程教学基本要求》，结合多年的物理实验教学实践，在实验讲义的基础上编写而成。其主要内容包括大学物理实验基础知识以及力热学实验、电磁学实验、光学实验、近代物理实验和激光原理实验。

本书可作为高等学校理工科各专业学生的实验指导书，也可作为物理学专业学生和从事物理实验教学的教师和科技人员的参考书。

图书在版编目(CIP)数据

大学物理实验：二/熊泽本，张定梅主编．—武汉：华中科技大学出版社，2022.6(2025.1重印)
ISBN 978-7-5680-8342-3

Ⅰ．①大…　Ⅱ．①熊…　②张…　Ⅲ．①物理学-实验-高等学校-教材　Ⅳ．①O4-33

中国版本图书馆CIP数据核字(2022)第100094号

大学物理实验(二)
Daxue Wuli Shiyan (Er)

熊泽本　张定梅　主编

策划编辑：范　莹　邱立鹏
责任编辑：余　涛　李　昊
封面设计：潘　群
责任校对：刘　竣
责任监印：周治超
出版发行：华中科技大学出版社(中国・武汉)　　电话：(027)81321913
武汉市东湖新技术开发区华工科技园　　邮编：430223
录　　排：武汉市洪山区佳年华文印部
印　　刷：武汉市洪林印务有限公司
开　　本：710mm×1000mm　1/16
印　　张：21.75
字　　数：446千字
版　　次：2025年1月第1版第3次印刷
定　　价：49.80元

前　言

本书根据教育部高等学校物理学与天文学教学指导委员会物理基础课程教学指导分委员会制定的2010年版《理工科类大学物理实验课程教学基本要求》，从培养21世纪创新人才的目标出发，传授知识、提高素质、增强创新意识等并重，加强实验技能训练，经过作者多年的实验教学实践，在我校物理实验讲义的基础上编写而成。误差基本理论和不确定度及数据处理已经在本书系列的第一册集中介绍，本书不再安排过多篇幅进行介绍。

本书在编写的过程中，首先注意到了独立设置物理实验课程的必要性与教材体系的完整性。其主要内容包括测量误差及数据处理的基本知识以及力学、热学、电磁学、光学、近代物理实验和激光原理实验中的基础实验。其次，遵循实验能力培养的规律性。本书对基本知识、基本仪器和基本方法等部分力求详细介绍，并按不同层次由易到难，逐步加强对知识的灵活应用，对能力的综合训练。再次，注重实验教学的各个环节。每个实验都编写了思考题，促使学生认真准备、积极思考，加深理解实验目的、原理等内容。最后，注意了计算机在实验教学中的应用，对一些数据的处理、图线的拟合、线性回归等问题可以进行计算机处理。

特别感谢荆楚理工学院物理教研室的所有老师们，这套教材的编写是大家共同智慧和汗水的结晶，是荆楚理工学院几十年物理实验教学经验的总结，更是这几年教学改革成果的体现。

本书是我校精品资源共享课程建设项目之一。在本书编写过程中得到了校、院领导和各界友好人士的热情鼓励和帮助，参考了许多兄弟院校的有关教材，华中科技大学出版社给予了大力支持，在此一并表示衷心的感谢。

由于编者水平有限，书中难免有缺点和错误，敬请读者批评指正。

编者

2021年12月

前　言

目　录

第 1 章　力热学实验

实验 1　长度的测量

【实验简介】

长度测量遍及人类活动的所有领域。任何物体都有一定的几何形状，如直线、曲线、平面、曲面、多面棱体、锥体、球体、圆柱体等。表征这些几何形态的参数可归纳为普通参量、形位参量和微观参量。普通参量有长、宽、高、曲率半径、直径及距离，对这些参量的测量称为长度测量。长度测量有两大特点：一是涉及的领域十分广泛，二是量值尺寸段的层次多。长度测量既有大尺寸的测量，也有小尺寸的测量，大尺寸大到几米、十几米、几千米，甚至还包括大地和天文测量；小尺寸小到几毫米、几微米，甚至几纳米。

长度是基本的物理量，是构成空间的最基本的要素之一，是一切生命和物质赖以存在的基础。世界上任何物体都有一定的几何形态，空间或几何量的测量对科学研究、工农业生产和日常生活需求都有巨大的影响。在 SI 制中，长度的基准是单位米，一旦定义了米的长度，其他长度单位就可以用米来表示。

国际米原器（见图 1-1-1）简介：1791 年法国科学院决定将经过巴黎的子午线周长的一象限的四千万分之一作为 1 米，后经过 6 年测量，终于从巴塞罗那至敦刻尔克之间子午线弧长得出此长度单位的值为 39.37008 英寸（1 英寸等于 2.54 厘米）。从此米就诞生了。再后来，人们用铂铱合金制作了米和公斤的标准原器，并把它保存在法国的国际计量局。世界各国都依照这个原器制作自己的标准原器，并且还要经常到巴黎来与原器进行校准。虽然这个原器在当时已经非常精确了，但随着科技的发展，它显得越来越不够精确了。于是，科学家又开会决定了新的标准，那就是采用电磁波的波长来定义米。1983 年，又重新定义为 299792458 分之一秒时间内，光在真空中行进的距离为 1 米。

图 1-1-1　国际计量局保存的米原器

【实验目的】

(1) 理解游标卡尺、螺旋测微器和移测显微镜的原理，并掌握它们的使用方法。

(2) 练习有效数字运算和误差处理的方法。

【实验仪器】

游标卡尺(0～125 mm,0.02 mm,见图 1-1-2 和图 1-1-3)、螺旋测微器(0～25 mm,0.01 mm,见图 1-1-4 和图 1-1-5)、移测显微镜(JCD3,0.01 mm,见图 1-1-6 和图 1-1-7)、空心圆管、小钢球、发丝(或毛细管)。

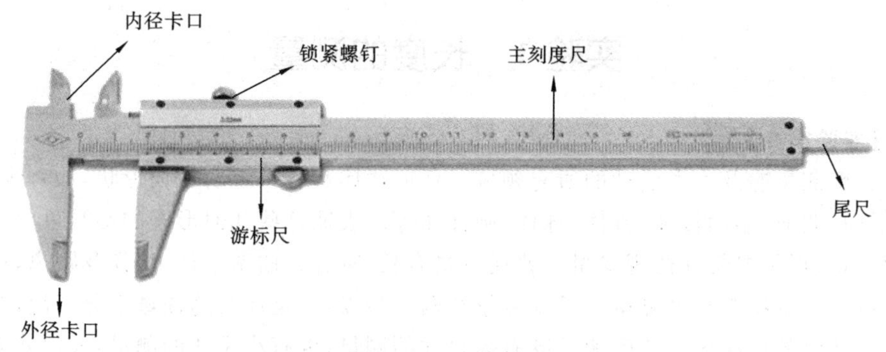

图 1-1-2 游标卡尺

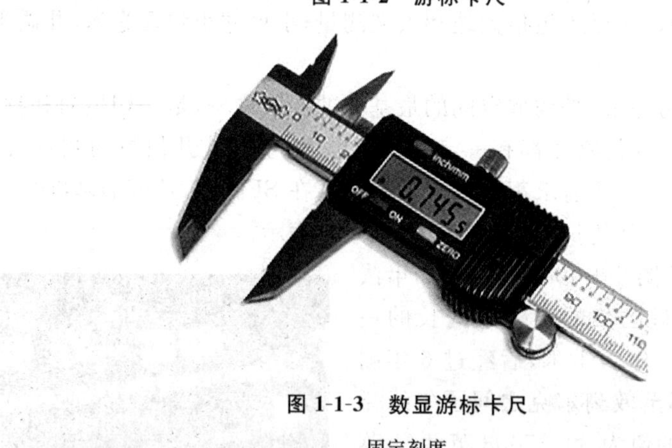

图 1-1-3 数显游标卡尺

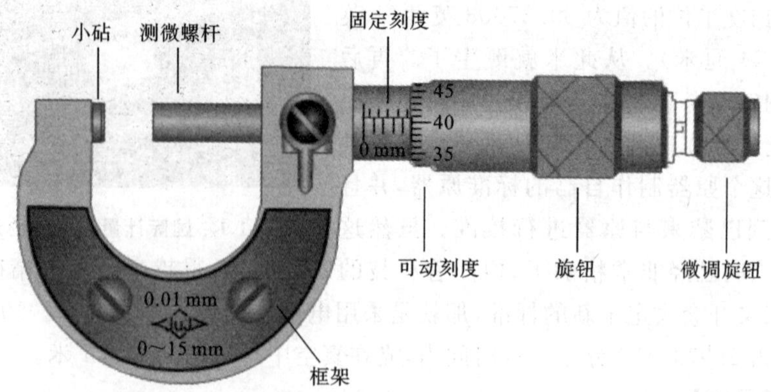

图 1-1-4 螺旋测微器(千分尺)

图 1-1-5　数显千分尺

图 1-1-6　移测显微镜实物图 1

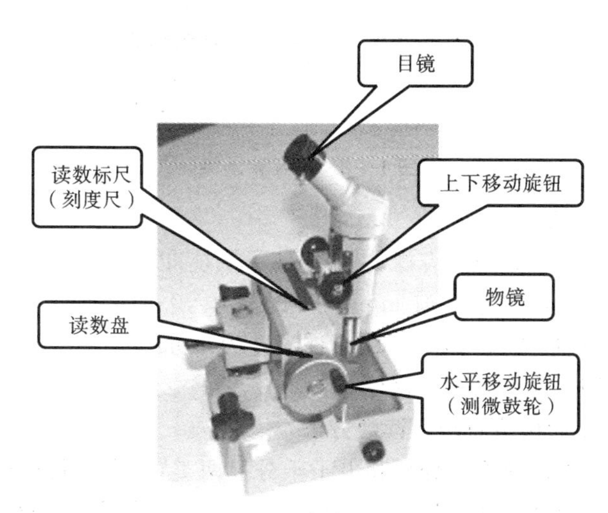

图 1-1-7　移测显微镜实物图 2

【实验原理】

1. 游标卡尺的构造原理及读数方法

1）普通游标卡尺

游标卡尺分为主尺和游标(副尺)两部分。主尺上刻有标准刻度 125 mm。游标上均匀刻有 50 个分度，总长度为 49 mm，它比标准的 50 mm 短 1 mm，其中 1 个分度比标准的 1 mm 短$\frac{1}{50}$ mm，即 0.02 mm。这 0.02 mm 就是游标卡尺的最小分度值(即精度)。游标卡尺的卡口并拢时，游标零线与主尺零线恰好对齐。卡口间放上被测物时,以游标零线为起点往前看,观察主尺上的读数是多少。假设读数是 X mm 多一点,这“多一点”肯定不足 1 mm,要从游标上读取。此时,从游标上找出与主尺上某刻度最对齐的一条刻度线,设是第 n 条,则这“多一点”的长度应等于(0.02n) mm,被测物的总长度应为

$$L=(x+0.02n)\ \text{mm}$$

用这种规格的游标卡尺测量物体的长度时,以“mm”为单位,小数点后必有两位,且末位数必为偶数。

具体读数时其实很简单,游标上每 5 小格标明为 1 大格,每小格读数作 0.02 mm,每大格读数作 0.10 mm。从游标零线起往后,依次读作 0.02 mm,0.04 mm,0.06 mm,……直至第 5 小格即第 1 大格读作 0.10 mm。再往后,依次读作 0.12 mm,0.14 mm,0.16 mm,……直至第 2 大格读作 0.20 mm。后面的读数依此类推。游标卡尺不需往下估读,如图 1-1-8 所示,应读作 61.36 mm 或 6.136 cm。

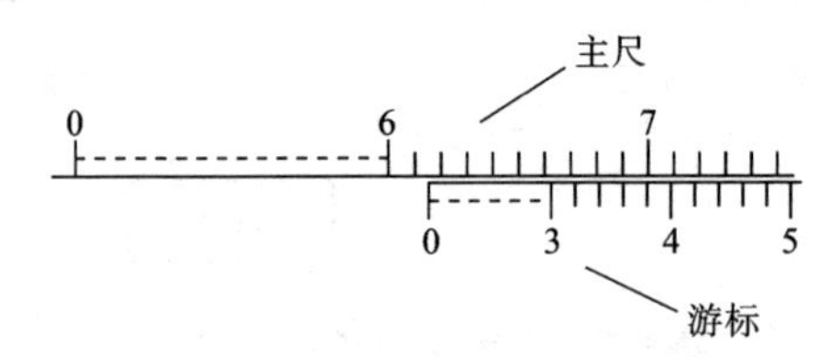

图 1-1-8　主尺和游标

2) 数显游标卡尺

数显游标卡尺是一种采用容栅、磁栅等测量系统,以数字显示测量示值的长度测量工具。其常用的分辨率为 0.01 mm,允许误差为±0.03 mm/150 mm;也有分辨率为0.005 mm 的高精度数显游标卡尺,允许误差为±0.015 mm/150 mm。数显游标卡尺读数直观、清晰,其测量效率较高。

2. 螺旋测微器的构造原理及读数方法

螺旋测微器分为机械式千分尺和电子千分尺两类,是利用精密螺纹副原理测长的手携式通用长度测量工具。1848 年,法国的 J. L. 帕尔默取得外径千分尺的专利。1869 年,美国的 J. R. 布朗和 L. 夏普等人将外径千分尺制成商品,用于测量金属线外径和板材厚度。千分尺的品种有很多。改变千分尺测量面形状和尺架等就可以制成不同用途的千分尺,如用于测量内径、螺纹中径、齿轮公法线或深度等。

1) 机械式螺旋测微器(简称千分尺)

螺旋测微器主要由弓形体、固定套筒和活动套筒(微分套筒)三部分构成。螺旋测微器的测微原理是机械放大法。固定套筒上有一条水平拱线叫读数基线。基线上边是毫米刻度线,下边是半毫米刻度线。螺旋测微器的螺距是 0.5 mm,活动套筒每转动一周,螺杆就前进或者后退 0.5 mm。活动套筒的边缘上均匀刻有 50 个分度,

每转动一个分度，螺杆就前进或者后退$\frac{0.5}{50}$ mm，即0.01 mm。这0.01 mm就是螺旋测微器的最小分度值（即精度）。实际测量时，分度线不一定正好与读数基线对齐，因此还必须往下估读到0.001 mm。由此可见，用螺旋测微器测量物体的长度时，以"mm"为单位，小数点后必有三位。读数时，先从固定套筒上读出大于半毫米的大数部分，再从活动套筒的边缘上读出小于半毫米的部分，二者之和就是被测物体的总长度。其中，一定要注意观察半毫米刻度线是否露出来了。图1-1-9所示的应读作5.272 mm，图1-1-10所示的应读作5.772 mm。

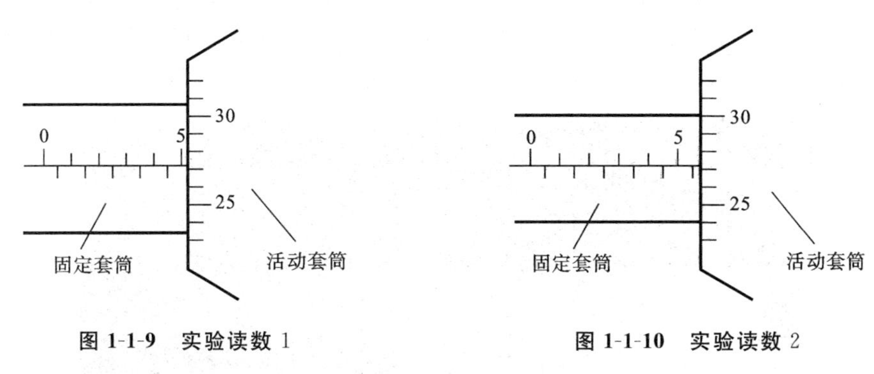

图1-1-9　实验读数1　　图1-1-10　实验读数2

使用螺旋测微器之前，必须先检查零点读数。即先转动大棘轮使螺杆前进，当螺杆快要接触测砧时就应转动后面的小棘轮，听到"嗒嗒"声立即停止，如果此时活动套筒上的零线正好对齐读数基线，零点读数就记作0.000 mm；如果零线在读数基线以上，零点读数记作负，反之为正。每一次测量的直接读数减去零点读数才是真正的测量值，即

$$测量值=直接读数-零点读数$$

例如零点读数是−0.002 mm，直接读数是5.272 mm，则

$$测量值=5.272-(-0.002)=5.274\ (\text{mm})$$

2）电子千分尺

电子千分尺测量系统中应用了光栅测长技术和集成电路等。电子千分尺是20世纪70年代中期的产物，用于外径测量。

3. 移测显微镜的构造原理及读数方法

移测显微镜是将显微镜与螺旋测微器结合起来的长度精密测量仪器，其测微原理是光学放大法和机械放大法的综合。活动螺杆与显微镜筒通过螺旋相互啮合，转动活动螺杆右端的鼓轮，就可以使显微镜左右平移。测微螺旋的螺距为1 mm，鼓轮边缘上均匀刻有100个分度，每转动一个分度镜筒就向左或向右平移0.01 mm。所以读数显微镜的最小分度值也是0.01 mm，读数时也要往下估读到0.001 mm。其具体测量步骤如下。

(1) 调节目镜焦距调节旋钮，能看到清晰的十字叉丝，松开目镜紧锁螺丝，将叉丝调正。

(2) 将被测物平放到载物台上，且在显微镜筒物镜的正下方，使被测长度的方向与镜筒平移的方向平行，然后调节镜筒升降旋钮，使镜筒缓慢地上升或下降，进行调焦，直到看清物体的像。左右移动眼睛，观察被测物体的像与十字叉丝无相对移动，即二者无视差；否则需要精细调节目镜焦距调节旋钮和镜筒升降旋钮，直到能同时看清被测物体的像与十字叉丝。

(3) 转动鼓轮，平移镜筒，当叉丝的竖丝与物像的始端相切时，记下初读数 x_1，读数方法如图 1-1-11 和图 1-1-12 所示。继续沿同一方向平移镜筒，当叉丝的竖丝与物像的末端相切时，记下末读数 x_2，则待测长度为 $d=|x_2-x_1|$，如图 1-1-13 所示。

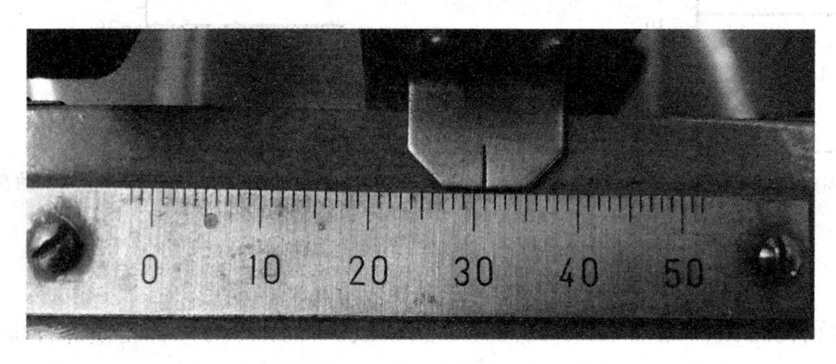

图 1-1-11 主刻度尺读数

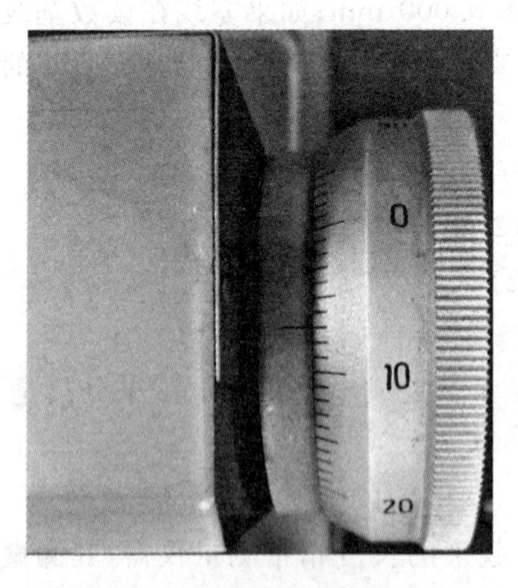

图 1-1-12 测微鼓轮读数

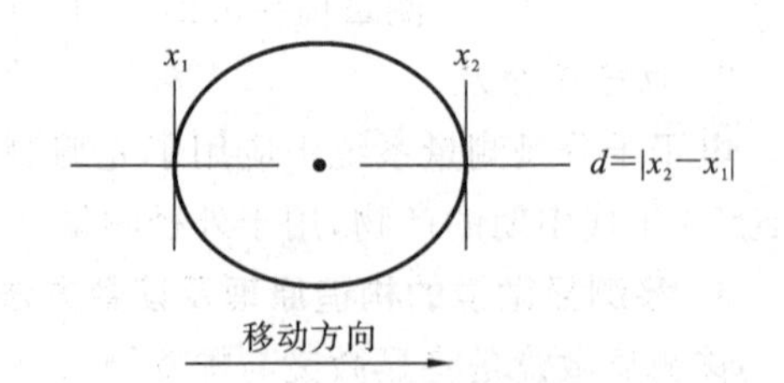

图 1-1-13 移动方向

(4) 读数时，从固定刻度上读出大于 1 mm 部分，从鼓轮边缘上读出小于 1 mm 的部分，二者之和就是 x_1 或 x_2 的值。

测量时应注意的问题是，两次读数时镜筒必须是向同一个方向平移，不得移过了头又移回来，这样会产生空程误差。如果不小心移过了头，必须多往反方向退一些距离，再重新沿原方向平移，对准被测点。

如果简单地概括读数显微镜的原理和使用方法，就是“综合放大，同向平移，求差”。

【实验内容】

(1) 分别用游标卡尺的外卡、内卡和尾尺测量圆管的外径、内径和高，沿不同径向或部位各测 6 次，取平均值。然后计算圆管的体积及不确定度，从而正确表示出测量结果。

(2) 检查螺旋测微计的零点读数，并记录下来。然后用螺旋测微器测量小钢球的直径，沿不同径向测 6 次，取平均值。最后计算小钢球的体积及不确定度，从而正确表示出测量结果(注意：测量值＝直接读数－零点读数)。

(3) 将头发丝理直，放到读数显微镜的载物台上，使发丝与镜筒的平移方向垂直。转动鼓轮，平移镜筒，测量发丝的直径，在三个不同的位置共测 6 次，每个位置来回各测 1 次，然后取平均值。

【注意事项】

(1) 注意保护游标卡尺的卡口不被磨损，轻轻卡住被测物即可读数，不能将被测物在卡口内移动。

(2) 使用螺旋测微器时，当螺杆与被测物相距较近时就要转动尾部的小棘轮，听到“嗒嗒”声应立即停止。实验结束时，螺杆和小砧之间应留有小缝隙，不能拧死，以防热膨胀压坏精密螺丝。

(3) 使用移测显微镜时，同一组读数应为沿同一方向平移读取的结果，否则会产生空程误差。镜头不能用手触摸。调焦时，上、下移动镜筒一定要缓慢，千万不能压坏物镜或被测物。

【数据处理】

1. 圆管体积的测量

圆管体积的测量数据如表 1-1-1 所示。

表 1-1-1　测量数据 1

项　目	次　序						平均值
	1	2	3	4	5	6	
外径 D/cm							
内径 d/cm							
高 h/cm							

$$s(\overline{D})=\sqrt{\frac{\sum_{i=1}^{6}(D_i-\overline{D})^2}{n(n-1)}}=\cdots=\_\_\_\_\_\_\ \text{cm}$$

$$u(D)=\sqrt{s^2(\overline{D})+\left(\frac{\Delta m}{\sqrt{3}}\right)^2}=\cdots=\_\_\_\_\_\_ \text{ cm}$$

同上式对 d 和 h 进行处理。游标卡尺的仪器误差：

$$\Delta m=0.002 \text{ cm}$$

管的体积：

$$\overline{V}=\frac{\pi}{4}(\overline{D}^2-\overline{d}^2)\overline{h}=\cdots=\_\_\_\_\_\_ \text{ cm}^3$$

则有

$$u(v)=\frac{\pi}{2}\sqrt{[\overline{D}\overline{h}u(D)]^2+[\overline{d}\overline{h}u(d)]^2+\left[\frac{\overline{D}^2-\overline{d}^2}{2}u(h)\right]^2}=\cdots=\_\_\_\_\_\_ \text{ cm}^3$$

故

$$V=\overline{V}\pm u(v)=\_\_\_\_\_\_\pm\_\_\_\_\_\_ \text{ cm}^3 \quad (\rho=68.3\%)$$

2. 钢球直径的测量

钢球直径的测量数据如表 1-1-2 所示。

表 1-1-2　测量数据 2

螺旋测微器零点读数 D_0 =______ mm

次　　序	1	2	3	4	5	6	平均值
直读值/mm							
测量值/mm							

不确定度公式的推导及各计算过程由实验者自己完成。列式，并代入数据。螺旋测微器的仪器误差 $\Delta m=0.004$ mm。

3. 发丝直径的测量

发丝直径的测量数据如表 1-1-3 所示。

表 1-1-3　测量数据 3

项　　目	次　　序					
	1	2	3	4	5	6
x_1/mm						
x_2/mm						
$D=\|x_1-x_2\|$/mm						
$\overline{D}$/mm						

计算发丝直径的不确定度，正确表示测量结果。移测显微镜的仪器误差 $\Delta m=0.005$ mm。

【思考题】

(1) 具体分析本实验中产生误差的原因有哪些。

(2) 10 分度和 20 分度的游标卡尺，其最小分度值分别是多大？读数的末位是怎样的？

(3) 比较一下游标卡尺和螺旋测微器，二者的读数方法有什么不同？

实验2　精密称量

【实验目的】

(1) 了解分析天平的构造原理,学会正确调节使用。

(2) 掌握用分析天平来精密称量物体质量的方法。

【实验仪器】

分析天平、待测物体等。

【实验原理】

1. 天平的灵敏度

天平灵敏度是指天平两盘中负载相差一个单位质量时,指针偏转的分格数,即灵敏度

$$S=\frac{\alpha}{\Delta m}$$

天平的感量为灵敏度的倒数,即感量

$$G=\frac{1}{S}=\frac{\Delta m}{\alpha}$$

它表示天平指针偏转一个小分格,砝码盘上要增加或减小的质量。感量越小,天平的灵敏度越高。

分析天平实物图和结构图如图 1-2-1 和图 1-2-2 所示。

图 1-2-1　分析天平实物图

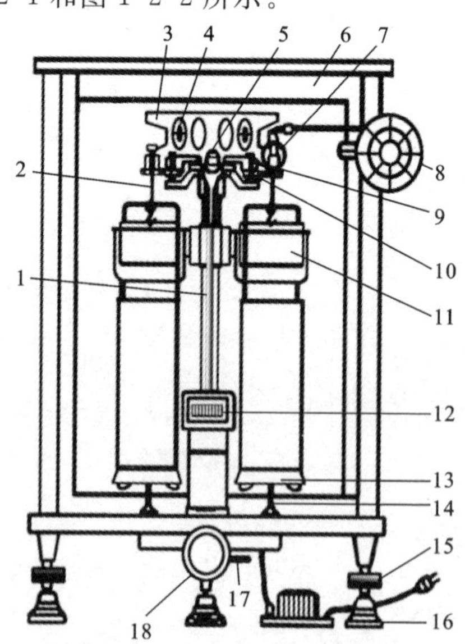

图 1-2-2　分析天平结构图

1. 指针;2. 吊耳;3. 天平梁;4. 调零螺丝;5. 感量螺丝;6. 前面门;7. 圈码;8. 刻度盘;9. 支柱;10. 托梁架;11. 阻力盒;12. 光屏;13. 天平盘;14. 盘托;15. 垫脚螺丝;16. 脚垫;17. 光屏移动拉杆;18. 降钮。

如图1-2-3所示，A、B和O分别表示两个砝码盘及横梁的支点，假定横梁臂AO和BO与水平直线$A'B'$成一角度α且两臂相等，臂长为L。横梁重心D到支点O的距离为d，横梁重为P_k，两个力P作用在A、B上，则天平平衡，指针指向零处。若在一盘中增加一个小砝码p，天平转过某一角度β后重新平衡，这时有

$$(P+p)\overline{OA'}=P\,\overline{OB'}+P_k\,\overline{OD'}$$

即

$$(P+p)L\cos(\sigma+\beta)=PL\cos(\alpha-\beta)+P_k d\sin\beta$$

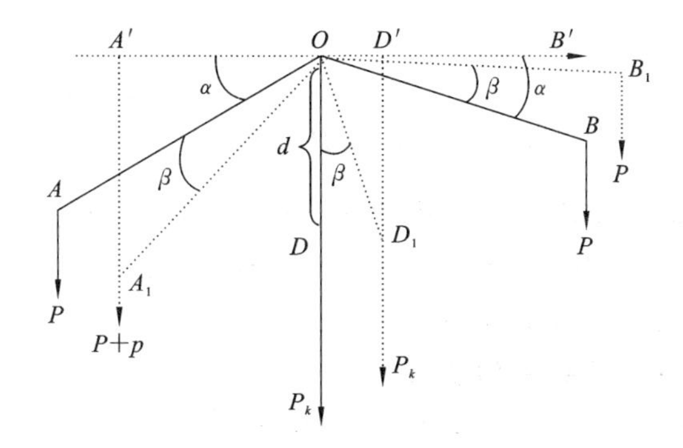

图1-2-3　天平模拟图

对上面公式进行化简得

$$\mathrm{tg}\beta=\frac{pL\cos\alpha}{(2P+p)L\sin\alpha+P_k d}$$

据灵敏度的定义，有

$$S=\frac{R\,\mathrm{tg}\beta}{p}=\frac{RL\cos\alpha}{(2P+p)L\sin\alpha+P_k d} \tag{1-2-1}$$

式中：R为指针的长度。由(1-2-1)式可知，天平的灵敏度与负载$(2P+p)$有关。若A、B及O位于同一直线上，即横梁上三个刀口位于同一平面内，$\alpha=0$，则上式简化为

$$S=\frac{RL}{P_k d} \tag{1-2-2}$$

这时天平灵敏度与负载无关，而与横梁的臂长L及指针长度R成正比，与横梁重心到支点的距离d及横梁重量P_k成反比。这是互相矛盾的要求。实际上天平是采用横梁臂的长度较短而重量较轻的横梁，并在横梁中挖去一部分，以减轻重量且保证横梁有足够的刚度（不易弯曲）。但是当天平负载靠近极限负载时，要使横梁不弯曲是不可能的（即$\alpha\neq0$）。天平的灵敏度实际上和负载有关，负载增加，灵敏度减小。图1-2-3中的重心螺丝位置的升降，便改变了d，从而在一定范围内调节天平的灵敏度。

2. 称量物体的质量

待测物置于左盘，砝码置于右砝码盘中。设在盘中砝码的质量为P（包括游码在横梁上不同位置时的等效质量），天平的停止点为x，一般x不等于天平的零点x_0。

因而待测物体质量 M 不等于砝码 P，若 $x>x_0$，则 $M<P$(因为天平摆针标度尺的标数是从右到左为 0→20)。为确定 $x-x_0$ 相对应的质量 Δm，须进一步测定该负载时天平的灵敏度 S，为此将游标砝码移动一格(相当于改变 1 mg)，重新测得停止点 x'，则天平的灵敏度为

$$S=|x'-x| \ (\text{格/mg}) \tag{1-2-3}$$

于是有

$$\Delta m=\frac{x-x_0}{S}=\frac{x-x_0}{|x'-x|}$$

$$M=P-\Delta m=P-\frac{x-x_0}{|x'-x|} \tag{1-2-4}$$

只要待测物置于左盘，砝码置于右砝码盘中，且摆针标尺标数为自右向左增大，不管是否(1-2-4)式成立。但由于 Δm 与 $x-x_0$ 仅在偏离 x_0 较小时才成正比，因而在测试中应使 x' 点与 x 点在 x_0 点的两侧为宜。

3. 分析天平称量质量结果的校正

上述分析天平称量质量的结果包含了可能的系统误差，除了砝码可能不够准确之外，主要的系统误差是天平横梁臂长不相等和空气浮力的影响。下面讨论后两个因素的校正方法。

1) 横梁臂长不相等的校正

(1) 复称法(高斯法)。

设 L_1 及 L_2 分别为天平左右两臂的长度。先将物体放在左盘，M_1 砝码放在右砝码盘，由于天平横梁臂长不相等，天平平衡时虽有 $ML_1=M_1L_2$，但 $M\neq M_1$。若将物体放在右砝码盘，而在左盘的砝码为 M_2 时天平再次平衡，则有 $ML_2=M_2L_1$。合并以上两式，并考虑到 $M_1-M_2\ll M$，则有

$$\begin{aligned}M&=\sqrt{M_1M_2}=M_2\left(1+\frac{M_1-M_2}{M_2}\right)^{\frac{1}{2}}\\&\approx M_2\left(1+\frac{1}{2}\frac{M_1-M_2}{M_2}\right)\\&=\frac{1}{2}(M_1+M_2)\end{aligned} \tag{1-2-5}$$

(2) 替代法(波尔达法)。

先将待测物体放在右砝码盘中，而在左盘上放上碎小的替代物(通常用砂粒、碎屑等)，使天平平衡且停止点 x 与 x_0 相同。然后取下待测物，用砝码再次使天平达到原来的平衡点 x_0。显然砝码的总质量便是待测物体的总质量。

(3) 定载法(门捷列夫法)。

先在天平左盘上放接近极限负载的砝码或物体，右砝码盘上放置砝码使天平平衡(停止点 x 等于零点 x_0)。然后再用物体替换右砝码盘中的一部分砝码，使天平仍

回到原来的平衡点 x_0，则取下砝码的总质量就等于待测物体的质量。

定载法是天平在负载不变时进行称量，因而其灵敏度保持不变。同时对已调好的天平，每次只需进行一次称量，可节省时间。

2）空气浮力校正

假定待测物的体积为 V，砝码的体积为 v，待测物体及砝码的质量分别为 M 及 m，称量时空气的密度为 ρ_0，当天平平衡时物体及砝码均受到空气的浮力的影响。故有

$$M-V\rho_0=m-v\rho_0 \tag{1-2-6}$$

将 $V=\dfrac{M}{\rho}$ 和 $v=\dfrac{m}{\rho'}$ 代入(1-2-6)式并考虑到 $\rho_0\ll\rho$，$\rho_0\ll\rho'$，略去高次项得

$$M=m\frac{1-\dfrac{\rho_0}{\rho'}}{1-\dfrac{\rho_0}{\rho'}}\approx m\left(1-\frac{\rho_0}{\rho}+\frac{\rho_0}{\rho'}\right) \tag{1-2-7}$$

式中：$\rho_0\approx1.3\times10^{-3}\ \text{g/cm}^3$；而 ρ 及 ρ' 可从手册中查得。

4. 分析天平的操作规则

由于分析天平较为精密，使用时务必遵守天平的使用规则，现将分析天平的特点，再次强调以下几点。

(1) 切记“常止动，轻操作”，并切实执行。旋转起止动作所用的旋钮时应缓慢而均匀进行，对天平制动应在指针摆动接近中点时进行。

(2) 取放待测物体及砝码，只需要打开玻璃柜侧门进行操作，取放完毕随即关好，以防气流影响称量。玻璃柜中门，无特殊需要不要打开。

(3) 调零时，游标砝码应放在横梁中央的槽中。

【实验内容】

1. 用摆动复称法称金属块的质量

(1) 调节分析天平柜底的调平螺丝，使水准泡位于液腔中央，且天平支柱铅直。

(2) 测天平零点 x_0，连续读五个振动幅度，并使 x_0 值与标尺中点刻度相差不超过1个分度。

(3) 测空载时的灵敏度 $S_0=|x'_0-x_0|$。

(4) 待测物体置于左盘，砝码为 P_1，停止点为 x_1。

(5) 待测物体置于右砝码盘，砝码为 P_2，停止点为 x_2。

(6) 测负载灵敏度 $S=|x'_2-x_2|$。

计算公式为

$$M_1=P_1-\frac{x_1-x_0}{S},\quad M_2=P_2+\frac{x_2-x_0}{S}$$

所以有

$$M=\frac{1}{2}(M_1+M_2)=\frac{1}{2}(P_1+P_2)-\frac{1}{2}\left(\frac{x_1-x_2}{S}\right) \qquad (1\text{-}2\text{-}8)$$

2. 在光学读数分析天平上用替代法测金属块的质量

(1) 调节天平水平,使天平支柱铅直。

(2) 调节天平零点,通过平衡螺丝的调节以及天平柜底的微调旋钮的调节,可使光学读数装置投影屏上的0刻度线与中刻线重合。

(3) 待测物置于左盘,右砝码盘上放置一些细砂等物体使天平停止点正好出现0刻度线与中刻线重合。

(4) 取下左盘的待测物,由机械加码装置增加或减少悬挂在左盘中的圈码,使天平再次恢复0刻度线与中刻线重合。此时,圈码的质量就是待测物质量M,重复测量3次取平均值。

【数据处理】

(1) 摆动复称法称量质量(见表1-2-1)。

表 1-2-1 实验数据 1

<table>
<tr><th colspan="2" rowspan="3">项 目</th><th colspan="7">数值(格)</th></tr>
<tr><th colspan="2">1 次</th><th colspan="2">2 次</th><th colspan="2">3 次</th><th rowspan="2">平均值</th></tr>
<tr><th>左</th><th>右</th><th>左</th><th>右</th><th>左</th><th>右</th></tr>
<tr><td rowspan="4">测零点(游码放在零刻度线上)</td><td rowspan="3">回转点</td><td></td><td></td><td></td><td></td><td></td><td></td><td rowspan="4">$x_0=$</td></tr>
<tr><td></td><td></td><td></td><td></td><td></td><td></td></tr>
<tr><td></td><td></td><td></td><td></td><td></td><td></td></tr>
<tr><td>x_0</td><td colspan="2"></td><td colspan="2"></td><td colspan="2"></td></tr>
<tr><td rowspan="4">空载平衡后增(或减)1 mg</td><td rowspan="3">回转点</td><td></td><td></td><td></td><td></td><td></td><td></td><td rowspan="4">$x'_0=$</td></tr>
<tr><td></td><td></td><td></td><td></td><td></td><td></td></tr>
<tr><td></td><td></td><td></td><td></td><td></td><td></td></tr>
<tr><td>x'_0</td><td colspan="2"></td><td colspan="2"></td><td colspan="2"></td></tr>
<tr><td rowspan="4">$P_1=$______ mg 时的停点</td><td rowspan="3">回转点</td><td></td><td></td><td></td><td></td><td></td><td></td><td rowspan="4">$x_1=$</td></tr>
<tr><td></td><td></td><td></td><td></td><td></td><td></td></tr>
<tr><td></td><td></td><td></td><td></td><td></td><td></td></tr>
<tr><td>x_1</td><td colspan="2"></td><td colspan="2"></td><td colspan="2"></td></tr>
<tr><td rowspan="4">$P_2=$______ mg 时的停点</td><td rowspan="3">回转点</td><td></td><td></td><td></td><td></td><td></td><td></td><td rowspan="4">$x_2=$</td></tr>
<tr><td></td><td></td><td></td><td></td><td></td><td></td></tr>
<tr><td></td><td></td><td></td><td></td><td></td><td></td></tr>
<tr><td>x_2</td><td colspan="2"></td><td colspan="2"></td><td colspan="2"></td></tr>
</table>

续表

项目		数值(格)						
		1次		2次		3次		平均值
		左	右	左	右	左	右	
空载平衡后增(或减)1 mg	回转点							$x'_2=$
	x'_2							

空载灵敏度：

$$S_0=|x'_0-x_0|=$$

负载灵敏度：

$$S=|x'_2-x_2|=$$

物体质量：

$$M=\frac{p_1+p_2}{2}-\frac{x_1-x_2}{2S}=$$

(2) 替代法称量质量(见表1-2-2)。

表1-2-2　实验数据2

次　数	1	2	3	平　均　值
质量 M/g				

【思考题】

(1) 测定分析天平灵敏度时，可增加或减少1 mg。试问什么情况下应增加1 mg？什么情况下应减少1 mg？

(2) 测量时若不关柜门，对测量结果有何影响？增加砝码时若不止动天平(使天平横梁落在支架上)将会造成什么后果？

(3) 分析天平的游码在天平使用过程中(包括测零点)为什么不该吊起而必须骑放在横梁上。

(4) 既然测定负载灵敏度后可以求出 $x-x_0$ 相应的质量 Δm，为什么称量时还要求停止点尽可能靠近中线？

实验 3　固体和液体的密度测量

【实验目的】

(1) 熟练掌握物理天平的调整和使用方法。

(2) 掌握测定固体和液体密度的两种方法。

【实验仪器】

天平、待测物体、线绳、烧杯、水、比重瓶。

【实验原理】

若一个物体的质量为 m,体积为 V,则其密度为

$$\rho=\frac{m}{V} \tag{1-3-1}$$

可见,通过测定 m 和 V 可求出 ρ。这里,质量 m 可用物理天平称量,而物体体积 V 则可根据实际情况,采用不同的测量方法。对于形状不规则的物体,或小颗粒状固体,液体可用下述两种方法测量其体积,从而计算出它的密度。

1. 用液体静力"称衡法"测量固体的密度

1) 能沉于水中的固体密度的测定

所谓液体静力"称衡法",即先用天平称被测物体在空气中的质量 m_1,然后用细绳将物体系好,使物体完全浸没在水中,细绳另一端挂在天平左端称盘挂钩上,如图 1-3-1(b)所示,称出其在水中的"视质量"m_2,如图 1-3-1(a)所示,则物体在水中受到的浮力为

$$F=(m_1-m_2)g \tag{1-3-2}$$

根据阿基米德原理,浸没在液体中的物体所受浮力的大小等于物体所排开液体的重量。因此,可以推出

$$F=\rho_0 Vg \tag{1-3-3}$$

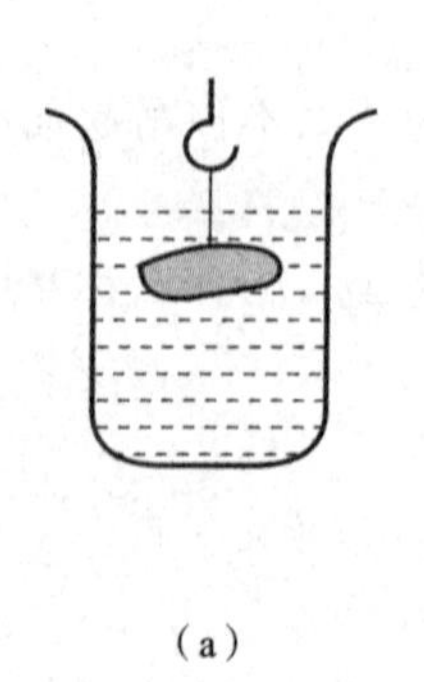

(a)

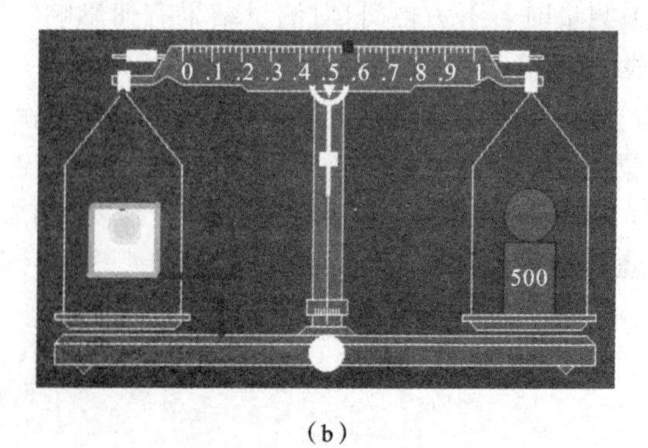

(b)

图 1-3-1　液体静力"称衡法"

其中：ρ_0为液体的密度（本实验中采用的液体为水）；V是排开液体的体积，即物体的体积。联立(1-3-2)和式(1-3-3)式可以得

$$V=\frac{m_1-m_2}{\rho_0} \tag{1-3-4}$$

由此得

$$\rho=\frac{m_1}{m_1-m_2}\cdot\rho_0 \tag{1-3-5}$$

2）浮于液体中固体的密度测定

待测物体的密度比液体小时，可采用加“助沉物”的办法，如图1-3-2所示，“助沉物”在液体中而待测物在空气中，称量时砝码质量为m_1。待测物体和“助沉物”都浸入液体中称量时如图1-3-3所示，砝码质量为m_2，因此物体所受浮力为$(m_1-m_2)g$。若物体在空气中称量时的砝码质量为m，则物体密度为

$$\rho=\frac{m}{m_1-m_2}\cdot\rho_0 \tag{1-3-6}$$

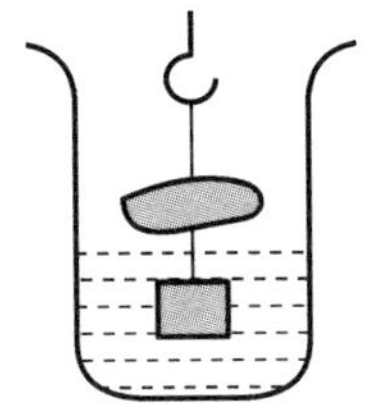
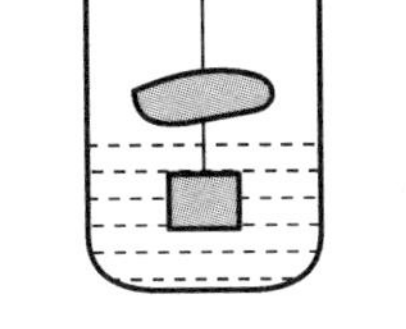

图1-3-2 加“助沉物”方法1

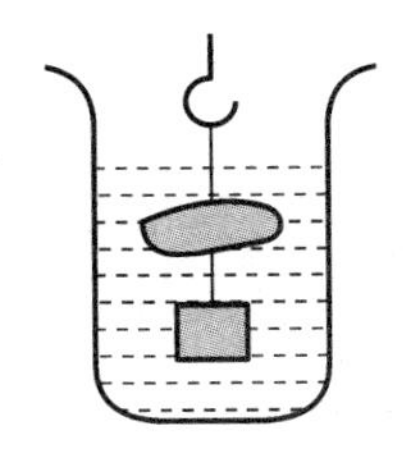

图1-3-3 加“助沉物”方法2

2. 比重瓶法

1）液体密度的测量

对液体密度的测定可用流体静力“称衡法”，也可用“比重瓶法”。在一定温度的条件下，比重瓶的容积是一定的。若将液体注入比重瓶中，并将毛玻璃塞由上而下自由塞上，多余的液体会从毛玻璃塞的中心毛细管中溢出，瓶中液体的体积会保持一定。

比重瓶的体积可通过注入蒸馏水，并由天平称其质量算出，称量得空比重瓶的质量为m_1，充满蒸馏水时的质量为m_2，则$m_2=m_1+\rho V$，因此，可以推出

$$V=\frac{(m_2-m_1)}{\rho} \tag{1-3-7}$$

如果再将待测密度为ρ'的液体（如酒精）注入比重瓶，再称量得出被测液体和比重瓶的质量为m_3，则$\rho'=(m_3-m_1)/V$。将(1-3-7)式代入得

$$\rho'=\frac{m_3-m_1}{m_2-m_1}\cdot\rho \tag{1-3-8}$$

2）粒状固体密度的测定

对不规则的颗粒状固体，不可能用流体静力“称衡法”来逐一称其质量。因此，可

采用“比重瓶法”。实验时,比重瓶内盛满蒸馏水,用天平依次称出瓶和水的质量 m_1,粒状固体的质量 m_2,在装满水的瓶内投入粒状固体后的总质量 m_3,则被测粒状固体将排出比重瓶内水的质量是 $m=m_1+m_2-m_3$,而排出水的体积就是质量为 m_2 的粒状固体的体积,所以待测粒状固体的密度为

$$\rho=\frac{m_2}{m_1+m_2-m_3}\cdot\rho_0 \tag{1-3-9}$$

当然,所测粒状固体不能溶于水,其大小应保证能投入比重瓶内。

【实验内容】

(1) 调试物理天平:调节水平;调节零点;练习使用方法。

(2) 用流体静力“称衡法”测物体的密度。

① 测金属块的密度:

- 用细线拴住金属块,置于天平的左端挂钩上测出其在空气中的质量 m_1;
- 将金属块浸没在水中,称其质量 m_2;注意,金属块要完全浸没在水中,不能接触容器壁和容器底部;
- 记录实验室内水的温度。

② 测塑料块的密度:

- 测量塑料块在空气中的质量 m;
- 用细线在塑料块的下面悬挂一个“助沉物”,测量塑料块在空气中时“助沉物”在液体中的质量 m_1;
- 将塑料块和“助沉物”一起浸入水中,测量质量 m_2。

(3) 采用比重瓶测定物体的密度。

① 测定物体的密度:

- 采用天平称量比重瓶没有装入东西时的质量 m_1;
- 采用吸管将蒸馏水充满比重瓶,称其质量 m_2;
- 倒出比重瓶中的蒸馏水、烘干,然后再将被测液体注入比重瓶,称量比重瓶和液体的质量 m_3。

② 测定粒状固体物质的密度:

- 将纯水注满比重瓶后盖上塞子,擦去溢出的水,再用天平称出瓶和水的总质量 m_1;
- 采用天平称量固体颗粒铅的质量 m_2;
- 将颗粒铅投入比重瓶内,擦去溢出的水,称出瓶、水和颗粒铅的总质量 m_3。

【数据处理】

(1) 用流体静力“称量法”测物体密度。

① 自拟表格记录测量金属块的有关数据,并计算其密度和误差,将结果用标准式表示。

② 自拟表格记录测量塑料块的有关数据,并计算其密度和误差,将结果用标准式表示。

(2) 采用比重瓶测量酒精和颗粒铅的密度。

自拟表格记录测量酒精和颗粒铅的有关数据,并计算其密度和误差,将结果用标准式表示。

【思考题】

(1) 使用物理天平应注意哪几点? 怎样消除天平两臂不等而造成的系统误差?

(2) 分析造成本实验误差的主要原因有哪些。

【附】

物 理 天 平

1. 使用介绍

物理天平的构造如图 1-3-4 所示,在横梁上装有三角刀口 A、F_1、F_2,中间刀口 A 置于支柱顶端的玛瑙刀口垫上,作为横梁的支点。两边刀口各有一个秤盘 P_1、P_2,可使横梁上升或下降,当横梁下降时,制动架就会把它们托住,以免刀口磨损。横梁两端各有一平衡螺母 B_1、B_2,用于空载调节平衡。横梁上装有游动砝码 D,用于 1 g 以下的称量。

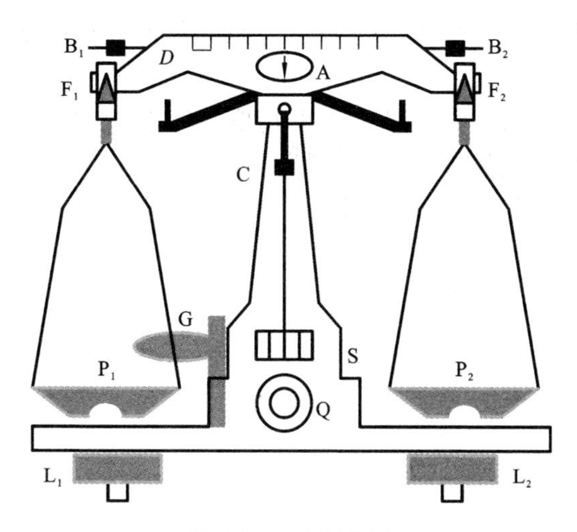

图 1-3-4 物理天平

物理天平的规格由最大称量和感量(或灵敏度)来表示。最大称量是天平允许称量的最大质量。感量就是天平的指针从标牌上零点的平衡位置转过一格,天平两盘上的质量差,灵敏度是感量的倒数,感量越小灵敏度就越高。物理天平的操作步骤如下。

(1) 水平调节:使用天平时,首先调节天平底座下两个螺钉 L_1、L_2,使水准仪中的气泡位于圆圈线的中央位置。

(2) 零点调节:天平空载时,将游动砝码拨到左端点,与0刻度线对齐。两端秤盘悬挂在刀口上,顺时针方向旋转制动旋钮Q,启动天平,观察天平是否平衡。当指针在刻度尺S上来回摆动,且左右摆幅近似相等时,便可认为天平达到了平衡状态。如果天平处于不平衡状态,可逆时针方向旋转制动旋钮Q,使天平制动,调节横梁两端的平衡螺母B_1、B_2,再用前面的方法判断天平是否处于平衡状态,直至达到空载平衡为止。

(3) 称量:把待测物体放在左盘中,在右砝码盘中放置砝码,轻轻右旋制动旋钮使天平启动,观察天平向哪边倾斜,立即反向旋转制动旋钮,使天平制动,酌情增减砝码,再启动天平,并观察天平倾斜情况。如此反复调整,直到天平能够左右对称摆动。然后调节游动砝码,使天平达到平衡,此时游动砝码的质量就是待测物体的质量。称量时选择砝码应由大到小,逐个试用,直到最后利用游动砝码使天平平衡。

2. 维护方法

(1) 天平的负载量不得超过其最大称量值,以免损坏刀口或横梁。

(2) 为了避免刀口受冲击而损坏,在取放物体、取放砝码、调节平衡螺母以及不使用天平时,都必须使天平制动。只有在天平平衡后才将天平启动。天平启动或制动时,旋转制动旋钮动作要轻。

(3) 砝码不能用手直接取拿,只能用镊子间接挟取。从秤盘上取下砝码后应立即放入砝码盒中。

(4) 天平的各部分以及砝码都做防锈、防腐蚀处理,高温物体以及有腐蚀性的化学药品不能直接放在盘内称量。

(5) 称量完毕后将制动旋钮左旋转,放下横梁,保护刀口。

实验4 惯 性 秤

惯性质量和引力质量是两个不同的物理概念。万有引力定律方程中的质量称为引力质量，它是一物体与其他物体相互吸引性质的量度，用天平称衡的物体质量就是引力质量；牛顿第二定律中的质量称为惯性质量，它是物体惯性大小的量度，用惯性秤称衡的质量是物体的惯性质量。

【实验目的】

(1) 了解惯性秤的结构并掌握用惯性秤测定物体质量的原理和方法。

(2) 了解仪器的定标和使用方法。

(3) 研究重力对惯性秤的影响。

【实验仪器】

惯性秤、周期测定仪、定标用标准质量块(共10块)、待测圆柱体。

图1-4-1所示的是惯性秤，使用振动法来测定物体惯性质量的装置，其主要部分是两根弹性钢片连成的一个悬臂振动体A，振动体的一端是秤台B，秤台的槽中可插入定标用的标准质量块。A的另一端是平台C，通过固定螺栓D把A固定在E座上，旋松固定螺栓D，则整个悬臂可绕固定螺栓转动。E座可在立柱F上移动，挡光片G和光电门H是测周期用的。光电门和周期测试仪用导线相连。立柱顶上的吊杆I用来悬挂待测物，研究重力对秤的振动周期的影响。

周期测定仪用于测定悬臂振动体的振动周期，其使用方法可参阅仪器说明书。

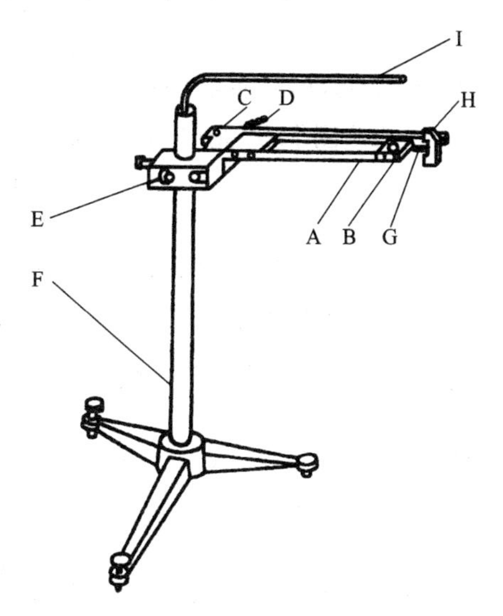

图1-4-1 惯性秤

【实验原理】

当惯性秤沿水平方向固定后，将秤台沿水平方向推开1 cm，手松开后惯性秤的秤台及其上的负载将在水平方向作微小振动，由于所受的重力方向垂直于运动方向，对物体运动加速度不起作用，而决定物体加速度的只有秤臂的弹性力。在秤台负载不大且秤台的位移较小情况下，实验证明秤台水平方向作简谐振动，设弹性回复力为F，秤台质心偏离平衡位置的位移为x，则

$$F=-kx$$

根据牛顿第二定律，可得

$$(m_0+m_i)\frac{d^2x}{dt^2}=-kx \tag{1-4-1}$$

式中:m_0 为秤台的惯性质量;m_i 为砝码或待测物体的惯性质量;k 为悬臂振动体的劲度系数。将(1-4-1)式变形为

$$\frac{d^2x}{dt^2}=-\frac{k}{m_0+m_i}x \tag{1-4-2}$$

设 $\omega^2=-\frac{k}{m_0+m_i}$,则有

$$\frac{d^2x}{dt^2}=-\omega^2x \tag{1-4-3}$$

微分方程(1-4-3)的解为

$$x=A\cos(\omega t+\varphi_0)$$

其振动周期 T 由下式决定,即

$$T=\frac{2\pi}{\omega}=2\pi\sqrt{\frac{m_0+m_i}{k}} \tag{1-4-4}$$

式中:m_0 为振动体空载时的等效质量;m_i 为秤台上插入的附加质量块的质量。k 将(1-4-1)式两侧平方,则(1-4-4)式改写成

$$T^2=\frac{4\pi^2}{k}m_0+\frac{4\pi^2}{k}m_i \tag{1-4-5}$$

设惯性秤空载时周期为 T_0,加载负载 m_1 时周期为 T_1,加载负载 m_2 时的周期为 T_2,由(1-4-5)式可得

$$T_0^2=\frac{4\pi^2}{k}m_0,\quad T_1^2=\frac{4\pi^2}{k}(m_0+m_1),\quad T_2^2=\frac{4\pi^2}{k}(m_0+m_2)$$

通过上面三个式子消去 m_0,k,得

$$\frac{T_1^2-T_0^2}{T_2^2-T_0^2}=\frac{m_1}{m_2} \tag{1-4-6}$$

(1-4-6)式表明,当 m_1 已知时,在测得 T_0、T_1 和 T_2 的情况下,便可求出 m_2。

另外,(1-4-5)式表明,惯性秤水平振动周期 T 的平方和附加质量 m_i 呈线性关系。当测出各已知附加质量 m_i 所对应的周期值 T_i,可作 T^2-m 直线图(见图 1-4-2)或 $T-m$ 曲线图(见图 1-4-3),这就是该惯性秤的定标曲线,如需测量某物体的质量时,可将其置于惯性秤的秤台 B 上,测出周期 T_j,就可从定标曲线上查出 T_j 对应的质量 m_j,即为被测物体的质量。

惯性秤称衡质量,是基于牛顿第二定律,是通过测量周期求得质量值;而天平称衡质量,是基于万有引力定律,是通过比较重力求得质量值。在失重状态下,无法用天平称衡质量,而惯性秤可照样使用,这是惯性秤的特点。

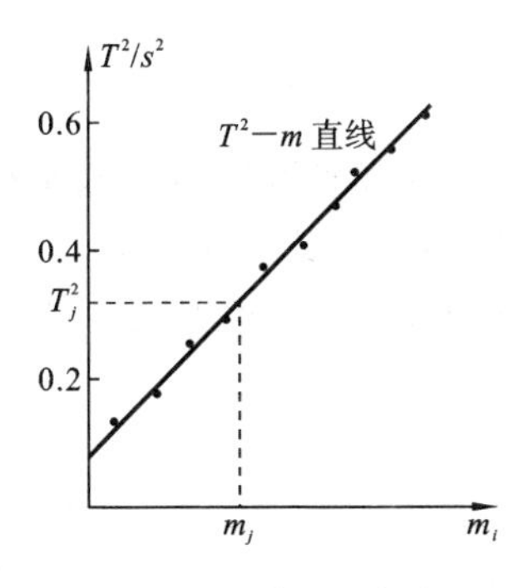

图 1-4-2　T^2-m 直线图

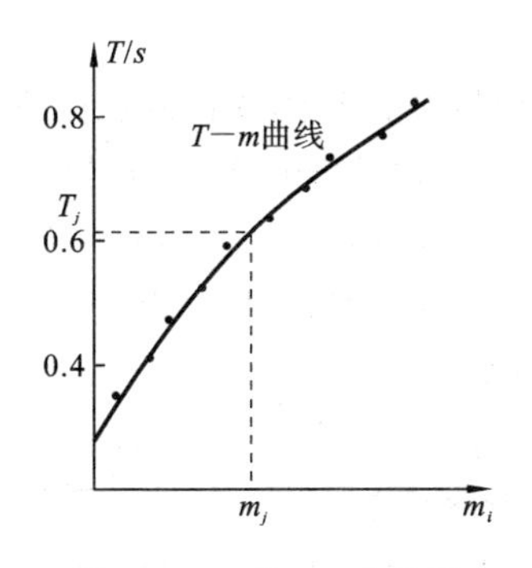

图 1-4-3　$T-m$ 曲线图

【实验内容】

1. 惯性秤的定标

惯性秤的定标就是测定各已知质量块 m_i 置于秤台上时的周期值 T_i，作定标线（T^2-m 或 $T-m$），或求出线性拟合式 $T^2=a+bm$ 的参数 a、b 值。利用定标线或此拟合式，就可从未知质量物体的周期值求出其质量。

（1）使用前要利用水平仪将平台 C 调成水平，检查、调试周期测试仪是否工作正常。

（2）检查标准质量块的质量是否相等，逐一将标准质量块置于秤台上测定摆动 20 个周期的时间 t，并计算出周期 T。如果各个质量块的周期测定值的平均值相差不超过 1%，在此就认为标准质量块的质量是相等的，并且取标准质量块的质量的平均值为此实验中的质量单位。

（3）以质量 m_i 作横坐标，以周期 T 或周期的平方 T^2 作纵坐标，在坐标纸上画出惯性秤的定标曲线（数据记录表格自行设计）。

2. 测待测物质量

将待测物置于秤台中间的孔中，测振动周期 T_j，根据定标曲线求出其质量（活用拟合式计算）。

3. 考查重力对惯性秤的影响

（1）水平放置惯性秤，待测物（圆柱体）通过长约 50 cm 的细线铅直悬挂在秤的圆孔中（见图 1-4-4）。此时圆柱体的重量由吊线承担，当秤台振动时，带动圆柱体一起振动，测其周期。将此周期和前面测定值比较一下，说明二者为何不同？

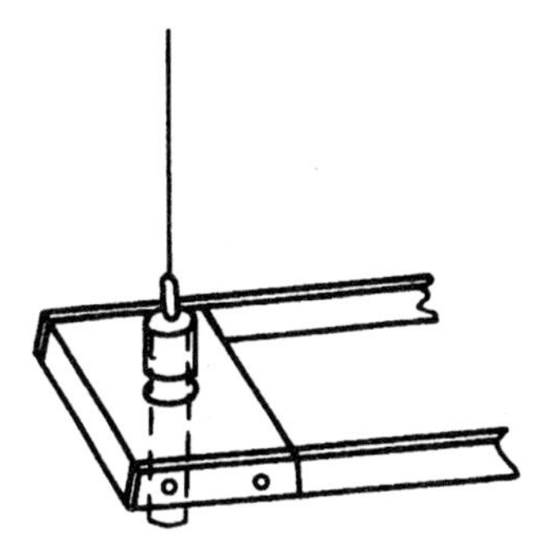

图 1-4-4　待测物

（2）垂直放置惯性秤，使秤在铅直面内左右振动，并插入标准质量块测周期。将标准质量块和惯性秤在水平方向的周期值进行比较，并说明周期变小的原因。

4. 研究惯性秤的线性测量范围

T^2 与 m 保持线性关系所对应的质量变化区域称为惯性秤的线性测量范围。由(1-4-2)式可知,只有在悬臂水平方向的劲度系数保持为常数时才成立,当惯性秤上所加物体的质量太大时,悬臂将发生弯曲,k 值也将有明显变化,故 T^2 与 m 的线性关系受到破坏。

按上述分析,检查所用惯性秤的线性测量范围。

【注意事项】

(1) 要严格水平放置惯性秤,避免重力对振动的影响。

(2) 实验时,必须使砝码或待测物的质心通过秤台圆孔中心的垂直线上,以保证测量时惯性秤的臂长不变。

(3) 秤台振动时的摆角要小(不大于 5°),每次秤台的水平位移不超过 2 cm,并要保证各次测量时一致。

【思考题】

(1) 说明惯性秤质量的特点。

(2) 能否设想出其他的测量惯性质量的方案?

(3) 根据(1-4-1)式,分析惯性秤的测量灵敏度,即 $\frac{\mathrm{d}T}{\mathrm{d}m}$ 和哪些因素有关。根据所用周期测试仪的时间测量的分辨率,此惯性秤所能达到的质量测量灵敏度为多少(不考虑其他误差)?

实验5　单　　摆

【实验目的】

（1）掌握用单摆测量重力加速度的方法。

（2）研究单摆的周期与单摆的长度、摆动角度之间的关系。

（3）学习用作图法处理测量数据。

【实验仪器】

单摆、秒表、钢卷尺、游标卡尺。

【实验原理】

一根不可伸长的细线，上端悬挂一个小球。当细线质量比小球的质量小很多，而且小球的直径又比细线的长度小很多时，此种装置称为单摆，如图1-5-1所示。如果把小球稍微拉开一定距离，小球在重力的作用下可在铅直平面内做往复运动，一个完整的往复运动所用的时间称为一个周期。

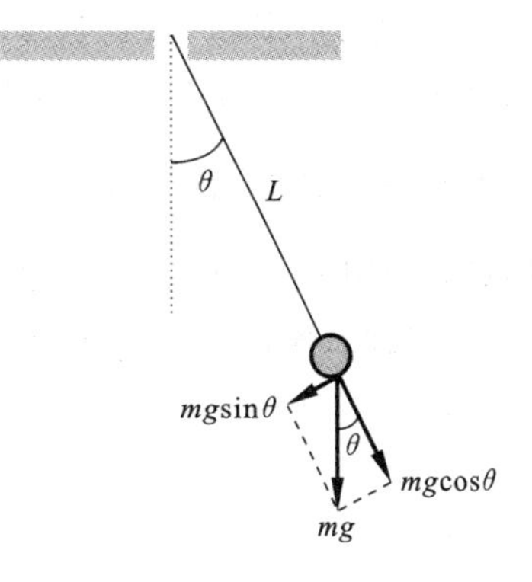

图1-5-1　单摆

由牛顿第二定律可知，单摆的动力学方程为

$$mL\frac{\mathrm{d}^2\theta}{\mathrm{d}t^2}=-mg\sin\theta \qquad (1\text{-}5\text{-}1)$$

即

$$\frac{\mathrm{d}^2\theta}{\mathrm{d}t^2}+\frac{g}{L}\sin\theta=0 \qquad (1\text{-}5\text{-}2)$$

把 $\sin\theta$ 按级数展开得

$$\sin\theta=\theta-\frac{\theta^3}{3!}+\frac{\theta^5}{5!}-\cdots \qquad (1\text{-}5\text{-}3)$$

即单摆做非线性摆动。

当摆角 θ 很小，(1-5-3)式略去级数展开式的高次项，有 $\sin\theta\approx\theta$，方程(1-5-2)式可转化为线性振动，即

$$\frac{\mathrm{d}^2\theta}{\mathrm{d}t^2}+\frac{g}{L}\theta=0 \qquad (1\text{-}5\text{-}4)$$

其解为

$$\theta=\theta_0\cos(\omega t+\varphi) \qquad (1\text{-}5\text{-}5)$$

式中：θ_0 为最大摆角（角位移或振幅）；定义角频率 $\omega=\sqrt{\frac{g}{L}}$；$\varphi$ 为初相位，符合简谐振动的特点，其周期为 $T=\frac{2\pi}{\omega}=2\pi\sqrt{\frac{L}{g}}$。在摆角 θ 小于 5° 时，周期 T 与振幅和摆球的

质量无关。

当摆角较大时，由(1-5-3)式可知，$\sin\theta\neq\theta$，由方程(1-5-2)式可知单摆做非线性振动，振动周期与振幅 θ_0 和摆长 L 都有关系，周期 T 表示为

$$T=2\pi\sqrt{\frac{L}{g}}\cdot\left[1+\frac{1}{4}\sin^2\frac{\theta_0}{2}+\frac{9}{64}\sin^4\frac{\theta_0}{2}+\cdots\right]$$

由以上分析可知，当摆动的角度小于 5°时，单摆的周期 T 满足下面公式：

$$T=2\pi\sqrt{\frac{L}{g}} \tag{1-5-6}$$

$$g=4\pi^2\ \frac{L}{T^2} \tag{1-5-7}$$

式中：L 为单摆长度，单摆长度是指上端悬挂点到球心之间的距离；g 为重力加速度。如果测量得出周期 T、单摆长度 L，利用(1-5-7)式可计算出当地的重力加速度 g。从上面公式知 T^2 和 L 具有线性关系，即 $T^2=\frac{4\pi^2}{g}L$。对不同的单摆长度 L 测量得出相对应的周期，可由 $T^2\sim L$ 图线的斜率求出 g 值。

实验时，测量一个周期的相对误差较大，一般是测量连续摆动 $n=50$ 个周期的时间，则

$$T=\frac{t}{n}$$

因此

$$g=4\pi^2\ \frac{n^2L}{t^2} \tag{1-5-8}$$

由于(1-5-8)式中 π 和 n 不考虑误差，因此 g 的不确定度传递公式为

$$u(g)=g\sqrt{\left(\frac{u(l)}{l}\right)^2+\left(2\ \frac{u(t)}{t}\right)^2} \tag{1-5-9}$$

【实验内容】

(1) 研究周期与单摆长度的关系，并测定 g 值。

① 用游标卡尺测量摆动小球不同方向的直径 d；重复测量六次，取平均值。

② 用秒表测时间。

③ 用卷尺测量单摆长度 L。

④ 取不同的单摆长度，拉开单摆的小球，让其在摆动角度小于 5°的情况下自由摆动，用计时装置测出摆动 50 个周期所用的时间 t。在测量时要注意选择摆动小球通过平衡位置时开始计时。

(2) 对同一单摆长度 L，在 $\theta<5°$ 的情况下采用多次测量的方法测出摆动小球摆动 50 个周期所用的时间 t。

【数据处理】

(1) 研究周期 T 与单摆长度 L 的关系，并用作图的方法求 g 值。

① 用游标卡尺测球的直径 d 六次，并计算摆动小球直径：

$$\bar{d}=\frac{1}{6}(d_1+d_2+d_3+d_4+d_5+d_6)$$

② 记录不同单摆长度 $L\left(x_2-x_1+\dfrac{d}{2}\right)$ 对应的周期(见表 1-5-1)。

表 1-5-1　实验数据

x_1/cm						
x_2/cm						
L/cm						
t/s						

根据以上数据可以在坐标纸上作 $T^2\sim L$ 图，从图中知 T^2 与 L 呈线性关系。由两点式求出斜率 $k=\dfrac{T_2^2-T_1^2}{L_2-L_1}$，再从 $k=\dfrac{4\pi^2}{g}$ 求得重力加速度，即 $g=4\pi^2\ \dfrac{L_2-L_1}{T_2^2-T_1^2}$。

(2) 对同一单摆长度多次进行测量周期，用计算法求重力加速度。

$L=$

t/s						

由(1-5-3)式计算 $\bar{g}$ 值，用误差传递公式计算出误差，并将结果表示成 $g=\bar{g}\pm\Delta g$ 的形式。

【思考题】

(1) 摆动小球从平衡位置移开的距离为单摆长度的几分之一时，摆动角度为 5°？

(2) 用长约 1 m 的单摆测重力加速度，要求结果的相对误差不大于 0.4%时，测量单摆长度和周期的绝对误差不应超过多大？若要用精度为 0.1 s 的秒表测周期，应连续测多少个周期？

(3) 测量周期时有人认为，摆动小球通过平衡位置时走得太快，计时不准；摆动小球通过最大位置时走得慢，计时准确，你认为如何？试从理论和实际测量中加以说明。

(4) 要测量单摆长度 L，就必须先确定摆动小球重心的位置，这对不规则的摆动球来说是比较困难的。那么，采取什么方法才可以测出重力加速度呢？

【注意事项】

(1) 选择材料时应选择细、轻又不易伸长的线，长度一般在 1 m 左右；小球应选用密度较大的金属球，其直径应较小，最好不超过 2 cm。

(2) 单摆悬线的上端不可随意卷在铁夹的杆上，应夹紧在铁夹中，以免摆动时发生摆线下滑、摆长改变的现象。

(3) 注意摆动时控制摆线偏离竖直方向不超过 5°,可通过估算振幅的办法掌握。

(4) 摆球摆动时,要使之保持在同一个竖直平面内,不要形成圆锥摆。

(5) 计算单摆的振动次数时,应以摆球通过最低位置时开始计时,以后摆球从同一方向通过最低位置时,进行计数,且在数“零”的同时按下秒表,开始计时计数。

实验6　三　线　摆

【实验目的】

(1) 掌握三线摆测定转动惯量的原理和方法。

(2) 验证平行轴定理。

【实验仪器】

三线摆、秒表、游标卡尺、物理天平、水准仪、形状和质量相同的两个圆柱体。

【实验原理】

三条等长的悬挂线，对称地将一均匀的圆盘水平地悬挂在固定的小圆盘上。上下圆盘的圆心在同一条竖线上，盘面彼此平行，如图1-6-1所示，这就是三线摆的实验装置。

把上面小圆盘绕轴线 OO' 扭转某一角度后放开，下圆盘将绕 OO' 轴来回扭转摆动。假设每一条悬挂线长为 l，上面圆盘的圆心到悬挂点之间的距离为 r，下面圆盘的圆心到悬挂点之间的距离为 R，圆盘转角为 θ，圆盘上升高度为 h，如图1-6-2所示。由图1-6-2中所示的各个量之间的关系可得

$$h=BC-BC_1=\frac{(BC)^2-(BC_1)^2}{BC+BC_1} \tag{1-6-1}$$

将

$$(BC)^2=(AB)^2-(AC)^2=l^2-(R-r)^2$$

$$(BC_1)^2=(A_1B)^2-(A_1C_1)^2=l^2-(R^2+r^2-2Rr\cos\theta)$$

代入(1-6-1)式得

$$h=\frac{2Rr(1-\cos\theta)}{BC+BC_1}=\frac{4Rr\sin^2\dfrac{\theta}{2}}{BC+BC_1}$$

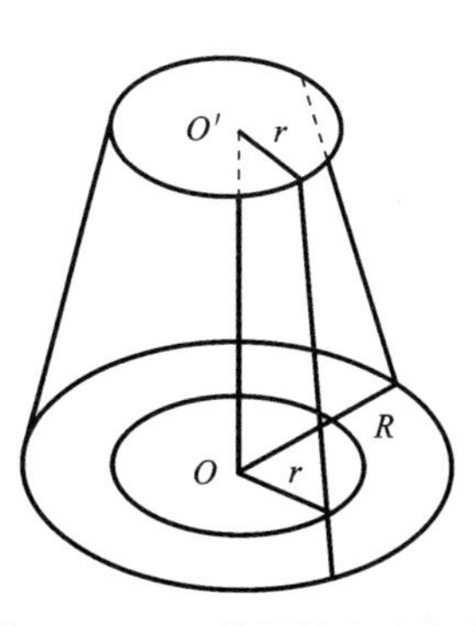

图1-6-1　三线摆的实验装置

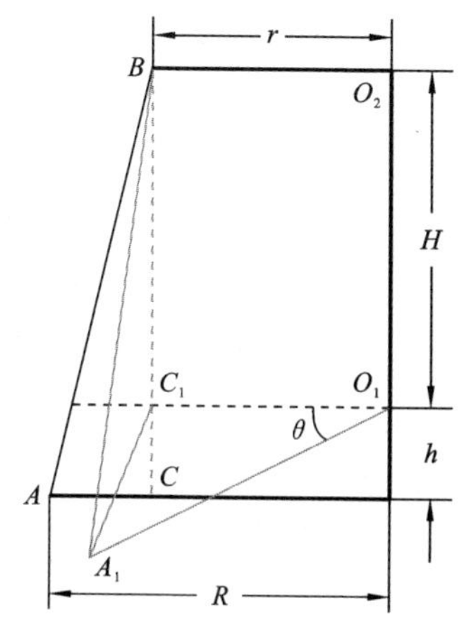

图1-6-2　三线摆示意图

当转角 θ 的角度很小的时候，有

$$\sin\frac{\theta}{2}\approx\frac{\theta}{2},\quad BC_1\approx BC\approx l$$

故上式可以简化为

$$h=\frac{Rr\theta^2}{2l} \tag{1-6-2}$$

由于圆盘在运动时，既要绕中心轴转动，又要有升降运动，其任意时刻的动能为

$$\frac{1}{2}J\omega^2+\frac{1}{2}mv^2$$

式中：J 为圆盘转动惯量(其中 $\omega=\frac{\mathrm{d}\theta}{\mathrm{d}t}$、$v=\frac{\mathrm{d}h}{\mathrm{d}t}$)。其重力势能为 mgh，忽略摩擦力，则在重力场中机械能守恒，则有

$$\frac{1}{2}J\left(\frac{\mathrm{d}\theta}{\mathrm{d}t}\right)^2+\frac{1}{2}m\left(\frac{\mathrm{d}h}{\mathrm{d}t}\right)^2+mgh=\text{恒量} \tag{1-6-3}$$

由(1-6-2)式得

$$\frac{\mathrm{d}h}{\mathrm{d}t}=\frac{Rr}{l}\cdot\frac{\mathrm{d}\theta}{\mathrm{d}t}\theta \tag{1-6-4}$$

考虑到圆盘的转动动能远比上下运动的平动动能大，即

$$\frac{1}{2}J\left(\frac{\mathrm{d}\theta}{\mathrm{d}t}\right)^2\gg\frac{1}{2}m\left(\frac{\mathrm{d}h}{\mathrm{d}t}\right)^2$$

则(1-6-3)式可变为

$$\frac{1}{2}J\left(\frac{\mathrm{d}\theta}{\mathrm{d}t}\right)^2+mgh=\text{恒量}$$

两边对 t 求导得

$$J\cdot\frac{\mathrm{d}\theta}{\mathrm{d}t}\cdot\frac{\mathrm{d}^2\theta}{\mathrm{d}t^2}+mg\frac{\mathrm{d}h}{\mathrm{d}t}=0 \tag{1-6-5}$$

将(1-6-4)式代入上式得

$$J\cdot\frac{\mathrm{d}\theta}{\mathrm{d}t}\cdot\frac{\mathrm{d}^2\theta}{\mathrm{d}t^2}+mg\frac{Rr\theta}{l}\cdot\frac{\mathrm{d}\theta}{\mathrm{d}t}=0 \tag{1-6-6}$$

整理后得

$$\frac{\mathrm{d}^2\theta}{\mathrm{d}t^2}+\frac{mgRr}{lJ}\theta=0 \tag{1-6-7}$$

显然，这是一个简谐运动的方程式，故其圆频率：

$$\omega_0=\sqrt{\frac{mgRr}{lJ}}$$

由于简谐运动的周期 $T=\frac{2\pi}{\omega_0}$，于是有

$$J=\frac{mgRr}{4\pi^2l}T^2=\frac{g}{4\pi^2}\cdot\frac{Rr}{l}mT^2 \tag{1-6-8}$$

式中：$\frac{g}{4\pi^2}$为常数，用K表示；$\frac{Rr}{l}$是取决于实验装置的参量，在测量过程中不发生改变，可令$L=\frac{Rr}{l}$；mT^2随所加样品不同而改变，用G表示。不加样品时，$m=m_0$，$T=T_0$，$G=G_0=m_0T_0{}^2$，则平台转动惯量为

$$J_0=KLG_0 \tag{1-6-9}$$

当平台放上质量为m_1的样品时，其质心必须在转轴上，则$J=J_0+J_1$，$m=m_0+m_1$，$G_1=(m_0+m_1)T_1^2$，有

$$J=KLG_1 \tag{1-6-10}$$

故样品绕其质心的转动惯量为

$$J_1=J-J_0 \tag{1-6-11}$$

【实验内容】

（1）调节三根悬挂线的长度使其相等，并使下圆盘达到水平。

（2）用钢卷尺测出悬挂线长度l，用游标卡尺测出上、下圆盘圆心到悬挂点的距离r和R。由于悬挂点构成一个正三角形，测量出上圆盘悬挂点之间的距离a，则$r=\frac{\sqrt{3}}{3}a$，同理可测R。用游标卡尺测出圆环的内径d_1和外径d_2，用天平或台秤测出待测样品圆环的质量m_1（下圆盘的质量m_0已给出）。上述各个量都做单次测量。

（3）测定周期T_0：当平台完全稳定时，将顶盘迅速转一个角度（15°～20°），使下圆盘来回自由转动，经过几个周期待运动稳定后，用电子秒表计时，测来回扭转50次所需的时间t_0，重复测量六次。

（4）测定周期T_1：把圆环水平放置在下圆盘正中位置，按上述方法测出来回扭转50次的时间t_1，重复测量六次。

在以上操作中要注意使下圆盘作扭转运动，应避免产生左右摆动，另外摆动的转角不宜过大，否则不能按简谐运动来处理。

【数据处理】

（1）各个单次测量值：

$$l=l\pm 0.05\ (\text{cm})$$

$$r=r\pm\Delta_{\text{游}}$$

$$R=R\pm\Delta_{\text{游}}$$

$$d_1=d_1\pm\Delta_{\text{游}}$$

$$d_2=d_2\pm\Delta_{\text{游}}$$

$$m_0=m_0\pm 0.0001\ (\text{kg})$$

$$m_1=m_1\pm 0.0001\ (\text{kg})$$

$$L=\frac{Rr}{l}$$

$$E_L=\sqrt{E_R^2+E_r^2+E_l^2}=\sqrt{\frac{\Delta_R^2}{R^2}+\frac{\Delta_r^2}{r^2}+\frac{\Delta_l^2}{l^2}}$$

$$\sigma_L=LE_L,\quad L=L\pm\sigma_L$$

(2) 周期测量值(见表 1-6-1)。

表 1-6-1　实验数据

次数	圆盘			圆盘＋圆环		
	周期数 n	t_0/s	$T_0=\frac{t_0}{n}$	周期数 n	t_1/s	$T_1=\frac{t_1}{n}$
1						
2						
3						
4						
5						
6						

周期 T 的 B 类不确定度：

$$\Delta_B=\frac{0.2}{n}\ (\mathrm{s})$$

$$\sigma_{T_0}=\sqrt{S_{T_0}^2+\Delta_B^2}$$

$$T_0=T_0\pm\sigma_{T_0}$$

$$\sigma_{T_1}=\sqrt{S_{T_1}^2+\Delta_B^2}$$

$$T_1=T_1\pm\sigma_{T_1}$$

(3) 计算圆盘的转动惯量及其不确定度,写出测量结果的标准式,则有

$$K=\frac{g}{4\pi^2}$$

$$G_0=m_0T_0^2$$

$$E_{G_0}=\sqrt{E_{m_0}^2+(2E_{T_0})^2}=\sqrt{\left(\frac{\sigma_{m_0}}{m_0}\right)^2+\left(\frac{2\sigma_{T_0}}{T_0}\right)^2}$$

圆盘的转动惯量：

$$J_0=KLG_0$$

$$E_{J_0}=\sqrt{E_L^2+E_{G_0}^2}$$

(4) 计算圆环的转动惯量及其不确定度,写出测量结果的标准式：

$$G_1=(m_0+m_1)T_1^2=mT_1^2$$

$$m=(m_0+m_1)$$

$$\sigma_m=\sqrt{\sigma_{m_0}^2+\sigma_{m_1}^2}$$

$$E_{G_1}=\sqrt{E_m^2+(2E_{T_1})^2}=\sqrt{\left(\frac{\sigma_m}{m}\right)^2+\left(2\frac{\sigma_{T_1}}{T_1}\right)^2}$$

$$J=KLG$$

$$E_J=\sqrt{E_L^2+E_{G_1}^2}$$

J 的不确定度为

$$\sigma_J=JE_J$$

标准式为

$$J=J\pm\sigma_J$$

所要求的圆环转动惯量：

$$J_1=J_1-J_0$$

J_1 的不确定度为

$$\sigma_{J_1}=\sqrt{\sigma_J^2+\sigma_{J_0}^2}$$

故圆环转动惯量的标准式为

$$J_1=J_1\pm\sigma_{J_1}$$

（5）根据圆环转动惯量的理论公式：

$$J'_1=\frac{1}{2}m_1(d_1^2+d_2^2) \tag{1-6-12}$$

计算理论值 J'_1 及其不确定度：

$$\sigma_{J'_1}=\sqrt{\left(\frac{\partial J'_1}{\partial m_1}\right)^2\sigma_{m_1}^2+\left(\frac{\partial J'_1}{\partial d_1}\right)^2\sigma_{d_1}^2+\left(\frac{\partial J'_1}{\partial d_2}\right)^2\sigma_{d_2}^2}$$

即 $J'_1=J'_1\pm\sigma_{J'_1}$。将理论与测量值比较，如果 $|J'_1-J_1|\leqslant\sqrt{\sigma_{J_1}^2+\sigma_{J'_1}^2}$ 则验证了公式(1-6-12)的正确性。如果上述验证失败，应当分析其失败的原因。

【思考题】

（1）l、r、R、d_1、d_2、m 应选用什么仪器进行测量，为什么？测量 l、R、r 时，如何测量？起点和终点分别选择哪里？

（2）本实验能否用来检验平行轴定理？如果可以，在实验中应如何安排？

（3）加上待测物后三线摆的扭动周期是否一定比没有被测物时三线摆的扭动周期大？为什么？

实验 7　阻尼振动的研究

【实验目的】

(1) 研究振动系统所受阻尼力和速度成正比时，其振幅随时间的衰减规律。

(2) 测量振动系统的半衰期和品质因数。

(3) 测量滑块的阻尼常数。

【实验仪器】

气垫导轨、滑块、光电计时装置、弹簧两组、附加物 4 块、天平、秒表等。

【实验原理】

简谐振动是一种振幅相等的振动，它是忽略阻尼振动的理想情况。事实上，阻尼力不可避免，而抵抗阻力做功会使振动系统的能量逐渐减小。因此，在实验中发生的一切自由振动，其振幅总是逐渐减小直至等于零的。这种振动称为阻尼振动。如果物体的速度 v 不大，实验结果证明，阻尼力 f 和 v 成正比且方向相反。设物体在 x 轴上振动，则

$$f=-\alpha v=-\alpha\frac{\mathrm{d}x}{\mathrm{d}t} \tag{1-7-1}$$

式中：α 为阻尼常数。

气垫导轨上，滑块和弹簧组成的振动系统，在空气阻力作用下，产生阻尼振动。若质量为 m(包含挡光片)的滑块，在弹力为 $-Kx$、阻尼力为 $-\alpha\frac{\mathrm{d}x}{\mathrm{d}t}$ 的作用下产生的加速度为 $\frac{\mathrm{d}^2x}{\mathrm{d}t^2}$，由牛顿第二定律得

$$m\frac{\mathrm{d}^2x}{\mathrm{d}t^2}=-Kx-\alpha\frac{\mathrm{d}x}{\mathrm{d}t} \tag{1-7-2}$$

式中：K 为弹簧的劲度系数。令 $\omega_0^2=\frac{K}{m}$，$2\beta=\frac{\alpha}{m}$，则(1-7-2)式改写成

$$\frac{\mathrm{d}^2x}{\mathrm{d}t^2}+2\beta\frac{\mathrm{d}x}{\mathrm{d}t}+\omega_0^2x=0 \tag{1-7-3}$$

式中：β 为阻尼因数；ω_0 为振动系统的固有的圆频率。当 $\beta^2<\omega_0^2$ 时，(1-7-3)式的解为

$$x=A_0\mathrm{e}^{-\beta t}\cos(\omega_f t+\varphi_0) \tag{1-7-4}$$

公式(1-7-4)称为阻尼振动方程，其中 $\omega_f=\sqrt{\omega_0^2-\beta^2}$ 为振动的圆频率，A_0、φ_0 分别为振幅和初相位。由此可见，滑块作阻尼振动时，其振幅应按指数规律衰减，衰减的快慢取决于 β。阻尼振动的周期：

$$T=\frac{2\pi}{\omega_f}=\frac{2\pi}{\sqrt{\omega_0^2-\beta_0^2}} \tag{1-7-5}$$

比无阻尼时的大。

设阻尼振动的振幅从 A_0 衰减为 $A_0/2$ 所用时间为 $T_{\frac{1}{2}}$，由(1-7-4)式得

$$\frac{A_0}{2}=A_0 e^{-\beta T_{\frac{1}{2}}}$$

而

$$\beta=\frac{\ln 2}{T_{\frac{1}{2}}} \tag{1-7-6}$$

又因为 $\beta=\dfrac{\alpha}{2m}$，所以

$$\alpha=\frac{2m\ln 2}{T_{\frac{1}{2}}} \tag{1-7-7}$$

其中，$T_{\frac{1}{2}}$ 称为半衰期。由(1-7-6)式和(1-7-7)式可知，只要测出滑块的质量和半衰期，就可得到 β 和 α。因此，引入半衰期 $T_{\frac{1}{2}}$ 不仅能描述振幅衰减的快慢，而且还给出了测量 β 和 α 的一种方法。除此之外，还常用品质因数(即 Q 值)来反映阻尼振动衰减的特性。其定义为，振动系统的总能量 E 与在一个周期中所损耗能量 ΔE 之比的 2π 倍，即

$$Q=2\pi\frac{E}{\Delta E} \tag{1-7-8}$$

滑块在导轨上振动时，任一瞬时，其克服阻力做功的功率等于阻尼力的大小 αv 与运动速度 v 的乘积，即等于 αv^2。在振动过程中，αv^2 是一个变量，可用一个周期中的平均值作为这一周期中的平均效果；这样一个周期中的能量损耗 ΔE 就等于一个周期中滑块克服阻力做的功，即

$$\Delta E=(\alpha v^2)_{平均}\cdot T$$

可以证明，一个周期中的平均动能等于平均弹性势能，且均等于总能量的一半，所以

$$\left(\frac{1}{2}mv^2\right)_{平均}=\left(\frac{1}{2}Kx^2\right)_{平均}=\frac{1}{2}E,\quad (v^2)_{平均}=\frac{E}{m}$$

因而

$$\Delta E=\frac{\alpha E}{m}T$$

把此公式和公式(1-7-7)代入公式(1-7-8)，可得

$$Q=\frac{\pi T_{\frac{1}{2}}}{T\ln 2} \tag{1-7-9}$$

实验中测出 T 和 $T_{\frac{1}{2}}$，便可求出品质因数 Q。

【实验内容】

(1) 用天平测量滑块(附挡光片)、每个附加物的质量。

(2) 导轨调平后，将劲度系数小的一组弹簧与凸形挡光片和滑块连在一起，并调节光电门和计时器，直到满足测量周期的要求。

(3) 在滑块上对称地放两个附加物，接到离平衡位置 10 cm 左右处，轻轻释放，

测出其振动周期 T。

(4) 用秒表测量滑块的振幅由 A_0 衰减到 $A_0/2$ 所用的时间 $T_{\frac{1}{2}}$。

(5) 从某一振幅值开始,记录滑块振动时,对应 $1T, 2T, \cdots, nT$ 时的最大位移 $A_1, A_2, \cdots, A_n$(即振幅),至振幅衰减到较小为止。

(6) 滑块上增至 4 个附加物,重复步骤(3)至步骤(5)。

(7) 改用劲度系数较大的另一组弹簧,滑块上仍放 4 个附加物,再重复步骤(3)至步骤(5)的内容。

【数据处理】

(1) 记录数据。将不同振动系统(指在滑块上加不同附加物或不同弹簧)时测得的数据,分别填入自拟的表格中。

(2) 利用(1-7-6)式、(1-7-7)式、(1-7-9)式计算不同情况下的 β、α 和 Q 的值。

(3) 在同一坐标纸上做出不同系统的振幅衰减曲线。

(4) 比较计算结果,分析各振幅衰减曲线,总结阻尼振动的特点和规律。

【思考题】

(1) 何谓半衰期? 何谓品质因数? 二者有何关系?

(2) 滑块上的附加物改变(阻尼性质不变)时,α 和 Q 是否发生变化?

实验 8(a)　液体表面张力系数的测定(拉脱法)

【实验目的】

(1) 使用拉脱法测定室温下水的张力系数。

(2) 学会使用焦利氏秤测量微小力的方法。

【实验仪器】

焦利氏秤、砝码、烧杯、温度计、酒精灯、蒸馏水、游标卡尺。

焦利氏秤是本实验所用的主要仪器,它实际上是一个倒立的精密的弹簧秤,如图 1-8a-1 所示。仪器的主要部分是一空管立柱 A 和套在 A 内的能上下移动的金属杆 B,B 上有毫米刻度,其横梁上挂有一弹簧 D,A 上附有游标 C 和可以移动的平台 H(H 固定后,通过螺丝 S 微调上下位置),G 为十字线,M 为平面镜,镜面有一标线,F 为砝码盘。实验时,需使十字线 G 的位置不变。转动旋钮 E 可控制 B 和 D 的升降,从而拉伸弹簧,确定伸长量,根据胡克定律可以算出弹力的大小。焦利氏秤上常附有三种规格的弹簧,可根据实验时所测力的最大数值及测量精密度的要求来选用。

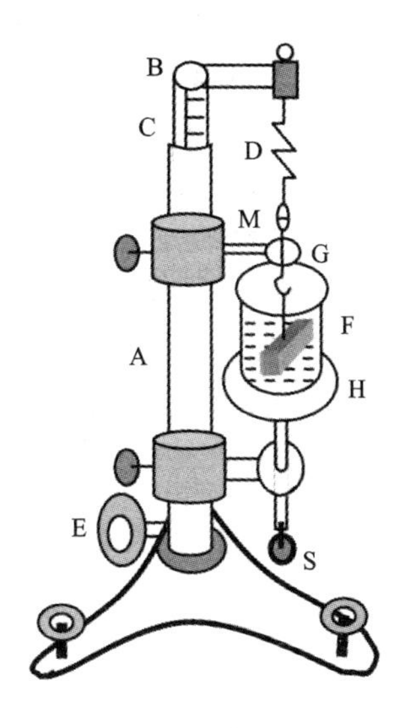

图 1-8a-1　焦利氏秤

【实验原理】

液体表面层内分子相互作用的结果使得液体表面自然收缩,犹如紧张的弹性薄膜。由于液面收缩而产生的沿着切线方向的力称为表面张力。假设液面上作一条长度为 L 的线段,线段两侧液面便有张力 f 相互作用,其方向与 L 垂直,大小与线段长度 L 成正比,即有

$$f=aL \tag{1-8a-1}$$

式中:比例系数 a 称为液体表面张力系数,其单位为 $N \cdot m^{-1}$。

将一表面洁净的长度为 L、宽度为 d 的矩形金属片(或金属丝)竖直浸入水中,然后慢慢提起一张水膜,当金属片将要脱离液面,即拉起的水膜将要破裂时,有

$$F=mg+f \tag{1-8a-2}$$

式中:F 为把金属片拉出液面时所用的力;mg 为金属片和带起的水膜的总重量;f 为表面张力。此时,f 与接触面的周围边界 $2(L+d)$,代入(1-8a-2)式中可得

$$a=\frac{F-mg}{2(L+d)} \tag{1-8a-3}$$

若用金属环代替金属片,则有

$$a=\frac{F-mg}{\pi(d_1+d_2)} \tag{1-8a-4}$$

式中:d_1、d_2分别为圆环的内、外直径。

实验表明,a 与液体种类、纯度、温度和液面上方的气体成分有关,液体温度越高,a 值越小;液体含杂质越多,a 值越小。只要上述条件保持一定,则 a 是一个常数,所以测量 a 值时要记下当时的温度和所用液体的种类及纯度。

【实验内容】

(1) 按照如图 1-8a-1 所示安装好仪器,挂好弹簧,调节三脚底座上的螺丝,使金属管 A、竖直弹簧 D 互相平行,并转动旋钮 E 使三线对齐,读出游标 0 线对应在 B 杆上刻度的数值 L_0。

(2) 测量弹簧的劲度系数 K。依次将质量为 1.0 g,2.0 g,3.0 g,…,9.0 g 的砝码加在下盘内。转动旋钮 E,每次都重新使三线对齐,分别记下游标 0 线所指示在 B 杆上的读数 L_1、L_2、…、L_9,用逐差法求出弹簧的劲度系数:

$$K_1=\frac{5g}{(L_5-L_0)},\quad K_2=\frac{5g}{(L_6-L_1)},\quad K_3=\frac{5g}{(L_7-L_2)},$$

$$K_4=\frac{5g}{(L_8-L_3)},\quad K_5=\frac{5g}{(L_9-L_4)}$$

$$\overline{K}=\frac{(K_1+K_2+\cdots+K_5)}{5} \tag{1-8a-5}$$

(3) 测$(F-mg)$值。将金属片(常用金属丝 U 形框)仔细擦洗干净,此时再放在酒精灯上烘烤一下,然后把它挂在砝码盘 F 下端的一个小钩子上,转动旋钮 E 使三线对齐,记下此时游标 0 线指示 B 杆上读数 S_0。把装有蒸馏水的烧杯置于平台 H 上,调节平台位置,使金属片浸入水中,转动 H 下端旋钮 S 使 H 缓缓下降,由于水的表面张力作用,上面已调好的三线对齐状态受到破坏,需要重新调整使三线对齐。然后再使 H 下降一点,重复刚才的调节,直到 H 稍微下降,金属片脱出液面为止,记下此时游标 0 线所指示的 B 杆上读数 S,算出$(S-S_0)$值,即为在表面张力作用下,弹簧的伸长量。重复测量五次,求出$(S-S_0)$的平均值$\overline{(S-S_0)}$,此时有

$$F-mg=\overline{K}\ \overline{(S-S_0)} \tag{1-8a-6}$$

式中:$\overline{K}$ 为(1-8a-5)式中所示弹簧的劲度系数。将(1-8a-6)式代入(1-8a-3)式中可得

$$a=\frac{\overline{K}\ \overline{(S-S_0)}}{2(L+d)} \tag{1-8a-7}$$

(4) 用卡尺测出 L、d 值,将数据代入(1-8a-7)式中即可算出水的 a 值。再测量蒸馏水的温度,可查出此温度下蒸馏水的标准值 a,并做比较。实验时应注意以下几点:

① 由于杂质和油污可使水的表面张力显著减小，所以务必使蒸馏水、烧杯、金属片保持洁净。实验前要对装蒸馏水的烧杯、金属片进行清洁处理，依次使用 NaOH 溶液→酒精→蒸馏水将以上用具清洗干净，烘干后备用。

② 清洁后的用具，切勿用手触摸，应用镊子取出或存放。

【数据处理】

自拟表格记录数据，并根据公式求出水的表面张力系数 a 的值[①]。

【思考题】

(1) 矩形金属片浸入水中，然后轻轻提起到底面与水面相平时，试分析金属片在竖直方向的受力。

(2) 分析(1-8a-2)式成立的条件，实验中应如何保证这些条件实现？

(3) 本实验中为何安排测$(F-mg)$，而不是分别测 F 和 mg？

---

① 水的表面张力系数 $a=(70-0.15t)\times10^{-3}\ \mathrm{N\cdot m^{-1}}$，$t$ 为摄氏度，此公式来源于《普通物理·热学》王正清主编，第272页。

实验 8(b) 液体表面张力系数的测定(毛细管法)

【实验目的】

用毛细管法测液体表面的张力系数。

【实验仪器】

毛细管、烧杯、温度计、显微镜、测高仪、纯净水银等。

【实验原理】

将毛细管插入无限广阔的水中,由于水对玻璃是浸润的,在管内的水面将形成凹面。已知液体的表面在其性质方面类似于一张紧张的弹性薄膜。当液体为曲面时,由于它有变平的趋势,所以弯曲的液面对于下层的液体施以压力,液面成凸面时,此时压力是正的;液面成凹面时,此时压力是负的,如图 1-8b-1 所示。在图 1-8b-2 中,毛细管中的水面是凹面,它对下层的水施加以负压,使管内水面 B 点的压强比水面上方的大气压强小,如图 1-8b-2(a)所示,而在管外的平液面处,与 B 点在同一水平面上的 C 点仍与水面上方的大气压强相等。当液体静止时,在同一水平面上两点的压强应相等,而现在同一水平面上的 B、C 两点压强不相等。因此,此时液体不能平衡,水将从管外流向管中使管中水面升高,直至 B 点和 C 点的压强相等为止,如图 1-8b-2(b)所示。设毛细管的截面为圆形,则毛细管内的凹水面可近似地看成半径为 r 的半环球面,若管内水面下 A 点与大气压的压强差为 Δp,则水面平衡的条件应当是

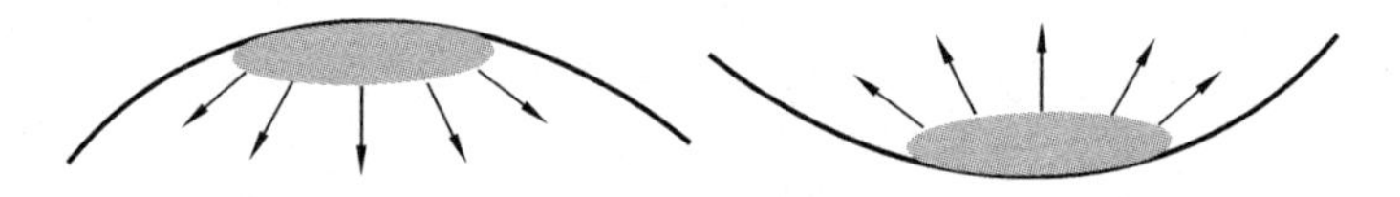

图 1-8b-1 液面

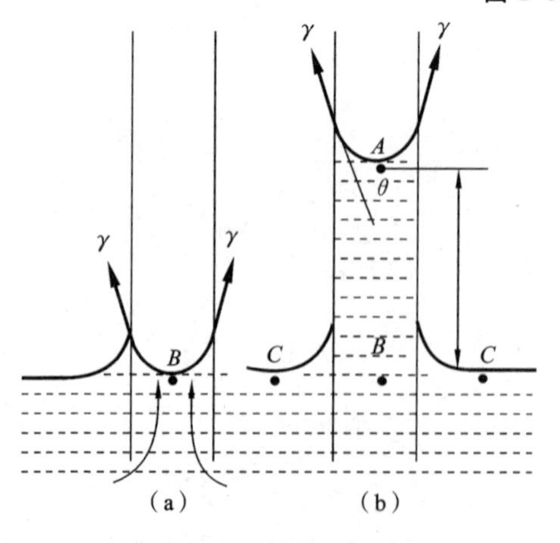

图 1-8b-2 液体表面压强

$$\Delta p \pi r^2 = 2\pi r \gamma \cos\theta \qquad (1\text{-}8b\text{-}1)$$

式中:r 为毛细管半径;θ 为接触角;γ 为表面张力系数。如果水在毛细管中上升的高度为 h,则有

$$\Delta p = \rho g h$$

式中:ρ 为水的密度。将此公式代入(1-8b-1)式,可得

$$\rho g h \pi r^2 = 2\pi r \gamma \cos\theta$$

$$\gamma = \frac{\rho g h r}{2\cos\theta} \qquad (1\text{-}8b\text{-}2)$$

对于清洁的玻璃和水,接触角 θ 近似为零,则

$$\gamma=\frac{1}{2}\rho ghr \tag{1-8b-3}$$

在测量时，h 为管中凹面最低点到管外水平液面的高度，而在此高度以上，在凹面周围还有少量的水，因此可以将毛细管中的凹面看成为半球形，所以凹面周围水的体积应等于

$$\pi r^2\cdot r-\frac{1}{2}\left(\frac{4}{3}\pi r^3\right)=\frac{1}{3}\pi r^3=\frac{r}{3}(\pi r^2)$$

即等于管中高为 $\frac{r}{3}$ 的水柱的体积。故上述讨论中的 h 值，应增加 $\frac{r}{3}$ 的修正值。于是公式(1-8b-3)可改为

$$\gamma=\frac{1}{2}\rho gr\left(h+\frac{r}{3}\right) \tag{1-8b-4}$$

在测量时，毛细管插入内半径为 r' 的圆柱形杯子的中心，如以 r'' 表示毛细管的外半径，则毛细管中水上升的高度 h 要比在无限广阔的液体中大些，因此要加一修正项，则公式(1-8b-4)可改为

$$\gamma=\frac{1}{2}\rho gr\left(h+\frac{r}{3}\right)\left(1-\frac{r}{r'-r''}\right) \tag{1-8b-5}$$

【实验内容】

(1) 将一弯钩形状并附有针尖的玻璃棒和毛细管夹在一起，并插入盛水的烧杯使毛细管壁充分浸润，放好烧杯使针尖在水面稍微下一点的地方，如图 1-8b-3 所示，在烧杯中插一个U形虹吸管，其下端的胶管上有一夹子，可使烧杯中的水一滴滴流出。从水面下方观察针尖及在水面中所成的针尖的像，在针尖及其像刚刚相接时，表示针尖正在水面处，拧紧虹吸管的夹子使水面稳定在这个位置。设置针尖的目的，是因为测量 h 时直接测量外液面的位置不易测准，如图 1-8b-3 所示，安置针尖后，可测量出针尖到毛细管中凹面的高度差，即为所求的 h 值。

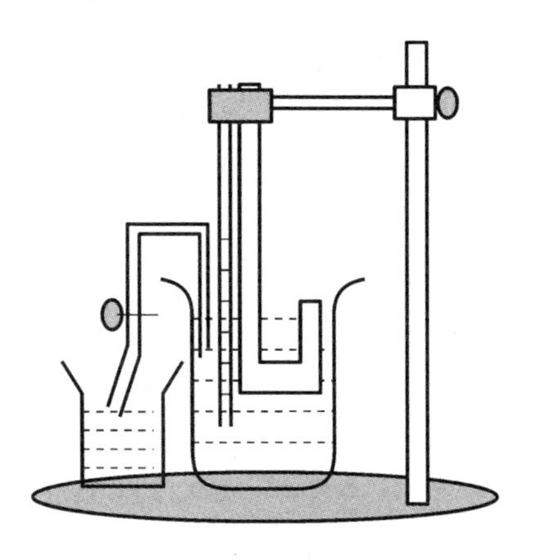

图 1-8b-3　实验装置

(2) 在毛细管前方 0.5～1 m 处安置测高仪，使其望远镜中十字丝横线在水平方向。通过望远镜观察毛细管及针尖，使二者都能在望远镜的视野中。上下移动望远镜使其十字线的横线刚好和毛细管中凹面的最低点相切，由测高仪上的游标读出望远镜的位置 a。然后轻轻移开烧杯(不要碰毛细管)，并向下平移望远镜，使十字丝横线和针尖刚好相接，此时望远镜的位置为 b，则 $h=|a-b|$。这一步骤要反复测 4 次。

(3) 测量水的温度 t(单位为℃)。

(4) 用显微镜测毛细管半径 r。将显微镜镜筒转到水平方向,毛细管也转到水平方向并使二者轴线一致。用显微镜对准毛细管管口,在聚焦之后,测其孔的直径。然后将毛细管转 90°再测量毛细管的直径,并在毛细管另一端管口也进行同样的测量。

(5) 实验中要注意以下几个方面。首先,实验时要特别注意清洁,不能用手接触水、毛细管的下半部和烧杯内壁。每次实验后要将毛细管浸在洗涤液中,实验前用蒸馏水充分冲洗,烧杯也要用酒精擦洗后再用纯净水冲洗好。其次,在步骤(2)中,在测量完毛细管中凹面位置之后移开烧杯时,要注意不能碰到毛细管及针尖。

【数据处理】

(1) 根据实验内容中步骤(4)可以求出平均半径 r。

(2) 计算在温度 t(单位为℃)时水的表面张力系数及其标准不确定度。在计算不确定度的时候,可以略去修正项的不确定度。

【思考题】

(1) 能否用毛细管法测量水银的表面张力系数?

(2) 为什么在本实验中特别强调清洁?

【附】

水的表面张力系数公认值:

$$\gamma=(75.6-0.14t)\times10^{-3}\ \mathrm{N\cdot m^{-1}}$$ [①]。

① 此式来源于赵家凤主编《大学物理实验》第 85 页。

实验9　弦线振动的研究

【实验目的】

(1) 观察横波在弦线上所形成的驻波波形。

(2) 验证弦线上的横波波长与弦线张力、密度的关系。

【实验仪器】

电动音叉、滑轮、弦线、砝码、钢卷尺、分析天平、坐标纸。

【实验原理】

由波动理论可以证明，横波沿着一条拉紧的弦线传播时，波速 v 与弦线的张力 T、线密度 μ(单位长度的质量)之间的关系为

$$v=\sqrt{\frac{T}{\mu}} \tag{1-9-1}$$

设 f 为弦线的波动频率，λ 为弦线上传播的横波波长，则根据 $v=f\lambda$ 和(1-9-1)式得

$$\lambda=\frac{1}{f}\sqrt{\frac{T}{\mu}} \tag{1-9-2}$$

对(1-9-2)式两边取对数，则有

$$\lg\lambda=\frac{1}{2}\lg T-\left(\lg f+\frac{1}{2}\lg\mu\right) \tag{1-9-3}$$

可见，在 f、μ 一定时，$\lg\lambda$ 与 $\lg T$ 成正比，即 $\lg\lambda$-$\lg T$ 图为一直线，其斜率为 $\frac{1}{2}$，截距 $b=-\left(\lg f+\frac{1}{2}\lg\mu\right)$；在 f、T 一定时，$\lg\lambda$-$\lg\mu$ 图也为一直线，其斜率为 $-\frac{1}{2}$，截距 $c=\frac{1}{2}\lg T-\lg f$。为验证 λ 与 T、μ 的关系，并测出频率 f，本实验采取在弦线中形成驻波的方法。

实验装置如图 1-9-1 所示，将弦线的一端固定在电动音叉的一个叉子的顶端，另一端绕过滑轮系在载有砝码的砝码盘上。闭合 K 后，调节音叉断续器的接触点螺丝 k′，使音叉维持稳定的振动，并将其振动沿弦线向滑轮一端传播，形成横波。当横波到达 B 点后产生反射，由于前进波与反射波能够满足相干条件，在弦线上形成驻波，而任意两个相邻的波节(或波腹)之间的距离都为波长的一半。若调节弦线的长度 l 或张力 T，使驻波振幅最大且稳定，在理论上可以证明 $l=\frac{\lambda}{2}n$，其中 n 为半波长的波段数(简称半波数)，由此可得波长为

$$\lambda=\frac{2l}{n} \tag{1-9-4}$$

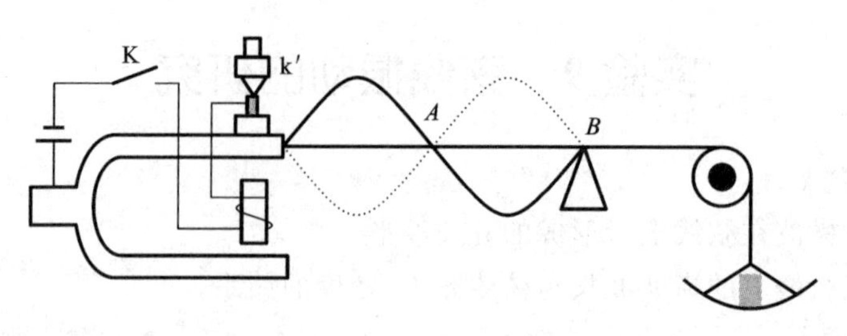

图 1-9-1 实验装置

实验中测出不同张力 T 时的 l 和 n,用(1-9-4)式求出对应波长 λ,通过作 $\lg\lambda$-$\lg T$ 图,验证 λ 与 T 的关系;改用 μ 不同的弦线,测出 T、l、n、f(为音叉固有频率),代入(1-9-4)式和(1-9-2)式又可验证 λ 与 μ 的关系。

【实验内容】

1. 观察驻波的形成和波形、波长的变化

(1) 安装调试实验装置。如图 1-9-1 所示,接通电源后,调节螺丝 k′,使音叉振动。

(2) 改变弦线长(移动音叉)或砝码质量,使之产生振幅最大且稳定的驻波,通过多次改变,观察波形、波长的变化情况。

2. 验证 λ 与 T 的关系

(1) 保持弦线长 l 基本不变,不断改变砝码质量,测出振幅最大且稳定的数值,并测出让半波数 $n=5$、4、3、2、1 时所对应的张力 T(T 等于砝码和砝码盘的总重量)及弦线长。

(2) 用分析天平称出弦线的质量 m。

3. 验证 λ 与 μ 的关系

改用不同线密度的弦线,在相同张力下,测出对应的 l、n(详细步骤自拟)。

【数据处理】

1. 验证 λ 与 T 的关系,并用作图的方法求出 f

(1) 把实验内容 2 中的数据填入自拟的表格内。

(2) 根据(1-9-4)式求出不同张力下的波长。

(3) 用坐标纸作 $\lg\lambda$-$\lg T$ 图,分析图线,并得出结论。

(4) 根据图线来求出直线的截距 b;由 $\mu=m/l$ 求弦线密度;利用 $b=-\left(\lg f+\frac{1}{2}\lg\mu\right)$ 求出 f,并与音叉频率标称值比较,求出相对误差。

2. 验证 λ 与 μ 的关系

利用(1-9-2)式和(1-9-4)式分别求出不同条件下的 μ,通过比较,得出结论。

【思考题】

(1) 本实验中，改变音叉频率，会导致波长变化还是波速变化？改变弦线长时，频率、波长、波速中哪个量随之变化？改变砝码质量情况又怎样？

(2) 调出稳定的驻波后，欲增加半波数的个数，应增加砝码还是减少砝码？是增长还是缩短弦线长？

实验 10 金属比热容的测定

【实验目的】

(1) 学会最基本的测量热量的方法——混合法。

(2) 测量金属的比热容。

(3) 学习热学实验中系统散热带来的误差的修正方法。

【实验仪器】

量热器、温度计(0～50 ℃,准确到 0.1 ℃)、加热器、待测金属块、细线、物理天平、秒表、小量筒。

【实验原理】

温度不同的物体混合之后,热量从高温物体传给低温物体,若在混合过程中,与外界无热量交换,最后将达到一个稳定的平衡温度。在这期间,高温物体放出的热量等于低温物体吸收的热量,称为热平衡原理。将质量为 m_x、温度为 T_1、比热容为 c_x 的金属块,投入量热器内筒中(设其与搅拌器的热容量为 C_1)。量热器的内筒装入水的质量为 m_0,其比热为 c_0,初温为 T_2,与金属块混合后的温度为 T_3,温度计插入水中部分的热容量设为 C_2。根据热平衡原理,列出平衡方程:

$$m_x c_x (T_3 - T_1) = (m_0 c_0 + C_1 + C_2)(T_2 - T_3) \tag{1-10-1}$$

由此可得金属块的比热:

$$c_x = \frac{(m_0 c_0 + C_1 + C_2)(T_2 - T_3)}{m_x (T_3 - T_1)} \tag{1-10-2}$$

量热器和搅拌器多由相同物质制成,查表可求得其比热容 c_1,并算出 $C_1 = m_1 c_1$,其中 m_1 是量热器的内筒和搅拌器的总质量;而 $C_2 = 1.9\ V\ \mathrm{J \cdot ℃^{-1}}$,$V$ 是温度计插入水中的体积,单位是 $\mathrm{cm^3}$。只要测出 m_0、m、T_1、T_2、T_3 的值,则可由(1-10-2)式求得待测金属块的比热 c_x 的值。

在上述混合过程中,实际上系统总要与外界交换热量,这就破坏了(1-10-1)式的成立条件。为消除影响,需要采用散热修正。本实验中热量散失的途径主要有以下三个方面。第一,若用先加热金属块投入量热器的混合法,则投入前有热量损失,且这部分热量不易修正,只能用尽量缩短投放时间来解决。第二,将室温的金属块投入盛有热水的量热器中,混合过程中量热器向外界散失热量,由此造成混合前水的温度与混合后水的温度不易测准。为此,绘制水的温-时曲线,根据牛顿冷却定律来修正温度。其方法如下:若在实验中作出水的温-时曲线如图 1-10-1 所示,AB 段表示混合前量热器及水的冷却过程,BC 段表示混合过程, CD 段表示混合后冷却过程。通过 G 点作与时间轴垂直的一条直线交 AB、CD 的延长线于 E 点和 F 点,使 BEG 的面积与 CFG 的面积相等,这样,E 点和 F 点对应的温度就是热交换进行无限快的温度，即没有热量散失时混合前后的初温就是热交换进行无限快的温度，亦即没有热量散失时混合前后的温度。第三，量热器表面若有水滴附着，会使其蒸发而散失较多的热量，可以在实验前使用干燥毛巾擦净量热器而避免。

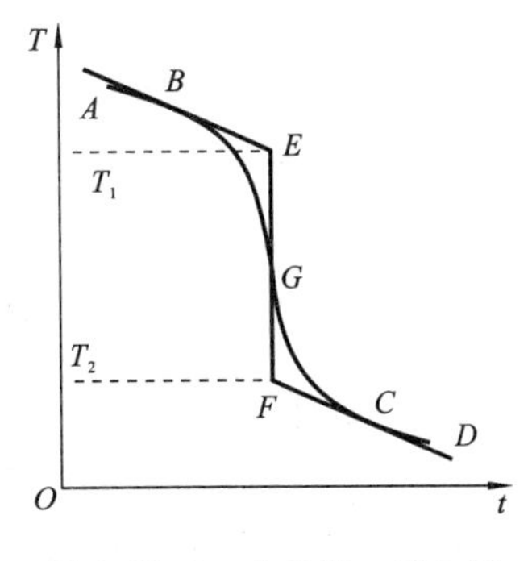

图 1-10-1　水的温—时曲线

【实验内容】

待测金属块与水混合可有多种方法，本实验采用将室温的金属块投入盛有温水的量热器中的混合方法，其散热修正采用上述修正的方法。

(1) 测出室温 T_1，测量待测金属块的质量 m_x。

(2) 擦净量热器的内筒，称量它和搅拌器的质量 m_1，然后倒入高于室温 20～30 ℃ 的水，迅速将绝热盖盖好，插入温度计和搅拌器，不断搅动搅拌器，并启动秒表，每隔一分钟读一次温度数值，在混合前可测量读取数值 8 次(8 分钟)。

(3) 把系有细线的金属块迅速投入量热器内，使其悬挂浸没在水中，盖好盖子，继续搅动搅拌器，开始时每隔 15 秒记录一次温度；2 分钟后，每隔一分钟记录一次，记录 8 次。

(4) 取出量热器的内筒，称其总质量并减去 $m+m_1$，即为水的质量 m_0。

(5) 小量筒测出温度计浸入水中的体积 V_0，然后另换温水，重复上述实验一次。

(6) 实验时应注意：

① 本实验的误差主要来自温度的测量，因此在测量温度时要特别注意，读数迅速且准确(准确到 0.1 ℃)；

② 倒入量热器中的温水不要太少，必须使投入的金属块悬挂浸没在其中。

【数据处理】

(1) 将实验中测出的各个数值填入下表(见表 1-10-1)。

表 1-10-1　实验数据

前 8 分钟				中间 2 分钟				后 8 分钟			
次	T/℃	次	T/℃	次	T/℃	次	T/℃	次	T/℃	次	T/℃
1		5		1		5		1		5	
2		6		2		6		2		6	
3		7		3		7		3		7	
4		8		4		8		4		8	

m_0/kg	m/kg	m_1/kg	C_0/(J·℃$^{-1}$)	C_1/(J·℃$^{-1}$)	V/cm^3

(2) 使用坐标纸，绘制温—时曲线，进行散热修正，确定 T_2、T_3 的数值。

(3) 将各个测量数值代入(1-10-2)式，求得 C_x，再根据重复实验值取平均值。

(4) 从附表中查出所用金属快的比热值作为标准值，按公式求出实验的相对误差，即

$$E=\frac{\text{测量值}-\text{标准值}}{\text{标准值}}\times 100\%$$

【思考题】

(1) 混合法的理论依据是什么?

(2) 分析实验中哪些因素会引起系统误差。测量时怎样才能减小实验误差?

(3) 若采用预先加热金属块投入低于室温的水中混合的方法，本实验应怎样设计和进行操作?

(4) 如果混合前金属块和水的温度都在变化，其初温应怎样测量? 出现这种情况对实验有何影响? 应怎样避免?

【附】

温　度　计

温度计由玻璃和水银制成，玻璃的比热容为 0.19 cal/(g · K)，密度为 2.5 g/cm^3。水银的比热容为 0.033 cal/(g · K)，密度为 13.6 g/cm^3，因而 1 cm^3 玻璃的热容量为

$$0.19\times 2.5=0.47\ (\mathrm{cal/K})$$

这相当于 0.47 g 水的热容量，称作水的当量热容。1 cm^3 水银的热容量为

$$0.033\times 13.6=0.45\ (\mathrm{cal/K})$$

两者差别不大，取平均值为 0.46 cal/K，若浸入水中温度计的体积为 V cm^3，则其水的当量热容为

$$C=0.46V\ (\mathrm{cal/K})$$

实验11　水的汽化热的测定

【实验目的】

(1) 用混合量热法测定水在大气压强下的汽化热。

(2) 熟练掌握量热器及物理天平的使用方法。

(3) 了解一种粗略修正散热的方法——抵偿法。

(4) 分析实验中产生误差的原因，并提出减小误差的方法和措施。

【实验仪器】

DM-T数字温度计、LH-1量热器、WL-1物理天平、烧瓶、电炉、秒表、毛巾。

【实验原理】

本实验采用混合量热法进行测量。其原理如下：把待测系统A和一个已知热容的系统B混合起来，并设法使它们形成一个与外界没有热量交换的孤立系统M($M=A+B$)。这样系统A(或系统B)所放出的热量，全部为系统B(或系统A)所吸收。因为已知热容的系统在实验过程中所传递的热量Q，是可以由其温度的改变ΔT和热容C计算出来，即$Q=C\Delta T$，因此待测系统在实验过程中所传递的热量也就知道了。

综上所述，保持实验系统为孤立系统是混合量热法所要求的基本实验条件。本实验采用量热器，使待测系统和已知热容的系统合二为一，组成一个近似绝热的孤立系统。量热器的种类很多，随测量的目的、要求、精度的不同而异。本实验所用量热器如图1-11-1所示，它是由良导体(铁)做成的内筒与外筒相套而成。通常在内筒中放水、待测物体和温度计，这些装置和材料一起组成实验所需的热力学系统。量热器内外筒之间填充绝热泡沫，合上绝热盖可阻隔内部与外界的空气对流，由于空气是热的不良导体，所以内外筒之间借热传导方式传递的热量可降至很小。同时，由于内外筒的表面都有光亮的电镀层，使得它们发射或吸收辐射热的本领变得很小，因此使实验系统和外界环境之间因辐射而产生的热量交换降至很小。上述条件保证了实验系统成为一个近似绝热的孤立系统。

在一定的外部压强下，液体总是在一定的温度下沸腾，在沸腾过程中，哪怕对它继续加热，液体的温度并不会升高。由此可见，在把液体变为气体的过程中，要吸收热量。为此引进汽化热这个物理量，来表示在一定温度及压强下，单位质量的液体变为同温度的气体所需要的热量，即

$$L=\frac{Q}{m}$$

反过来，当气体重新凝结成液体时就会放出热量。所放出的热量跟等量的液体在同一条件下汽化时所吸收的热量相同，即汽化热=凝结热。

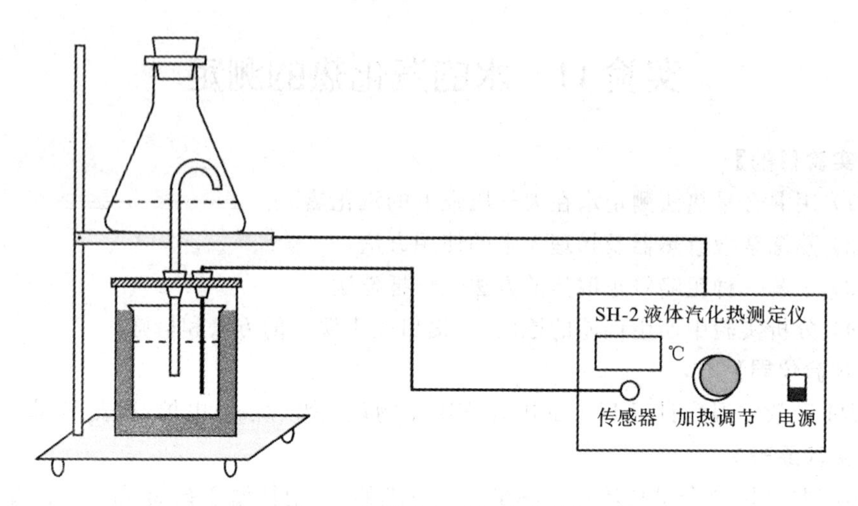

图 1-11-1 液体汽化热测定仪整机图

由此,本实验通过测定出水蒸气在常压条件下凝结热,并根据上式,间接得到水在沸点(100 ℃)时的汽化热。

温度为 T_2 的蒸汽从发生器出来,经玻璃管进入量热器内筒中凝结成水,并放出热量,使量热器内筒和水的温度由初温 T_1 升到 θ。设凝结成水的蒸汽质量为 m(比热容为 c),蒸汽温度由 T_2 变到 θ 经过了中间转化过程,那就是温度为 T_2 的水蒸气首先转化成同温度的水,同时放出热量,即凝结热 mL;然后 T_2 的水再与冷水混合,最终达到热平衡,平衡温度为 θ,这时要放出的热量为 $mc(T_2-\theta)$。总的放热量就是

$$Q_{放}=mL+mc(T_2-\theta) \tag{1-11-1}$$

设量热器和水的质量分别为 m_1、M,比热容分别为 c_1、c,则量热器、水所得到的热量(不考虑系统的对外散热):

$$Q_{吸}=(m_1c_1+Mc)(\theta-T_1)$$

由热平衡方程式知

$$Q_{放}=Q_{吸}$$

则

$$L=\frac{(m_1c_1+Mc)(\theta-T_1)-mc(T_2-\theta)}{m} \tag{1-11-2}$$

上述讨论是假定量热器与外界无热量交换时的结论,实际上只要有温度的差异就必然有热交换的存在。在本实验中,热量的散失主要是蒸汽通过盛有水的量热器,在混合过程中量热器向外散失的热量,因此需要进行散热修正。在系统与环境的温差不大时,一般依据牛顿冷却定律进行粗略的散热修正,即抵偿法。其基本思想是设法使系统在实验过程中能从外界吸热以补偿散热损失。

牛顿冷却定律指出,系统的温度 T_S 如果略高于环境温度 θ(温差不超 15 ℃),系

统热量的散热速率与温度差成正比，其数学表达式为

$$\frac{dQ}{dt}=K(T_S-\theta)$$

其中，K 为散热常数，与量热器表面积成正比并随表面吸收或发射热辐射的多少而变。所以在实验过程中，系统吸热或散热的多少主要由温度差决定。

一般情况下，选择系统的初温 T_1 和末温 T 与环境温度 θ 之差的绝对值近似相等，即

$$\theta-T_1=T-\theta$$

这样可以使散热大致得到补偿。本实验为了使系统的初温 $T_1<\theta$，量热器需预装温度低于室温的水，通过控制所用水和水蒸气的质量和初温，满足抵偿法条件，使实验过程中系统对外界的吸热和散热相互抵消，从而获得较为准确的实验结果。

另外一种散热修正的方法是外推法，在处理数据时把系统的热交换外推到无限快的情况（即系统没有吸热放热），从而得出系统的初、末温度。下面用外推作图得到混合时刻的系统初温 T_1 和热平衡温度 θ。水的温度随时间变化曲线，如图 1-11-2 所示，AB 段表示混合前量热器及水的缓慢升温过程；BC 段表示混合过程；CD 段表示混合后的冷却过程。如过某点 G 作与时间轴垂直的一条直线交 AB、CD 的延长线于 E 和 F 点，并使其与实测曲线 BC 所围面积 BEG 和面积 CFG 相等，这样，E 点和 F 点对应的温度就是热交换进行无限快时的温度，即没有热量散失时混合前、后的初温 T_1 和末温 θ（平衡温度）。

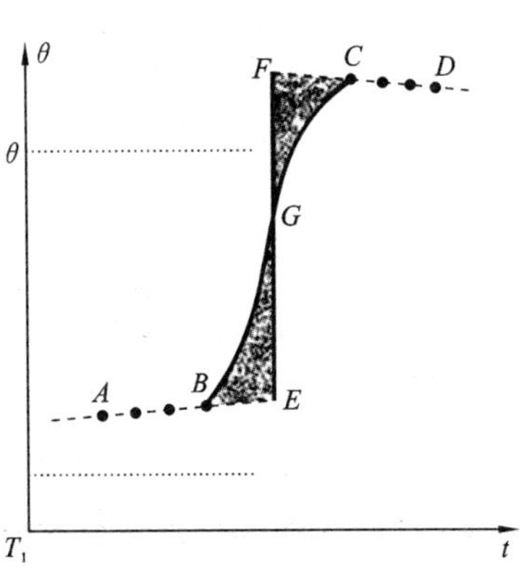

图 1-11-2　外推法散热修正

【实验内容】

(1) 打开汽化热测定仪电源开关和加热调节旋钮，给盛有水的蒸汽发生器加热。加热调节旋钮顺时针旋开，转至最大再回转 5°～10°，保证仪器安全。

(2) 记录室温 $\theta_{室}$。

(3) 用天平称量热器内筒质量 m_1。

(4) 内筒中装入适量的预先备好的冷水（约低于室温 10 ℃，占内筒容积 2/3），用天平称得内筒和水的质量 m_1+M。

(5) 将内筒置于量热器中，盖好盖子，插好温度计，然后开始实验，观察并记录温度变化（如每隔 10 s 记录一个数据），记录 6～8 个点，初步确定初始温度 T_1。

(6) 估算平衡温度 $\theta'=2\theta_{室}-T_1$。此值在以下操作中做参考用。

(7) 待蒸汽发生器内的水完全沸腾，达到沸点的蒸汽从管口喷出，将量热器置于

升降平台中心,管口对准盖中心孔。插入前先擦干出汽口的水滴,防止掉入内筒,再记下水的初温 T_1。

(8) 小心上移平台,使管口没入水面以下,从而使蒸汽凝结并与筒内冷水混合完成热交换。当温度接近估算的平衡温度 θ' 时,关闭加热装置,移下量热器,每隔 10 s 记录一个数据,待温度随“热惯性”升至最高值时,即为实测的平衡温度 θ。

(9) 用天平称出汽后内筒和水的总质量 M_1。蒸汽质量为 $m=M_1-(M+m_1)$。

(10) 实验完毕,整理仪器、处理数据。

【实验数据】

1. 数据表格

实验数据如表 1-11-1 和表 1-11-2 所示。

表 1-11-1 测量数值

名称	内筒质量	内筒+水质量	汽化后总质量	初始温度	终末温度	环境温度	沸点温度
符号单位	m_1/kg	$M+m_1$/kg	M_1/kg	T_1/℃	θ/℃	$\theta_{环}$/℃	T_2/℃
数值							

表 1-11-2 停止加热后温度随时间的变化

次数	1	2	3	4	5	6	7	8	9	10
温度/℃										

2. 计算水的汽化热及其相对误差和不确定度

(1)已知参数。

水的比热容 $c=4.186\times10^3$ J/(kg·℃),内筒(铁)的比热容为 $c_1=0.448\times10^3$ J/(kg·℃),水的汽化热参考值 $L_{理}=2.2597\times10^6$ J/kg。

(2) 水的汽化热的实验值。

(3) 水的汽化热的相对误差。

【思考题】

(1) 混合量热法所要求的基本实验条件是什么?本实验是如何得到满足的?

(2) 本实验中的“热力学系统”是由哪些组成的?

(3) 蒸汽通入量热器之前应做好哪些准备工作?温度达到多少时停止通入蒸汽?

(4) 是否可以在开始时将蒸汽导管通入量热器?为什么?

(5) 进入量热器中的水蒸气混入一些水滴时,对实验有何影响?应该怎样进行修正?

思考题

实验 12　金属线胀系数的测定

【实验目的】

掌握利用光杠杆测定线胀系数的方法。

常用金属材料的线胀系数

【实验仪器】

线胀系数测定仪(附光杠杆)、望远镜直横尺、钢卷尺、气压计(共用)、温度计(50～100 ℃,准确到 0.1 ℃)、游标卡尺。

【实验原理】

(1) 金属线胀系数的测定及其测量方法。

固体的长度一般是温度的函数,在常温下,固体的长度 L 与温度 t 有如下关系:

$$L=L_0(1+\alpha t+\beta t^2+\cdots) \tag{1-12-1}$$

式中:L_0 为固体在 $t=0$ ℃时的长度;α、β 是和被测物体有关的常数,都为很小的数值,而 β 及后续 t 的高阶次项系数与 α 相比更小,常温下可以忽略,则(1-12-1)式可写成

$$L=L_0(1+\alpha t) \tag{1-12-2}$$

其中 α 称为线胀系数,其数值与材料性质有关,单位为$℃^{-1}$。

设物体在 t_1℃时的长度为 L,当温度升到 t_2℃时增加了 ΔL。根据(1-12-2)式可以写出

$$L=L_0(1+\alpha t_1) \tag{1-12-3}$$

$$L+\Delta L=L_0(1+\alpha t_2) \tag{1-12-4}$$

将(1-12-3)式、(1-12-4)式中消去 L_0 后,再经简单运算得

$$\alpha=\frac{\Delta L}{L(t_2-t_1)-\Delta L t_1} \tag{1-12-5}$$

由于 $\Delta L \ll L$,故(1-12-5)式可以近似写成

$$\alpha=\frac{\Delta L}{L(t_2-t_1)} \tag{1-12-6}$$

显然,固体线胀系数的物理意义是当温度变化 1 ℃时,固体长度的相对变化值。在(1-12-6)式中,L、t_1、t_2 都比较容易测量,但 ΔL 很小,一般长度仪器不易测准。本实验中采用光杠杆和望远镜标尺组对其进行测量。关于光杠杆和望远镜标尺组测量微小长度变化原理可以如图 1-12-1 所示进行推导。

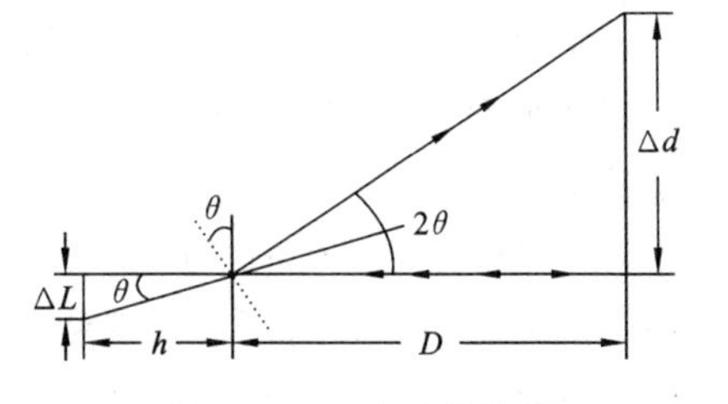

图 1-12-1　实验简易图

由图 1-12-1 中可知,$\mathrm{tg}\theta=\Delta L/h$,反射线偏转了 2θ,$\mathrm{tg}2\theta=\Delta d/D$,当 θ 角度很小时,$\mathrm{tg}2\theta\approx 2\theta$,$\mathrm{tg}\theta\approx\theta$,故有 $2\Delta L/h=\Delta d/D$,即

$$\Delta L=\Delta dh/2D \quad 或\ \Delta L=(d_2-d_1)h/2D \tag{1-12-7}$$

(2) 测量装置简介。

如图 1-12-2 所示，待测金属棒直立在仪器的大圆筒中，光杠杆的后脚尖置于金属棒的上顶端，两个前脚尖置于固定平台的凹槽内。

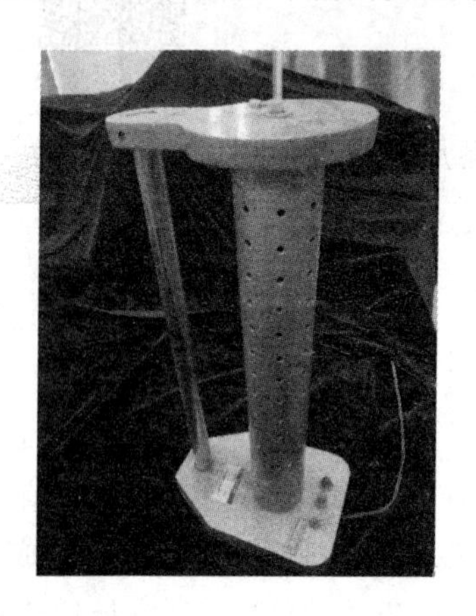

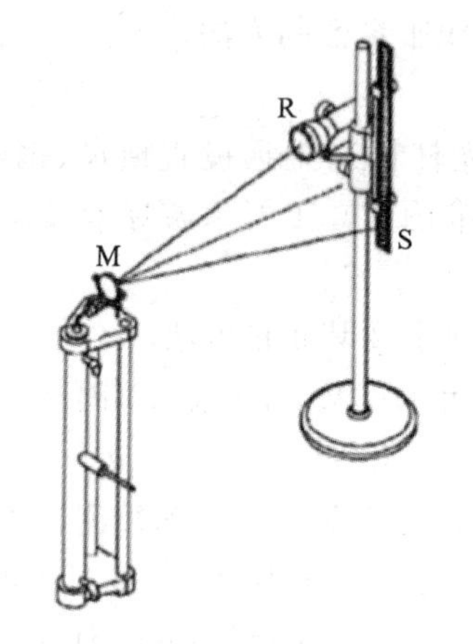

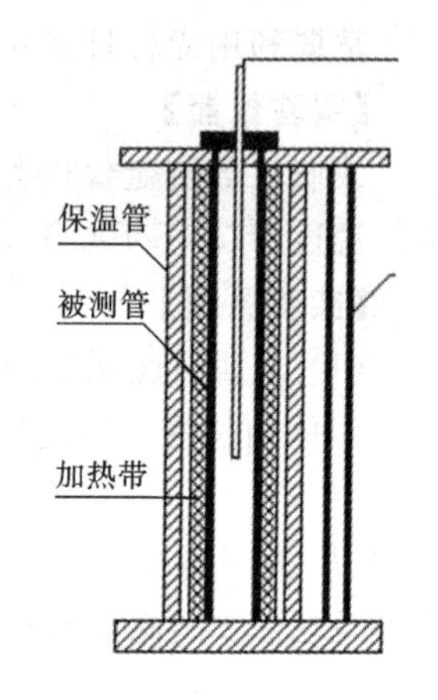

图 1-12-2　金属线胀系数实验装置

当温度为 t_1 时，通过望远镜和光杠杆的平面镜，看到标尺上的刻度 d_1 恰好与目镜中十字横线重合；当温度升到 t_2 时，与十字横线重合的是标尺的刻度 d_2，则根据光杠杆原理可得

$$\alpha=\frac{(d_2-d_1)h}{2DL(t_2-t_1)} \tag{1-12-8}$$

【实验内容】

(1) 在室温中，用米尺六次测量待测金属棒的长度 L，并取平均值，然后将其插入仪器的大圆柱形筒中。注意，棒的下端点要和基座紧密接触。

(2) 插入温度计，小心轻放，以免损坏。

(3) 望远镜和标尺的粗调。将光杠杆放置到仪器平台上，其后脚尖踏到金属棒顶端，前两脚尖踏入凹槽内。平面镜镜面要调到竖直方向。移动望远镜支架，使望远镜物镜靠近光杠杆平面镜，调节望远镜夹持架使二者等高。移动望远镜和标尺支架，使望远镜置于光杠杆前约 1 m 距离处，标尺调到竖直方向。眼睛视线从望远镜准星出发到达平面镜，能够看到平面镜中标尺的像，且移动望远镜支架，使标尺像处于平面镜的中间。

(4) 望远镜和标尺的细调。调节望远镜的目镜调焦手轮，眼睛能看清十字分划板。以远离观察者方向调节物镜调焦手轮，使望远镜对远处物体成像，慢慢回调物镜调焦手轮，依次能看清近处物体的像。当视野中出现标尺的像时，再精细调节目镜调焦手轮和物镜调焦手轮，使眼睛能同时看清标尺像和十字分划板。在左右上下等各个方向稍稍移动眼睛，若标尺像相对于十字分划板没有移动，则说明标尺像与十字分划板之间无视差。记下此时标尺的读数 d_1。

(5) 记下初温 t_1 后，给仪器通电加热，待温度计的读数稳定后，记下温度 t_2 以及望远镜中标尺的相应读数 d_2。

(6) 停止加热。用钢卷尺测出光杠杆镜面到标尺的距离 D。取下光杠杆放在白纸上轻轻压出三个足尖痕迹，用铅笔通过前两足迹连成一直线，再由后足迹引到此直线的垂线，用游标卡尺测出垂线段的长度，即光杠杆的前后足之间的距离 h。

(7) 取出金属棒，待金属筒冷却之后安装另一根金属棒并重复以上的测量。

(8) 按(1-12-8)式求出二金属的线胀系数，并求出测量结果标准不确定度。

【数据处理】

(1) 把测得的数据代入(1-12-8)式，计算出 α 值。

(2) 将 α 的测量值与实验室给出的真值相比较，求出百分误差。

测量	次数	L/cm	h/cm	D/m	t_1/℃	t_2/℃	d_1/cm	d_2/cm	α/℃$^{-1}$
测量值	1								
	2								
	3								
	4								
	5								
	6								
平均值									

【注意事项】

(1) 因通入加热带的电压比较高，金属线胀系数仪要可靠接地，为了保障安全，仪器需由专业人员维修。

(2) 做实验时，放光杠杆时要小心，以免打碎光杠杆。

(3) GXZ-2 金属线胀系数仪的保险需要更换时，必须将电源线断开。保险管安装在电源插座内，更换的保险管电流值不能太大，要与原保险相同。

(4) GXZ-2 金属线胀系数仪做实验时，因加温时温度上升的速度不好控制，可选择降温做实验，实验误差将比较小。

【思考题】

(1) 本实验所用仪器和用具有哪些？如何将仪器安装好？操作时应注意哪些问题？

(2) 调节光杠杆的程序是什么？在调节中要特别注意哪些问题？

(3) 分析本实验中各物理量的测量结果，哪一个对实验误差影响较大。

(4) 根据实验室条件你还能设计一种测量 ΔL 的方案吗？

第2章 电磁学实验

电磁学是现代科学技术的重要基础之一,在此基础上发展起来的电工技术和电子技术不仅广泛应用于农业、工业、通讯、交通、国防以及科学技术的各个领域,并且已经深入到家用设备,对国计民生有着十分重要的意义。掌握电磁学实验研究的基本方法已成为各学科领域的基本要求。

电磁学从其建立之初就是一门实验科学。很早以前,人们就发现了毛皮擦过的琥珀能吸引轻微物体。后来,随着著名的库仑定律、安培定律等实验定律的提出,电磁学逐渐形成了日益完整的理论体系。现代的电磁学实验尽管所用的仪器设备已经很复杂、精密,但仍然是人们观察研究电磁现象,学习理论知识的重要途径,并通过这些实验掌握各种电磁测量的基本技能。

电磁学实验包括,基本电磁量的测量方法及主要电磁测量仪器仪表的工作原理和使用方法两个部分。但是不同性质的电磁量的测量有很大差异,所用仪器也千差万别。下面简单介绍电磁测量的方法、电磁学实验中常用的一些仪器及电磁学实验中一般应遵循的操作规则。

一、电磁测量的方法

1. 电磁测量的作用、特点和内容

1)电磁测量的作用

物理实验是物理学的基础,是物理教学的一个重要环节。电磁学实验是物理实验中一个重要组成部分,它可以使学生在实验室中对电磁学的基本规律、基本现象进行观察、分析和测量。

电磁测量在测量技术中占有重要的地位。电磁测量的方法是测量技术中的基本方法,电磁测量仪器、仪表是其基本的测量器具,在测量技术领域中,都不同程度地使用电磁测量仪器、仪表。

电磁测量的范围很广泛,尤其是近年来随着科学技术的发展,电磁测量技术突飞猛进,测量仪器的制造工艺不断改进,使电磁学实验内容更加丰富。电磁测量可以实现各种电磁量和电路元件特性的测量,还可以通过各种传感器,将各种非电量转换为电量进行测量。

电磁测量在物理学和其他科学领域中获得了极其广泛的应用,已经成为科学研究及工农业生产的强有力的手段。

2）电磁测量特点

电磁测量之所以成为科研与现代生产技术的重要基础，是因为它具有以下几个特点。

(1) 测量精度高。特别是从1990年起，电学计量体系的基准从实物基准过渡到量子基准，从而可以利用这些量子标准来校准电子测量仪器，使电子仪器与测量技术的精确度达到接近理论值的水平。例如，数字式电压表的分辨率可达 10^{-9} V。

(2) 反应迅速。电子仪器与电子测量速度是很快的，也就是说响应时间很短。

(3) 测量范围大。电子仪器的测量数值范围和工作的量程是很宽的。例如，数字电压表的量程可达 10^{11} V以上，数字欧姆表可测范围为 10^{-5} Ω至 10^{17} Ω。

(4) 可进行遥控，实现远距离测量。

(5) 可实现自动化测量。

(6) 非电量可以通过传感器转换为相应的电磁量进行测量。

3）电磁测量的内容

电磁测量的内容非常广泛，包括以下几个方面。

(1) 电磁量的测量。例如，电压、电流、电功率、电场强度、介电常数、磁感应强度、磁导率等的测量。

(2) 信号特性的测量。例如，信号频率、周期、相位、波形、逻辑状态等的测量。

(3) 电路网络特性的测量。例如，幅频特性、相移特性、传输系数等的测量。

(4) 电路元器件参数的测量。例如，电阻、电容、电感、耗损因数、Q值、晶体管参数等的测量。

(5) 电子仪器性能的测量。例如，仪器仪表的灵敏度、准确度，输入、输出特性等的测量。

(6) 各种非电量(如温度、位移、压力、速度、重量等)通过传感器转化为电学量的测量。

2. 电磁测量的方法

电磁测量的内容很丰富，测量的方法也很多，如一个物理量，常可以通过不同的方法来测量。

1）测量方法的分类

电磁测量的方法很多，分类方式也各不相同，除了可分为大家所熟悉的“直接测量法”和“间接测量法”以外，还常将电磁测量方法分为“直读测量法”和“比较测量法”两大类。

(1) 直读测量法。

直读测量法是根据一个或几个测量仪器的读数来判定被测物理量的值，而这些测量仪器是事先按被测之量的单位或与被测之量有关的其他量的单位而分度的。

直读测量法又可以分为两种。一种是直接测量法(或称直接计值法)。例如，用安培表测量电流,用伏特表测量电压,用欧姆表测量电阻。测量仪器中,安培表、伏特表和欧姆表的刻度尺是分别按安培、伏特和欧姆事先分度的。在这种情况下,被测量的大小直接从仪器的刻度尺上读出,它既是直读法又是直接测量法。另一种是间接测量法(或称间接计值法)。例如,利用部分电路欧姆定律 $R=V/I$,用安培表直接测量流过待测电阻的电流 I,用伏特表直接测量电阻两端的电压 V,然后间接计算出电阻值 R。这种方法使用的仍然是直读式仪器,而被测的量 R 是由函数关系 $R=V/I$ 计算得到的。

直读测量法由于方法简单,被普遍采用,但是由于其准确度比较低(相对于比较法),因此适用于对测量结果要求不是十分准确的各种场合。

(2) 比较测量法。

比较测量法是将被测的量与该量的标准量做比较而决定被测的量值的方法。这种方法的特点是在测量过程中要有标准量参加工作。例如,用电桥测量电阻,用电位差计测量电压的方法都是比较法。

比较测量法也有直接测量和间接测量两种,被测的量直接与它的同种类的标准器相比较就是直接比较法。例如,某一电阻与标准电阻相比较就是直接比较法。间接比较法是利用某一定律所代表的函数关系,用比较法测量出有关量,再由函数关系计算出被测量的值。例如,用比较法测出流经标准电阻 R_S 上的电压 V,再利用欧姆定律 $I=V/R_S$ 算出电流强度 I 的大小,就是间接比较法。

比较测量法又分为三类。

① 零值测量法。

它是被测的量对仪器的作用被同一种类的已知量的作用相抵消到零的方法。由于在比较时,电路处于平衡状态,所以这种方法又称为平衡法。例如,用电位差计测量电池的电动势时,就是用一已知的标准电压降和被测电动势相抵消,从已知标准电压降的电压值可得被测电动势的值。零值法的误差取决于标准量的误差及测量的误差。

② 差值测量法。

它也是被测的量与标准量做比较,不过被测的量未完全平衡,其值由这些量所产生的效应的差值来判断。差值法的测量误差取决于标准量的误差及测量差值的误差,差值越小,则测量差值的误差对测量误差的影响越小。差值测量法所用的仪器有非平衡电桥、非完全补偿的补偿器等。

③ 替代测量法。

将被测的量与标准量先后代替接入到一测量装置中,在保持测量装置工作状态不变的情况下,用标准量值来确定被测的量的方法称为替代法。若标准量是可调的,用可调标准量的方法保持测量装置工作状态不变,则称为完全替代法。若标准量是不可调的,允许测量装置的状态有微小的变动,这种方法称为不完全替代法。在替代法测量中,由于测量装置的工作状态不变,或者只有微小变动,测量装置自身的特性及各种外界因素对测量产生的影响是完全或绝大部分相同的，在替代时可以互相抵消，测量准确度就取决于标准量的误差。

2）选择测量方法的原则

一个物理量，可以通过直接测量得到，也可以通过间接测量得到；可以用直读测量法，也可以用比较测量法进行测量。那么如何选择合适的测量方法呢？选择测量方法的原则如下。

（1）所选择的测量方法必须能够达到测量要求（包括测量的精确度）。

（2）在保证测量要求的前提下，选用简便的测量方法。

（3）所选用的测量方法不能损坏被测元器件。

（4）所选用的测量方法不能损坏测量仪器。

下面我们举例说明如何根据具体情况选择合适的测量方法。

（1）根据被测物理量的特性选择测量方法。

例如，测量线性电阻（如金属膜电阻）时，由于其阻值不随流过它的电流的大小而变化，可选用电桥（比较式仪器）直接测量，这种方法简便，且精确度高。

测量非线性电阻（如二极管、灯丝电阻等）时，由于这类电阻的阻值随流过它的电流的大小而变化，宜选用伏安法间接测量，并作 I-V 曲线和 R-I 曲线，然后由曲线求出对应不同电流值的电阻。

同理，测量线性电感时，可选用交流电桥直接测量；测量非线性电感时，可选用伏安法间接测量。

（2）根据测量所要求的精度，选择测量方法。

从测量的精度考虑，测量可分为精密测量和工程测量。精密测量是指在计量室或实验室进行的需要深入研究测量误差问题的测量。工程测量是指对测量误差的研究不很严格的一般性测量，往往是一次测量获得结果。例如，测量市电 220 V 电压，可用指针式电压表（或万用表）直接测量，其直观、方便。而在测量电源的电动势时，不能用指针式电压表（或万用表）直接测量，这是由于指针式电压表的内阻不是很大，接入后电压表指示的电压是电源的端电压，而不是电动势。在测量标准电池的电动势时，更不能用电压表或万用表，其原因，一是电压表或万用表的内阻都不是很大，接入后，标准电池通过电压表或万用表的电流会远远超过标准电池所允许的额定值，标准电池只允许在短时间内通过几微安的电流；二是标准电池的电动势的有效数字要求较多，一般有 6 位，指针式电压表达不到要求。因此，测量标准电池电动势应该选用电位差计，并利用平衡法进行测量。当其处于平衡时，标准电池不供电。

（3）根据测量环境及所具备的测量仪器的技术情况选择测量方法。

例如，用万用表欧姆挡测量晶体管 PN 结电阻时，应选用 $R\times100$ 或 $R\times1\text{k}$ 挡，而不能选用 $R\times1$ 挡或高阻挡。这是因为，若用 $R\times1$ 挡测量时，万用表内部电池提供的流过晶体管的电流较大，可能会烧坏晶体管，而高阻挡内部配有高电动势（9 V、

12 V或15 V)的电池,高电压可能使晶体管击穿。

总之,进行某一测量时,必须事先综合考虑以上情况选择正确的测量方法和测量仪器;否则,得出的数据可能是错误的,或产生不容许的测量误差,也可能损坏被测的元器件,损坏测量仪器、仪表。

3. 电磁测量仪器

一般地讲,凡是利用电子技术对各种信息进行测量的设备,统称为电子测量仪器,其中包括各种指示仪器(如电表),比较式仪器,记录式仪器,以及各种传感器。从电磁测量角度说,利用各种电子技术对电磁学领域中的各种电磁量进行测量的设备及配件称为电磁测量仪器。电磁测量仪器的种类有很多,而且随着新材料、新器件、新技术的不断发展,仪器的门类愈来愈多,并趋向多功能、集成化、数字化、自动化、智能化发展。

电磁测量仪器有多种分类方法。

1) 按仪器的测量方法分类

(1) 直读式仪器:预先用标准量器做比较而分度的能够指示被测量值的大小和单位的仪器,如各类指针式仪表。

(2) 比较式仪器:一种被测的量与标准器相比较而确定被测的量的大小和单位的仪器,如各类电桥和电位差计。

2) 按仪器的工作原理分类

(1) 模拟式电子仪器:具有连续特性并与同类模拟量相比较的仪器。

(2) 数字式电子仪器:通过模拟数字转换,把具有连续性的被测的量变成离散的数字量,再显示其结果的仪器。

3) 按仪器的功能分类

这是人们习惯使用的分类方法。例如,显示波形的有各类示波器、逻辑分析仪等;指示电平的有指示电压电平的各类电表(包括模拟式和数字式)、指示功率电平的功率计和数字电平表等;分析信号的有电子计数式频率计、失真度仪、频谱分析仪等;网络分析的有扫频仪、网络分析仪等;参数检测的有各类电桥、Q表、晶体管图示仪、集成电路测试仪等;提供信号的有低频信号发生器、高频信号发生器、函数信号发生器、脉冲信号发生器等。

二、电磁学实验中常用仪器简单介绍

1. 电源

实验室常用的电源有直流电源和交流电源。

常用的直流电源有直流稳压电源、干电池和蓄电池。直流稳压电源的内阻小,输出功率较大,电压稳定性好,而且输出电压连续可调,使用十分方便。它的主要指标是最大输出电压和最大输出电流,如DH1718C型直流稳压电源最大输出电压为 30 V,最大输出电流为 5 A。干电池的电动势约为 1.5 V,使用时间长了,电动势下降得很快,而且内阻也会增大。铅蓄电池的电动势约为 2 V,输出电压比较稳定,储藏的电能也比较大,但需经常充电,比较麻烦。

交流电源一般使用 50 Hz 的单相或三相交流电。市电每相 220 V,如需使用高于或低于 220 V 的单相交流电压,可使用变压器将电压升高或降低。

不论使用哪种电源,都要注意安全,千万不要接错,而且切忌电源两端短接。使用时注意不得超过电源的额定输出功率,对直流电源要注意极性的正负,常用“红”端表示正极,“黑”端表示负极;对交流电源要注意区分相线、零线和地线。

2. 电表

电表的种类很多,在电学实验中,以磁电式电表应用最广,实验室常用的是便携式电表。磁电式电表具有灵敏度高、刻度均匀、便于读数等优点,适合于直流电路的测量,其简易结构如图 2-0-1 所示,永久磁铁的两个极上连着带圆孔的极掌,极掌之间装有圆柱形软铁制的铁芯,极掌和铁芯之间的空隙磁场很强,磁力线以圆柱的轴线为中心呈均匀辐射状。在圆柱形铁芯和极掌之间的空隙处放有长方形线圈,两端固定了转轴和指针,当线圈中有电流通过时,它将受电磁力矩而偏转,同时固定在转轴上的游丝产生反方向的扭力矩。当两者达到平衡时,线圈停在某一位置,偏转角的大小与通入线圈的电流成正比,电流方向不同,线圈的偏转方向也不同。下面具体介绍几种磁电式电表(电表面板符号见附录)。

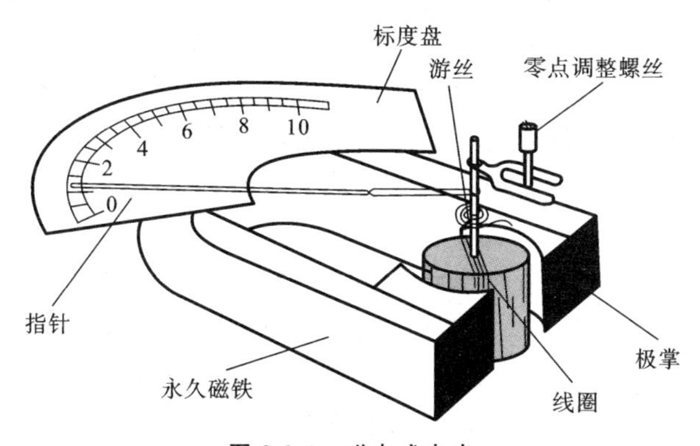

图 2-0-1　磁电式电表

1) 灵敏电流计

灵敏电流计的特征是指针零点在刻度中央,便于检测不同方向的直流电。灵敏电流计常用在电桥和电位差计的电路中作平衡指示器,即检测电路中有无电流,故又称检流计。

检流计的主要规格如下。

(1) 电流计常数:偏转一小格代表的电流值。AC5/2 型的指针检流计一般约为 10^{-6} A/小格。

(2) 内阻:AC5/2 型检流计内阻一般不大于 50 Ω。

AC5/2 型检流计的面板如图 2-0-2 所示,使用方法如下。

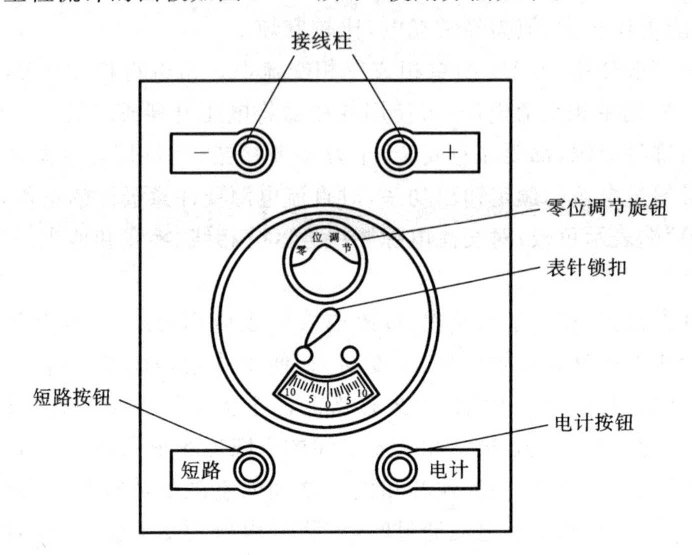

图 2-0-2 AC5/2 型检流计

表针锁扣打向红点(左边)时,由于机械作用锁住表针,打向白点(右边)时指针可以偏转。检流计使用完毕后,表针锁扣应打向红点。零位调节旋钮应在检流计使用前调节使表针在零线上。表针锁扣打向红点时,不能调节零位调节旋钮,以免损坏表头,把接线柱接入检流电路,按下电计按钮并旋转此按钮(相当于检流计的开关),检流电路接通。短路按钮实际上是一个阻尼开关,在使用过程中,可待表针摆到零位附近按下此按钮,然后松开,这样可以减少表针来回摆动的时间。

2) 直流电压表

直流电压表是用来测量直流电路中两点之间的电压。根据电压大小的不同,可分为毫伏表(mV)和伏特表(V)等。电压表是将表头串联一个适当大的降压电阻而构成的,如图 2-0-3 所示,它的主要规格如下。

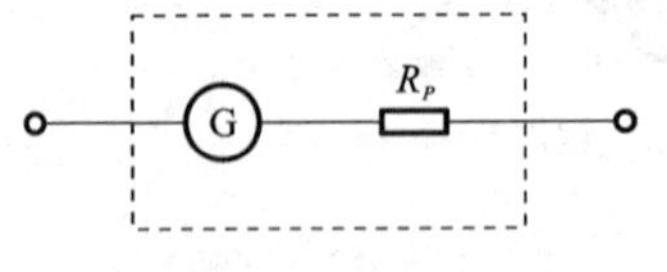

图 2-0-3 直流电压表

(1) 量程:指针偏转满度时的电压值。例如,伏特表量程为 0-7.5 V-15 V-30 V,表示该表有三个量程,第一个量程再加上 7.5 V 电压时偏转满度,第二、三个量程再加上 15 V、30 V 电压时偏转满度。

(2) 内阻:电表两端的电阻,同一伏特表不同量程内阻不同。例如,0-7.5 V-15 V-30 V 伏特表,它的三个量程内阻分别为 1500 Ω、3000 Ω、6000 Ω,但因为各量程的每伏欧姆数都是 200 Ω/V,所以伏特表内阻一般用 Ω/V 统一表示,可用下式计算某量程的内阻:

内阻＝量程×每伏欧姆数

3）直流电流表

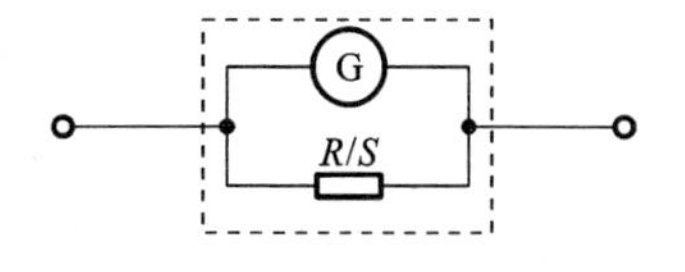

图2-0-4　直流电流表

直流电流表是用来测量直流电路中的电流的。根据电流大小的不同，可分为安培表（A）、毫安表（mA）和微安表（μA）等，电流表是在表头的两端并联一个适当的分流电阻而构成的，如图2-0-4所示。它的主要规格如下。

（1）量程：指针偏转满度时的电流值，安培表和毫安表一般都是多量程的。

（2）内阻：一般安培表的内阻在0.1 Ω以下。毫安表、微安表的内阻可从100Ω-200 Ω到1000 Ω-2000 Ω。

4）使用直流电流表和电压表的注意事项

（1）电表的连接及正负极：直流电流表应串联在待测电路中，并且必须使电流从电流表的“＋”极流入，从“－”极流出。直流电压表应并联在待测电路中，并应使电压表的“＋”极接高电位端，“－”极接低电位端。

（2）电表的零点调节：使用电表之前，应先检查电表的指针是否指零，若不指零，应小心调节电表面板上的零点调节螺丝，使指针指零。

（3）电表的量程：实验时应根据被测电流或电压的大小，选择合适的量程。如果量程选得太大，则指针偏转太小，会使测量误差太大。量程选得太小，则过大的电流或电压会使电表损坏。在不知道测量值范围的情况下，应先试用最大量程，根据指针偏转的情况再改用合适的量程。

（4）视差问题：读数时应使视线垂直于电表的刻度盘，以免产生视差。级别较高的电表，在刻度线旁边装有平面反射镜。读数时，应使指针和它在平面镜中的象相重合。

5）电表误差

（1）测量误差。

电表测量产生的误差主要有以下两类。

仪器误差：由于电表结构和制作上的不完善所引起，如轴承摩擦、分度不准、刻度尺刻画的不精密、游丝的变质等原因的影响，使得电表的指示值与其真实值有误差。

附加误差：由于外界因素的变动对仪表读数产生影响而造成的。外界因素指的是温度、电场、磁场等。

当电表在正常情况下（符合仪表说明书上所要求的工作条件）运用时，不会产生附加误差，因而测量误差可只考虑仪器误差。

（2）电表的测量误差与电表等级的关系。

各种电表根据仪器误差的大小共分为七个等级，即0.1，0.2，0.5，1.0，1.5，2.5，5.0。根据仪表的级数可以确定电表的测量误差。例如，0.5级的电表表明其相对额定误差为0.5%。它们之间的关系可表示如下：

$$相对额定误差=\frac{绝对误差}{表的量程}$$

$$仪器误差=量程\times仪表等级\%$$

如果用量程为15 V的伏特表测量时，表上指针的示数为7.28 V，若表的等级为0.5级，读数结果应如何表示？

$$仪器误差\ \Delta V_{仪}=量程\times表的等级\%=15\times0.5\%$$
$$=7.5\%=0.08\ (\mathrm{V})\quad(误差取一位)$$

$$相对误差\frac{\Delta V}{V}=\frac{0.08}{7.28}=1\%$$

由于用镜面读数较准确，可忽略读数误差，因此绝对误差只用仪器误差。其读数结果为

$$V=7.28\pm0.08\ (\mathrm{V})$$

(3) 根据电表的绝对误差确定有效数字。

例如，用量程为15 V，0.5级的伏特表测量电压时，应读几位有效数字？

根据电表的等级数和所用量程可求出：

$$\Delta V=15\times0.5\%=0.08\ (\mathrm{V})$$

故读数值时只需读到小数点后两位，以下位数的数值按数据的舍入规则处理。

6) 数字电表

数字电表是一种新型的电测仪表，在测量原理、仪器结构和操作方法上都与指针式电表不同。数字电表具有准确度高、灵敏度高、测量速度快的优点。

数字电压表和电流表的主要规格是：量程、内阻和精确度。数字电压表内阻很高，一般在MΩ级以上，要注意的是其内阻不能用统一的每伏欧姆数表示，说明书上会标明各量程的内阻。数字电流表具有内阻低的特点。

下面着重介绍数字电表的误差表示方法以及在测量时如何选用数字电表的量程。

数字电压表常用的误差表示方法是

$$\Delta=\pm(A\%V_X+b\%V_m)$$

式中：Δ为绝对误差值；V_X为测量指示值；V_m为满度值；A为误差的相对项系数；b为误差的固定项系数。

从上式可以看出数字电压表的绝对误差分为两部分，式中第一项为可变误差部分；式中第二项为固定误差部分，与被测值无关。

由上式还可得到测量值的相对误差r为

$$r=\frac{\Delta}{V_X}=\pm\left(a\%+b\%\frac{V_m}{V_X}\right)$$

此式说明满量程时r最小，随着V_X的减小r逐渐增大，当V_X略大于$0.1V_m$时，r最

大。当$V_X \leqslant 0.1V_m$时，应该换下一个量程使用，这是因为数字电压表量程是10进位的。

例如，一个数字电压表在2.0000 V量程时，若$A=0.02$，$b=0.01$，其绝对误差为

$$\Delta=\pm(0.02\%V_X+0.01\%V_m)$$

当$V_X=0.1V_m=0.2000$ V时相对误差为

$$r=\pm(0.02\%+10\times0.01\%)=\pm0.12\%$$

而满度时r值只有$\pm0.03\%$。所以，在使用数字电压表时，应选合适的量程，使其略大于被测量，以减小测量值的相对误差。

3. 电阻

实验室常用的电阻除了有固定阻值的定值电阻以外，还有电阻值可变的电阻，主要有电阻箱和滑线变阻器。

1）电阻箱

电阻箱外形如图2-0-5(b)所示，它的内部有一套用锰铜线绕成的标准电阻，按图2-0-5(a)连接。旋转电阻箱上的旋钮，可以得到不同的电阻值。在图2-0-5(b)中，每个旋钮的边缘都标有数字0,1,2,…,9，各旋钮下方的面板上刻×0.1，×1，×10，…，×10000的字样，称为倍率。当每个旋钮上的数字旋到对准其所示倍率时，用倍率乘以旋钮上的数值并相加，即为实际使用的电阻值。图2-0-5所示的电阻值为

$$R=8\times10000+7\times1000+6\times100+5\times10+4\times1+3\times0.1=87654.3\ (\Omega)$$

电阻箱的规格如下。

(1) 总电阻：最大电阻，如图2-0-5所示的电阻箱总电阻为99999.9 Ω。

(2) 额定功率：电阻箱每个电阻的功率额定值，一般电阻箱的额定功率为0.25 W，可以由它计算额定电流，如用100 Ω挡的电阻时，允许的电流：

$$I=\sqrt{\frac{W}{R}}=\sqrt{\frac{0.25}{100}}=0.05\ (\text{A})$$

各挡容许通过的电流值，如表2-0-1所示。

表2-0-1 实验表

旋钮倍率	×0.1	×1	×10	×100	×1000	×10000
容许负载电流/A	1.5	0.5	0.15	0.05	0.015	0.005

(3) 电阻箱的等级：电阻箱根据其误差的大小分为若干个准确等级，一般分为0.02,0.05,0.1,0.2等，它表示电阻值相对误差的百分数。例如，当电阻箱处于0.1级，电阻为87654.3 Ω时，其误差为87654.3×0.1%≈87.7 (Ω)。

电阻箱面板上方有0,0.9 Ω,9.9 Ω,9999.9 Ω四个接线柱，0分别与其余三个接线柱构成所使用的电阻箱的三种不同调整范围。使用时，可根据需要选择其中一种，如使用电阻小于10 Ω时，可选0-9.9 Ω两接线柱。这种接法可避免电阻箱其余部分

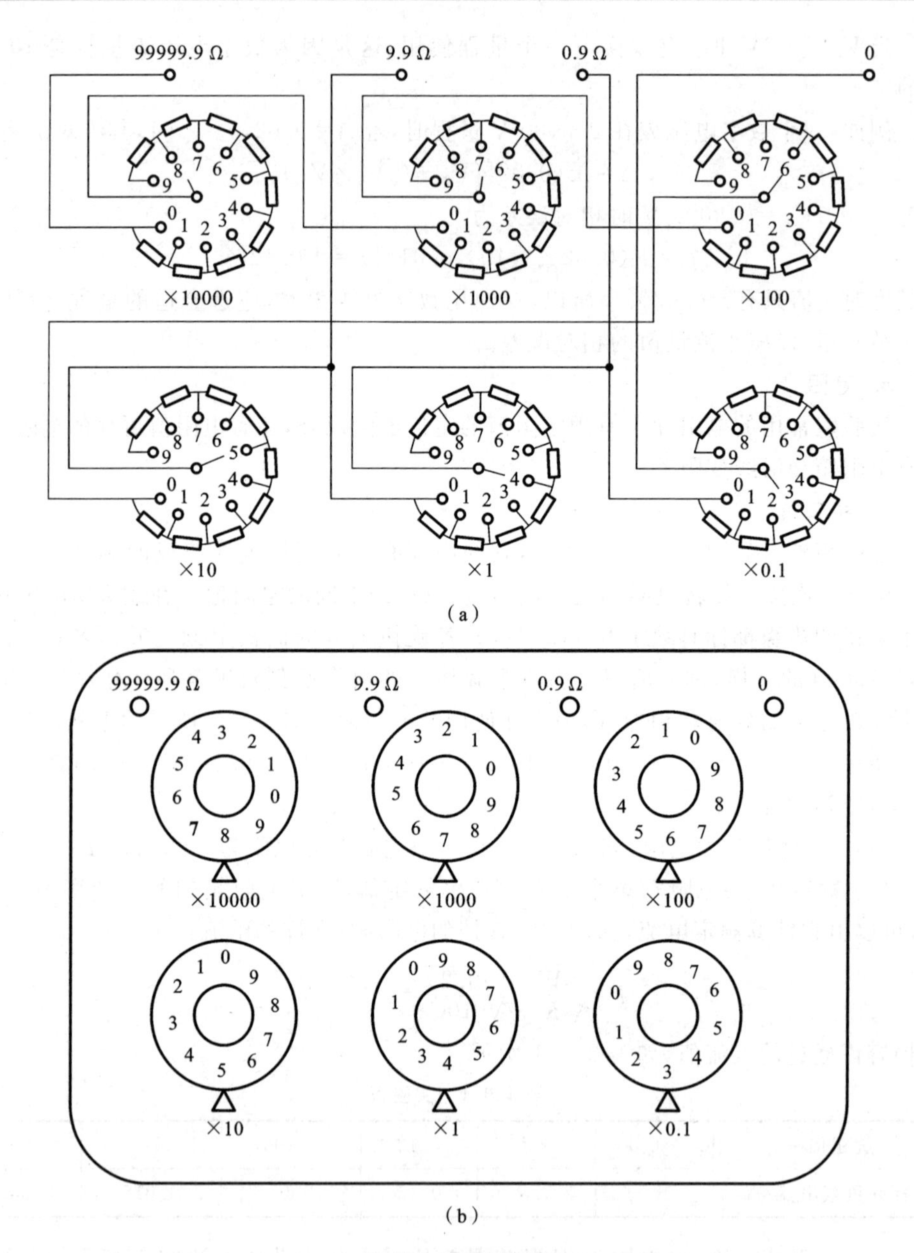

图 2-0-5　电阻箱

的接触电阻对使用的影响,不同级别的电阻箱,规定允许的接触电阻标准亦不同。例如,0.1 级规定每个旋钮的接触电阻不得大于 0.002 Ω,在电阻较大时,它带来的误差微不足道,但在电阻值较小时,这部分误差则很大。例如,一个六钮电阻箱,当阻值为 0.5 Ω 时接触电阻所带来的相对误差为 $\frac{6\times 0.002}{0.5}=2.4\%$,为了减少接触电阻,一些电阻箱增加了小电阻的接头。如图 2-0-5 所示的电阻箱，当电阻小于 10 Ω 时，用 0 和 9.9 Ω 接头可使电流只经过×1 Ω、×0.1 Ω 这两个旋钮，即把接触电阻限制在 2×0.002 Ω=0.004 Ω 以下；当电阻小于 1 Ω 时，用 0 和 0.9 Ω 接头可使电流只经过×0.1 Ω 这个旋钮，接触电阻就小于 0.002 Ω。标称误差和接触电阻误差之和就是电阻箱的误差。

2）滑线变阻器

滑线变阻器的结构如图 2-0-6 所示，电阻丝密绕在绝缘瓷管上，电阻丝上涂有绝缘物，各圈电阻丝之间相互绝缘。电阻丝的两端与固定接线柱 A、B 相连，A、B 之间的电阻为总电阻。滑动接头 C 可以在电阻丝 AB 之间滑动，滑动接头与电阻丝接触处的绝缘物被磨掉，使滑动接头与电阻丝接通。C 通过金属棒与接线柱 C' 相连，改变 C 的位置，就可以改变 AC 或 BC 之间的电阻值。使用滑线变阻器，虽然不能准确地读出其电阻值的大小，但却能近似连续地改变电阻值。

滑动变阻器的规格如下。

（1）全电阻：AB 间的全部电阻值。

（2）额定电流：滑线变阻器允许通过的最大电流。

滑线变阻器有以下两种用法。

（1）限流电路。

如图 2-0-7 所示，使用 A、B 两接线柱中的一个，另一个空着不用。当滑动接头 C 时，AC 之间的电阻改变，从而改变了回路总电阻，也就改变了回路的电流（在电源电压不变的情况下）。因此，滑线变阻器在电路中起到了限制（调节）线路电流的作用。

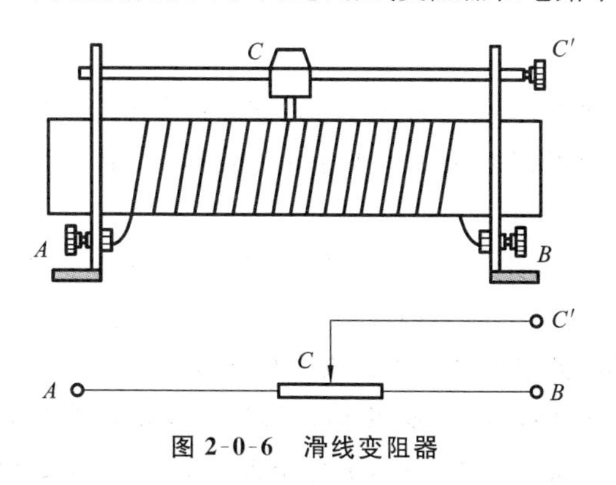

图 2-0-6　滑线变阻器

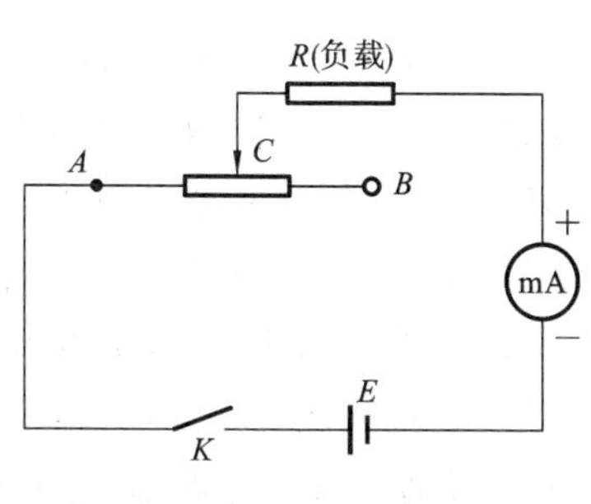

图 2-0-7　限流电路

为了保证线路安全，在接通电源前，必须将 C 滑至 B 端，使 R_{AC} 有最大值，回路电流最小。然后逐步减小 R_{AC} 值，使电流增至所需要的数值。

（2）分压电路。

如图 2-0-8 所示，滑线变阻器两端 A、B 分别与开关 K 两接线柱相连，滑动接头 C 和一固定端 A 与用电部分连接。接通电源后，AB 两端电压 V_{AB} 等于电源电压 E 。

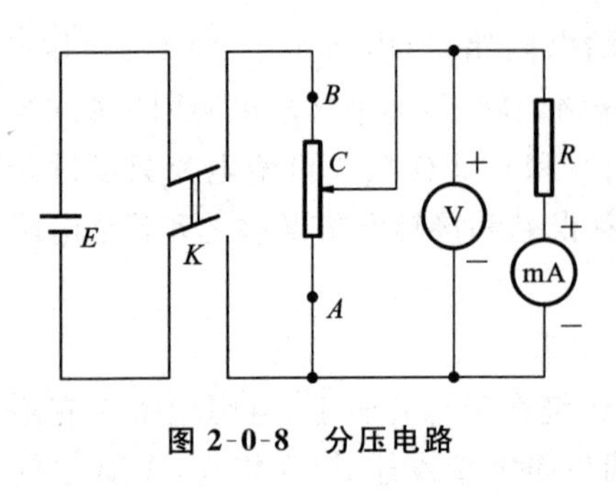

图 2-0-8 分压电路

输出电压 V_{AC} 是 V_{AB} 的一部分,随着滑动端 C 位置的改变,V_{AC} 也在改变。当 C 滑至 A 时,输出电压 $V_{AC}=0$;当 C 滑至 B 时,$V_{AC}=V_{AB}$,此时输出电压最大。所以,分压电路中输出电压可以调节在从零到电源电压之间的任意数值上。为了保证安全,在接通电源前,一般应使输出电压 V_{AC} 为零,然后逐步增大 V_{AC},直至满足线路的需要。

4. 开关

开关通常以它的刀数(即接通或断开电路的金属杆数目)及每把刀的掷数(每把刀可以形成的通路数)来区分。实验室经常使用的有单刀单掷开关、单刀双掷开关、双刀双掷及换向开关等。开关的符号如图 2-0-9 所示。

图 2-0-9 开关的符号

三、电磁学实验操作规程

(1) 准备。学生在做实验前要认真预习,做到心中有数,并准备好数据表;实验时,先把本组实验仪器的规格弄清楚,然后根据电路图要求摆好仪器位置(基本按电路图排列次序,但也要考虑到读数和操作方便)。

(2) 连线。学生要在理解电路的基础上连线。例如,先找出主回路,由最靠近电源开关的一端开始连线(开关都要断开),连完主回路再连支路。一般在电源正极、高电位处用红色或浅色导线连接,电源负极、低电位处用黑色或深色导线连接。

(3) 检查。接好电路后,先复查电路连接是否正确,再检查其他的要求是否都做妥当。例如,开关是否打开,电表和电源正负极是否接错,量程是否正确,电阻箱数值是否正确,变阻器的滑动端(或电阻箱各挡旋钮)位置是否正确等,直到一切都做好,再请教师检查。经教师同意后,再接上电源。

(4) 通电。在闭合开关通电时,要首先想好通电瞬间各仪表的正常反应是怎样的(如电表指针是指零不动或是应摆动什么位置等),闭合开关时要密切注意仪表反应是否正常,并随时准备不正常时断开开关。实验过程中需要暂停时,应断开开关;

若需要更换电路,应将电路中各个仪器拨到安全位置后断开开关,拆去电源,再改换电路,经教师重新检查后,才可接电源继续做实验。

(5) 实验。细心操作,认真观察,及时记录原始实验数据。原始实验数据须经教师过目并签字。原始实验数据单一律要附在实验报告后一并交上。

(6) 安全。学生在实验时要爱护仪器和注意安全。在教师未讲解,未弄清注意事项和操作方法之前不要乱动仪器。不管电路中有无高压,要养成避免用手或身体接触电路中导体的习惯。

(7) 归整。实验做完后,应将电路中仪器拨到安全位置,并断开开关,经教师检查原始实验数据后再拆线。学生在拆线时应先拆去电源,将所有仪器放回原处,再离开实验室。

实验1　半导体热敏电阻特性的研究

【实验目的】

(1) 研究热敏电阻的温度特性。

(2) 进一步掌握惠斯通电桥的原理和应用。

【实验仪器】

箱式惠斯通电桥、温度计、热敏电阻、加热器、恒温器或杜瓦瓶、直流电稳压电源。

【实验原理】

半导体材料做成的热敏电阻是对温度变化表现非常敏感的电阻元件,它能测量出温度的微小变化,并且其体积小、工作稳定、结构简单。因此,它在测温技术、无线电技术、自动化和遥控等方面都有广泛的应用。

半导体热敏电阻的基本特性是它的温度特性,而这种特性又与半导体材料的导电机制密切相关。由于半导体中载流子的数目随温度升高而按指数规律迅速增加,温度越高,载流子的数目越多,导电能力越强,电阻率也就越小。因此,热敏电阻随着温度的升高,它的电阻将按指数规律迅速减小。

实验表明,在一定温度范围内,半导体材料的电阻 R_T 和绝对温度 T 的关系可表示为

$$R_T = a\mathrm{e}^{b/T} \tag{2-1-1}$$

式中:常数 a 不仅与半导体材料的性质而且与它的尺寸均有关系,而常数 b 仅与材料的性质有关,常数 a、b 可通过实验方法测得。例如,在温度 T_1 时测得其电阻为

$$R_{T1} = a\mathrm{e}^{b/T_1} \tag{2-1-2}$$

在温度 T_2 时测得其阻值为

$$R_{T2} = a\mathrm{e}^{b/T_2} \tag{2-1-3}$$

将以上两式相除,消去 a 得

$$\frac{R_{T1}}{R_{T2}} = \mathrm{e}^{b\left(\frac{1}{T_1}-\frac{1}{T_2}\right)}$$

再取对数,有

$$b = \frac{\ln R_{T1} - \ln R_{T2}}{\left(\frac{1}{T_1}-\frac{1}{T_2}\right)} \tag{2-1-4}$$

把 b 代入(2-1-2)式或(2-1-3)式中,又可算出常数 a,由这种方法确定的常数 a 和 b 误差较大,为减少误差,常利用多个 T 和 R_T 的组合测量值,通过作图的方法判断曲线形状,用最小二乘法确定常数 a、b,为此取(2-1-1)式两边的对数。变换成直线方程:

$$\ln R_T = \ln a + \frac{b}{T} \tag{2-1-5}$$

或

$$Y = A + BX \tag{2-1-6}$$

式中：$Y=\ln R_T$，$A=\ln a$，$B=b$，$X=1/T$，分别取 X、Y 为横、纵坐标，对不同的温度 T 测得对应的 R_T 值，经过变换后作 X-Y 曲线，它是一条截距为 A、斜率为 B 的直线。根据最小二乘法求出斜率 B 和截距 A，继而由斜率 B 求出 b，又由截距 A 可求出 $a=e^A$。

确定了半导体材料的常数 a 和 b 后，便可计算出这种材料的激活能 $E=bK$（K 为玻尔兹曼常数）以及它的电阻温度系数：

$$\alpha = \frac{1}{R_T}\frac{\mathrm{d}R_T}{\mathrm{d}T} = -\frac{b}{T^2} \times 100\% \tag{2-1-7}$$

显然，半导体热敏电阻的温度系数是负的，并与温度有关。

热敏电阻在不同温度时的电阻值，可用惠斯通电桥测得。

【实验内容】

用电桥法测量半导体热敏电阻的温度特性。

(1) 按图 2-1-1 实验装置接好电路，安置好仪器。

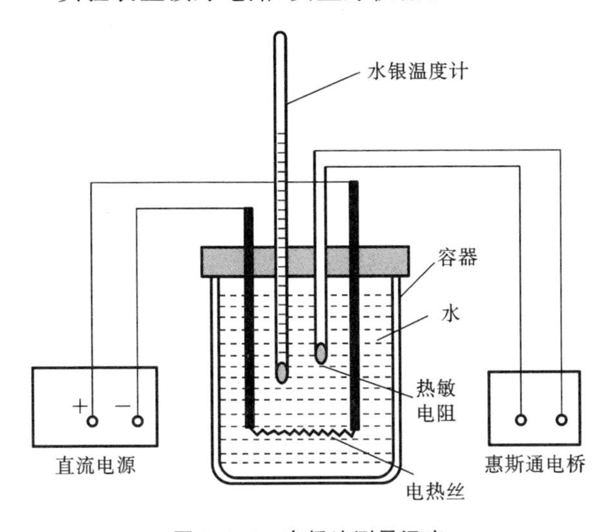

图 2-1-1 电桥法测量温度

(2) 在容器内盛入水，开启直流电源开关，在电热丝中通以电流对水加热，使水温逐渐上升，温度由水银温度计读出。热敏电阻的两条引出线连接到惠斯通电桥的待测电阻 R_X 二接线柱上。

(3) 测试的温度从 20 ℃开始，每增加 5 ℃，做一次测量，直到 60 ℃止。

【数据处理】

(1) 把实验测量数据填入下表（见表 2-1-10）。

表 2-1-10　实验数据

t(℃)	20.0	25.0	30.0	35.0	40.0	45.0	50.0	55.0	60.0
R_T(Ω)									

(2) 作 R_T-t 曲线。

(3) 在坐标纸上作 $\ln R_T$-$1/T$($T=273+t$)直线,用最小二乘法求此直线的斜率 B 和截距 A,并由此算出常数 a 和 b 值。

(4) 根据求得的 a、b 值,计算出半导体热敏电阻的激活能 E 和温度系数 α。

【思考题】

(1) 半导体热敏电阻具有怎样的温度特性?

(2) 怎样用实验的方法确定(2-1-1)式中的 a、b?

(3) 利用半导体热敏电阻的温度特性,能否制作一只温度计?

实验 2　静电场的模拟测绘

【实验目的】

(1) 学会用模拟法测绘静电场。

(2) 加深对电场强度和电位概念的理解。

(3) 描绘两种场结构的等势线。

【实验仪器】

静电场描绘仪、静电场描绘仪信号源、记录装置、白纸、复写纸、水等。

【实验原理】

带电体的周围存在静电场,场的分布是由电荷的分布,带电体的几何形状及周围介质所决定的。由于带电体的形状复杂,大多数情况求不出电场分布的解析解,因此只能靠数值解法求出或用实验方法测出电场分布。直接用电压表法去测量静电场的电位分布往往是困难的,因为静电场中没有电流,磁电式电表不会发生偏转。另外,由于与仪器相接的探测头本身总是导体或电介质,若将其放入静电场中,探测头上会产生感应电荷或束缚电荷。又由于这些电荷又产生电场,与被测静电场迭加起来,使被测电场产生显著的畸变。因此,在实验中一般采用间接的测量方法(即模拟法)来解决。

1. 用稳恒电流场模拟静电场

模拟法在本质上是用一种易于实现、便于测量的物理状态或过程模拟不易实现、不便测量的物理状态或过程,它要求这两种状态或过程有一一对应的两组物理量,而且这些物理量在两种状态或过程中满足数学形式基本相同的方程及边界条件。

本实验是用便于测量的稳恒电流场来模拟不便测量的静电场,这是因为这两种场可以用两组对应的物理量来描述,并且这两组物理量在一定条件下遵循着数学形式相同的物理规律。例如对于静电场,电场强度 $\boldsymbol{E}$ 在无源区域内满足以下积分关系:

$$\oiint_S \boldsymbol{E} \cdot \mathrm{d}\boldsymbol{S} = 0 \tag{2-2-1}$$

$$\oint_l \boldsymbol{E} \cdot \mathrm{d}\boldsymbol{l} = 0 \tag{2-2-2}$$

对于稳恒电流场,电流密度矢量 $\boldsymbol{J}$ 在无源区域中也满足类似的积分关系:

$$\oiint_S \boldsymbol{J} \cdot \mathrm{d}\boldsymbol{S} = 0 \tag{2-2-3}$$

$$\oint_l \boldsymbol{J} \cdot \mathrm{d}\boldsymbol{l} = 0 \tag{2-2-4}$$

在边界条件相同时，二者的解是相同的。

当采用稳恒电流场来模拟研究静电场时，还必须注意以下使用条件。

(1) 稳恒电流场中的导电质分布必须相应于静电场中的介质分布。具体地说，如果被模拟的是真空或空气中的静电场，则要求电流场中的导电质应是均匀分布的，即导电质中各处的电阻率 ρ 必须相等；如果被模拟的静电场中的介质不是均匀分布的，则电流场中的导电质应有相应的电阻分布。

(2) 如果产生静电场的带电体表面是等位面，则产生电流场的电极表面也应是等位面。为此，可采用良导体做成电流场的电极，而用电阻率远大于电极电阻率的不良导体(如石墨粉、自来水或稀硫酸铜溶液等)充当导电质。

(3) 电流场中的电极形状及分布，要与静电场中的带电导体形状及分布相似。

2. 长直同轴圆柱面电极间的电场分布

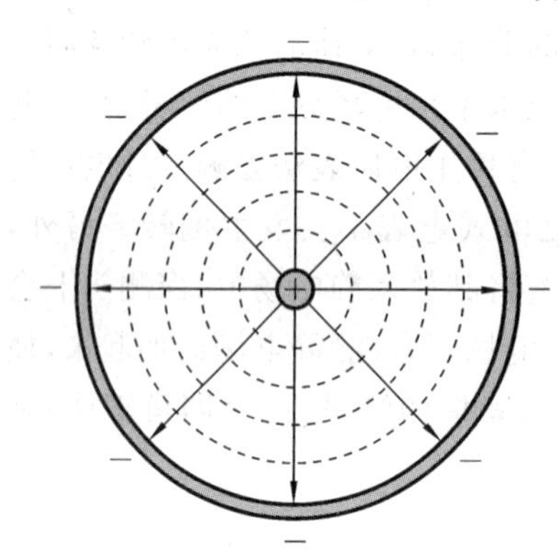

图 2-2-1　长直同轴圆柱形电极的横截面图

如图 2-2-1 所示的是长直同轴圆柱形电极的横截面图。设内圆柱的半径为 a，电位为 V_a，外圆环的内半径为 b，电位为 V_b，则两极间电场中距离轴心为 r 处的电位 V_r 可表示为

$$V_r = V_a - \int_a^r E\mathrm{d}r \qquad (2\text{-}2\text{-}5)$$

又根据高斯定理，则圆柱内 r 点的场强：

$$E=\frac{K}{r} \quad (\text{当 } a<r<b \text{ 时}) \qquad (2\text{-}2\text{-}6)$$

式中：K 由圆柱体上线电荷密度决定。

将(2-2-6)式代入(2-2-5)式，得

$$V_r = V_a - \int_a^r \frac{K}{r}\mathrm{d}r = V_a - K\ln\frac{r}{a} \qquad (2\text{-}2\text{-}7)$$

在 $r=b$ 处应有

$$V_b=V_a-K\ln\frac{b}{a}$$

所以

$$K=\frac{V_a-V_b}{\ln\left(\dfrac{b}{a}\right)} \qquad (2\text{-}2\text{-}8)$$

如果取 $V_a=V_0$，$V_b=0$，将(2-2-8)式代入(2-2-7)式，得

$$V_r=V_0\frac{\ln\left(\dfrac{b}{r}\right)}{\ln\left(\dfrac{b}{a}\right)} \qquad (2\text{-}2\text{-}9)$$

(2-2-9)式表明，两圆柱面间的等位面是同轴的圆柱面。用模拟法可以验证这一理

论计算的结果。

当电极接上交流电时，产生交流电场的瞬时值是随时间变化的，但交流电压的有效值与直流电压是等效的，所以在交流电场中用交流毫伏表测量有效值的等位线与在直流电场中测量同值的等位线，其效果和位置完全相同。

【实验内容】

图 2-2-2 所示的是实验电路，电源可取静电场描绘仪信号源、其他交流电源或直流电源，经滑线变阻器 R 分压为实验所需要的两电极之间的电压值。V 表可以选择使用交流毫伏表（晶体管毫伏表）、万用表或数字万用表。下面分别测绘各电极电场中的等电位点。

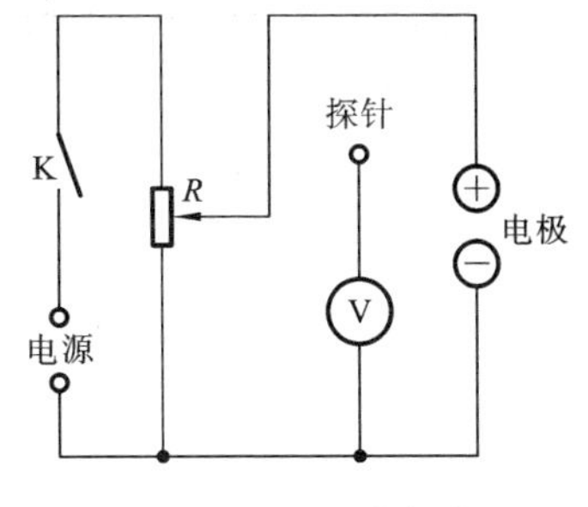

图 2-2-2 实验电路

1. 长直同轴圆柱面电极间的电场分布

(1) 水槽中倒入适量的水，然后把它放在双层静电场测绘仪的下层。

(2) 按图 2-2-2 接好电路，V 表及探针联合使用。

(3) 把坐标纸放在静电场测绘仪的上层夹好，旋紧四个压片螺钉旋钮。在坐标纸上确定电极的位置，测量并记录内电极的外径及外电极的内径。

(4) 调节静电场描绘仪信号源输出电压，使两电极间的电位差 V_0 为 10.00 V。

(5) 测量电位差为 8 V、6 V、4 V 和 2 V 的四条等位线，每条等位线测等位点不得少于 9 个。

(6) 移动探针座使探针在水中缓慢移动，找到等位点时按一下坐标纸上的探针，便在坐标纸上记下了其电位值与电压表的示值相等的点的位置。

2. 两平行长直圆柱体电极间的电场分布

图 2-2-3 所示的是两平行长直圆柱体模拟电极间的电场分布示意图，由于对称性，等电位面也是对称分布的。更换同轴圆柱面的水槽电极，参照实验内容 1 按实验室要求测出若干条等位线。

3. 聚焦电极间的电场分布

阴极射线示波管的聚焦电场是由第一聚焦电极 A_1 和第二加速电极 A_2 组成。A_2 的电位比 A_1 的电位高。电子经过此电场时，由于受到电场力的作用，使电子聚焦和加速。图 2-2-4 所示的是其电场分布。通过此实验，可了解静电透镜的聚焦作用，加深对阴极射线示波管的理解。参照实验内容 1 按实验室要求测出若干条等位线。

4. 点线电极间的电场分布

按实验内容 1 的相关步骤描绘点线电极间的电场分布，如图 2-2-5 所示。

5. 平行电极板间的电场分布

按实验内容 1 的相关步骤描绘平行电极板间的电场分布，如图 2-2-6 所示。

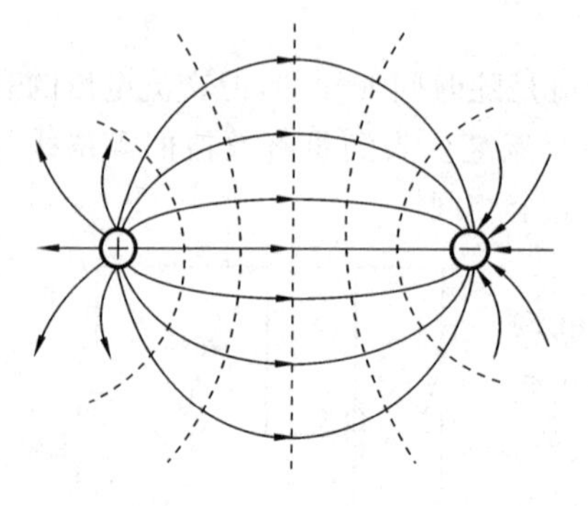

图 2-2-3 长直圆柱体

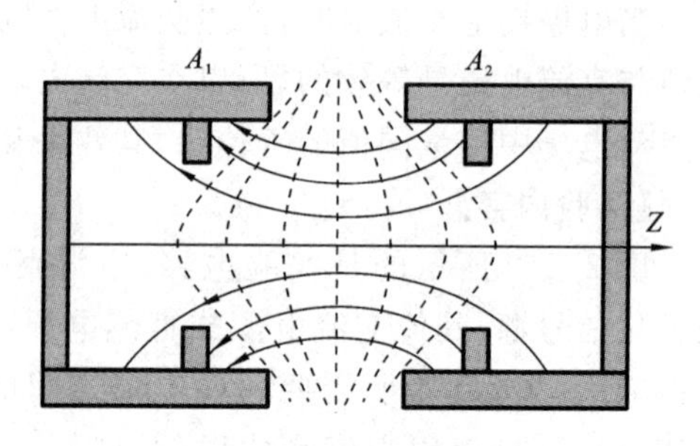

图 2-2-4 聚焦电极

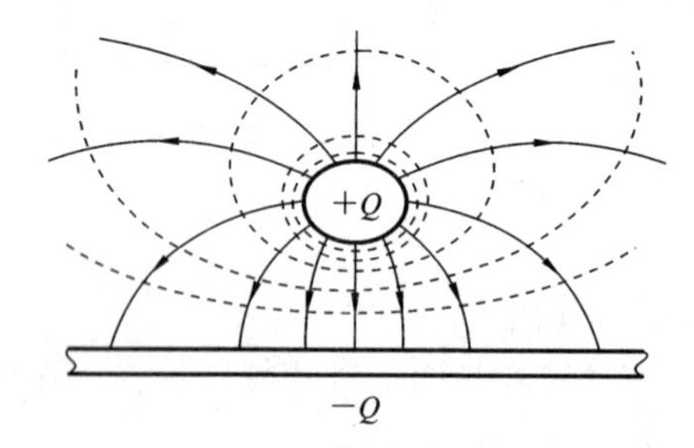

图 2-2-5 点线电极

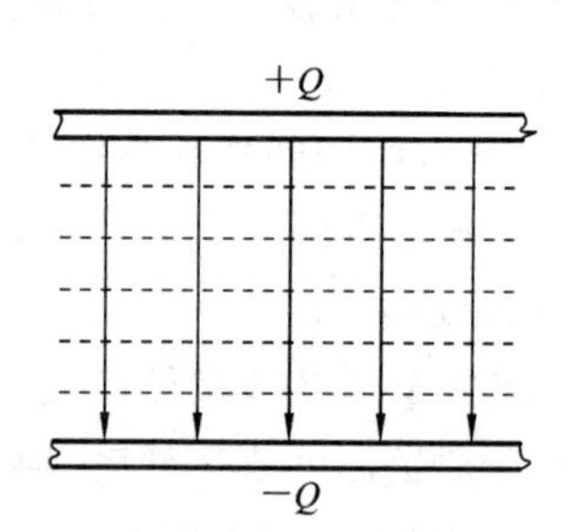

图 2-2-6 平行电极板

【数据处理】

(1) 将等位点连成等位线。

(2) 根据电力线与等位线垂直的特点,画出模拟空间的电力线。

【注意事项】

(1) 水槽由有机玻璃制成,在实验时应轻拿轻放,以免摔裂。

(2) 电极、探针应与导线保持良好的接触。

(3) 实验完毕后,将水槽内的水倒净空干。

【思考题】

(1) 用模拟法测的电位分布是否与静电场的电位分布一样?

(2) 如果实验时电源的输出电压不够稳定,那么是否会改变电力线和等位线的分布? 为什么?

(3) 试从你测绘的等位线和电力线分布图中分析何处的电场强度较强,何处的电场强度较弱。

(4) 试从长直同轴圆柱面电极间导电介质的电阻分布规律和从欧姆定律出发,证明它的电位分布有与(2-2-9)式相同的形式。

实验 3　磁场的描绘

【实验目的】

(1) 了解用电磁感应法测交变磁场的原理和一般方法，掌握 FB201 型交变磁场实验仪及测试仪的使用方法。

(2) 测量载流圆线圈和亥姆霍兹线圈的轴向上的磁场分布。

(3) 了解载流圆线圈(或亥姆霍兹线圈)的径向磁场分布情况。

(4) 研究探测线圈平面的法线与载流圆线圈(或亥姆霍兹线圈)的轴线在形成不同夹角时所产生的感应电动势的值的变化规律。

【实验仪器】

FB201-Ⅰ型磁场实验仪，FB201-Ⅱ型交变磁场测试仪。

亥姆霍兹生平及主要贡献

【实验原理】

1. 载流圆线圈与亥姆霍兹线圈的磁场

1) 载流圆线圈的磁场

一半径为 R，通以电流 I 的圆线圈，轴线上磁场的公式为

$$B=\frac{\mu_0 N_0 I R^2}{2\left(R^2+X^2\right)^{\frac{3}{2}}} \tag{2-3-1}$$

式中：N_0 为圆线圈的匝数；X 为轴上某一点到圆心 O 的距离；$\mu_0=4\pi\times10^{-7}$ H/m；磁场的分布如图 2-3-1 所示。

本实验取 $N_0=400$ 匝，$I=0.400$ A，$R=0.100$ m，圆心 O 处 $X=0$。可算得磁感应强度为

$$B=1.01\times10^{-3}\ \mathrm{T}$$

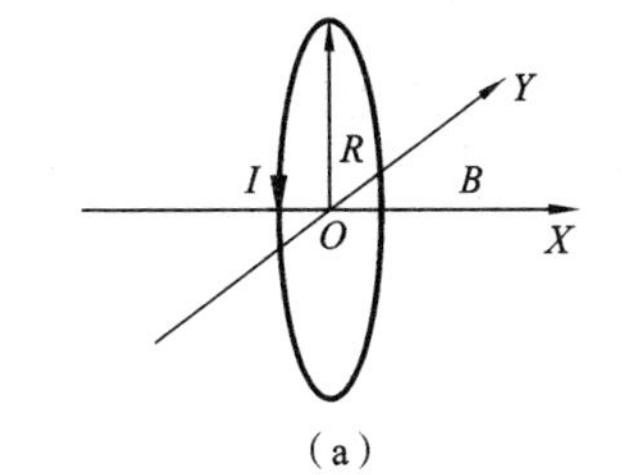

(a)

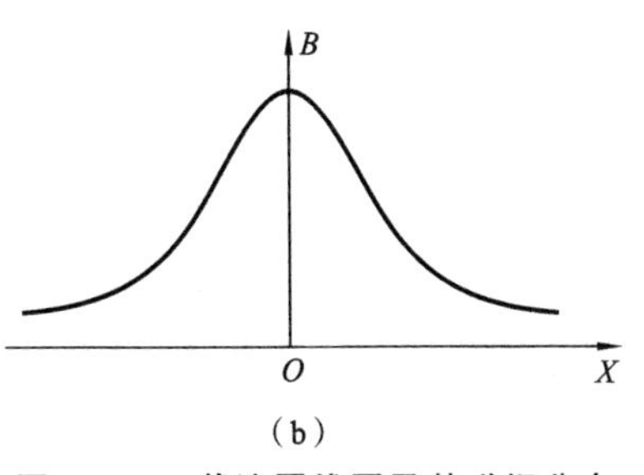

(b)

图 2-3-1　载流圆线圈及其磁场分布

2) 亥姆霍兹线圈的磁场

两个相同圆线圈彼此平行且共轴，通以同方向电流 I，理论计算征明：线圈间距 a 等于线圈半径 R 时，两线圈产生的合磁场在轴上(两线圈圆心连线)附近较大范围内是均匀的，这对线圈称为亥姆霍兹线圈，如图 2-3-2 所示。这种均匀磁场在科学实验中应用十分广泛。例如，显像管中的行、场偏转线圈就是根据实际情况经过适当变形的亥姆霍兹线圈。

2. 用电磁感应法测磁场的原理

设均匀交变磁场(由通以简谐交流电的线圈产生)为

$$B=B_m\sin\omega t$$

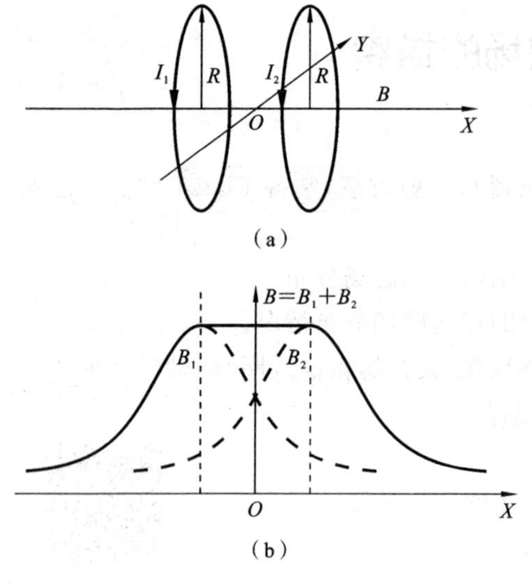

图 2-3-2　亥姆霍兹线圈及其磁场分布

磁场中一探测线圈的磁通量为

$$\Phi = NSB_m \cos\theta \sin\omega t$$

式中：N 为探测线圈的匝数；S 为该线圈的截面积；θ 为 B 与线圈法线夹角。线圈产生的感应电动势为

$$\varepsilon = -\frac{d\Phi}{dt} = NS\omega B_m \cos\theta \cos\omega t = -\varepsilon_m \cos\omega t$$

式中：$\varepsilon_m = NS\omega B_m \cos\theta$ 是线圈法线和磁场成 θ 角时，感应电动势的幅值。当 $\theta=0$ 时，$\varepsilon_{max} = NS\omega B_m$，这时的感应电动势的幅值最大。如果用数字式毫伏表测量此时线圈的电动势，则毫伏表的示值(有效值) U 应为$\frac{\varepsilon_{max}}{\sqrt{2}}$，则有

$$B_{max} = \frac{\varepsilon_{max}}{NS\omega} = \frac{\sqrt{2}U_{max}}{NS\omega} \quad (2\text{-}3\text{-}2)$$

由(2-3-2)式可算出 B_{max}。

3. 探测线圈的设计

实验中由于磁场的小均匀性，探测线圈又不可能做得很小，否则会影响测量灵敏度。一般设计的线心长度 L 和外径 D 的关系为 $L=\frac{2}{3}D$；线圈的内径 d 与外径 D 的关系为 $d \leqslant \frac{1}{3}D$(本实验选 $D=0.012$ m，$N=800$ 匝的线圈)。线圈在磁场中的等效面积，经过理论计算，可用下式表示：

$$s = \frac{13}{108}\pi D^2 \quad (2\text{-}3\text{-}3)$$

这样的线圈测得的平均磁感强度可以近似看成是线圈中心点的磁感应强度。

本实验中的励磁电流由专用的交变磁场测试仪提供，该仪器输出的交变电流的频率 f 可以从 30～200 Hz 之间连续调节，如选择 $f=50$ Hz，则有

$$\omega = 2\pi f = 100\pi$$

将 D、N 及 U 的值代入(2-3-2)式得

$$B_m = 0.103U_{max} \times 10^{-3}\,(\text{T}) \quad (2\text{-}3\text{-}4)$$

【实验内容】

(1) 测量圆电流线圈轴线上磁场的分布。如图 2-3-3 所示连好线路，调节交变磁场实验仪的输出功率，使励磁电流有效值为 $I=0.400$ A，以圆电流线陶中心为坐标原点，每隔 10.0 mm 测一个 U_{max} 值。测量过程中注意保持励磁电流值不变，并保

证探测线刚法线方向与线圈轴线 D 的夹角为 0°(从理论上可知：如果转动探测线圈，当 $\theta=0°$ 和 $\theta=180°$ 时应该得到两个相同的 U_{max} 值。而实际测量时，这两个值往往不相等，这时就应该分别测出这两个值，然后取其平均值作为对应点的磁场强度)。学生在做实验时，可以把探测线圈从 $\theta=0°$ 转到 180°，测量一组数据对比一下，正、反方向的测量误差如果不大于 2%，则只做一个方向的数据即可；否则，应分别按正、反方向测量，再求算平均值作为测量结果。

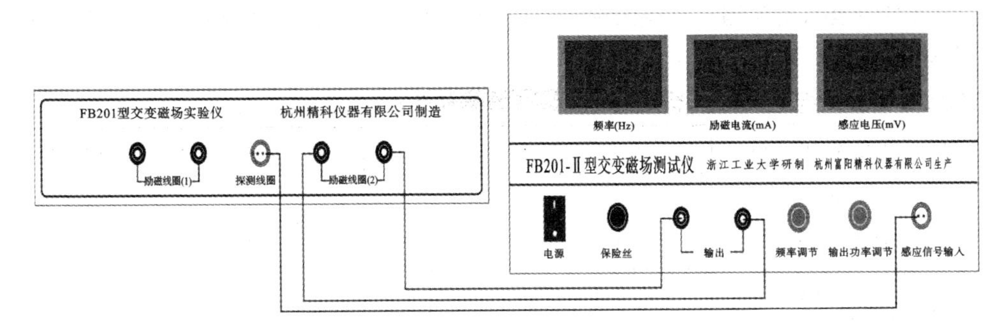

图 2-3-3 载流圆电流线圈磁场测量接线图

(2) 测量亥姆霍兹线圈轴线上磁场的分布。把交变磁场实验仪的两组线圈串联起来(注意极性不要接反)，如图 2-3-4 所示，接到交变磁场测试仪的输出端钮。调节交变磁场测试仪的输出功率，使励磁电流有效值仍为 $I=0.400$ A。以两个圆线圈轴线上的中心点为坐标原点，每隔 10 mm 测一个 U_{max} 值。

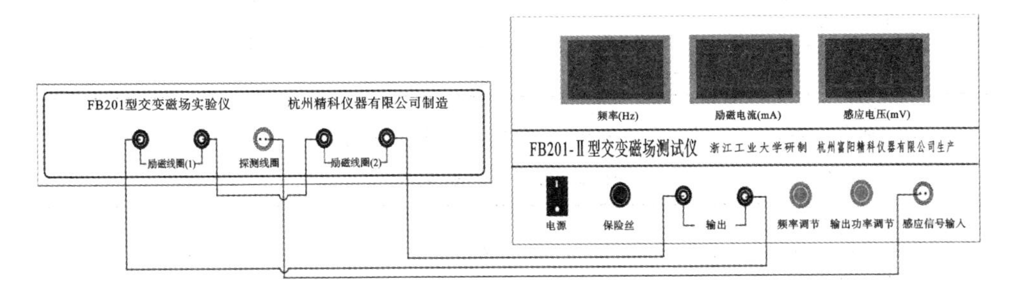

图 2-3-4 亥姆霍兹线圈(串联)磁场测量接线图

(3) 测量亥姆霍兹线圈沿径向的磁场分布。按实验内容(2)的要求，固定探测线圈法线方向与圆电流轴线 D 的夹角为 0°，转动探测线圈径向移动手轮，每移动 10 mm 测量一个数据，按正、负方测到边缘，记录数据并做出磁场分布曲线图。

(4) 验证公式 $\varepsilon_m=NS\omega B_m\cos\theta$，当 $NS\omega B_m$ 不变时，ε_m 与 $\cos\theta$ 成正比。按实验内容(2)的要求，把探测线圈沿轴线固定在某一位置，让探测线圈法线方向与圆电流轴线 D 的夹角从 0°开始，逐步旋转到正、负 90°，每改变 10°测一组数据。

(5) 研究励磁电流频率改变对磁场强度的影响。把探测线圈固定在亥姆霍兹线圈中心点,其法线方向与圆电流轴线 D 的夹角为 0°(注:亦可选取其他位置或其他方向),并保持不变。调节磁场测试仪输出电流频率,在 30～150 Hz 范围内,每次频率改变 10 Hz,逐次测量感应电动势的数值并记录。

【数据处理】

(1) 圆电流线圈轴线上磁场分布的测量数据记录(注意:坐标原点设在圆心处)。要求列表记录,表格中包括测点位置,数字式毫伏表读数以 U_{max} 换算得到的 B_{max} 值,并在表格中表示出各测点对应的理论值,在同一坐标纸上画出实验曲线与理论曲线(见表 2-3-1)。

表 2-3-1 实验数据 1

轴向距离 $X/10^{-3}$ m	0.0	10.0	20.0	30.0	……	100.0
U_m/mV						
$B_m=0.103U_{max}\times10^{-3}$(T)						
$B=\dfrac{\mu_0 N_0 IR^2}{2(R^2+X^2)^{\frac{3}{2}}}$						

(2) 亥姆霍兹线圈轴线上的磁场分布的测量数据记录(注意坐标原点设在两个线圈圆心连线的中点 O 处),在方格坐标纸上画出实验曲线(见表 2-3-2)。

表 2-3-2 实验数据 2

轴向距离 $X/10^{-3}$ m						
U_m/mV						
$B_m=0.103U_{max}\times10^{-3}$(T)						

(3) 测量亥姆霍兹线圈沿径向的磁场分布(见表 2-3-3)。

表 2-3-3 实验数据 3

径向距离 $X/10^{-3}$ m						
U_m/mV						
$B_m=0.103U_{max}\times10^{-3}$(T)						

(4) 验证公式 $\varepsilon_m=NS\omega B_m\cos\theta$,以角度为横坐标,以磁场强度 B_m 为纵坐标作图(见表 2-3-4)。

表 2-3-4 实验数据 4

探测线圈转角 θ/(°)	0.0	10.0	20.0	30.0	……	90.0
U_m/mV						
$B_m=0.103U_{max}\times10^{-3}$(T)						

(5) 磁场电流频率改变对磁场的影响。以频率为横坐标，磁场强度 B_m 为纵坐标作图，并对实验结果进行讨论（见表 2-3-5）。

表 2-3-5　实验数据 5

励磁电流频率 f/Hz	30	40	50	60	……	150
U_m/mV						
$B_m=0.103U_{max}\times10^{-3}$(T)						

【思考题】

思考题

(1) 圆电流的磁场分布规律是什么？如何验证毕奥—萨伐尔定律的正确性？

(2) 亥姆霍兹线圈能产生强磁场吗？为什么？

【附】

FB201 型交变磁场实验装置使用说明

一、用途及特点

1. 用途

FB201 型交变磁场实验装置是一个具有信号发生、信号感应、测量显示于一体的多用途教学实验仪器，可用于研究交流线圈磁场分布、亥姆霍兹线圈磁场分布。

FB201 型交变磁场实验装置由两部分组成，即 FB201-Ⅰ型交变磁场实验仪和 FB201-Ⅱ型交变磁场测试仪。

FB201-Ⅱ型交变磁场测试仪还可以作为信号源，其信号幅度要求比较大，信号频率较小。

2. 特点

(1) 激励信号的频率、输出强度连续可调，可以研究不同激励频率、不同强度下，感应线圈上产生不同感应电动势的情况。

(2) 探测线圈三维连续可调，探测线圈用机械连杆器连续，可作横向、径向连续调节，探测线圈还可作 360°旋转。

(3) 激励信号的频率、输出强度、探测线圈的感应电压都采用数显表显示，且把三个表合装在一台测试仪上，减少占用空间，读数方便。

二、主要性能指标

(1) 信号频率可调范围：30～200 Hz。

(2) 信号输出电流：单个圆线圈大于 1 A，两个圆线圈大于 0.4 A。

(3) 探测线圈机械结构调节范围。

水平：−120～120 mm。

垂直：−60～60 mm。

探测线圈可 360°旋转。

(4) 电压表显示精度:±0.2 mV。分辨率:0.1 mV。

(5) 电流表显示精度:2 mA。

(6) 频率显示精度:±0.1 Hz。分辨率:0.1 Hz。

(7) 仪器的工作环境。

大气压:86 kPa～106 kPa。

环境温度:0～50 ℃。

相对湿度:15%～80%。

(8) 外形尺寸(长×宽×高)。

FB201-Ⅰ型交变磁场实验仪:330 mm×245 mm×295 mm。

FB201-Ⅱ型交变磁场测试仪:370 mm×340 mm×440 mm。

三、结构及原理

1. 结构

仪器由 FB201-Ⅰ交变磁场实验仪和 FB201-Ⅱ型交变磁场测试仪两部分组成,如图 2-3-5 所示。接线图如图 2-3-6 和图 2-3-7 所示。

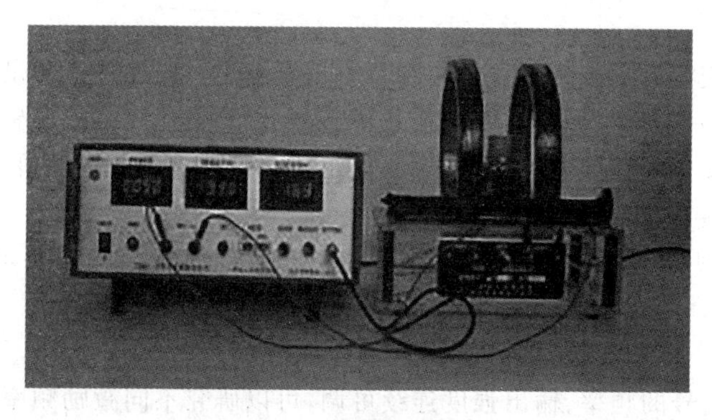

图 2-3-5　仪器结构

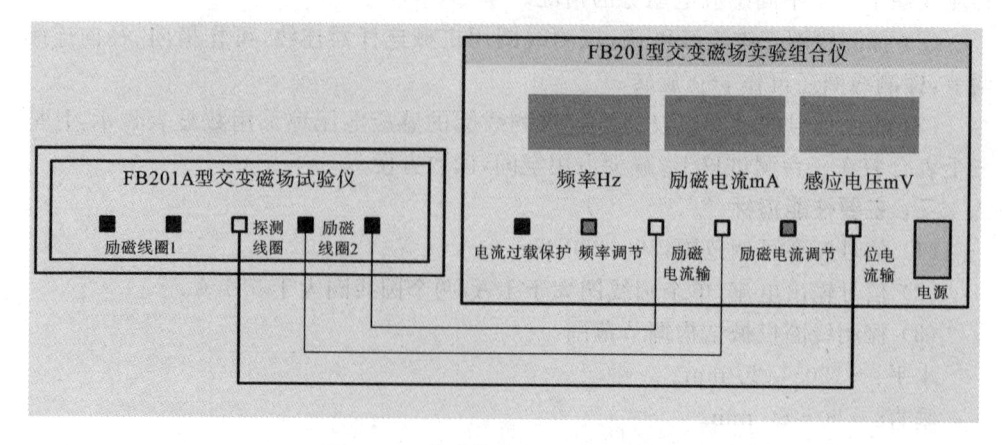

图 2-3-6　单联线圈磁场分布接线图

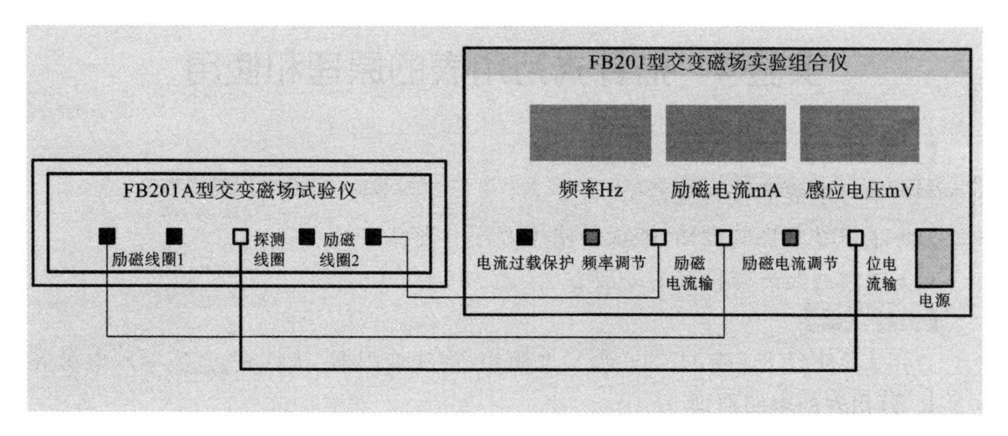

图 2-3-7　串联线圈串联后接线图

2. 原理

FB201-Ⅰ实验仪由圆电流线圈、感应线圈等组成。

FB201-Ⅱ测试仪由信号产生、信号放大、电源、信号频率、电流显示电路等组成。

实验 4　指针式万用表的原理和使用

【实验目的】

(1) 学习电表的接入误差。

(2) 了解欧姆挡的设计,能正确使用万用电表。

(3) 了解线路故障检查的一般方法。

【实验仪器】

万用表 MF47 型(或 MF500 型)、电阻箱、滑线变阻器、伏特表、直流稳压电源等。

1. 万用表的电路原理

万用表是最常用的仪器,它可以测量交流和直流电压、电流,还可以测量电阻,用途广且方便携带。实验用的 MF47 型万用电表的外观如图 2-4-1 所示。

图 2-4-1　MF47 型和 MF500 型万用表

1) 直流电压挡

当选择开关拨到$\underline{V}$时,万用表就是一个多量程直流伏特表,各量程分别是 1 V、5 V、25 V、100 V、500 V,它们的简化线路如图 2-4-2 所示。图 2-4-3(a)所示的是量程为 1 V、5 V、25 V 的电路,由于 R_1、R_2 的分流作用,虚线框内部分相当于 50 μA 的表头,串联不同的电阻分别得出所要求的量程。图 2-4-3(b)所示的是量程为 100 V、500 V 的电路,由于 R_1 改为和表头串联,分流电阻只剩 R_2,故虚线框内部分相当于表头量程加大到 200 μA。这样,同样是串联 $R_3+R_4+R_5$,得到的伏特表量程为 100 V,再串联 R_6 得到量程为 500 V。

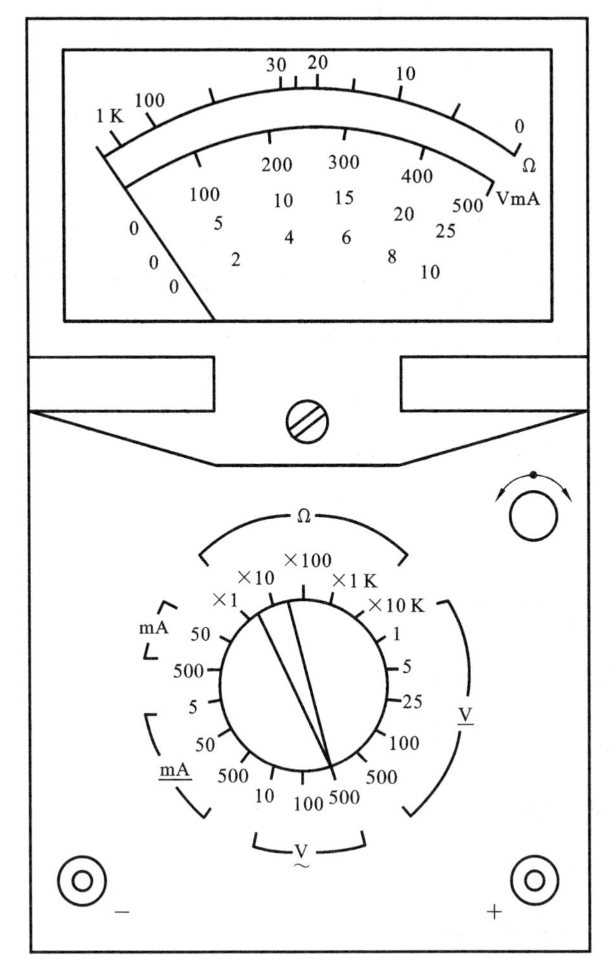

图 2-4-2　万用表简化线图

万用表在使用时往往不是固连在待测电路上,而是在测量时才连上,读数后立即撤离,所以接入误差成为经常要考虑的问题。下面先考察接入误差的成因及修正办法。

如图 2-4-3 和图 2-4-4 所示的电路,B、C 两点之间的电压 V_{BC} 显然等于$\dfrac{R_2}{R_1+R_2}E$。如果把伏特表接在 B、C 两点之间,测出的电压是否就是 V_{BC} 呢?不是的,由于伏特表有一定的内阻 R_V,伏特表接入后电路的电压分配会发生改变,B、C 两点之间的电压变为 V'_{BC},我们想要知道的是电表未接入时的电压 V_{BC},但电表测出的却是 V'_{BC},这两者之差称为接入误差 ΔV,定义为

$$\Delta V = V_{BC} - V'_{BC}$$

$$V'_{BC} = \frac{\dfrac{R_V R_2}{R_V + R_2}}{R_1 + \dfrac{R_V R_2}{R_V + R_2}} E = \frac{1}{1 + \dfrac{R_1(R_V + R_2)}{R_V R_2}} E$$

$$\frac{\Delta V}{V'_{BC}} = \frac{V_{BC} - V'_{BC}}{V'_{BC}} = \frac{V_{BC}}{V'_{BC}} - 1 = \frac{R_2}{R_1 + R_2}\left[1 + \frac{R_1(R_V + R_2)}{R_V R_2}\right] - 1$$

$$= \frac{R_V R_2 + R_1 R_2 + R_V R_1}{R_V(R_1 + R_2)} - 1 = \frac{R_1 R_2}{R_V(R_1 + R_2)}$$

观察图 2-4-3 的电路可知，$\frac{R_1 R_2}{R_1 + R_2}$ 正是以伏特表接入点 BC 为考察点的等效电阻 $R_{等效}$(此时电源看作短路，故为 R_1 和 R_2 并联)，即有

$$\frac{\Delta V}{V'_{BC}} = \frac{R_{等效}}{R_V} \tag{2-4-1}$$

根据(2-4-1)式很容易知道接入误差的大小，并在必要时可用下式修正测量值：

$$V_{BC} = V'_{BC}\left[1 + \frac{R_{等效}}{R_V}\right]$$

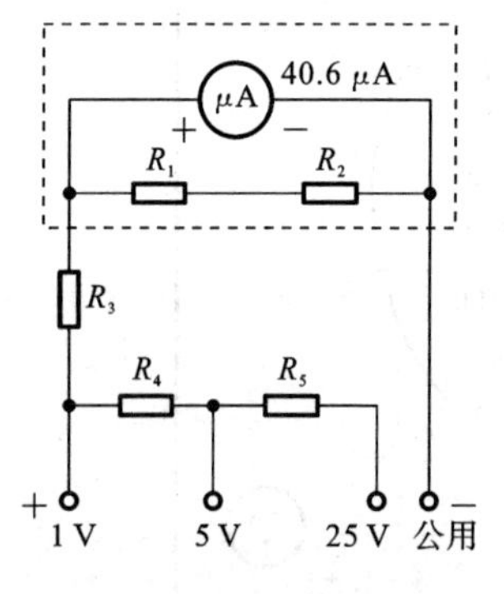

图 2-4-3　直流电压挡简图

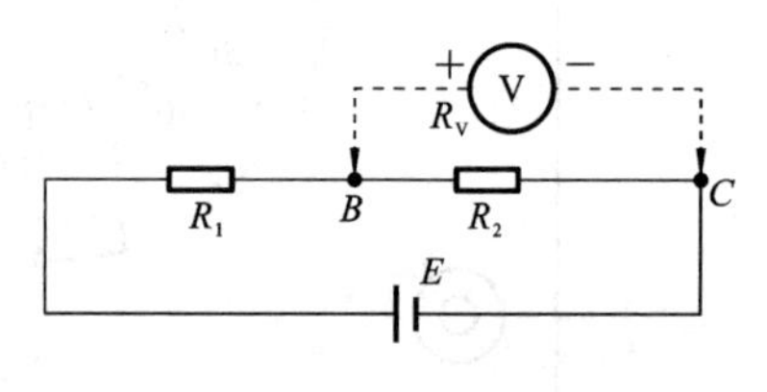

图 2-4-4　电路图

2）直流电流挡

当选择开关至 mA 挡时，万用表就是一个多量程安培表，简化电路如图 2-4-5 所示。跟测电压类似，测电流时也有接入误差，若万用表的内阻值为 R_A，以电表接入点为考察点，电路的电阻为 $R_{等效}$，则接入误差为

$$\frac{\Delta I}{I'} = \frac{R_A}{R_{等效}} \tag{2-4-2}$$

I' 即电表读出的电流值。

3）欧姆挡

(1) 欧姆表原理。

欧姆表的原理性线路如图 2-4-6 所示。其中虚线框部分为欧姆表，a 和 b 为两

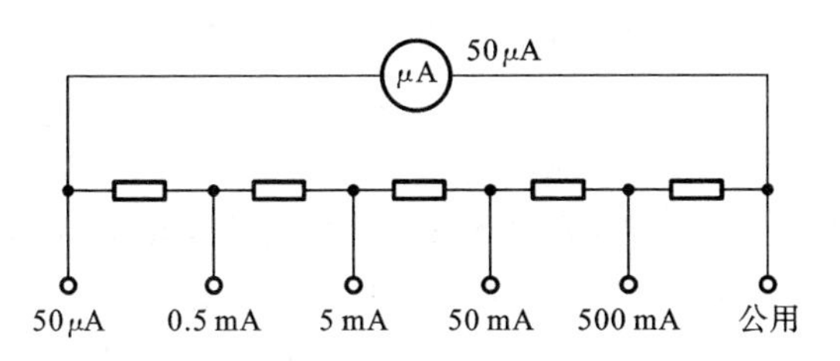

图 2-4-5　直流电流挡简图

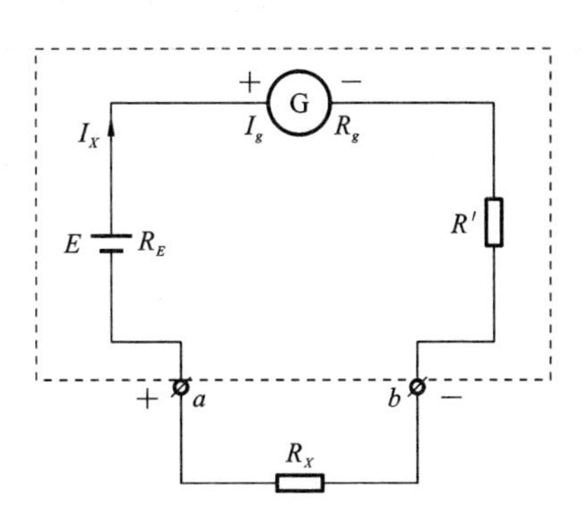

图 2-4-6　欧姆表的原理性线路图

个接线柱(表笔插孔),测量时将待测电阻 R_X 接在 a 和 b 上。在欧姆表中,E 为电源(干电池,内阻为 R_E),G 为表头(内阻为 R_g,满度电流为 I_g),R'为限流电阻,由欧姆定律可知回路中的电流 I_X 由下式决定,即

$$I_X=\frac{E}{(R_E+R_g+R')+R_X} \quad (2\text{-}4\text{-}3)$$

可以看出,对一给定的欧姆表(即 E、R_E、R_g、R'给定),则 I_X 仅由 R_X 决定,即 I_X 与 R_X 之间有一一对应的关系。这样,在表头刻度上标出相应的 R_X 值即成一欧姆表。

由(2-4-3)式可以看出,当 $R_X=0$ 时,回路中的电流最大为$\frac{E}{R_E+R_g+R'}$,在欧姆表中设法改变表头的满度电流 I_g 使其等于回路中的最大电流,即

$$I_g=\frac{E}{R_E+R_g+R'} \quad (2\text{-}4\text{-}4)$$

习惯上用 $R_中$ 表示 R_E+R_g+R',称之为欧姆表的中值电阻,即

$$R_中=R_E+R_g+R'$$

(2-4-4)式和(2-4-3)式改写为

$$I_g=\frac{E}{R_中} \quad (2\text{-}4\text{-}5)$$

$$I_X=\frac{E}{R_中+R_X} \quad (2\text{-}4\text{-}6)$$

由(2-4-6)式可以看出,欧姆表的刻度是非线性(不均匀)的,正中那个刻度即为 $R_中$,这是因为 $R_X=R_中$ 时指针偏转为满度的一半,即 $I_X=I_g/2$,当 $R_X \ll R_中$ 时,$I_X \approx E/R_中=I_g$,此时偏转接近满度,随 R_X的变化不明显,因而测量误差很大;当 $R_X \gg R_中$ 时,$I_X \approx 0$,因而测量误差亦很大。所以在实用上通常只用欧姆表中间的一段来测量,如 $R_中/5 \sim R_中$ 这段范围。实际上,欧姆表有几个量程,且每个量程的 $R_中$ 都不同,但每个量程的可用范围都是 $R_中/5 \sim R_中$。如果 $R_中=100\ \Omega$,则测量范围为 20～

500 Ω;如果 $R_{中}=1000\ \Omega$,则测量范围为 200～5000 Ω。

(2) 调零电路。

上述欧姆表的刻度是根据电池的电动势 E 和内阻 R_E 不变的情况下设计的。但是实际上,电池在使用过程中,内阻会不断增加,电动势也会逐渐减小。这时若将表笔短路,指针就不会满偏指在"0"处,这一现象称为电阻挡的零点偏移,它会给测量带来一定的系统误差。对此,最简单的克服方法是调节限流电阻 R',使指针满偏指在"0"处。但这会改变欧姆表的内阻,使其偏离标度尺的中间刻度值,从而引起新的系统误差。

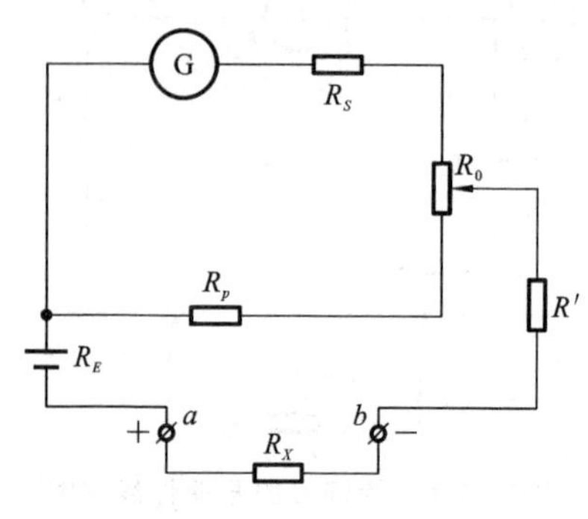

图 2-4-7 接入电位器 R_0

较合理的电路是在表头回路里接入对零点偏移起补偿作用的电位器 R_0,如图2-4-7所示。电位器上的滑动头把 R_0 分成两部分,一部分与表头串联,其余部分与表头并联。因电动势增加使电路中的总电流偏大时,可将滑动触头下移,以增加与表头串联的阻值,从而减少与表头并联的阻值,使分流增加,以减少流经表头的电流。而当实际的电动势低于标称值或内阻高于设计标准,使总电流偏小时,可将滑动头上移,以增加表头电流。总之,调节电位器 R_0 的滑动头,可以使表笔短路时流经表头的电流保持满标度电流。电位器 R_0 称为调零电位器。但改变调零电位器 R_0 的滑动头时,整个表头回路的等效电阻 R'_g 会随之改变,因而中值电阻 $R_{中}=R_E+R'_g+R'$ 也会有变化。为了减小这个变化对测量结果带来的误差,通常在设计欧姆表时,都是先设计 $R\times1$ kΩ 挡,这一挡的中值电阻约为 10 kΩ,是一个很大的电阻,R'_g 的变化对它的影响就可以忽略不计。对于 $R\times100$ Ω、$R\times10$ Ω、$R\times1$ Ω 各挡,则采用 $R\times1$ kΩ 挡并联分流电阻的办法来实现。

2. 万用表操作规程

1) 准备

认清所用万用表的面板和刻度。根据测量的种类(交流或直流;电压、电流或电阻)及大小,将选择开关拨至合适的位置(不知待测量的大小时,一般应选择最大量程先行试测)。接好表笔(万用电表的正端应接红色表笔)。

指针式万用表使用技巧

2) 测量

使用伏特表或安培表时,应注意如下几点。

(1) 安培表是测量电流的,它必须串联在电路中;伏特表是测量电压的,它应该与待测对象并联。

(2) 表笔的正负不要接反。

（3）执笔时，手不能接触任何金属部分。

（4）测量时应采用跃接法，即在用表笔接触测量点的同时，注视电表指针偏转情况，并随时准备在出现不正常现象时，使表笔迅速离开测量点。

使用欧姆挡时，应注意如下几点。

（1）每次换挡后都要调节欧姆零点。

（2）不得测带电的电阻，不得测额定电流极小的电阻（如灵敏电流计的内阻）。

（3）测试时，不得双手同时接触两个表笔笔尖，测高阻时尤须注意。

3）结束

使用完毕，务必将万用表选择开关拨离欧姆挡，应拨到空挡或最大直流电压量程处，以保安全。

3. 用万用表检查电路

万用表常用来检查电路，发现故障。例如，图 2-4-8 所示的线路经检查，连接没有错误，但合上开关后不能正常工作，就需要寻找故障。一般故障大致有三种：导线内部断线；开关或接线柱接触不良；电表或元件内部损坏。这些故障有的是可以根据发生的现象，如仪表指针的偏转，指示灯不亮等分析判断；有的则不能，这就需要用万用表来检查，其方法有以下两种。

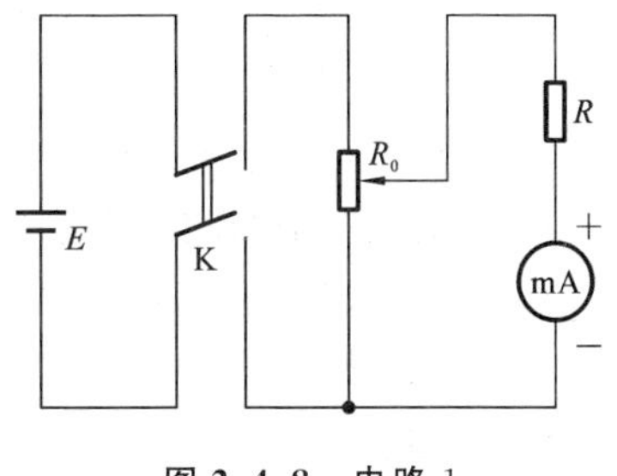

图 2-4-8　电路 1

1）电压表法

首先要正确理解电路原理，了解它的电压正常分布。然后在接通电源的情况下，从电源两端开始沿（或逆）电流通向逐个检查各接点电压分布。出现电压反常之处，就是故障之所在。

2）欧姆表法

将电路逐段拆开，特别要注意将电源和电表断开，而且应使待测部分无其他分路。再用欧姆表检查无源部分的电阻分布，特别要检查导线和接触点通不通。

迅速查清并排除电路故障是电磁学实验的基本训练内容之一，在今后做电类实验时，将继续使用万用表检查电路，以培养学生分析问题和解决问题的独立工作能力。

【实验内容】

1. 测直流电压

按图 2-4-9 所示的线路连接电路，选择合适的量程，分别测出 ad、ab、bc、cd、bd 之间的电压。

2. 测电阻及校准欧姆表

（1）用欧姆表测出刚才使用过标称为 2 kΩ、25 kΩ、90 kΩ 电阻的阻值。

（2）用电阻箱校准中值电阻为 250 Ω 挡，校准 10 个点，列表记下数据。

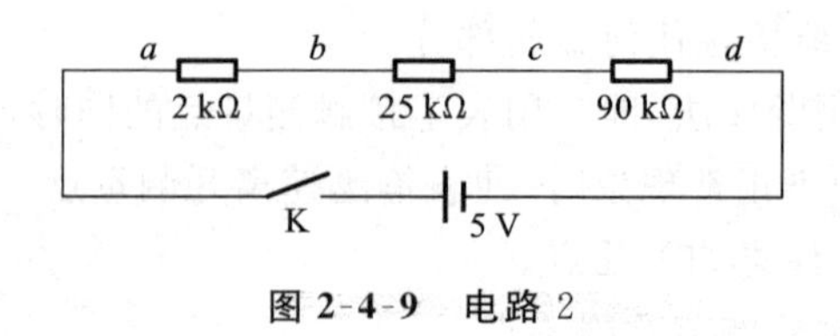

图 2-4-9 电路 2

3. 用万用表检查电路故障

按图 2-4-7 连接电路,两个同学互相设置故障,分别用电压表法和欧姆表法练习检查电路故障。注意不要设置短路故障。

【数据处理】

(1) 列出实验内容 1 的数据,$V_{ab}+V_{bc}+V_{cd}$ 是否接近于 V_{ad}? $V_{ab}+V_{ad}$ 是否接近于 V_{ad}? 解释一下为什么有较接近的,也有差别较大的?

(2) 利用修正式修正 V_{ab}、V_{bc}、V_{cd} 和 V_{bd}。

(3) 列出待测电阻的测量值,注明使用哪一挡测量。

(4) 列出校准欧姆表的数据,必要时加以讨论。

(5) 写下故障产生的原因和发现故障的经过。

【思考题】

(1) 接入误差是万用表所特有的,还是任何伏特表、安培表都有的问题呢?

(2) 为什么欧姆挡的有效量程只是中值电阻附近较窄的一段?

(3) 欧姆表的红、黑表笔中哪一根电势较高? 为什么?

(4) 为什么不宜用欧姆表测量表头内阻? 能否用欧姆表测电源内阻?

【附】

万用表的使用的注意事项

(1) 在使用万用表之前,应先进行“机械调零”,即在没有被测电量时,使万用表指针指在零电压或零电流的位置上。

(2) 在使用万用表过程中,不能用手去接触表笔的金属部分,这样一方面可以确保测量的准确性,另一方面也可以保证人身安全。

(3) 在测量某一电量时,不允许在测量的同时换挡,尤其是在测量高电压或大电流时,更应特别注意。否则,容易毁坏万用表。如需换挡,应先断开表笔,换挡后再去测量。

(4) 万用表在使用时,必须水平放置,以免造成误差。同时,还要注意避免外界磁场对万用表的影响。

(5) 万用表使用完毕,应将转换开关置于交流电压的最大挡。如果长期不使用,应将万用表内部的电池取出来,以免电池腐蚀表内其他器件。

1. 欧姆挡的使用

(1) 选择合适的倍率。在欧姆表测量电阻时,应选适当的倍率,使指针指示在中值附近。最好不使用刻度左边三分之一的部分,这是因为这部分刻度过于密集。

（2）使用前要调零。

（3）不能带电测量。

（4）被测电阻不能有并联支路。

（5）测量晶体管、电解电容等有极性元件的等效电阻时，必须注意两支笔的极性。

（6）用万用表不同倍率的欧姆挡测量非线性元件的等效电阻时，测出电阻值是不相同的。这是由于各挡位的中值电阻和满偏电流各不相同所造成的，在机械表中，一般倍率越小，测出的阻值越小。

2. 万用表测直流

（1）进行机械调零。

（2）选择合适的量程挡位。

（3）使用万用表电流挡测量电流时，应将万用表串联在被测电路中，因为只有串联才能使流过电流表的电流与被测支路电流相同。测量电压时，应断开被测支路，将万用表红、黑表笔串接在被断开的两点之间。特别应注意电流表不能并联接在被测电路中，这样做是很危险的，极易烧毁万用表。

（4）注意被测电量极性。

（5）正确使用刻度和读数。

（6）当选取用直流电流的2.5 A挡时，万用表红表笔应插在2.5 A测量插孔内，量程开关可以置于直流电流挡的任意量程上。

（7）如果被测的直流电流大于2.5 A，则可将2.5 A挡扩展为5 A挡。其方法是可以在“2.5 A”插孔和黑表笔插孔之间接入一支0.24 Ω的电阻，这样该挡位就变成了5 A电流挡了。接入的0.24 Ω的电阻应选取用功率为2 W以上的线绕电阻，如果功率太小会使之烧毁。

实验5 温差电偶的定标和测量

【实验目的】

(1) 加深对温差电现象的理解。

(2) 了解校准热电偶温度计的基本方法。

【实验仪器】

铜—康铜热电偶、校准用的纯金属(铅、锌、锡)或标准热电偶、待测熔点的金属、杜瓦瓶、电位差计或数字电压表、电炉等。

【实验原理】

1. 热电偶的测温原理

把两种不同的导体或半导体连接成一闭合回路,如图2-5-1所示。例如,两接点分别处于不同的温度 T 和 T_0,则回路中就会产生热电动势,这种现象称作热电效应。同时把这个电路叫作 A、B 组成的热电偶,如铂铑—铂热电偶、铜—铁热电偶等。

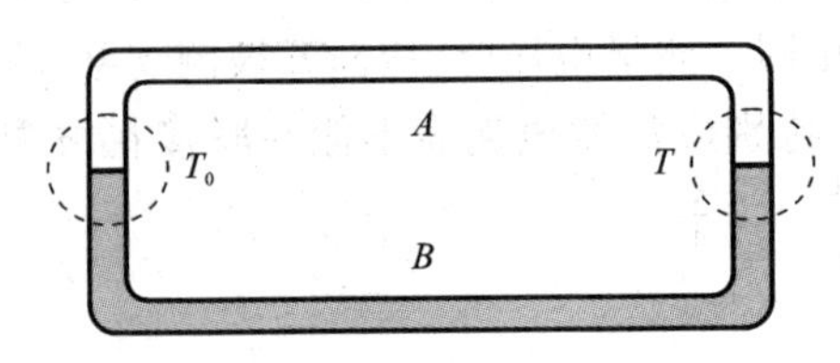

图2-5-1 热电偶回路

在图2-5-1所示的热电偶回路中,产生的热电势由接触电势和温差电势两部分组成。温差电势是在同一导体的两端因温度的不同而产生的一种热电势,由于材料中高温端的电子能量比低温端的电子能量大,因而从高温端扩散到低温端的电子数比从低温端扩散到高温端的电子数多,结果使高温端失去电子而带正电荷,低温端得到电子而带负电荷,产生一个附加的静电场。此静电场阻碍电子从高温端向低温端的扩散,在达到动态平衡时,导体的高温和低温端间有一个电位差 $V_T-V_{T_0}$,此即温差电势。在热电偶回路中,导体 A 和 B 分别有自己的温差电势 $e_A(T,T_0)$ 和 $e_B(T,T_0)$。

温差电势

接触电势的产生原因是两种导体材料的电子密度和逸出功不同。这样,当两种导体接触时,电子在其间扩散的速率就不同。这会使一种导体因失去电子而带正电荷,另一种导体因得到电子而带负电荷,在其接触面上形成一个静电场,即产生了电位差。这就是接触电势,其数值取决于两种不同导体材料的性质和接点的温度。在热电偶回路中两个接点分别有不同的接触电势 $e_{AB}(T)$ 和 $e_{AB}(T_0)$。

接触电势

由于温差电势和接触电势的影响,在热电偶回路中产生的总热电势可表达为

$$E_{AB}(T,T_0)=e_{AB}(T)+e_B(T,T_0)-e_{AB}(T_0)-e_A(T,T_0) \qquad (2\text{-}5\text{-}1)$$

它是材料和温度的函数,对确定的热电偶材料,热电势 $E_{AB}(T,T_0)$ 是温度 T 和 T_0 的函数差为

$$E_{AB}(T,T_0)=f(T)-f(T_0) \tag{2-5-2}$$

如果使某接点温度固定(常取水的三相点温度作为 T_0),则总电势成为温度 T 的单值函数:

$$E_{AB}(T,T_0)=\varphi(T) \tag{2-5-3}$$

这一关系式可通过实验获得。得到 $\varphi(T)$后,我们测出热电偶接点处于某未知温度时的 E_{AB} 值(另一接点温度 T_0),就可得到此温度值。

2. 有关热电偶回路的几点结论

(1) 若组成热电偶回路的两种导体相同,则无论两接点温度如何,热电偶回路内的总热电势为零。

(2) 如热电偶两接点温度相同,则无论导体由何种材料制成,热电偶回路内的总热电势亦为零。

(3) 热电偶的热电势只与接点的温度有关,与导体的中间温度分布无关。

(4) 热电偶在接点温度为 T、T_s时的热电势,等于热电偶在接点温度为 T、T_2 和 T_2、T_s时的热电势的代数和。

(5) 在热电偶回路中接入第三种材料的导线,只要第三种材料的两端温度相同,第三种导线的引入就不会影响热电偶的热电势,这一性质称为中间导体定律。

(6) 当两接点温度分别是 T_1 和 T_2时,由导体 A、B 组成的热电偶的热电势等于 AC 热电偶和 CB 热电偶的热电势之和,即

$$E_{AB}(T_1,T_2)=E_{AC}(T_1,T_2)+E_{CB}(T_1,T_2) \tag{2-5-4}$$

导体 C 称为标准电极,一般用铂制成,这一性质称为标准电极定律。

正是由于上述这些性质,才使我们对热电偶的热电势的测量成为可能。在实际使用中,我们往往需要在热电偶回路里接入各种仪表(如电位差计、灵敏电流计)、连接导线等,但只要与这些器件相接的各接点的温度保持相同,就不必担心对热电势产生影响,而且也允许用任意的焊接方法来焊制热电偶。

需要注意,只有当组成热电偶材料的化学成分和物理状态是均匀的时候,才有上述结论成立,如材料的理化性质不均匀(如组分有变化、结构不均匀等),就会引入难以确定的附加电动势而使结果产生较大的误差。

3. 热电偶的校准

在实际测温前,必须知道热电偶的热电势—温度关系曲线(称作校准曲线),以后就可以根据热电偶与未知温度接触时产生的电动势,由曲线查出对应的温度。常用的几种具有标准组分的热电偶(如由含铂 90%、铑 10%的铂铑丝和纯铂丝组成的铂铑—铂热电偶;由含镍 89%、铬 9.8%、铁 1%、锰 0.2%的镍铬丝和含镍 94%、铝 2%、铁 0.5%、硅 1%、锰 2.5%的镍铝丝组成的镍铬—镍铝热电偶等),它们的校准曲线(或校准数据表)在有关手册中可以查到,不必自己校准。如果实验室自制的热电偶组分并不标准,则校准工作就是不可缺少的了。

校准热电偶的方法有以下两种。

(1) 比较法:即用被校热电偶与一标准组分的热电偶去测同一温度,测得一组数据,其中被校热电偶测得的热电势即由标准热电偶所测的热电势所校准,在被校热电偶的使用范围内改变不同的温度,进行逐点校准,就可得到被校热电偶的一条校准曲线。

(2) 固定点法:这是利用几种合适的纯物质在一定的气压下(一般是标准大气压),将这些纯物质的沸点或熔点温度作为已知温度,测出热电偶在这些温度下的对应的电动势,从而得到热电势—温度关系曲线,这就是所求的校准曲线。

本实验采用固定点法对热电偶进行校准。为此将热电偶的冷端保持在冰水混合物内,其温度在标准大气压下是 0 ℃,我们选择水的沸点、锡、锌和铅的熔点分别作为校准的固定点。

为了使测量结果较为准确,对于金属的熔点不是在加热的过程中进行测量,而是待金属熔解后,撤去热源使其冷却的过程中确定其凝固点(对金属来说凝固点与熔点完全相同),由于金属在凝结和熔解过程中其温度是不变的,我们可以利用这一特性测定金属的凝固点,为此我们用电位差计(或数字电压表)测定热电势随时间的变化曲线,如图 2-5-2 所示。如果在一定的时间(至少几分钟)内,热电动势值基本不变,则该值对应的温度就是所测金属的凝固点。本实验所用的热电偶校准电路如图 2-5-3所示,在热电偶与电位差计的测试端相连时,应注意其正、负极性不要接错。

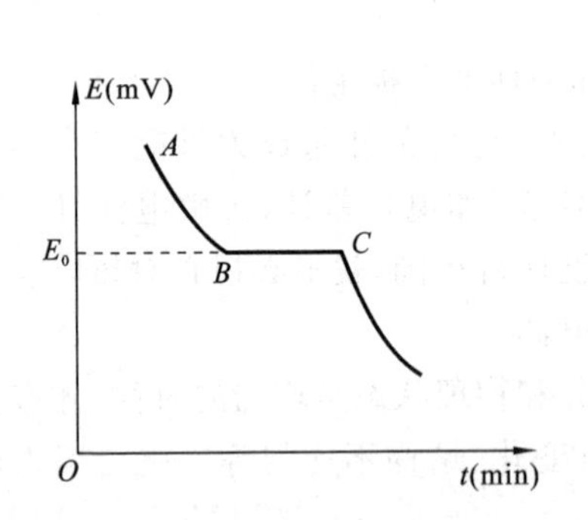

图 2-5-2 电位差计测定热电势随时间的变化曲线

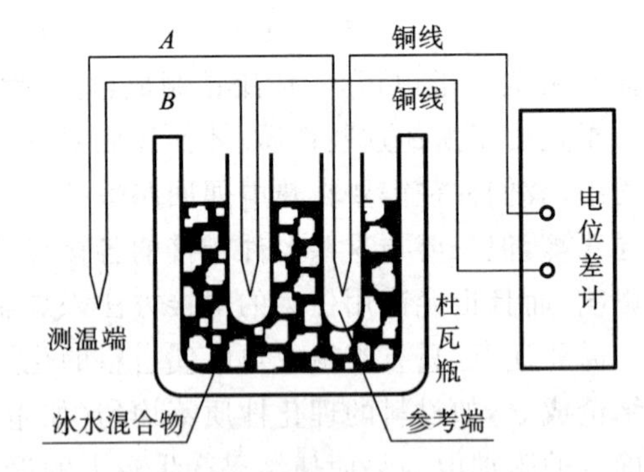

图 2-5-3 热电偶校准电路

【实验内容】

(1) 按图 2-5-3 接线,而后对电位差计进行校准,校准完毕再进行测量。

(2) 将热电偶测温端放入在盛有冰水混合物的杜瓦瓶中,测量 0 ℃时的热电势(应为零)。

(3) 用电炉加热水,待沸腾后将热电偶放入水中测其热电势。

(4) 用电炉加热专用容器中的纯锡,待锡全部熔化后切断电炉电源,由其自然冷却，将电偶测温端放入熔化的金属中，测定其热电热势—时间关系曲线(一分钟测一个点)。作图确定与锡的凝固点相对应的热电势的值。

(5) 作被校热电偶的校准曲线，以温度为横轴，热电势为纵轴，以所测的四个固定点作热电偶的校准曲线(相邻点之间以直线相连。更准确的办法要用到曲线拟合的方法)。

(6) 同法测未知熔点的焊锡的凝固点的热电势，从热电偶的校准曲线上查出焊锡的熔点温度。

【注意事项】

(1) 为了避免热电偶受熔融的金属玷污，故将热电偶测温端置于一端封闭的铜管中，使其与待测金属隔离。为保持热电偶与铜管良好的接触，测量时应在铜管底部滴入几滴硅油，热电偶测温端应插入硅油中，不能悬空。

(2) 除结点外，热电偶丝之间与铜管之间应保持良好的电绝缘，以免短路而造成测试错误。

(3) 掌握电炉加热时间，当金属全部熔融后，应及时切断电源。否则，由于加热时间过长、温度过高，一方面使金属氧化，也延长了金属冷却所用的时间。

(4) 由于整个测量过程时间较长，电位差计校准后仍会发生漂移，所以在每次测量前都应重新校准。

(5) 每种金属测完后，必须重新升温使金属熔化，取出铜套管，然后切断电源，否则在金属冷却时会收缩而不易取出铜套管。

【思考题】

(1) 具体考察一下在实验线路中热电偶是如何和第三种金属连成回路的，其接头在哪里？处在什么温度？并证明若电偶与第三种金属的两个接头温度一样时，回路电动势不因加接第三种金属而变化。

(2) 为什么要测金属凝固时的热电势？测金属熔化时的热电势能行吗？

(3) 若以一内阻及电流灵敏度均已知的灵敏电流计代替电位差计，能否测定热电偶的电动势？为什么？

实验6　用电位差计测量电池的电动势和内阻

【实验目的】

(1) 掌握补偿法测电动势的原理和方法。

(2) 测量干电池的电动势和内阻。

【实验仪器】

板式电位差计、检流计、滑线变阻器、标准电池、待测电池、标准电阻(电阻箱)、直流稳压电源等。

【实验原理】

直流电位差计就是用比较法测量电位差的一种仪器。它的工作原理与电桥测量电阻一样,是电位比较法。其中,板式电位差计的原理直观性较强,有一定的测量精度,便于学习和掌握,而箱式电位差计是测量电位差的专用仪器,其使用方便、测量精度高、稳定性好。此外,由于许多电学量都可变为电压的测量,因此电位差计除了电位测量之外还可测量电流、电阻等其他量。本实验讨论的是板式电位差计。

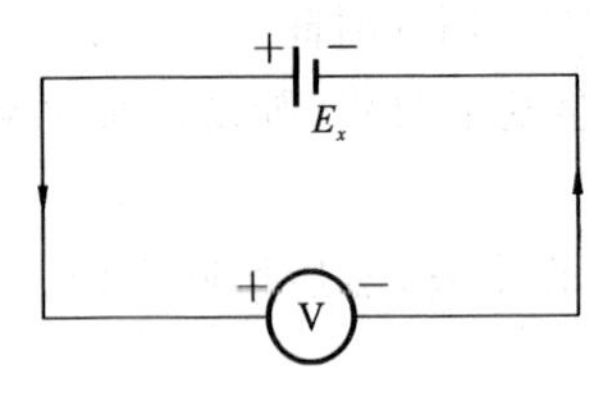

图 2-6-1　电路 1

若将电压表并联到电池两端(见图 2-6-1)就有电流 I 通过电池内部,由于电池有内电阻 r,在电池内部不可避免地存在电位降落 $I \cdot r$,因而电压表的指示值只是电池两端电压 $V=E_x-I \cdot r$ 的大小。

显然,只有当 $I=0$ 时,电池两端的电压 V 才等于电动势 E_x。

怎样才能使电池内部没有电流通过而又能测定电池的电动势 E_x 呢? 这就需要采用补偿法。

如图 2-6-2 所示的 ab 为电位差计的已知电阻。使某一电流 I 通过 ab 段电阻,由于在 adE_0a 回路中 ad 段的电位差与 E_0 的方向相反,只要工作电池的电动势 E 大于标准电池的电动势 E_0,滑动点就可以找到平衡点(G 中无电流时对应的点)此时 ad 段的电位即为 E_0,因而其他各段的电位差就为已知,然后再用这已知电位差与待测量相比较。设此时 ad 段电阻为 r_1,则有

$$E_0=I \cdot r_1 \tag{2-6-1}$$

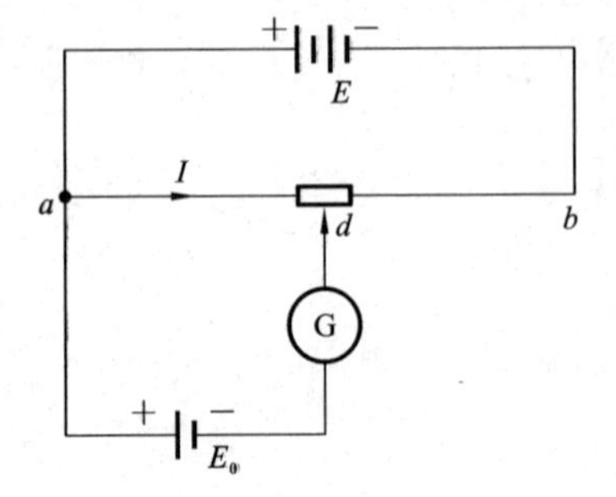

图 2-6-2　电路 2

再将 E_0 换成待测电池 E_x,保持工作电流 I 不变,重新移动 d 点,G 中仍显示为零。设此时 ad' 段电阻为 r_2,则有

$$E_x = I \cdot r_2 \tag{2-6-2}$$

比较上两式得

$$E_x = \frac{I \cdot r_2}{I \cdot r_1} E_0$$

即

$$E_x = \frac{r_2}{r_1} E_0 \tag{2-6-3}$$

故只要 r_2/r_1 和 E_0 为已知，即可求得 E_x 的值。同理，若要测任意电路两点间的电位差，只需将待测两点接入电路代替 E_x 即可测出。

电位差计的准确度由(2-6-3)式决定，式中 r_2、r_1、E_0 的准确度对 E_x 的影响是明显的。检流计的灵敏度决定着(2-6-3)式近似成立的程度，若要在测量和校准的整个过程中工作电流始终恒定，这就必须要求工作电源的电动势较稳定。

为了定量地描述因检流计灵敏度限制给测量带来的影响，从而引入"电位差计电压灵敏度"这一概念。其定义为电位差计平衡时(G 指零)移动 d 点改变单位电压所引起检流计指针偏转的格数。即

$$S = \frac{\Delta n}{\Delta V}(\text{格/V}) \tag{2-6-4}$$

本实验采用的电势差计是 11 线板式电势差计。它的工作原理与电桥测电阻一样，是电势比较法，有一定的测量精度，便于学习和掌握。

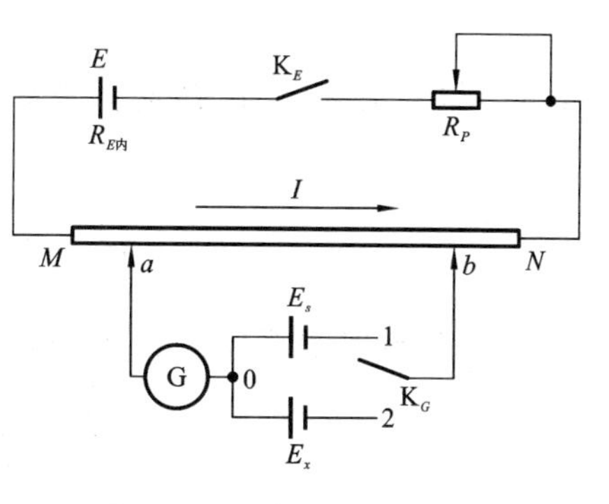

图 2-6-3　电势差计原理图

板式滑线电势差计的电路如图 2-6-3 所示。图中，MN 为一根粗细非常均匀的电阻丝，它与可变限流电阻 R_P 以及工作电池 E、电源开关 K_E 互相串联。E_s 为标准电池，E_x 为待测电池的电动势，G 为检流计。当 K_E 接通，K_G 既不与 E_s 接通又不与 E_x 相连时，则流过 MN 的电流 I 和两端的电压 U_{ab} 分别为

$$I = \frac{E}{R_P + R_{MN} + R_{E内}} \tag{2-6-5}$$

$$U_{ab} = U_a - U_b = \frac{E}{R_P + R_{MN} + R_{E内}} R_{ab} \tag{2-6-6}$$

式中：$R_{E内}$ 为电源 E 的内阻。当电键 K_G 倒向 1 时，则 ab 两点之间接有 G 和 E_s。若 $U_{ab} = E_s$ 时，检流计指零，标准电池无电流流过，则 U_{ab} 就是标准电池的电动势，此时称电势差计达到了平衡。令 ab 两点之间的长度为 l，则电阻丝单位长度的电压降为 E_s/l，如果 $E_s = 1.01866\ \text{V}$，$l = 10.1866\ \text{m}$，那么 $E_s/l = 0.100000\ \text{V} \cdot \text{m}^{-1}$。当电键 K_G 倒向 2 时，则 ab 两点之间的 E_s 换接了 E_x。由于一般情况下 $E_x \neq E_s$，因此检流计

指针将左偏或右偏,电势差计失去了平衡。如果合理地移动 a 点和 b 点以改变 U_{ab} 值,当 $U_{ab}=E_x$ 时,电势差计又重新达到平衡,令 ab 两点之间的距离为 l_x,则待测电池的电动势为

$$E_x=\left(\frac{E_s}{l}\right)l_x \tag{2-6-7}$$

$$E_x=0.100000l_x \tag{2-6-8}$$

所以调节平衡后,只要量度 l_x 值就很容易得到待测电池的电动势。

下面讨论怎样用电势差计测量电池的内阻。

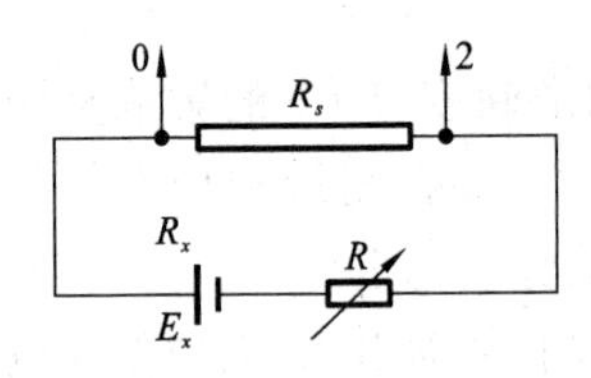

图 2-6-4 测量电池内阻

根据全电路欧姆定律 $U=E-IR_{内}$ 可知,为了测定电池内阻 $R_{x内}$,必须要电池放出一定的电流 I,通常情况下 $R_{x内}$ 为常数,为了控制回路中 I 的大小,要设置限流器 R,电流的测量采用电流—电压变换法,即测量阻值足够准确的电阻器两端电压,根据电压除以电阻算出电流值,因此测量电池内阻的实验线路如图 2-6-4 所示,则有

$$U_{02}=\frac{E_xR_s}{R+R_s+R_{x内}} \tag{2-6-9}$$

式中:U_{02}与 R 为变量,若 R 为自变量,并与待测量 $R_{x内}$ 分开,变换(2-6-9)式,可以得到

$$\frac{1}{U_{02}}=\frac{R_s+R_{x内}}{E_xR_s}+\frac{1}{E_xR_s}R \tag{2-6-10}$$

显然$\frac{1}{U_{02}}$与 R 呈线性关系,其中斜率 $b=\frac{1}{E_xR_s}$,则 $E_x=\frac{1}{(b\cdot R_s)}$;而截距为

$$a=\frac{R_s+R_{x内}}{E_xR_s}=b(R_s+R_{x内})$$

则

$$R_{x内}=\frac{a}{b}-R_s \tag{2-6-11}$$

【实验内容】

(1) 按图 2-6-3 接线,图中 R_P 为滑线变阻器,R 为电阻箱,R_s 为标准电阻器。E_s 和 E_x 分别为标准电池和待测电池的电动势。虚线框内就是 11 线电阻丝,其中 a 为粗调接线柱,b 为细调滑动块。

(2) 电流标准化调节。

通过下式可以计算出室温 t 时标准电池的电动势 E_s:

$$E_s=E_{20}-E'$$

其中
$$\{E'\}_V=[39.9\times(\{t\}_{℃}-20)+0.94\times(\{t\}_{℃}-20)^2-0.009\times(\{t\}_{℃}-20)^3]\times10^{-6}$$

式中：E_{20} 表示温度为 20 ℃时的电动势(标准电池上已注明其值)；$\{E'\}_V$ 表示 E' 以 V 为单位时的数值；$\{t\}_{℃}$ 表示 t 以℃为单位时的数值。置 a、b 之间的长度为 $10\times(E_s/\mathrm{V})$ m，如 $E_s=1.01866$ V，则 a、b 之间的长度为 10.1866 m。接通 K_E，将 K_G 与 1 端相连，精细调节 R_P，使 I_G(即电势差计)达到平衡，从而完成了电流标准化调节程序。

(3) 测量 U_{02} 值已知待测电池的电动势 $E_x=1.5$ V 左右，放电电流要大于 100 mA 才稳定(当然不宜过大)，因此取 $R_s=10\ \Omega$，使 R 从 0 Ω 到 5 Ω 变化，测量 U_{02} 值。

(4) 取 R 为横坐标，$\frac{1}{U_{02}}$ 为纵坐标，将上述测到的数据作 $\frac{1}{U_{02}}$-R 图，根据图线求得截距和斜率的值，再算出待测电池的电动势及其内阻。

(5) 根据截距和斜率的不确定度及不确定度传递公式，估算出待测电池电动势和内阻的不确定度。

【数据处理】

将上述各项测量均重复五次，测量结果用不确定度表示，并将记录的数据和计算结果填入自行设计的表格之中(见表 2-6-1)。

表 2-6-1　实验数据

R/Ω											
l_x/m											
U_{02}/V											
$\frac{1}{U_{02}}$											

【注意事项】

(1) 未经教师检查线路不得连标准电池 E_0 的两个极，可以接一个极。

(2) 接线时特别注意 E_0 和 E_x 接入电路的方向，不可接反。

(3) 每次测量应把保护电阻 R_h 由最大开始，以保护 G 的安全。

【思考题】

(1) 用电位差计测电动势的物理思想是什么？

(2) 电位差计能否测量高于工作电源的待测电源电动势？

(3) 在测量中如果检流计总是向一侧偏转，其原因可能有哪些？

(4) 本实验为什么要用 11 根电阻丝，而不是简单地只用 1 根？

【附】

标准电池简介

原电池的电动势与电解液的化学成分、浓度、电极的种类等因素有关，因而一般要想把不同电池做到电动势完全一致是困难的。标准电池就是用来当作电动势标准的一种原电池。实验室中常见的包括

标准电池

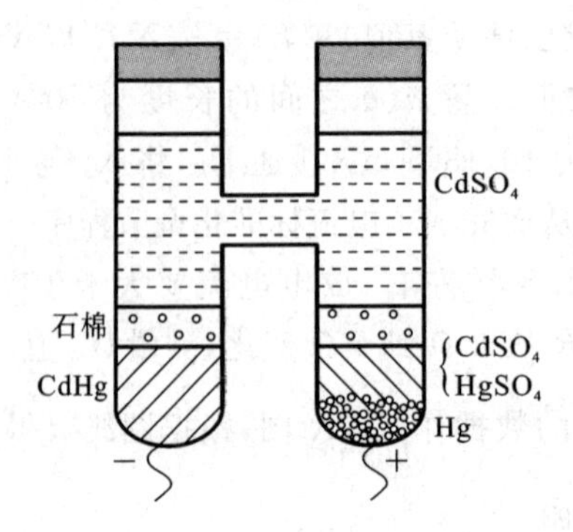

图 2-6-5　饱和式标准电池结构图

干式标准电池和湿式标准电池，湿式标准电池又分为饱和式和非饱和式两种。这里仅简单介绍最常用的饱和式标准电池，亦称“国际标准电池”，它的结构如图 2-6-5 所示。

1. 标准电池的特点

(1) 电动势恒定，在使用中随时间变化很小。

(2) 电动势因温度的改变而产生的变化可用下面的经验公式具体地计算：

$$E_t \approx E_{20\,^\circ\mathrm{C}} - 0.00004(t-20) - 0.000001\,(t-20)^2$$

式中：E_t 表示室温 t ℃ 时标准电池的电动势值(伏)；$E_{20\,^\circ\mathrm{C}}$ 表示室温 20 ℃时标准电池的电动势值(伏)，此值一般为已知。

(3) 电池的内阻随时间保持相当大的稳定性。

2. 使用标准电池的注意事项

(1) 从标准电池取用的电流不得超过 1 μA。因此，绝对不许用一般伏特表(如万用表)测量标准电池电压。使用标准电池的时间要尽可能的短。

(2) 绝不能将标准电池当一般电源使用。

(3) 不许倒置、横置或激烈震动。

实验 7　用直流双臂电桥测低值电阻

【实验目的】

(1) 掌握用双臂电桥测低值电阻的原理。

(2) 学会用双臂电桥测低值电阻的方法。

(3) 了解测低值电阻时接线电阻和接触电阻的影响及其避免的方法。

【实验仪器】

QJ44 型携带式直流双臂电桥(见图 2-7-1 和图 2-7-2)、待测电阻棒(铜或铝)、米尺、螺旋测微器等。

图 2-7-1　QJ44 型直流双臂电桥

【实验原理】

用单臂电桥测量电阻时,其所测电阻值一般可以达到四位有效数字,最高阻值可测到 $10^6\ \Omega$,最低阻值为 $1\ \Omega$。当被测电阻的阻值低于 $1\ \Omega$ 时(称为低值电阻),单臂电桥测量到的电阻的有效数字将减小,另外其测量误差也显著增大,其原因是被测电阻接入测量线路中,连接用的导线本身具有电阻(称为接线电阻),被测电阻与导线的接头处亦有附加电阻(称为接触电阻)。接线电阻和接触电阻的阻值为 $10^{-5} \sim 10^{-2}\ \Omega$。接触电阻虽然可以用清洁接触点等措施使之减小,但终究不可能完全清除。当被测电阻仅为 $10^{-6} \sim 10^{-3}\ \Omega$ 时,其接线电阻及接触电阻值都已超过或大大超过被测电阻的阻值,这样就会造成很大误差,甚至完全无法得出测量结果。所以,用单臂电桥来测量低值电阻是不可能精确的,必须在测量线路上采取措施,避免接线电阻和接触电

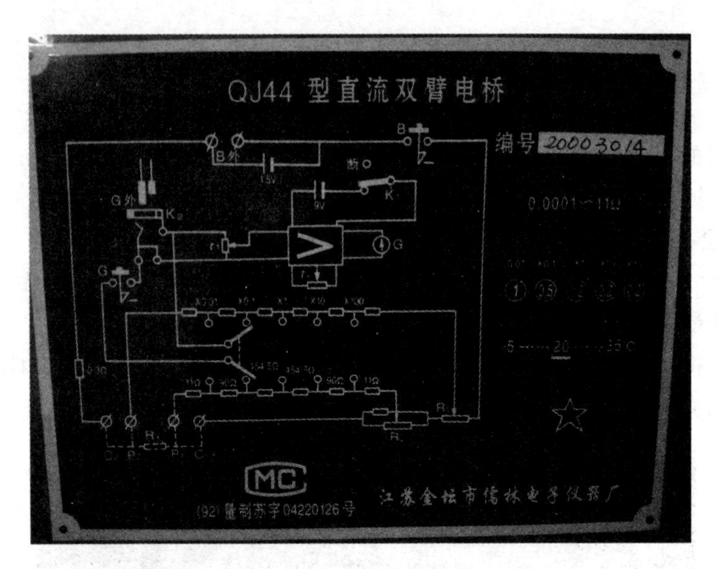

图 2-7-2　QJ44 型直流双臂电桥原理图

阻对低值电阻测量的影响。

精确测定低值电阻的关键，在于消除接线电阻和接触电阻的影响。

下面我们考察接线电阻和接触电阻是怎样对低值电阻测量结果产生影响的。例如，用安培表和毫伏表按欧姆定律 $R=V/I$ 测量电阻 R（设 R 在 1 Ω 以下），按一般接线方法，如图 2-7-3(a)所示的电路。由图 2-7-3(a)可见，如果把接线电阻和接触电阻考虑在内，并设想把它们用普通导体电阻的符号表示，其等效电路如图 2-7-3(b)所示。

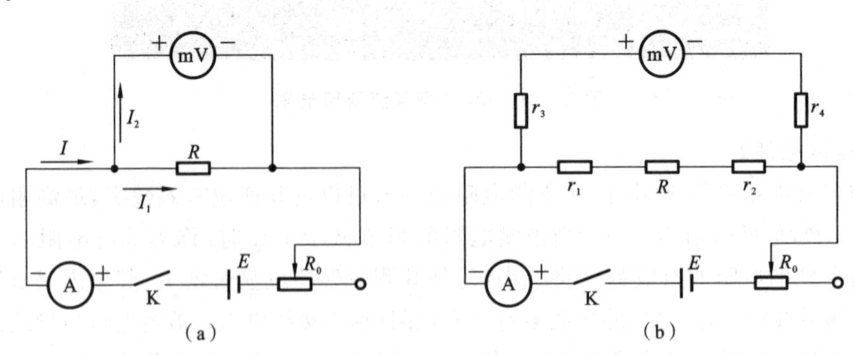

图 2-7-3　电路 1

其中，r_1、r_2 分别是连接安培表及变阻器用的两根导线与被测电阻两端接头处的接触电阻和导线本身的接线电阻，r_3、r_4 分别是毫伏表及安培表、滑线变阻器接头处的接触电阻和接线电阻。通过安培表的电流 I 在接头处分为 I_1、I_2 两支，I_1 流经安培表和 R 之间的接触电阻再流入 R，I_2 流经安培表和毫伏表接头处的接触电阻再流入毫伏表。因此，r_1、r_2应算作与 R 串联；r_3、r_4应算作与毫伏表串联。由于 r_1、r_2的电阻与 R 具有相同的数量级，甚至有的比 R 大几个数量级，故毫伏表指示的电位差不代表 R 两端的电位差。也就是说，如果利用毫伏表和安培表此时所指示的值来计算电阻的话，不会给出准确的结果。为了解决上述问题，试把连接方式改为如图 2-7-4(a)所示的式样。同样用电流流经路线的分析方法可知，虽然接触电阻 r_1、r_2、r_3和 r_4仍然存在，但由于其所处位置不同，构成的等效电路改变为如图 2-7-4(b)所示。由于毫伏表的内阻大于 r_3、r_4和 R，故毫伏表和安培表的示数能准确地反映电阻 R 上的电位差和通过的电流。利用欧姆定律可以算出 R 的正确值。

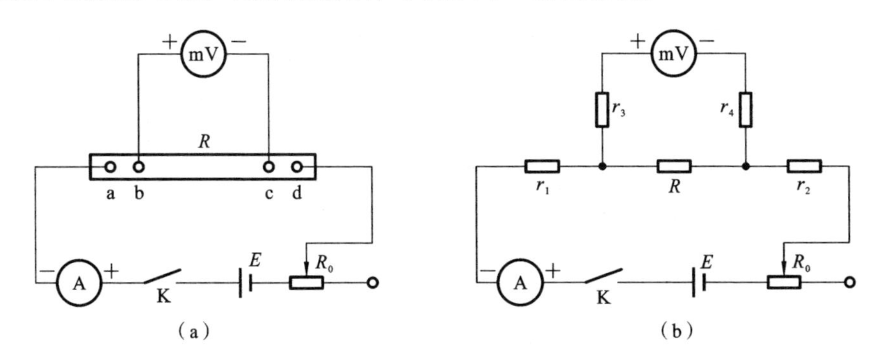

图 2-7-4　电路 2

由此可见，测量电阻时，将通电流的接头（电流接头）a、d 和测量电位差的接头（电压接头）b、c 分开，并且把电压接头放在里面，就可以避免接触电阻和接线电阻对测量低值电阻的影响。

这结论用到惠斯通电桥的情况如果仍用单臂电桥测低值电阻 R_X，则比较臂 R_b也是低值电阻，这样才能在支路电流增大时，使 R_X的电位差可以与 R_1的电位差相等。设 R_1和 R_2都是 10 Ω 以上的电阻，则与之有关的接触电阻和接线电阻的影响可以忽略不计。消除影响的只是跟 R_X、R_b有关的接触电阻和接线电阻。我们可以这样设想，如图 2-7-5 所示，应用上面的结论在 R_X的 A 点处分别接电流接头 A_1和电压接头 A_2；在 R_b的 D 点处分别接电流接头 D_1和电压接头 D_2，则 A 点对 R_X和 D 点对 R_b的影响都已消除。关于 C 点邻近的接线电阻和接触电阻同 R_1、R_2、R_g相比可以忽略不计，但 B_1、B_3的接触电阻和其间的接线电阻对 R_X、R_b的影响还无法消除。为了消除这些电阻的影响，我们把检流计同低值电阻的接头也接成电压接头 B_2、B_4。为了使 B_2、B_4的接触电阻等不受影响，也像 R_1、R_2支路一样，分别接上电阻 R_3、R_4（譬如 10 Ω），则这两支路的接触电阻同 R_3、R_4相比较可略去。这样就在单电桥基础上增加两个电阻 R_3、R_4，从而构成一个双臂电桥。但是 B_1、B_3的接触电阻和 B_1、B_3之间的接线电阻无处归并，仍有可能影响测量结果。下面我们来证明，在一定条件下，r 的

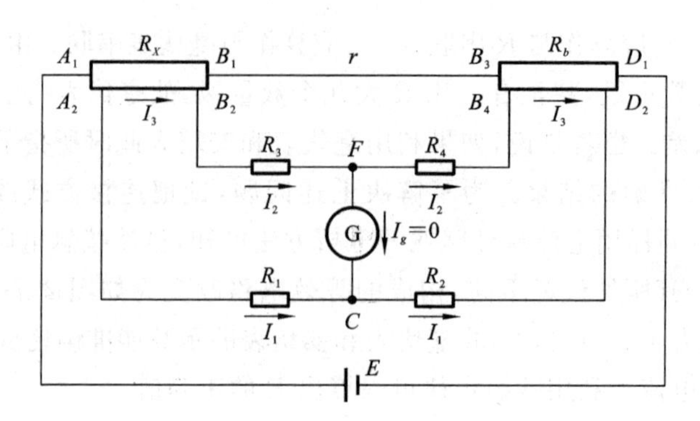

图 2-7-5　电路 3

存在并不影响测量结果。

在使用电桥时，调节电阻 R_1、R_2、R_3、R_4 和 R_b 的值，使检流计中没有电流通过($I_g=0$)，则 F、C 两点电位相等。于是通过 R_1、R_2 的电流均为 I_1，而通过 R_3、R_4 的电流均为 I_2，通过 R_X、R_b 的电流为 I_3，而通过 r 的电流为 I_3-I_2。

根据欧姆定律可得到以下三个式子：

$$I_3R_X+I_2R_3=I_1R_1$$

$$I_2R_4+I_3R_b=I_1R_2$$

$$I_2(R_3+R_4)=(I_3-I_2)r$$

把上面三式联解，并消去 I_1、I_2 和 I_3，可得

$$R_X=\frac{R_1}{R_2}R_b+\frac{R_4r}{R_3+R_4+r}\left(\frac{R_1}{R_2}-\frac{R_3}{R_4}\right) \tag{2-7-1}$$

(2-7-1)式就是双臂电桥的平衡条件，可见 r 对测量结果是有影响的。为了使被测电阻 R_X 的值便于计算并消除 r 对测量结果的影响，可以设法使第二项为零。通常把双臂电桥做成一种特殊的结构，使得在调整平衡时 R_1、R_2、R_3 和 R_4 同时改变，并始终保持一定比例，即

$$\frac{R_1}{R_2}=\frac{R_3}{R_4} \tag{2-7-2}$$

在此情况下，不管 r 是多少，第二项总为零。于是，平衡条件简化为

$$R_X=\frac{R_1}{R_2}R_b \tag{2-7-3}$$

或

$$\frac{R_X}{R_b}=\frac{R_1}{R_2}=\frac{R_3}{R_4} \tag{2-7-4}$$

从上面的推导看出，双臂电桥的平衡条件和单臂电桥的平衡条件形式上一致，而电阻 r 根本不出现在平衡条件中，因此 r 的大小并不影响测量结果，这是双臂电桥的特点。正因为这样，它可以用来测量低值电阻。

【实验仪器】

1. 面板介绍

箱式双臂电桥的形式多样，本实验用QJ44型携带式直流双臂电桥，图2-7-6所示的是其面板配置图。各部分名称如下：① 检流计，其上有机械调零器；② 电位端接线柱（P_1、P_2）；③ 电流端接线柱（C_1、C_2）；④ 倍率开关；⑤ 电源选择开关；⑥ 外接电源接线柱；⑦ 标尺；⑧ 读数盘 R_b；⑨ 检流计按钮开关；⑩ 电源按钮开关。

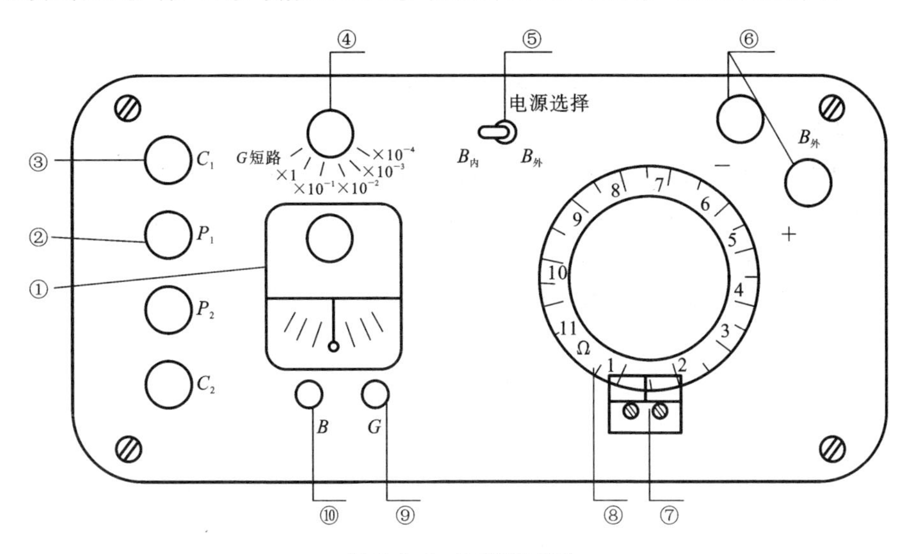

图2-7-6　面板配置图

2. 使用方法

(1) 在仪器底部电池盒中装上3～6节1号干电池，或在外接电源接线柱“$B_{外}$”上接入1.5～2 V、容量大于10 Ah的直流电源，并将“电源选择”开关拨向相应位置。

(2) 将检流计指针调到“0”位置。

(3) 将被测电阻 R_X 的四端接到双臂电桥的相应四个接线柱上。

(4) 估计被测电阻值将倍率开关旋到相应的位置上。

(5) 当测量电阻时，应先按“B”后按“G” 按钮，并调节读数盘 R_b，使电流计重新回到“0”位。断开时应先放“G”后放“B”按钮。注意：一般情况下，“B”按钮应间歇使用。此时电桥已处平衡，而被测电阻 R_X 为

$$R_X=(\text{倍率开关的示值})\times(\text{读数盘的示值})\ (\Omega)$$

(6) 使用完毕，应把倍率开关旋到“G短路”位置上。

【实验内容】

(1) 根据上面介绍的QJ44型携带式直流双臂电桥的使用方法测量 R_X。

(2) 用米尺和螺旋测微计测出铜导线或铝导线的有效长度 l 及直径 d。

(3) 计算铜或铝的电阻率。

【数据处理】

次数	l	R_X	d	$\bar{d}$	ρ	$\bar{\rho}$
1						
2						
3						
4						
5						

【思考题】

(1) 为什么双臂电桥能够大大减小接线电阻和接触电阻对测量结果的影响?

(2) 为了减小电阻率 ρ 的测量误差在被测量 R_X、d 和 l 三个直接测的量中,应特别注意哪个物理量的测量? 为什么?

(3) 如果低电阻的电流接头和电压接头互相接错,这样做有什么不好?

实验8　数字万用表的原理及使用

数字万用表DMM(digital multimeter)采用大规模集成电路和液晶数字显示技术，具有结构简单、测量精度高、输入阻抗高、显示直观、过载能力强、功能全、耗电省、自动量程转换等优点，许多数字万用表还带有测电容、频率、温度等功能，现已成为电工测量仪表的主流。

数字万用表的使用方法和技巧

【实验原理】

数字万用表是采用集成电路模/数转换器和液晶显示器，将被测量的数值直接以数字形式显示出来的一种电子测量仪表。

1. 数字万用表的组成

数字万用表是在直流数字电压表的基础上扩展而成的。为了能测量交流电压、电流、电阻、电容、二极管正向压降、晶体管放大系数等电量，必须增加相应的转换器，将被测电量转换成直流电压信号，再由A/D转换器转换成数字量，并以数字形式显示出来。它由功能转换器、A/D转换器、LCD显示器、电源和功能/量程转换开关等构成。

常用的数字万用表显示数字位数有三位半、四位半和五位半之分，对应的数字显示最大值分别为1999，19999和199999，并由此构成不同型号的数字万用表。三位半是指有三位数字可以显示0～9，最高位只能显示1，这个1称作半位，四位半和五位半与之同理。

2. 数字万用表的面板

在其前面板上存在显示器、电源开关(POWER)、数据保持开关、三极管输入插座(hFE)、各型表笔插孔、保护护套、挡位旋钮(量程选择开关)等，如图2-8-1、图2-8-2所示。

(1) 液晶显示器：显示位数为四位，最大显示数为±1999，若超过此数值，则显示1或－1。

(2) 量程开关：用来转换测量种类和量程。

(3) 电源开关：开关拨至“ON”时，表电源接通，可以正常工作；“OFF”时则关闭电源。

(4) 输入插座：黑表笔始终插在“COM”孔；红表笔可以根据测量种类和测量范围分别插入“V·Ω”“mA”“10 A”插孔中。

(5) 显示器最大显示值为1999，并具有自动显示极性功能。显示器可提示的符号与万用表的品牌有关，常用的有：“H”为数据保持提示符，“－”为被测电压或电流属于负极性，“DC”为直流测量提示符，“AC”为交流测量提示符，“0L”为超量程提示符，hFE为三极管放大倍数提示符，→|—为二极管测量提示符，•))为电路通断测量提示符，MAX与MIN分别为最大值和最小值的提示符，▮为电池欠压提示符。

(6) Ω、kΩ和MΩ为电阻单位提示符，mV和V为电压单位提示符，μA、mA和A为电流单位提示符，nF、μF和mF为电容单位提示符，Hz、kHz和MHz为频率单

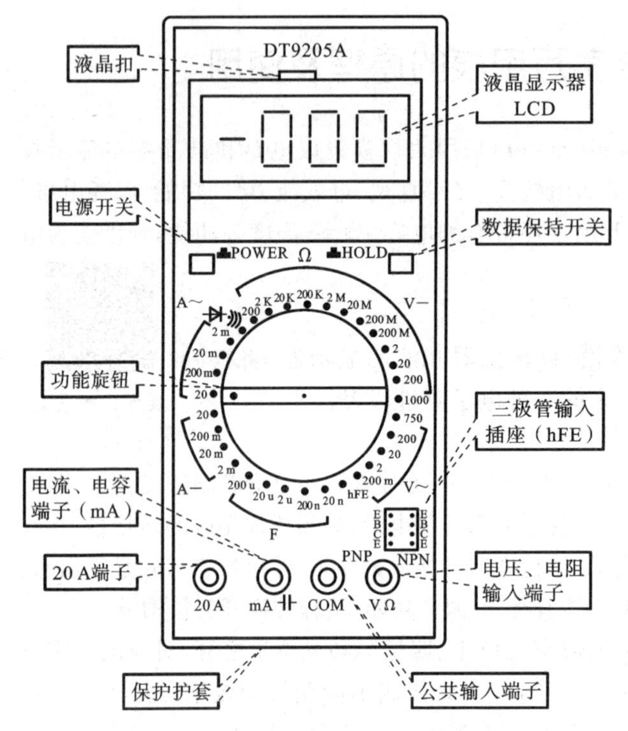

图 2-8-1　DT9205A 数字表前面板示意图

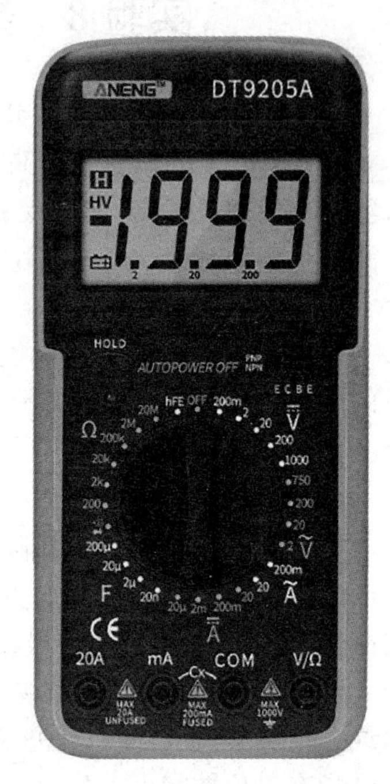

图 2-8-2　DT9205A 数字表前面板图

位提示符，β 为三极管放大倍数单位提示符。

(7) 电源开关可根据需要置于 ON(打开)状态，亦可置于 OFF(关闭)状态。数字式万用表的电池盒一般位于后盖的下方，采用 DC9V 叠层电池。电池盒内装有熔丝管，以起过载保护作用。

(8) 三极管输入插座可用于测量三极管的 hFE 值，按 B、C、E 对应插入。

(9) 挡位旋钮位于前面板的中央，用以选择测试功能和量程。挡位旋钮位置及对应功能如表 2-8-1 所示。

表 2-8-1　挡位旋钮位置及对应功能

挡位图示	功　能	挡位图示	功　能
V~	交流电压挡	Ω	电阻测量
℃	摄氏温度测量	V—	直流电压挡
F	电容测量	℉	华氏温度测量
A~	交流电流挡	hFE	三极管放大倍数 β 测量
•)))	电路通断测量	A—	直流电流挡
Hz %	频率、占空比测量	▶⊢	二极管，PN 结正向压降测量

(10) 表笔插孔用于万用表测量表笔的插入，常设有COM、V·Ω、mA、10 A或20 A四个插孔。其中，黑表笔置于COM插孔，红表笔依被测种类和大小置于V·Ω、mA、10 A或20 A插孔。在COM插孔与其他三个插孔之间分别标有MAX最大测量值，如10 A、200 mA、AC750 V、DC1000 V。

3. 数字万用表工作框图

集成芯片7106B是一个集成A/D与显示驱动相关逻辑电路的大规模集成电路，可以实现直流电压表功能。而9205型数字万用表是在由7106B构成的直流数字电压表的基础上扩展而成的。直流数字电压表的简单原理如图2-8-3右部所示，主要由模/数(A/D)转换器、计数器、译码显示器和控制器等组成。在此基础上，利用交流—直流(AC-DC)转换器、电压—电流(I-V)转换器、电阻—电压(Ω-V)转换器、晶体管β值—电压(即hFE-V)转换器、电容—电压(C-V)转换器，就可以把被测物理量转换成直流电压信号，从而实现9205型数字万用表的各项功能。

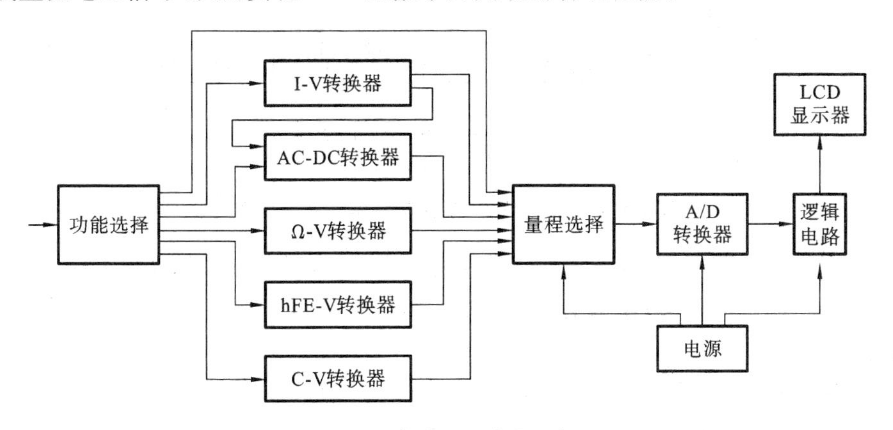

图2-8-3　数字万用表原理框图

A/D转换器的每个测量周期分为自动调零、信号积分和反向积分三个阶段。

基本直流电压表的最大输入电压为200 mV。显示屏由四个大数字、三个小数点和负号组成。当基本直流电压表输入为200 mV时，四个大数字显示为2000，配以小数点和负号，可实现所需要的各种显示。

7106B芯片引脚图以及基本外围电路(构成数字电压表的典型接线)如图2-8-4所示。

正负电源：1脚为V_P，正电源，标称电压为2.8 V；27脚为V_N，标称电压为−6 V。

2～25脚为数码显示驱动。其中，a1～g1、a2～g2、a3～g3分别是个位、十位、百位七段数码显示驱动信号；bc1为千位驱动信号，溢出时，千位显示，其他不显示；pol为负号显示；BP/GND为液晶显示器背面公共电极的驱动，简称“背电极”。它们的波形均为50 Hz方波。例如，根据a1与BP电平异或来决定个位顶部液晶段显示与否。

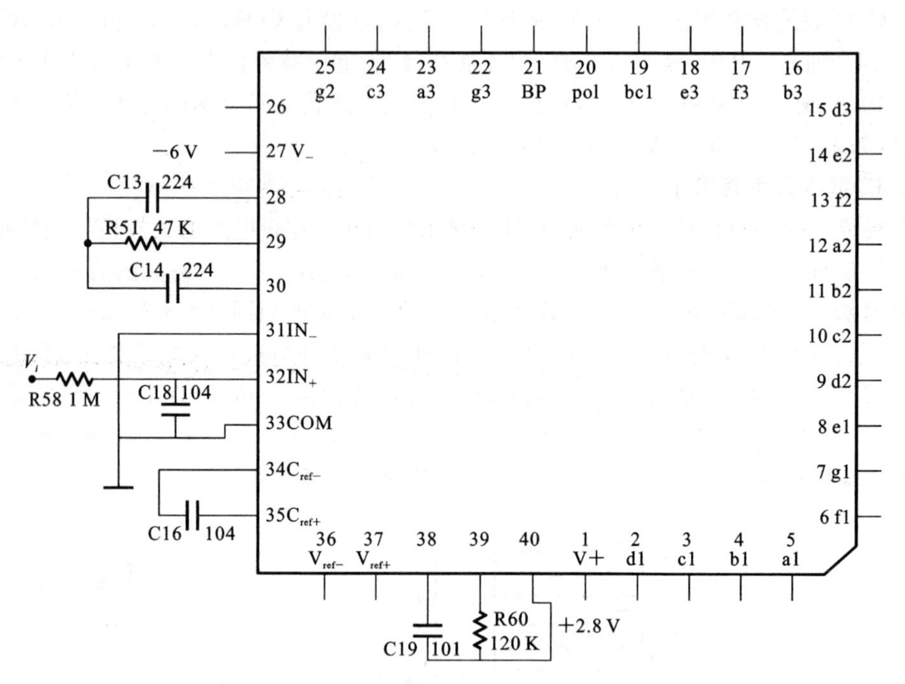

图 2-8-4　7106B 引脚定义与基本外围电路图

38～40 脚分别为 OSC1～OSC3:时钟振荡器,振荡频率为 40 kHz。

33 脚为 CO MMON:模拟信号公共端,简称"模拟地",与输入信号、基准电压负端相连。

37 脚为 V_{ref+}:基准电压高电平,简称"基准+",通常采用内部基准电压。

36 脚为 V_{ref-}:基准电压低电平,简称"基准−"。

34、35 脚分别为 C_{ref+}、C_{ref-}:外界基准电容端,表现为低频小振幅方波。

32、31 脚分别为 IN_+、IN_-:模拟量输入端。

30 脚为 A-Z:积分器和比较器反相输入端,接自动调零电容(C_{AZ})。

29 脚为 BUF:缓冲放大器的输出端,接积分电阻(R_{INT})。

28 脚为 INT:积分器输出点,接积分电容(C_{INT})。

32 脚是电压信号送入端,通常可通过测量该脚信号幅度判定电路故障是基本电压表故障还是拨盘以前的物理量转换电路故障。

4. 模数转换与数字显示电路

常见的物理量都是幅值连续变化的模拟量。指针式仪表可以直接对模拟电压、电流进行显示,而对数字式仪表,需要把模拟电信号转换成数字信号,再进行显示和处理。

数字信号与模拟信号不同,其幅值是不连续的,也就是说,数字信号的大小只能是某些分立的数值。若最小量化单位为Δ，则数字信号的大小一定是Δ的整数倍，该整数可以用二进制数码表示，但为了能直观地读出信号大小的数值，需经过数码变换后由数码管或液晶屏显示出来。

例如，设Δ=0.1 mV，把被测电压 U 与Δ比较，看 U 是Δ的多少倍，并把结果四舍五入取为整数 N。然后，把 N 变换成显示码显示出来。能准确得到并被显示出来的 N 是有限的，一般情况下，$N \geqslant 1000$ 即可满足测量精度要求。所以，最常见的数字表头的最大示数为 1999，被称为三位半数字表。对上述情况，把小数点定在最末位之前，显示出来的就是以 mV 为单位的被测电压 U 的大小。例如，U 是Δ(0.1 mV)的 1234 倍，即 $N=1234$，显示结果为 123.4(mV)。这样的数字表头，再加上电压极性判别显示电路，就可以测量显示 −199.9～199.9 mV 的电压，其显示精度为 0.1 mV。

由此可见，数字测量仪表的核心是模/数转换、译码显示电路。A/D 转换一般又可分为量化、编码两个步骤。A/D 转换及数字显示已是很成熟的电子技术，且已经制成大规模集成电路。

5. 直流电压测量电路

在数字电压表头前面加一级分压电路，可以扩展直流电压测量的量程。如图 2-8-5所示，U_0 为数字电压表头的量程(如 200 mV)，r 为其阻值(如 10 MΩ)，r_1、r_2 为分压电阻，U_{i0} 为扩展后的量程。

由于 $r \gg r_2$，所以分压比为

$$\frac{U_0}{U_{i0}}=\frac{r_2}{r_1+r_2} \tag{2-8-1}$$

扩展后的量程为

$$U_{i0}=\frac{r_1+r_2}{r_2}U_0 \tag{2-8-2}$$

多量程分压器原理电路如图 2-8-6 所示。

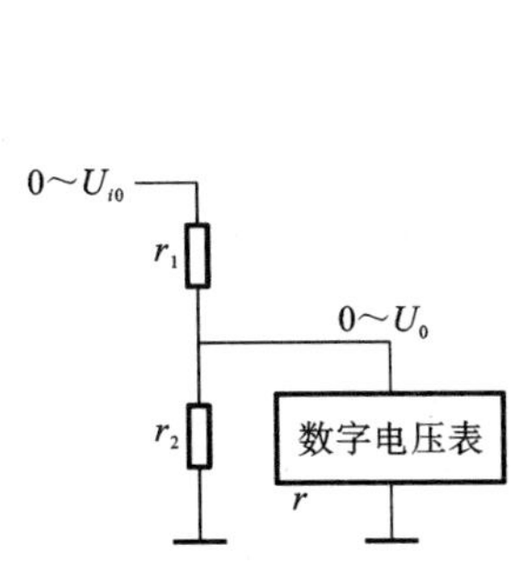

图 2-8-5　分压电路原理

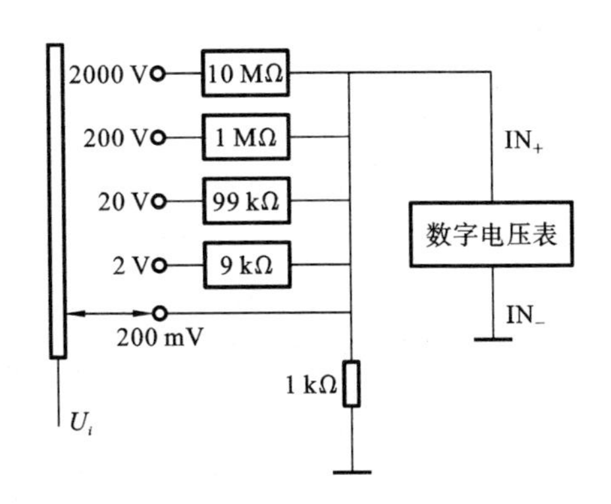

图 2-8-6　多量程分压器原理

6. 直流电流测量电路

测量电流的原理:根据欧姆定律,用合适的取样电阻把待测电流转换为相应的电压,再进行测量。如图 2-8-7 所示,由于 $r \gg R$,取样电阻 R 上的电压降为 $U_i = RI_i$,即被测电流 $I_i = U_i / R$,若数字表头的电压量程为 U_0,欲使电流挡的量程为 I_0,则该挡的取样电阻为 $R = U_0 / I_0$。如果 $U_0 = 200$ mV,则 $I_0 = 200$ mA 挡的分流电阻为 $R = 1\ \Omega$。

多量程分流器原理电路如图 2-8-8 所示。实际数字万用表的直流电流挡电路如图 2-8-9 所示。

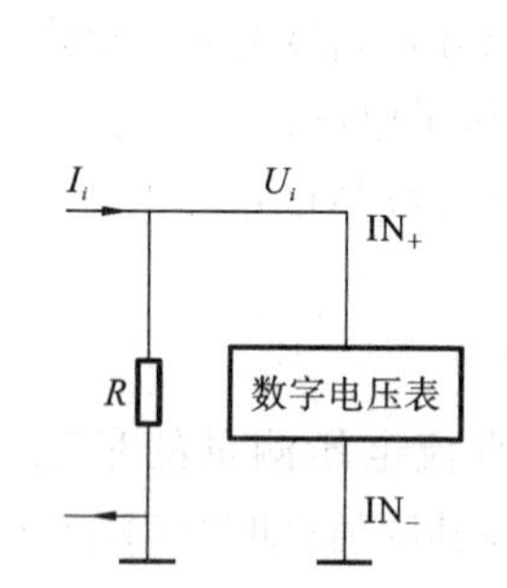

图 2-8-7 电流测量原理

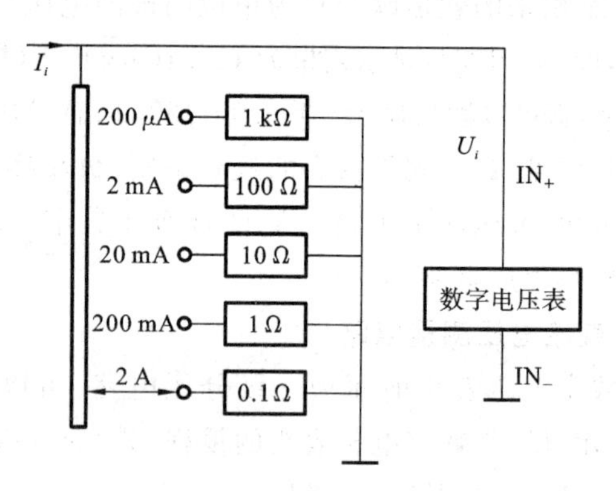

图 2-8-8 多量程分流器电路

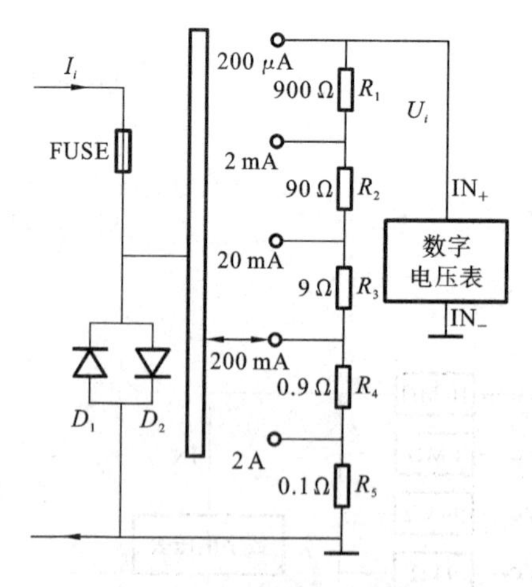

图 2-8-9 实际数字万用表的直流电流挡电路

图 2-8-9 中各挡分流电阻的阻值计算如下:

先计算最大电流挡的分流电阻 R_5:

$$R_5 = \frac{U_0}{I_{m5}} = \frac{0.2}{2} = 0.1\ (\Omega) \quad (2\text{-}8\text{-}3)$$

再计算下一挡的 R_4:

$$R_4 = \frac{U_0}{I_{m4}} - R_5 = \frac{0.2}{0.2} - 0.1 = 0.9\ (\Omega) \quad (2\text{-}8\text{-}4)$$

依次可计算出 R_3、R_2 和 R_1 分别为 9 Ω、90 Ω、900 Ω。

图 2-8-9 中的 FUSE 是 2 A 保险丝管,电流过大时会快速熔断,起过流保护作用。两只反向连接且与分流电阻并联的二极管 D_1、D_2 为塑封硅整流二极管,它们起双向限幅过压保护作用。正常测量时,输入电压小于硅二极管的正向导通压降,二极管截止,对测量毫无影响。一旦输入电压大于 0.7 V,二极管立即导通,两端电压被限制住,保护仪表不被损坏。

用 2 A 挡测量时，若发现电流大于 1 A 时，应不使测量时间超过 20 s，以避免大电流引起的较高温升影响测量精度甚至损坏仪表。

7. 交流电压、电流测量电路

数字万用表流电压、电流测量电路是在直流电压、电流测量电路的基础上，在分压器或分流器之后加入了一级交流—直流变换器，图 2-8-10 所示的是其原理简图。

该 AC-DC 变换器主要由集成运算放大器、整流二极管、RC 滤波器等组成，还包含一个能调整输出电压高低的电位器，用来对交流电压挡进行校准之用。调整该电位器可使数字表头的显示值等于被测交流电压的有效值。

同直流电压挡类似，出于对耐压、安全方面的考虑，交流电压最高挡的量限通常限定为 750 V。数字万用表交流电压、电流挡适用的频率范围通常为 40～400 Hz，有些型号的交流挡测量频率可达 1000 Hz。

8. 电阻测量电路

数字万用表中的电阻挡采用的是比例测量法，其原理电路如图 2-8-11 所示。

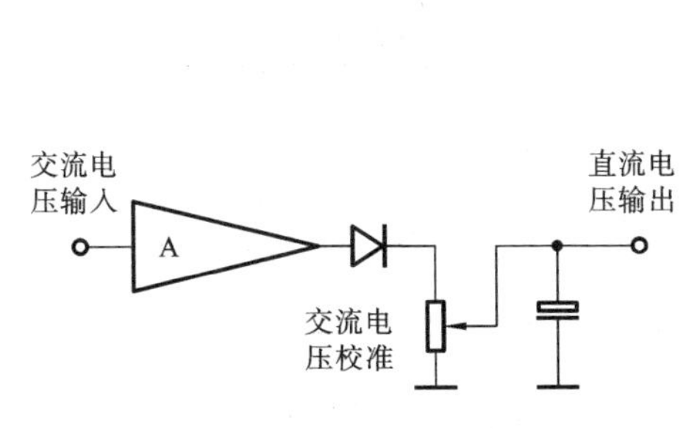

图 2-8-10　AC-DC 变换器原理

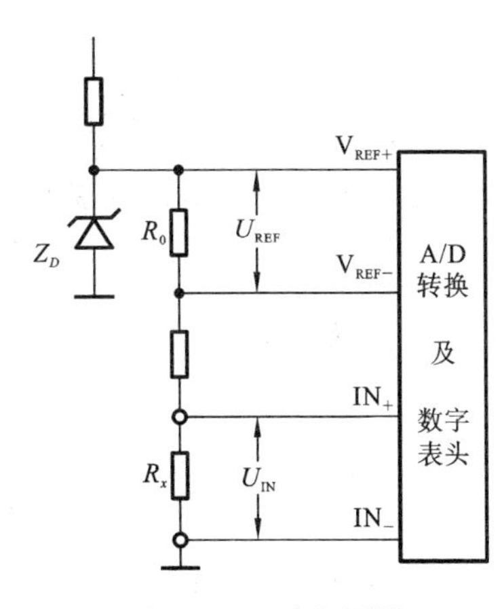

图 2-8-11　电阻测量

稳压管 Z_D 提供测量基准电压，流过标准电阻 R_0 和被测电阻 R_x 的电流基本相等。所以，A/D 转换器的参考电压 U_{REF} 和输入电压 U_{IN} 有如下关系：

$$\frac{U_{REF}}{U_{IN}}=\frac{R_0}{R_x} \tag{2-8-5}$$

即

$$R_x=\frac{U_{IN}}{U_{REF}}R_0 \tag{2-8-6}$$

根据所用 A/D 转换器的特性可知，数字表显示的是 U_{IN} 与 U_{REF} 的比值，当 $U_{IN}=U_{REF}$ 时，显示为“1000”；当 $U_{IN}=0.5\ U_{REF}$ 时，显示为“500”，以此类推。所以，当 $R_x=R_0$ 时，表头将显示为“1000”；当 $R_x=0.5\ R_0$ 时，显示为“500”。这称为比例读数特性。

因此,我们只要选取不同的标准电阻并适当地对小数点进行定位,就能得到不同的电阻测量挡。如对 200 Ω 挡,取 $R_{01}=100\ \Omega$,小数点定在千位上。当 R_x 变化时,显示值相应变化,可以从 0.001 kΩ 测到 1.999 kΩ。

由上述分析可知

$$R_1=R_{01}=100\ \Omega$$
$$R_2=R_{02}-R_{01}=1000-100=900\ (\Omega)$$
$$R_3=R_{03}-R_{02}=10-1=9\ (\mathrm{k\Omega})$$
$$\vdots$$

电阻测量电路如图 2-8-12 所示,该电路利用 ICL7106 中的参考电压,实现电阻的比例测量。

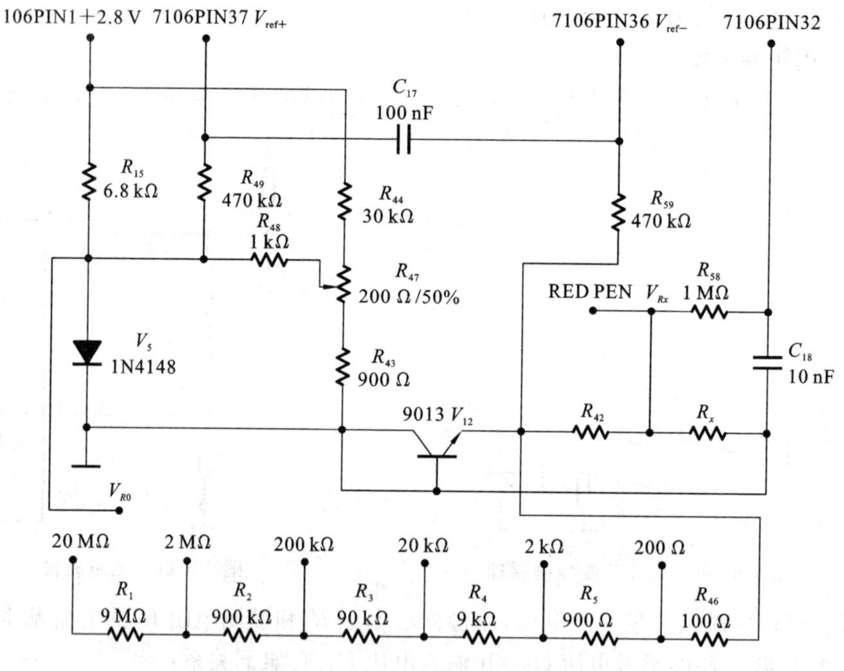

图 2-8-12　200 Ω~20 MΩ 电阻测量电路

由电阻 R_{15}、V_5 产生基准电压 V_{R0},是二极管 V_5 的门限电压,约为 0.6 V,该电压被送入 ICL7106 的 $V_{\text{ref+}}$ 端,同时加在基准电阻上。若选 200 Ω 挡,被选中的电阻是 R_{48},这里称被选中的电阻 R_{48} 为基准电阻;若选 2 kΩ 挡,被选中的电阻是 $R_{48}+R_5$,这里称被选中的电阻 $R_{48}+R_5$ 为基准电阻。R_{42} 为热敏电阻,在该输入端接电阻时,其可近似为短路。正常测量时,流经基准电阻的电流,也流过被测电阻 R_x,ICL7106 测量 R_x 上的电压为 V_x,显示测量电压 V_x 与基准电压 V_{R0} 的比值 n,即

$$n=\frac{V_x}{V_{R0}}=\frac{R_x\times I}{R_{48}\times I}=\frac{R_x}{R_{48}}$$

再配以小数点，就显示出100.0。

R_{42}、V_{12}为保护电路。若万用表置于电阻测量挡，而用其测量AC220 V电压，这时V_{12}发射极被反向击穿，变成稳压管，稳定电压约6 V，即V_{ref+}与V_{ref-}之间的电压不超过6 V，从而保护了ICL7106。由于电流较大，使热敏电阻R_{42}的阻值迅速增大，限制了流过V_{12}的电流，保护了V_{12}。当外电压撤去后，V_{12}可恢复。

当被测电阻阻值很大时，电路将引入较大的共模干扰，所以，测量阻值大于20 MΩ电阻的电阻使用图2-8-12所示电路。

该电路的基准电阻是固定的，为R_{63}。基准电压V_{R0}也是固定的，忽略R_{24}，则基准电压为

$$V_{R0} \approx \frac{R_{63}}{R_{63}+R_x} V_P \tag{2-8-7}$$

由于$R_x > 20$ MΩ，所以有$R_x \gg R_{63}$，(2-8-7)式中的R_{63}可忽略，则测量输入分压器输入电压为

$$V_{IN} = \frac{R_{61}}{R_{61}+R_{62}} V_P \tag{2-8-8}$$

由(2-8-7)式、(2-8-8)式可解出

$$R_x = \frac{R_{63}(R_{61}+R_{62})}{R_{61}} \frac{V_{IN}}{V_{R0}} = 100 \frac{V_{IN}}{V_{R0}} R_{63} = 100 \frac{V_{IN}}{V_{R0}} \tag{2-8-9}$$

再配以小数点，就显示出所需要的电阻值。

200 Ω～20 MΩ电路在被测电阻为0时应显示为0；200 MΩ的电路在被测电阻为0时显示不为0，由(2-8-7)式可知$V_{R0}=V_P$，代入(2-8-8)式可知显示应为1.0。

【使用方法】

1. 交、直流电压的测量步骤

(1) 将万用表的黑表笔插入COM插孔，红表笔插入V插孔。

(2) 将挡位旋钮扳至V～或V－电压测量挡，选择所需测量所需的交流电压V～或直流电压V—挡位。随后，将红、黑表笔并联至待测电源或负载上。此外，有的万用表直接经由挡位旋钮选择交流电压或直流电压，并经200 mV、2 V、20 V、200 V、750 V或1000 V挡设置量程。

(3) 自显示器上直接读取被测电压值。若屏幕显示符号“－”，表示红表笔测量的直流电压为负极性，应调换表笔，将其接至高电位；若屏幕显示符号“0L”等，表示被测电压超出挡位量程，应将选定的电压量程调高。

(4) 某些数字式万用表可读取交流电压的在线频率值或占空比，前提是按下前面板的“Hz %”键。

(5) 完成交、直流电压测量后，断开表笔与被测电源或负载的连接。

2. 交、直流电流的测量步骤

(1) 将万用表的黑表笔插入COM插孔，红表笔插入μA、mA或A插孔。

(2) 将挡位旋钮扳至电流测量挡 μA、mA 或 A,选择所需测量的交流或直流电流量程;随后,在关断待测回路电源的基础上,将红、黑表笔串联至待测回路中。此外,有的万用表直接经由挡位旋钮选择交流电流或直流电流及彼此的适合量程——2 mA、20 mA、200 mA 或 10 A 等。

(3) 自显示器上直接读取被测电流值。若屏幕显示符号“-”,表示红表笔测量的直流电流为负极性,应调换表笔,将其接至高电位;若屏幕显示符号“0L”等,表示被测电流超出挡位量程,应将选定的电流量程调高。

(4) 某些数字式万用表可读取交流电流的在线频率值或占空比,前提是按下前面板的“Hz %”键。

(5) 完成交、直流电流测量后,先切断被测电流源,再断开表笔与被测电路的连接。此操作在大电流测量时尤为重要。

3. 电阻的测量步骤

(1) 将万用表的黑表笔插入 COM 插孔,红表笔插入 V·Ω 插孔。两表笔短接后,查看电阻值不小于 0.5 Ω 时,应检查表笔是否松脱或存在其他异常。

(2) 旋动挡位旋钮至欧姆挡的合适位置——200 Ω、2 kΩ、2 MΩ 或 20 MΩ 等。

(3) 将红、黑表笔并联在被测电阻的两端(不得带电测量)。若被测电阻为散装带引脚电阻或贴片电阻,则配用适合的转接插头座进行测量更为方便;若在线测量电阻,则应在测量前切断被测电路内的所有电源,并放尽所有电容器的残余电荷,以保证测量操作的安全和正确;若测量 1 MΩ 以上的电阻,需持续接触几秒钟后,读数才会稳定(高阻测量的正常现象),选用较短的测试线或配用适合的转接插头座,读数稳定效果更佳。

(4) 自显示器上直接读取被测电阻值。在被测电阻开路或阻值超过仪表最大量程时,显示器会显示“0L”等超量程符号。

(5) 采用 200 MΩ 量程测量时,先将红黑表笔短路,若其读数不为零(即固定偏移值),则实际读数=显示数值-固定偏移值。

(6) 完成所有的测量操作后,断开表笔与被测电路的连接。

(7) 色环电阻颜色对照表如图 2-8-13 所示。

(8) 环电阻色环标识以及读法。

四色环电阻:用四条色环表示阻值的电阻,从左向右数,第一道色环表示阻值的第一位数字;第二道色环表示阻值的第二位数字;第三道色环表示阻值倍乘的数(10 的幂乘数);第四道色环表示阻值允许的误差范围。

例如,一个电阻的第一环为红色(代表 2)、第二环为绿色(代表 5)、第三环为棕色(代表 10 的 1 次幂)、第四环为金色(代表±5%),则其阻值应该是 250 Ω,阻值的误差范围为±5%。

五色环电阻:指用五色色环表示阻值的电阻,从左向右数,第一道色环表示阻

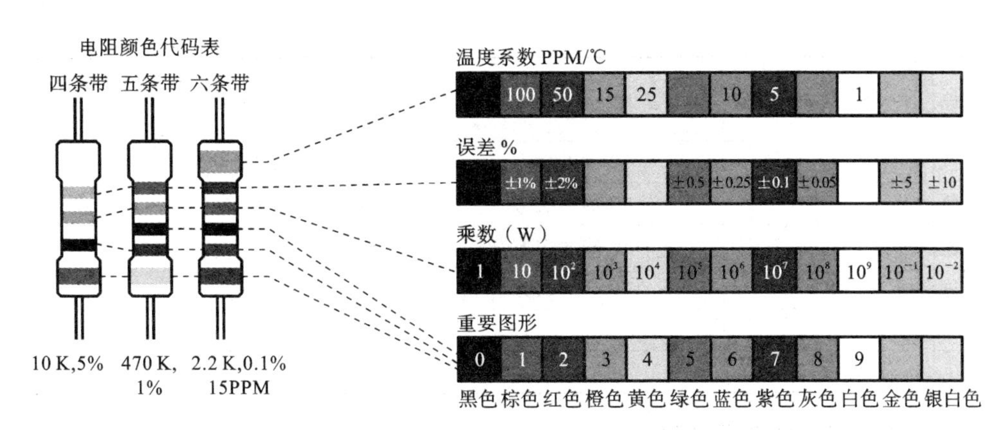

图 2-8-13　色环电阻颜色对照表

值的第一位数字；第二道色环表示阻值的第二位数字；第三道色环表示阻值的第三位数字；第四道色环表示阻值的 10 的幂乘数；第五道色环表示阻值允许的误差范围。

例如，某个五色环电阻，第一环为黄色（代表 4）、第二环为紫色（代表 7）、第三环为黑（代表 0）、第四环为红色（代表 10 的 2 次幂）、第五环为棕色（代表±1%），则其阻值为 470 Ω×100=47 kΩ，阻值的误差范围为±1%。

六色环电阻：六色环电阻前五色环与五色环电阻表示方式一样，第六色环表示该电阻的温度系数。

怎样判断色环电阻的首尾？一般是距离一端最近的是第一环，或者是第四环与第五环间隙较大的为尾端。再就是第一环通常是没有“金、银环”的。读取色环电阻的参数，首先要判断读数的方向。一般来说，表示误差的色环离开其他几个色环较远并且较宽一些。判断好方向后，就可以从左向右读数。对于四环电阻，第四环常见的颜色是“金、银”；对于五环电阻，第五环常见的颜色是“棕”（见表 2-8-1）。

表 2-8-1　环电阻色环标识

颜色	前 2(3)环对应数字	第 3(4)环对应 10 的幂乘数	第 4(5)环对应精度	第 6 环温度系数 PPM/℃
黑色	0	10 的 0 次方		
棕色	1	10 的 1 次方	−1%～1%	100
红色	2	10 的 2 次方	−2%～2%	50
橙色	3	10 的 3 次方	—	15
黄色	4	10 的 4 次方	—	25
绿色	5	10 的 5 次方	−0.5%～0.5%	

续表

颜色	前2(3)环对应数字	第3(4)环对应10的幂乘数	第4(5)环对应精度	第6环温度系数PPM/℃
蓝色	6	10的6次方	−0.2%~0.2%	10
紫色	7	10的7次方	−0.1%~0.1%	5
灰色	8	10的8次方	—	
白色	9	10的9次方	−20%~5%	1
无色	—	—	−20%~20%	
银色	—	10的−2次方	−10%~10%	

4. 电路通断的测量步骤

(1) 将万用表的黑表笔插入COM插孔,红表笔插入V·Ω插孔。

(2) 旋动挡位旋钮至电路通断测量挡•))。

(3) 将红、黑表笔并联在被测电路负载的两端。当检查在线电路通断时,应在测量前切断被测电路内的所有电源,并放尽所有电容器的残余电荷。

(4) 自显示器上直接读取被测电路负载的电阻值。若被测两端之间电阻<10 Ω,认为电路良好导通,蜂鸣器连续声响;若被测两端之间电阻约>35 Ω,认为电路断路,蜂鸣器不发声。

(5) 完成所有的测量操作后,断开表笔与被测电路的连接。

5. 二极管的测量步骤

(1) 将万用表的黑表笔插入COM插孔,红表笔插入V·Ω插孔。红表笔极性为"+",黑表笔极性为"−"。

(2) 旋动挡位旋钮至二极管测量挡━▶┣。

(3) 将红表笔接至被测二极管的正极,黑表笔接至二极管的负极。若被测二极管为散装带引脚二极管或贴片二极管,则配用适合的转接插头座进行测量更为方便。当检查在线二极管时,应在测量前切断被测电路内的所有电源,并放尽所有电容器的残余电荷。

(4) 从显示器上直接读取被测二极管的近似正向PN结电压值。屏幕显示"0L"等超量程符号表示被测二极管开路(测试开路电压约为2.8 V)或是极性反接不可导通;屏幕显示"000"表示二极管正向状态下短路;屏幕显示近似正向PN结电压值0.5~0.8 V表示硅PN结正常;屏幕显示近似正向PN结电压值0.2~0.3 V表示锗PN结正常。

(5) 完成所有的测量操作后,断开表笔与被测二极管的连接。

6. 三极管hFE的测量步骤

旋动挡位旋钮至三极管测量挡"hFE"。按被测三极管的类型NPN或PNP,将其 B、C、E 极插入相应的插孔中。随后，从显示器上直接读取数值，即为被测三极管的 hFE 近似值。

7. 电容的测量步骤

万用表的黑表笔插入 COM 插孔，红表笔插入 V·Ω 插孔。旋动挡位旋钮至电容挡的合适位置——20 nF、2 μF、200 μF。随后，自显示器上直接读取数值 A。由于仪表的电容挡位选定后，显示器会显示一个固定读数 B——仪表内部固定的分布电容值，故被测电容值=$(A-B)$时，方可保证测量精度。

注意：测试前，务必将电容全部放尽残余电荷后再输入仪表进行测量，这一点对于高压电容尤为重要。

【实验内容】

使用前，应认真阅读有关的使用说明书，熟悉电源开关、量程开关、插孔、特殊插口的作用。如果无法预先估计被测电压或电流的大小，则应先拨至最高量程挡测量一次，再视情况逐渐把量程减小到合适位置。测量完毕，应将量程开关拨到最高电压挡，并关闭电源。

(1) 万用表的黑表笔插入 COM 插孔，红表笔插入 V·Ω 插孔。挡位旋钮拨至直流电压 2 V 挡位，练习用数字万用表测量 5 号干电池的电压，挡位旋钮拨至直流电压 20 V 挡位，测量 9 V 叠层电池的电压。

(2) 万用表的黑表笔插入 COM 插孔，红表笔插入 V·Ω 插孔。旋动挡位旋钮至交流 750 V 挡位，红色表笔和黑色表笔同时插入电源插座火线和零线插孔，测量日常用电中交流电压大小(特别注意：手不能接触表笔的裸露部分，以防触电！)。

(3) 选择四环电阻和五环电阻各一个，根据色环电阻读法，读出相应电阻值；万用表的黑表笔插入 COM 插孔，红表笔插入 V·Ω 插孔。挡位旋钮选择合适量程，用数字万用表测量色环电阻阻值。如果被测电阻值超出所选择量程的最大值，万用表将显示“1”，这时应选择更高的量程。测量电阻时，红表笔为正极，黑表笔为负极，这与指针式万用表正好相反。因此，测量晶体管、电解电容器等有极性的元器件时，必须注意表笔的极性。

(4) 挡位旋钮旋至电容测量挡。选择合适量程，把实验室提供散装瓷片电容(103、104 等)的两个管脚插入万用表前面板电容测量插孔，读出电容值。

(5) 按照“数字万用表使用方法”内容中的第 5 点，“二极管的测量步骤”，检测实验室提供二极管的极性、材料等。

(6) 按照“数字万用表使用方法”内容中的第 4 点“电路通断的测量步骤”，检查导线的通断情况。

(7) 检查、判断三极管的管脚，判断被测三极管的类型 NPN 或 PNP，将其 B、C、E 极插入相应的插孔中。随后，自显示器上直接读取数值，即为被测三极管的 hFE(直流放大倍数)近似值。

【注意事项】

(1) 使用前认真阅读使用说明书,熟悉面板上各开关、按键、插孔、旋钮等功能及操作方法。

(2) 数字表头显示屏在开始测量时会出现跳数现象,应等显示值稳定后再读数,否则会有误差。

(3) 使用时要防止出现操作上的失误(如误用电流挡去测量电压),以免烧坏仪表。在测量前,必须仔细核对量程开关或按键位置,检查无误后才能实际测量。

(4) 不允许在高温度(大于 40 ℃)或低温度(小于 0 ℃)、强光、高湿度(相对湿度大于 80%)等恶劣条件下使用和存放数字电压表和数字多用表,以免损坏液晶显示器和其他部件。

(5) 测量交流电压时,应当用黑表笔(COM 端)去接触被测电压接近 0 电位端(仪表公共接地点或机壳)以消除仪表对地分布电容的影响,减少误差。

(6) 严禁在被测电路带电情况下测量电阻,决不允许测量电源的内阻,会烧坏仪表。

(7) 严禁在测量高压(220 V 以上)或大电流(0.5 A 以上)时拨动量程开关,防止触点产生电弧,烧坏开关触点。

(8) 在电阻挡,检测二极管、检查线路通/断时,红表笔接“V、Ω”插孔,带正电;黑表笔接“COM”插孔,带负电。这与指针式电压表正好相反,因此如果利用数字电压表或数字多用表测量带有极性的元件,如晶体管、电解电容等,特别注意表笔的极性。

(9) 使用时一般手握表笔操作,手不要接触表笔的金属部分,以保证安全和测量准确。

(10) 将电源开关拨至“ON”位置,液晶若不显示任何数字时,检查电池是否失效,显示低电压符号应及时更换新电池。

(11) 为了延长电池的使用寿命,每次使用完仪表应将开关拨至“OFF”位置。长期不使用时应将电池取出,防止因电池漏液腐蚀电路板。

实验9 非平衡直流电桥

直流电桥是一种精密的电阻测量仪器,具有重要的应用价值。按电桥的测量方式可分为平衡电桥和非平衡电桥。平衡电桥是把待测电阻与标准电阻进行比较,通过调节电桥平衡,从而测得待测电阻值,如单臂直流电桥(惠斯登电桥)、双臂直流电桥(开尔文电桥)。它们只能用于测量具有相对稳定状态的物理量,而在实际工程中和科学实验中,很多物理量是连续变化的,只能采用非平衡电桥才能测量;非平衡电桥的基本原理是通过桥式电路来测量电阻,根据电桥输出的不平衡电压,再进行运算处理,从而得到引起电阻变化的其他物理量,如温度、压力、形变等。

【实验目的】

(1) 直流单臂电桥(惠斯登电桥)测量电阻的基本原理和操作方法;

(2) 非平衡直流电桥电压输出方法测量电阻的基本原理和操作方法。

【实验原理】

FQJ-Ⅲ型教学用非平衡直流电桥包括单臂直流电桥、双臂直流电桥、非平衡直流电桥,下面对它们的工作原理分别进行介绍。

1. 单臂电桥(惠斯登电桥)

单臂电桥是平衡电桥,其原理如图2-9-1所示,图2-9-2所示的是FQJ-Ⅲ型的单臂电桥部分的接线示意图。

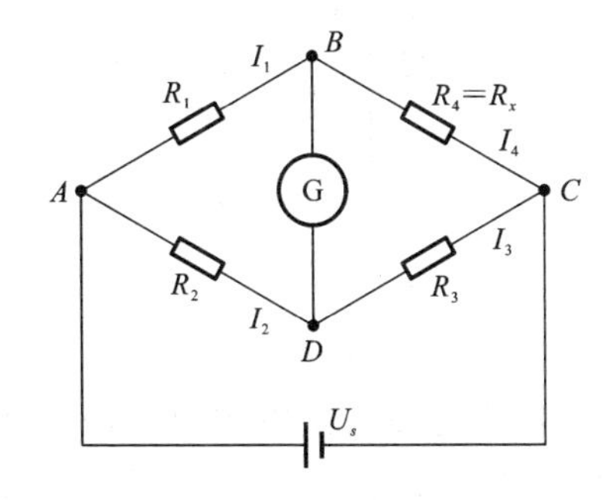

图2-9-1 单桥的原理

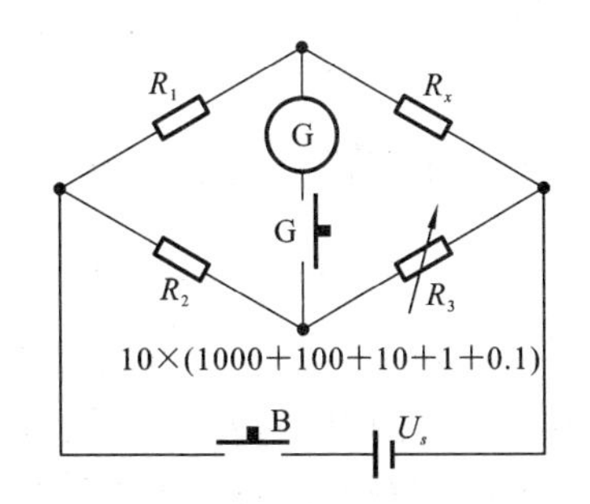

图2-9-2 单桥测量电阻

图2-9-1中:R_1、R_2、R_3、R_4构成一电桥,A、C两端供一恒定桥压U_s,B、D之间为有一检流计G,当电路平衡时,G无电流流过,B、D两点为等电位,则有

$$U_{BC}=U_{DC},\quad I_1=I_4,\quad I_2=I_3$$

且下式成立,即

$$I_1R_1=I_2R_2$$

$$I_3R_3=I_4R_4$$

由于$R_4=R_x$,于是有

$$\frac{R_1}{R_2}=\frac{R_3}{R_4}$$

R_4为待测电阻 P_x,R_3为标准比较电阻,式中 $K=R_1/R_2$,称为比率,一般惠斯登电桥的K有0.001、0.01、0.1、1、10、100、1000等。本电桥的比率K可以任选。根据待测电阻大小,选择K后,只要调节R_3,使电桥平衡,检流计为0,就可以根据下式得到待测电阻R_x之值,即

$$R_x=\frac{R_1}{R_2}\cdot R_3=KR_3 \tag{2-9-1}$$

2. 双臂电桥(开尔文电桥)

由于单臂电桥未知臂的内引线、被测电阻的连接导线及端钮的接触电阻等影响,使单臂电桥测量小电阻时准确度难以提高,双臂电桥较好地解决了测量小电阻时线路灵敏度、引线、接触电阻所带来的测量误差,而且属于一次平衡测量,其读数直观、方便。

图2-9-3所示的是双臂电桥原理图,图2-9-4所示的是FQJ-Ⅲ型的双臂电桥部分接线示意图。

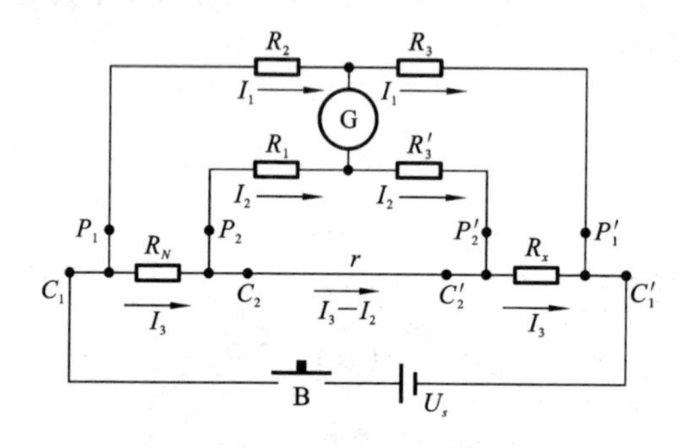

图2-9-3 双桥的测量原理

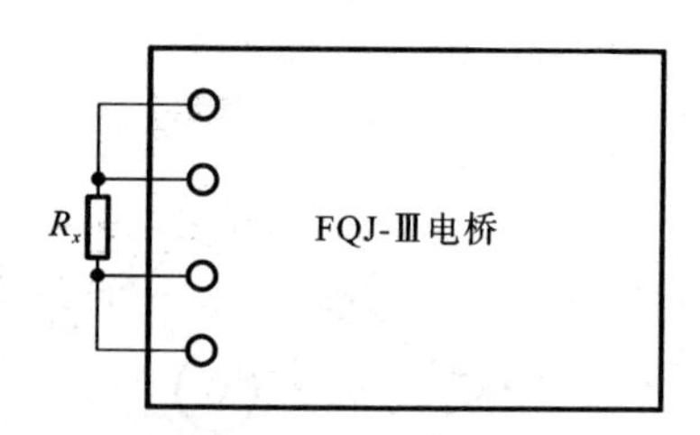

图2-9-4 双桥测量线路

从图2-9-3中看出,在单臂电桥的基础上,增设了电阻R_1、R'_3构成另一臂,被测电阻R_x和标准电阻R_N均采用四端接法,C_1、C'_1两个电流端接电源回路,从而将这两端的引线电阻、接触电阻折合到电源回路的其他串联电阻中,P_1、P_2、P'_1、P'_2是电压端,通常接测量用的高电阻回路或电流为零的补偿回路,使这它们的引线电阻和接触电阻对测量的影响大为减少。C_2、C'_2两个电流端的附加电阻和连线电阻总和为r,只要适当调整R_1、R_2、R_3、$R_3{}'$的阻值,就可以消除r对测量结果的影响。当电桥平衡时,得到以下三个回路方程:

$$\begin{cases} I_1R_3=I_3R_x+I_2R'_3 \\ I_1R_2=I_2R_1+I_3R_N \\ I_2(R_1+R'_3)=(I_3-I_2)r \end{cases}$$

从而求得

$$R_x=\frac{R_3}{R_2}R_N+\frac{rR_1}{R_1+R_3+r}\left(\frac{R_3}{R_2}-\frac{R'_3}{R_1}\right)$$

从式中可以看出，双臂电桥的平衡条件与单臂电桥的平衡条件的差别在于多出了式中的第二项。

如果满足以下条件$\frac{R_3}{R_2}=\frac{R'_3}{R_1}$，则双臂电桥的平衡条件为

$$R_x=\frac{R_3}{R_2}\cdot R_N \tag{2-9-2}$$

在本电桥内部，通过特殊结构，使 R_3、$R_3{}'$ 保持同步，处于任意位置都能保持相等，R_1 和 R_2 则是 10^n 可调节电阻，只要调节到 $R_1=R_2$ 即可。

3. 非平衡电桥

非平衡电桥原理如图 2-9-5 所示。

B、D 之间为一负载电阻 R_g，只要测量电桥输出 V_g、I_g，就可得到 R_x 值，并求得输出功率。

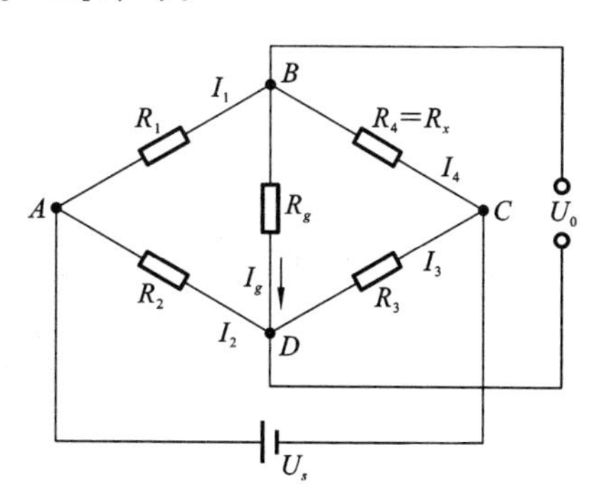

图 2-9-5　非平衡电桥的原理

1) 电桥分类

(1) 等臂电桥：

$$R_1=R_2=R_3=R_4$$

(2) 输出对称电桥，也称卧式电桥：

$$R_1=R_4=R,\quad R_2=R_3=R',\quad 且\ R\neq R'$$

(3) 电源对称电桥，也称为立式电桥：

$$R_1=R_2=R',\quad R_3=R_4=R,\quad 且\ R\neq R'$$

2) 输出电压

当负载电阻 $R_g\to\infty$，即电桥输出处于开路状态时，$I_g=0$，仅有电压输出并用 U_0 表示，根据分压原理，ABC 半桥的电压降为 U_s，通过 R_1、R_4 两臂的电流为

$$I_1=I_4=\frac{U_s}{R_1+R_4}$$

则 R_4 上的电压降为

$$U_{BC}=\frac{R_4}{R_1+R_4}U_s \tag{2-9-3}$$

同理，R_3 上的电压降为

$$U_{DC}=\frac{R_3}{R_2+R_3}U_s \tag{2-9-4}$$

输出电压 U_0 为 U_{BC} 与 U_{DC} 之差，即

$$U_0=U_{BC}-U_{DC}=\frac{R_4}{R_1+R_4}U_s-\frac{R_3}{R_2+R_3}U_s=\frac{R_2R_4-R_1R_3}{(R_1+R_4)(R_2+R_3)}U_s \tag{2-9-5}$$

当满足条件 $R_1R_3=R_2R_4$ 时,电桥输出 $U_0=0$,即电桥处于平衡状态。为了测量的准确性,在测量的起始点,电桥必须调至平衡,称为预调平衡。若 R_1、R_2、R_3 固定,R_4 为待测电阻且 $R_4=R_x$,则当 $R_4\to R_4+\Delta R$ 时,因电桥不平衡而产生的电压输出为

$$U_0=\frac{R_2R_4+R_2\Delta R-R_1R_3}{(R_1+R_4)(R_2+R_3)+\Delta R(R_2+R_3)}\cdot U_s \tag{2-9-6}$$

各种电桥的输出电压公式为

(1) 等臂电桥 $R_1=R_2=R_3=R_4=R$,则有

$$U_0=\frac{R\Delta R}{4R^2+2R\cdot\Delta R}U_s=\frac{U_s}{4}\cdot\frac{\Delta R}{R}\cdot\frac{1}{1+\frac{1}{2}\cdot\frac{\Delta R}{R}} \tag{2-9-7}$$

(2) 卧式电桥 $R_1=R_4=R$,$R_2=R_3=R'$,且 $R\neq R'$,则有

$$U_0=\frac{U_s}{4}\cdot\frac{\Delta R}{R}\cdot\frac{1}{1+\frac{1}{2}\cdot\frac{\Delta R}{R}} \tag{2-9-8}$$

(3) 立式电桥 $R_1=R_2=R'$,$R_3=R_4=R$,且 $R\neq R'$,则有

$$U_0=U_s\frac{RR'}{(R+R')^2}\cdot\frac{\Delta R}{R}\cdot\frac{1}{1+\frac{1}{2}\cdot\frac{\Delta R}{R'}} \tag{2-9-9}$$

当电阻增量 ΔR 较小时,即满足 $\Delta R\ll R$ 时,(2-9-7)式~(2-9-9)式的分母中含 ΔR 项可略去,公式得以简化,这里从略。

注意:(2-9-9)式中的 R 和 R' 均为预调平衡后的电阻。测量得到电压输出后,通过上述公式运算得 $\Delta R/R$ 或 ΔR,从而求得 $R_4=R_4+\Delta R$ 或 $R_x=R_x+\Delta R$。

等臂电桥、卧式电桥的输出电压比立式电桥的高,因此其灵敏度也高,但立式电桥测量范围大,可以通过选择 R、R' 来扩大测量范围,R、R' 差距愈大,测量范围也愈大。

3) 输出功率

当负载电阻 R_g 较小时,则电桥不仅有电压输出 U_g,也有电流输出 I_g,也就是说有功率输出,此种电桥也称为功率桥,可测出 I_g 和 U_g。功率桥如图 2-9-6(a)所示。应用有源端口网络定理,功率桥可以简化为图 2-9-6(b)所示电路。

U_{BD} 为 D、B 之间的开路电压,由(2-9-5)式表示,图 2-9-6(b)中的 R'' 是有源一端网络等值支路中的电阻,其值等于该网络入端电阻 R_r,如图 2-9-6(c)所示,则有

$$I_g=\frac{U_{BD}}{R''+R_g}=\frac{R_2R_4-R_1R_3}{(R_1+R_4)(R_2+R_3)}\cdot\frac{U_s}{\left(\frac{R_1R_4}{R_1+R_4}+\frac{R_2R_3}{R_2+R_3}+R'_g\right)}$$

$$=U_s\cdot\frac{R_2R_4-R_1R_3}{(R_1+R_4)(R_2+R_3)+R_1R_4(R_2+R_3)+R_2R_3(R_1+R_4)} \tag{2-9-10}$$

当 $I_g=0$ 时,则有

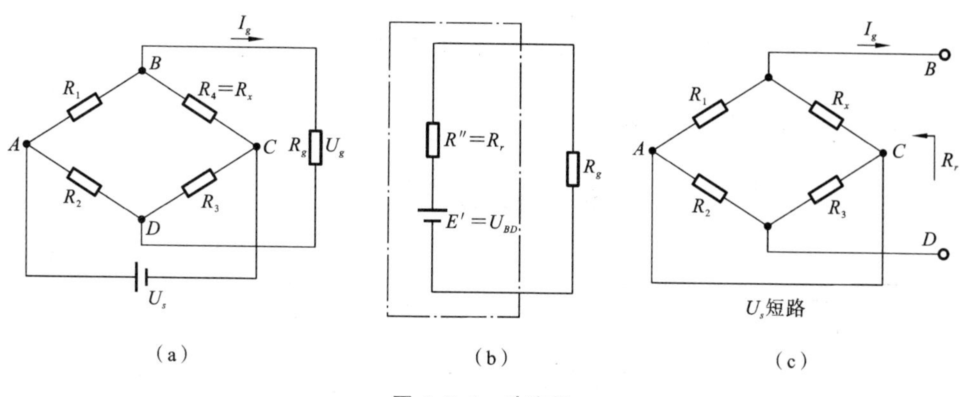

(a) (b) (c)

图 2-9-6 功率桥

$$R_2R_4-R_1R_3=0$$

即

$$\frac{R_1}{R_2}=\frac{R_4}{R_3}$$

这是功率桥的平衡条件，与(2-9-6)式一致，也就是说功率输出与电压输出的平衡条件是一致的。

最大功率输出时，灵电桥的灵敏度最高。当电桥的负载电阻 R_g 等于输出电阻(电源内阻)，即阻抗匹配时，有

$$R_g=R_r=\frac{R_1R_4}{R_1+R_4}+\frac{R_2R_3}{R_2+R_3} \tag{2-9-11}$$

则电桥输出功率最大。此时电桥的输出电流由(2-9-10)式，得

$$I_g=\frac{U_s}{2}\cdot\frac{R_2R_4-R_1R_3}{R_1R_4(R_2+R_3)+R_2R_3(R_1+R_4)} \tag{2-9-12}$$

输出电压为

$$U_g=I_gR_g=\frac{U_s}{2}\cdot\frac{R_2R_4-R_1R_3}{(R_2+R_3)(R_1+R_4)} \tag{2-9-13}$$

当桥臂 R_4 的电阻臂有增量 ΔR 时，我们可以得到三种桥式的电流、电压和功率变化。测量时都需要预调平衡，平衡时的 I_g、V_g、P_g 均为0，电流、电压、功率化都是相变对平衡状态时讲的。不同桥式的三组公式如下。

(1) 等臂电桥 $R_1=R_2=R_3=R_4=R$，则有

$$\Delta I_g=\frac{U_s}{2}\cdot\frac{R\Delta R}{2R^2(R+\Delta R)+R^2(2R+\Delta R)}=\frac{U_s}{8}\cdot\frac{\Delta R}{R^2}\cdot\frac{1}{1+\frac{3}{4}\frac{\Delta R}{R}} \tag{2-9-14}$$

$$\Delta U_g=\frac{U_s}{8}\cdot\frac{\Delta R}{R^2}\cdot\frac{1}{1+\frac{1}{2}\cdot\frac{\Delta R}{R}}$$

$$\Delta P_g=\Delta I_g\cdot\Delta U_g=\frac{U_s^2}{64R}\cdot\left(\frac{\Delta R}{R}\right)^2\cdot\frac{1}{\left(1+\frac{3\Delta R}{4R}\right)\left(1+\frac{\Delta R}{2R}\right)}$$

(2) 卧式电桥 $R_1=R_4=R,R_2=R_3=R'$,则有

$$\Delta I_g=\frac{U_s}{2}\cdot\frac{R'\Delta R}{2R^2R'+2RR'\Delta R+2R(R')^2+(R')^2\Delta R}$$

$$=\frac{U_s}{4(R+R')}\cdot\frac{\Delta R}{R}\cdot\frac{1}{1+\frac{2R+R'}{2(R+R')}\cdot\frac{\Delta R}{R}} \tag{2-9-15}$$

$$\Delta U_g=\frac{U_s}{8}\cdot\frac{\Delta R}{R}\cdot\frac{1}{1+\frac{1}{2}\frac{\Delta R}{R}}$$

$$\Delta P_g=\Delta I_g\cdot\Delta U_g=\frac{U_s^2}{32(R+R')}\cdot\left(\frac{\Delta R}{R}\right)^2\cdot\frac{1}{1+\frac{2R+R'}{2(R+R')}\cdot\frac{\Delta R}{R}}\cdot\frac{1}{1+\frac{\Delta R}{2R}}$$

(3) 立式电桥 $R_1=R_2=R',R_3=R_4=R,\Delta R_4=\Delta R$,则有

$$\Delta I_g=\frac{U_s}{4(R+R')}\cdot\frac{\Delta R}{R}\cdot\frac{1}{1+\frac{2R+R'}{2(R+R')}\cdot\frac{\Delta R}{R}} \tag{2-9-16}$$

$$\Delta U_g=\frac{U_s}{2}\cdot\frac{RR'}{(R+R')^2}\frac{\Delta R}{R}\cdot\frac{1}{1+\frac{\Delta R}{R+R'}}$$

$$\Delta P_g=\Delta I_g\cdot\Delta U_g=\frac{U_s^2RR'}{8(R+R')^3}\cdot\left(\frac{\Delta R}{R}\right)^2\cdot\frac{1}{1+\frac{2R+R'}{2(R+R')}\cdot\frac{\Delta R}{R}}\cdot\frac{1}{1+\frac{\Delta R}{R+R'}}$$

测得 ΔI_g 和 ΔU_g 后,很方便可求得功率 ΔP_g,通过上述相关公式可运算到相应的 ΔR_I和 ΔR_U,然后运用公式:

$$\Delta R=\sqrt{\Delta R_I\Delta R_V} \tag{2-9-17}$$

得到 ΔR 后,同理可得

$$R_x=R_4+\Delta R$$

当电阻增量 ΔR 较小时,即满足 $\Delta R\ll R$ 时,(2-9-14)式～(2-9-16)式的分母含 ΔR 项可略去。公式得以简化,这里从略。

【实验仪器】

(1) FQJ-Ⅲ型用非平衡直流电桥。

(2) FQJ 非平衡电桥加热实验装置。

(3) FB901 型电阻测试板。

【实验内容】

图 2-9-7 所示的是 FQJ-Ⅲ型非平衡电桥的面板示意图。

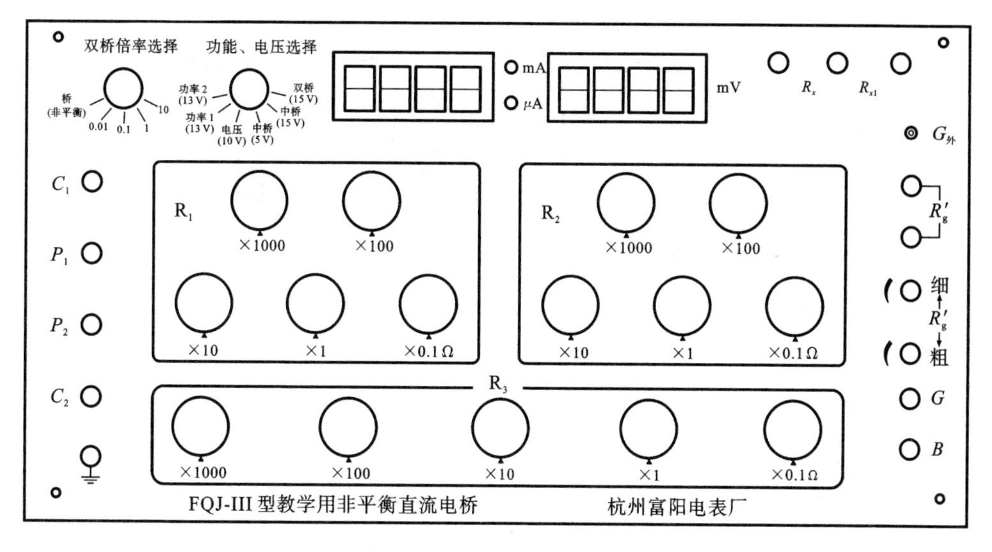

图 2-9-7 电桥的面板图

1. 用惠斯登电桥测量电阻

1）二端法测量

（1）量程倍率设置：为了提高学生的动手能力，电桥的量程倍率可视被测电阻的大小自行设置。该方法是通过面板上的 R_1、R_2 两组开关来实现，如“×1”倍率，可分别在 R_1、R_2 两组的“×1000”盘上打“1”，其余盘均为 0；“$\times 10^2$”倍率可在 R_1 的“×1000”盘打“1”，R_2 的“×10”盘打“1”，其余盘均为 0……由此可组成如表 2-9-1 所示的不同的量程倍率。

表 2-9-1 量程倍率

量程倍率	有效量程/Ω	准确度/(%)	电源电压/V
$\times 10^{-3}$	1×11.11	2	5
$\times 10^{-2}$	10～111.11	0.2	5
$\times 10^{-1}$	100～1111.1	0.2	5
×1	1～11.111 k	0.2	5
×10	10～111.11 k	1	15
$\times 10^2$	100～1111.1 k	2	15
$\times 10^3$	1～11.111 M	10	15

（2）将“双桥量程倍率选择”开关置于“单桥”位置，“功能、电压选择”开关置于“单桥(5 V)”或“单桥 15 V”(可按表 2-9-1 所示来选择)，并接通电源。

（3）如图 2-9-8 所示，在 R_x 与 R_{x1} 之间接上被测电阻，R_3 测量盘打到与被测电阻相应的数字，按下 G、B 开关按钮，调节 R_3，使电桥平衡(电流表为 0)，则有

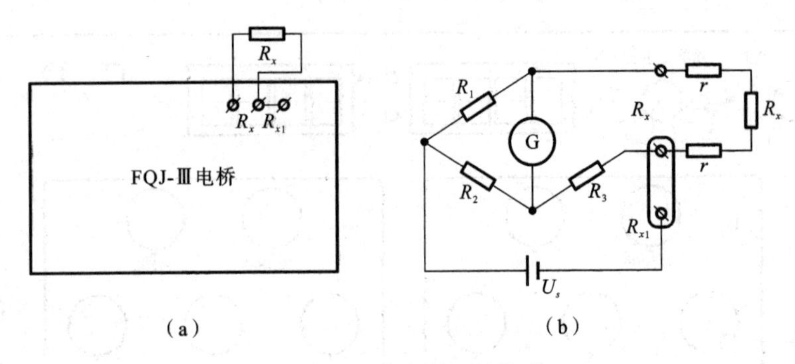

(a)　　(b)

图 2-9-8　电桥的两端接法

$$R_x=\frac{R_1}{R_2}\cdot R_3=KR_3 \tag{2-9-18}$$

2) 三端法测量

单臂电桥采用三端法测量电阻能有效地消除引线电阻带来的测量误差,因此采用三端法可进行在线远程电阻的测量。

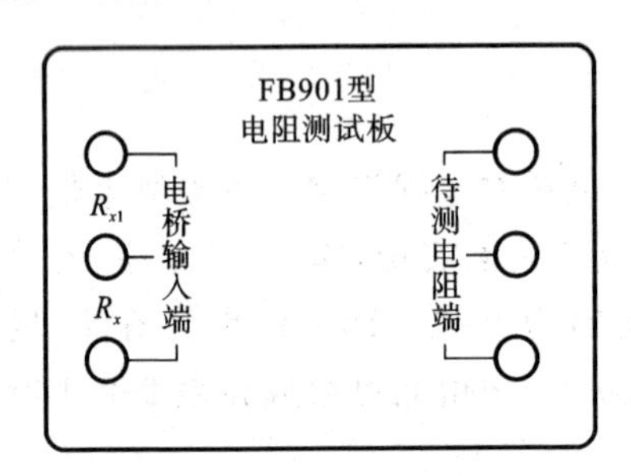

图 2-9-9　电阻测试板

在实验时,可用专用的电阻测试板进行模拟测试,为了验证三种测量方法的不同,致使测量结果的不同,可先采用二端法测量,如取 8.2 kΩ 被测电阻接在电阻测试板(见图 2-9-9)的待测电阻端,“待测电阻端”与“电桥输入端”之间跨接了相当于在 1000 m 远距离的导线(该导线的垂直横切面为 2.5 mm^2,长 1 km 的铜线,导线直流电阻 $r=12.5\ \Omega$),连接好电桥及电阻测试板接上被测电阻后,测试板上的“R_{x1}”组(中、上)两端钮应短接。电桥的连接如图 2-9-8(a)所示,将 2、3 两接线端钮短接,被测电阻通过“电桥输入端”分别接在 1、3 两端钮上。

根据电阻的大小,将功能转换开关转至选定的比率 K 值位置,按下 G、B 开关按钮,调节测量盘,使电桥处于平衡状态(电流表为 0),并记录测量结果。再进行“三端”法测量,接线如图 2-9-10 所示,被测电阻的一端接 1 端钮,2 端钮接被测电阻另一端的有效测试点,3 端钮可用鳄鱼夹夹在 2 接线端钮被测电阻的外侧,电桥操作与前面相同。

记录各转盘读数之和乘以 K 所得的值即为 R_x 的值,测量精度为 0.2%,求出不确定度 ΔR,最后结果为

$$R_x=R\pm\Delta R$$

2. 用开尔文电桥测量电阻

(1) 估计被测阻值,按下表选择相应倍率及电压并按四端法接入被测电阻(见图

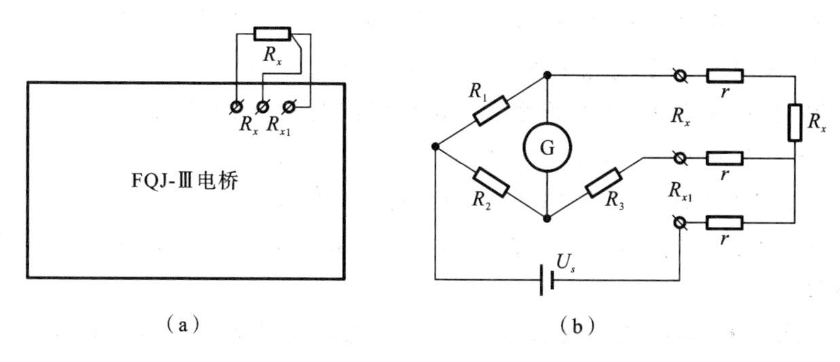

(a)　　　　(b)

图 2-9-10　电桥的三端测法

2-9-4),各量程的测量精度如表 2-9-2 所示。

表 2-9-2　测量精度

量程倍率	测量上限	$R_1=R_2$	R_3位置	分辨率	准确度/%	电源
10	111.11 Ω	1000 Ω	1000	0.001 Ω	1	1.5 V
1	11.111 Ω	1000 Ω	1000	0.0001 Ω	1	
0.1	1.1111 Ω	1000 Ω	1000	0.00001 Ω	1	
0.01	0.11111 Ω	1000 Ω	1000	0.000001 Ω	2	

(2) 在 R_1、R_2 两组开关的"×1000"盘上分别打"1",其余盘均为 0。

(3) 在 R_3 测量盘开关打上与被测电阻相应的数值,先后按下 G、B 开关按钮,调节 R_3 测量盘使检流计指零(电流表指 0),则有

$$R_x=\frac{R_3}{R_2}\times 倍率$$

(4) 测量时,尽量减少按 B 按钮的时间,更不能长时间锁定,可减少被测电阻因电流受热产生的误差,提高测试精度。

(5) 如内附检流计(电流表)灵敏度不够高,需外接高灵敏度检流计时,可用连接好导线的专用插头,插入"$G_{外}$"插座中,即可测量(此时内接断开)。

3. 非平衡直流电桥实验内容及方法

RQJ-Ⅲ型非平衡直流电桥之三个桥臂 R_1、R_2、R_3 分别由 10×(1000+100+10+1+0.1) Ω 电阻和十进步进开关组合而成,调节范围在 11.1110 kΩ 内,负载电阻 R'_g 由 1 个 10 kΩ 的多圈电位器(粗调)和 1 个 100 Ω 多圈电位器(细调)串联而成,可在 10.1 kΩ 范围内调节。

数字电压表量程为 200 mV。

数字电流表最大量程:

功率 1 为 20 mA,采样电阻 $R_s=10$ Ω,用于测量小于 1 kΩ 的较小电阻;

功率 2 为 200 μA,采样电阻 $R_s=1$ kΩ,用于测量大于 1 kΩ 电阻。

电压输出时,卧式电桥和等臂电桥允许待测电阻 R_x 变化 $\Delta R/R$ 达到 25%,立式电桥允许 R_x 变化率向上变化达到 100%,向下变化为 70%。

功率输出时,允许 R_x 的变化率大于电压输出时 R_x 的变化率。

1) 非平衡电桥电压输出形式测电阻

采用卧式电桥测量的方法如下(可自行选取电桥形式)。

(1) 确定各桥臂电阻。使 $R=R_1=R_4=1.0\ \text{k}\Omega, R'=R_2=R_3=2.0\ \text{k}\Omega$(供参考,可自行设计)。

(2) 预调平衡,将待测电阻 R_4 接至 R_x,功能转换开关转至电压输出,按下 G、B 开关按钮,微调 R_3 使电压输出 $U_0=0$。

(3) 改变 R_4,记录 ΔR 理论值,并记下相应的电压变化值 ΔU_g。根据(2-9-7)式~(2-9-9)式计算出 ΔR 的实验值,其中 $U_s=1.3\ \text{V}$。

(4) 计算出实验值和理论值的相对误差 E。

2) 非平衡电桥功率输出形式测电阻

采用立式电桥测量的方法如下(可自行选取电桥形式)。

(1) 确定各桥臂电阻。使 $R=R_3=R_4=1.0\ \text{k}\Omega, R'=R_1=R_2=2.0\ \text{k}\Omega$(供参考,可自己另行设计),由(2-9-11)式算出的电桥的负载电阻 R_g。

(2) 调节 R'_g,在电路中设计一个采样电阻 R_s,R_g 包含采样电阻 R_s,即 $R_G=R'_G+R_s$,面板上调节的负载电阻 $R'_G=R_G-R_s$,功能转换开关上的"功率 1"为测量小电阻的量程,其采样电阻为 $R_s=10\ \Omega$,"功率 2"为测量大电阻的量程,其采样电阻 $R_s=1\ \text{k}\Omega$。预调 $R'_G=R_s-1\ \text{k}\Omega$。

(3) 预调平衡,将待测电阻 R_4 接至 R_x,功能转换开关转至电压输出,按下 G、B 开关按钮,微调 R_3 使电压输出 $U_0=0$。

(4) 改变 R_4,记录 ΔR 的理论值,并记下相应的电压变化值 ΔU_g,ΔI_g 由(2-9-16)式、(2-9-17)式算出 ΔR 的实验值,其中 $U_s=1.3\ \text{V}$。

(5) 计算出实验值理论值的相对误差 E。

3) 测量铜电阻(配用 FQJ 非平衡电桥加热装置)

(1) 用惠斯登电桥(平衡电桥)测量铜电阻[Cu50 的 $R(t)$]根据"铜热电阻 Cu50 的电阻—温度特性表"电阻变化情况,确定 R_1/R_2,将转换开关置于"单桥"位置,按下 G、B 开关按钮,调节 R_3,使电桥平衡(电流表为 0)。记录温度和电阻值 R_3,代入(2-9-18)式计算出对应的 $R(t)$(注意:每隔 5 ℃测量 1 个点,加热范围在室温至65 ℃之间)。

(2) 非平衡电桥电压输出形式测量铜电阻。

① 采用卧式电桥测量。

a. 确定各桥臂电阻值。设定室温时之铜电阻值为 R_0(查表),使 $R=R_1=R_4=R_0$,选择 $R'=R_2=R_3=30\ \Omega$(供参考,可自行设计)。

b. 预调平衡，将待测电阻接至 R_x，R_2、R_3 调至 30 Ω，R_1 调至为 R_0，功能转换开关转至电压输出，并将 G、B 开关按钮按下，微调 R_1 使电压 $U_0=0$ V。

c. 开始升温，每 5 ℃测量 1 个点，同时读取温度 t 和输出 $U_0(t)$。

② 采用立式电桥测量。

a. 自行设计桥臂电阻 R、R'（预习时完成，实验前交老师检查）。

b. 预调平衡，该步骤与上述相类似。

c. 升温测量，数据列表（同上）。

【数据处理】

1. 平衡电桥

作 $R(t)$-t 图，由图求出电阻温度系数 $a=\frac{\Delta R}{R_0\Delta T}$，其中 R_0 为 0 ℃时的电阻值。与理论值相比较，求出百分误差，并写出表达式。

2. 非平衡电桥：卧式

根据(2-9-8)式求出各点的 $\Delta R(t)$ 和 $R(t)$ 值，然后作 $R(t)$-t 图，并用图解法求出 0 ℃时的电阻值 R_0 和电阻温度系数。

3. 非平衡电桥：立式

根据(2-9-9)式求出各点的 $\Delta R(t)$ 和 $R(t)$ 值，用最小二乘法求 0 ℃时的电阻值 R_0 和 α，计算 α 的标准不确定度（见表 2-9-3）。

表 2-9-3　铜电阻 Cu50 的电阻—温度特性 $\alpha=0.004280/℃$　**单位：电阻值(Ω)**

温度/℃	测量次数									
	0	1	2	3	4	5	6	7	8	9
−50	39.24									
−40	41.40	41.18	40.97	40.75	40.54	40.32	40.10	39.89	39.67	39.46
−30	43.55	43.34	43.12	42.91	42.69	42.48	42.27	42.05	41.83	41.61
−20	45.70	45.49	45.27	45.06	44.84	44.63	44.41	42.20	43.98	43.77
−10	47.85	47.64	47.42	47.21	46.99	46.78	46.56	46.35	46.13	45.92
−0	50.00	49.78	49.57	49.35	49.14	48.92	48.71	48.50	48.28	48.07
0	50.00	50.21	50.43	50.64	50.86	51.07	51.28	51.50	51.81	51.93
10	52.14	52.36	52.57	52.78	53.00	53.21	53.43	53.64	53.86	54.07
20	54.28	54.50	54.71	54.92	55.14	55.35	55.57	55.78	56.00	56.21
30	56.42	56.64	56.85	57.07	57.28	57.49	57.71	57.92	58.14	58.35
40	58.56	58.78	58.99	59.20	59.42	59.63	59.85	60.06	60.27	60.49

续表

温度/℃	测量次数									
	0	1	2	3	4	5	6	7	8	9
50	60.70	60.92	61.13	61.34	61.56	61.77	61.93	62.20	62.41	62.63
60	62.84	60.05	63.27	63.48	63.70	63.91	64.12	64.34	64.55	64.76
70	64.98	65.19	65.41	65.62	65.83	66.05	66.26	66.48	66.69	66.90
80	67.12	67.33	67.54	67.76	67.97	68.19	68.40	68.62	66.83	69.04
90	69.26	69.47	69.68	69.90	70.11	70.33	70.54	70.76	70.97	71.18
100	71.40	71.61	71.83	72.04	72.25	72.47	72.68	72.09	73.11	73.33
110	73.54	73.75	73.97	74.18	74.40	74.61	74.83	75.04	75.26	75.47
120	75.68									

4. 测量热敏电阻

本实验采用 2.7 kΩMF51 型半导体热敏电阻进行测量。

该电阻是由一些过渡金属氧化物(主要用 Mn、Co、Ni、Fe 等氧化物)在一定的烧结条件下形成的金属氧化物半导体作为基本材料制成,具有 P 型半导体的特性。对于一般半导体材料,电阻率随温度变化且主要依赖于载流子浓度,而迁移率随温度的变化相对来说可以忽略。但上述过渡金属氧化物则有所不同,在室温范围内基本上已全部电离,即载流子浓度基本上与温度无关,此时主要考虑迁移率与温度的关系。随着温度升高,迁移率增加,电阻率下降,故这类金属氧化物半导体是一种具有负温度系数的热敏电阻元件,其电阻—温度特性如表 2-9-4 所示。根据理论分析,其电阻—温度特性的数学表达式通常可表示为

$$R_t = R_{25} \cdot \exp\left[B_n\left(\frac{1}{T} - \frac{1}{298}\right)\right]$$

式中:R_{25}、R_t分别为 25 ℃和 t ℃时热敏电阻的电阻值;$T=273+t$;B_n为材料常数,在制作时不同的处理方法其值不同。对于确定的热敏电阻,可以由实验测得的电阻—温度曲线求得。我们也可以把上式写成比较简单的表达式:

$$R_t = R_0 e^{\frac{E}{KT}} = R_0 e^{\frac{BU}{T}}$$

因此,热敏电阻之阻值 R_t与 t 为指数关系,是一种典型的非线性电阻。式中:$R_t = R_{25} e^{-BU/298}$;K 为玻尔兹曼常数。

表 2-9-4　2.7 kΩMF51 型热敏电阻的电阻—温度特性(供参考)

温度/℃	25	30	35	40	45	50	55	60	65
电阻/Ω	2700	2225	1870	1573	1341	1160	1000	868	748

1）采用非平衡电桥的电压输出测量热敏电阻 2.7 kΩMF51 的 $R(t)$（温度范围在室温至 65 ℃之间）

（1）根据表 2-9-4 设计各桥臂电阻 R、R'，以确保电压输出不会溢出（预习时设计计算好）。实验时可以先用电阻箱模拟，若不满足要求，立即调整 R' 的阻值。

（2）预调平衡。

① 根据桥式，预调 R、R'。在室温时，其电阻值为 R_0。

② 将功能转换开关旋至电压输出，按下 G、B 开关按钮，微调 R_3 使数字电压表显示为 0。

（3）升温，每隔 5 ℃测 1 个点，将测量数据列表。

2）采用非平衡电桥功率输出测量 2.7 kΩMF51 的 $R(t)$（温度范围在室温至 65 ℃ 之间）

由于功率桥的范围比电压输出时的测量范围大得多，可以选用等臂电桥或卧式电桥。

（1）选择桥式电路并确定臂电阻 R'。

（2）根据(2-9-11)式计算 R_g。

以上两步在预习时先计算好。

（3）预调平衡。

① 按照计算好的 R_g 值调节 R'_g。方法可采用下列两种：一是用数字万用表两表棒插入 R'_g 两接线柱，再调节 R'_g 的粗细旋钮（此时，电桥上的 B、G 开关按钮不能按下）；二是利用电桥的平衡桥进行调节，先将 R'_g 两端与 R_x 按二端法用导线连接，并按平衡桥测试方法，选择好 R_1/R_2 的值，在 R_3 上调出 R_g 的计算值，再调节 R'_g 粗细旋钮使电桥平衡，最后拆掉连接导线。

② 将待测电阻接到 R_x。

③ 测量室温时的 R_0，按设计要求调节 R_1、R_2、R_3。

用数字电压表测量电流时，需在电路中设一采样电阻 R_s，如图 2-9-11 所示。为了消除测量误差，应该把采样电阻 R_s 包含在负载电阻 R_g 中，即

$$R_g = R'_g + R_s$$

面板上调节的负载电阻为 R'_g：

$$R'_g = R_g - R$$

功率 1 位置用来测量小电阻的，其采样电阻 $R_s = 10\ \Omega$；功率 2 位置用来测量大电阻，其采样电阻 $R_s = 1\ \text{k}\Omega$。

由于在本实验需要测量大电阻，故采样电阻 $R_s = 1\ \text{k}\Omega$。

④ 升温，每 5 ℃测一个点，同时读取一组 $\Delta I_g(t) - t$ 和 $\Delta V_g(t) - t$ 数据，并列表。

【思考题】

（1）测量电阻的原理是什么？

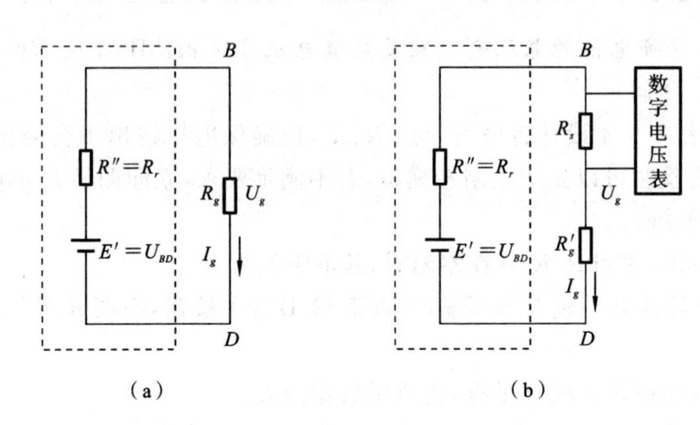

图 2-9-11 电流测量线路

(2) 与二端法测试电阻相比,三端法测试电阻有何优点?

(3) 使用双桥测量小电阻时为什么要使 $R_1=R_2$,如果两者不相等有何影响?

(4) 非平衡电桥在工程中有哪些应用?试举例。

(5) 非平衡电桥的立式桥为什么比卧式桥测量范围大?

(6) 当采用立式桥测量某电阻变化时,如产生电压表溢出现象,应采取什么措施?

【附 1】

单臂电桥三端法测量特点分析

在普通的单臂电桥里,R_x 都采用二端法接入被测电阻,因此连接导线电阻接触点电阻都与被测电阻 R_x 相串联,会明显地影响测量结果,特别是较远距离测量,连接导线的电阻更大,导致测量精度降低。而采用三端法测量,将使连接导线电阻、接触点电阻之和 r 分散到各桥臂电源或检流计有关支路上去,相对减小对 R_x 测量结果的影响,如图 2-9-12 所示。如用三端法配用测试电阻板进行测量,更能说明与二端法不同的地方,以及利用三端法可远程测量的优势。

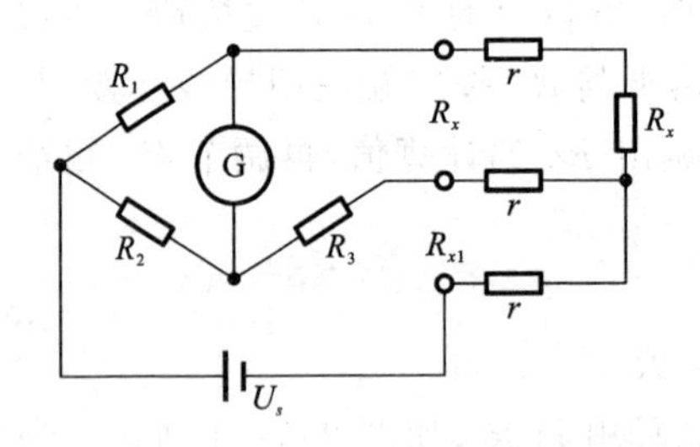

图 2-9-12 三端法测量的原理图

采用三端接法时,当量程倍率为“×1”挡时,设 $R_x=1000\ \Omega$,r(引线电阻)$=4\ \Omega$,此时有

$$R_1=R_2=500\ \Omega$$

$$R'_0=R_1(R_x+r)R'_2=R_x+r=1004\ \Omega$$

$$R_0=R'_0-r=1000\ \Omega \quad (\text{接线电阻被完全抵消})$$

如采用二端接法,则有

$$R_0=R_1(R_x+2r)R_2=R_x+2r=1008\ \Omega$$

相对误差：

$$E=1008-10001000\times100\%=0.8\%$$

【附2】

FQJ-2型非平衡直流电桥加热实验装置

1. 概述

FQJ-2型非平衡直流电桥加热实验装置是专为FQJ系列非平衡直流电桥在实验过程中配套使用的装置。该装置具有下列特点。

(1) 加热温度可自由设定(不超过上限值)。

(2) PID控温,控温精度高。

(3) 装置内配装有铜电阻、热敏电阻,增加了实验内容。

(4) 加热装置中的电源输入为低电压,并通过变压器隔离,安全可靠。

(5) 装置内装有风扇,根据实验的需要,可加速降温。

(6) 装置结构新颖,紧凑合理。

2. 结构和连接

该装置由加热炉及温度控制仪二大部分组成,其结构及连接如图2-9-13所示。

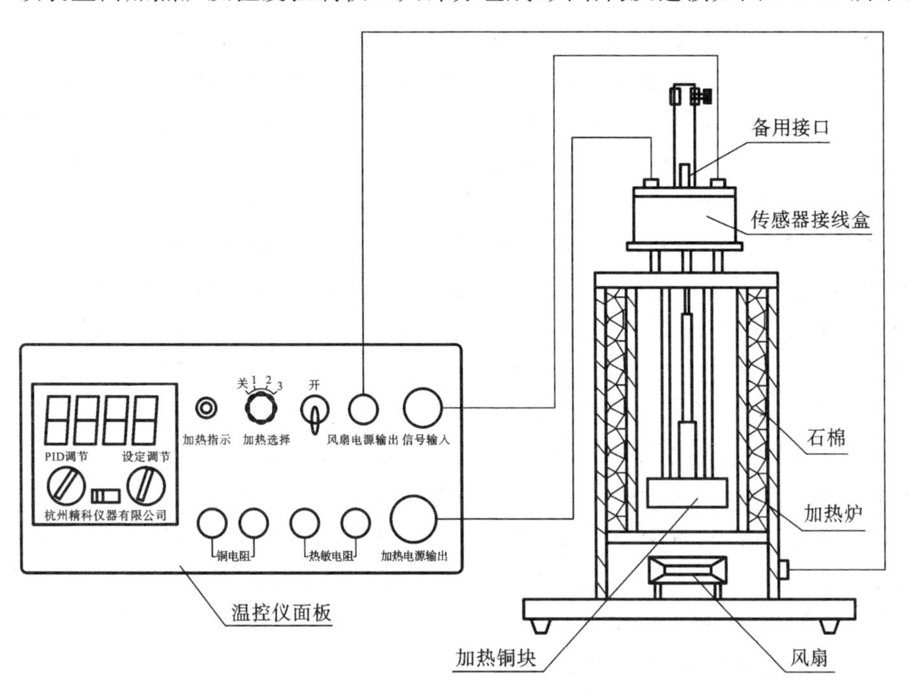

图2-9-13　FQJ-2型非平衡直流电桥加热实验装置

3. 主要技术指标

(1) 温度控制范围为0～120 ℃。

(2) 温度控制精度为±1 ℃。

(3) 加热输入电压为 24 V(隔离电压)。

(4) 加热至温度上限时间为 30 min 左右。

4. 使用说明

使用前,将温控仪机箱底部的撑架竖起,以便在测试时方便观察及操作。

实验开始前,应连接好温控仪与加热炉之间的导线,根据实验内容,在“铜电阻”或“热敏电阻”接线柱上与 FQJ 非平衡电桥的“R_x”端相接。实验装置的加温操作步骤如下。

(1) 温度设定:根据实验温度需要,设定加热温度上限。其方法为,开启温控仪电源,显示屏显示的温度为环境温度。将测量—设定转换开关置于“设定”位置,转动“设定调节”旋钮,将所需升温上限设定好,再将转换开关置于“测量”位置。(在温度设定时,仪器上“加热选择”开关置于“断”处)

(2) PID 调节:加热前,先将“PID 调节”旋钮向逆时针方向(向“—”方向)旋到底,再向顺时针方向旋至该整个调节行程的 1/3 左右处。

(3) 加热:加热前,应根据环境温度和所需升温的上限及升温速度来确定温控仪面板上“加热选择”开关的位置。该开关分为“1、2、3”三个挡,由“断”位置打向任意一挡,即开始加热,指示灯亮,升温的高低及速度以“1”挡为最低、最慢,“3”挡为最高、最快。一般在加热过程中,温度升至离设定上限温度 5~10 ℃时,应将加热挡位降低一挡,以减小温度俯冲。总之,在加热升温时,应根据实际升温要求,选择好加热挡位;仔细反复调节“PID 调节”旋钮,如升温温度高于设定值,“PID 调节”向“—”方向调节,反之,升温温度达不到设定值,“PID 调节”向“+”方向调节。但其调节量必须是小幅度,即细微调节,使温度既能达到设定值,又能达到控温精度要求。加热挡位的选择可采取:环境温度与设定温度上限之间的距离为 20~30 ℃时,可选择“2”挡;其距离大于 30 ℃时,选择“3”挡。由于温度控制受环境温度、仪表调节、加热电流大小等诸多方面的影响,因此实验时需要多次细调,以取得温度控制的最佳效果。

(4) 测量:在加热过程中,根据实验内容,调节 FQJ 系列非平衡直流电桥,可进行 Cu50 铜电阻或热敏电阻特性的测量(测量连接导线的直流电阻为 0.5 Ω 左右)。

(5) 降温:实验过程中或实验完毕,需对加热铜块或加热炉体降温。降温时,方法如下:将加热铜块及传感器组件升至一定高度并固定,开启温控仪面板中的“风扇开关”使炉体底部的风扇转动,达到使炉体降温目的。如要加快加热铜块的降温,可在断电后将加热铜块从炉体拿出,并浸入冷水中。

5. 注意事项

(1) 实验开始前,所有导线,特别是加热炉与温控仪之间的信号输入线应连接可靠。

(2) 传热铜块与传感器组件,出厂时已由厂家调节好,不得随意拆卸。

（3）转动“PID调节”及“调定调节”旋钮时，应用力轻微，以免损坏电位器。

（4）装置在加热时，应注意并闭风扇电源。

（5）“备用测试口”为一根一端封闭，并插入加热铜块中的空心铜管，供实验加入介质后测试用。例如，在空心管中加入变压器油及铜电阻，用QJ44双臂电桥测试铜电阻随着温度变化时的电阻值。

（6）温控仪机箱后部的电源插座中的熔丝管应选用1～1.5 A，而另一黑色保险丝座中的熔丝管选用3 A。

（7）实验完毕后，应切断电源。

（8）由于热敏电阻耐高温的局限，设定加温的上限值不能超过120 ℃。

第3章 光学实验

光学是物理学中一门古老的学科，也是当前学科领域中最活跃的前沿阵地之一，具有强大的生命力和不可估量的发展前途。它和其他学科一样，也是经过长期的实践，在大量的实验基础上逐步发展和完善的。虽然它的理论成果、新型光学实验技术的内容十分丰富，但是经典的实验方法仍是现代物理实验最基本的内容。因此，作为基础的光学实验课，学习的重点仍应该是学习和掌握光学实验的基本知识、基本方法以及培养基本的实验技能，通过研究一些基本的光学现象，加深对经典光学理论的理解，提高对实验方法和技术的认识。

一、光学实验常用仪器

光学实验仪器可以扩展和改善视角的观察以弥补视角的局限性。构成光学仪器的主要元件有透镜、反射镜、棱镜、光栅和光阑等，这些元件按不同方式的组合构成了不同的光学系统。光学仪器可以粗分为助视仪器（放大镜、显微镜、望远镜）、投影仪器（放映机、投影仪、放大机、照相机）和分光仪器（棱镜分光系统、光栅分光系统）。下面主要介绍光学实验中常用仪器的构造、调节和光学实验中的常用光源。

（一）助视仪器

1. 放大镜和视角放大率

凸透镜作为放大镜是最简单的助视仪器，它可以扩大眼睛的观察视角。设原物体长度为 AB，放在明视距离处（距离眼睛 25 厘米处），眼睛的视角为 θ_0；通过放大镜观察，成像仍在明视距离处，此时眼睛的视角为 θ，如图 3-0-1 所示，θ 与 θ_0 之比称为视角放大率 M：

$$M=\frac{\theta}{\theta_0} \tag{3-0-1}$$

因为

$$\theta_0=\frac{\overline{AB}}{25},\quad \theta\approx\frac{\overline{A'B'}}{25}=\frac{\overline{AB}}{f}$$

所以

$$M=\frac{\theta}{\theta_0}=\frac{\overline{AB}/f}{\overline{AB}/25}=\frac{25}{f} \tag{3-0-2}$$

式中：f 为放大镜焦距，f 越短，放大率越高。

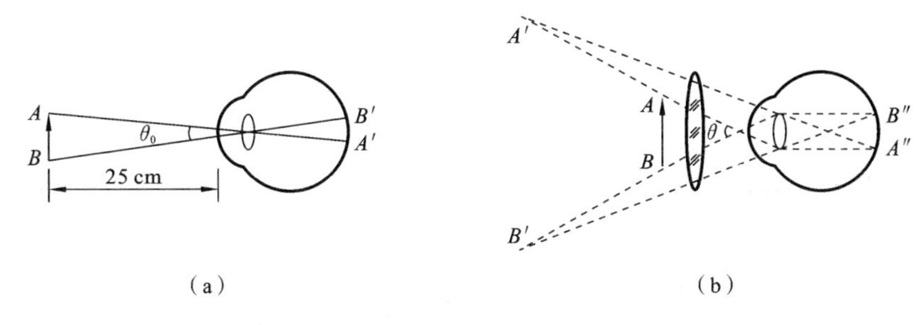

图 3-0-1 凸透镜

2. 目镜

目镜也是放大视角所使用的仪器。放大镜(放大镜也是最简单的目镜)是用来直接放大实物,而目镜是用来放大其他光具组所成的像。一般对目镜的要求是有较高的放大率和较大的视场角,同时要尽可能校正像差。为此,目镜通常是由两片或更多片的透镜组成。目前应用最广泛的目镜有高斯目镜和阿贝目镜,如图 3-0-2 所示。图 3-0-2 中的叉丝为测量时的准线,反射镜和小棱镜的作用是改变照明光的入射方向,照亮叉丝。

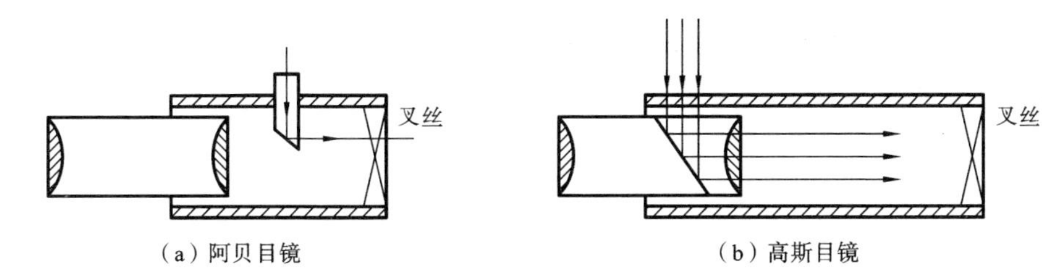

(a) 阿贝目镜　　(b) 高斯目镜

图 3-0-2 目镜

3. 显微镜

显微镜由目镜和物镜组成,其光路图如图 3-0-3 所示。待观察物 PQ 置于物镜 L_0 的焦平面 F_0 之外,距离焦平面很近的地方,这样可使物镜所成的实像 $P'Q'$ 落在目镜 L_e 的焦平面 F_e 之内靠近焦平面处,再经目镜放大后在明视距离处形成一放大的虚像 $P''Q''$。

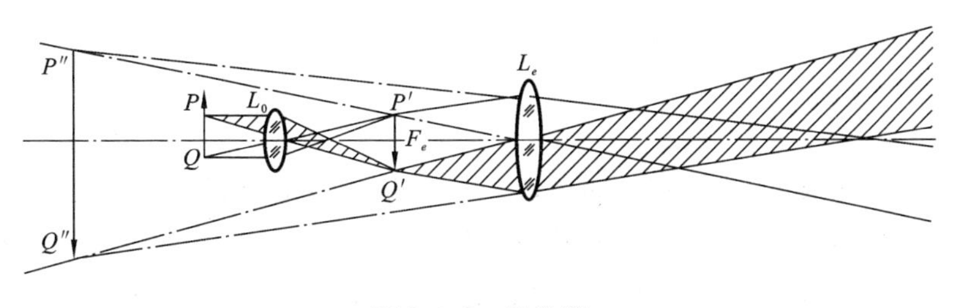

图 3-0-3 显微镜

理论计算可得显微镜的放大率为

$$M=M_0 \cdot M_e=-\frac{\Delta \cdot s_0}{f'_0 \cdot f'_e} \tag{3-0-3}$$

式中：M_0 是物镜的放大率；M_e 是目镜的放大率；f'_0、f'_e 分别是物镜和目镜的像方焦距；Δ 是显微镜的光学间隔（$\Delta=F'_0F_e$，现代显微镜均有定值，通常是 17 cm 或19 cm），$s_0=-25$ cm，为正常人眼的明视距离。由(3-0-3)式可知，显微镜的镜筒越长，物镜和目镜的焦距越短，放大率就越大。一般 f'_0 取值很小（高倍的只有 1～2 mm），而 f'_e 则有几个厘米。在镜筒长度固定的情况下，如果物镜、目镜的焦距给定，则显微镜的放大率也就确定了，通常物镜和目镜的放大率是标在镜头上的。

4. 望远镜

望远镜是帮助人眼观望远距离物体，也可作为测量和对准的工具，它是由物镜和目镜所组成。其光路图如图 3-0-4 所示，远处物体 PQ 发出的光束经物镜后被会聚于物镜的焦平面 F'_0 上，成一缩小倒立的实像 $P'Q'$，像的大小决定于物镜焦距及物体与物镜间的距离。当焦平面 F'_0 恰好与目镜的焦平面 F_e 重合在一起时，会在无限远处呈一放大的倒立的虚像，用眼睛通过目镜观察时，将会看到这一放大且移动的倒立虚像 $P''Q''$。若物镜和目镜的像方焦距为正（两个都是会聚透镜），则为开普勒望远镜；若物镜的像方焦距为正（会聚透镜），目镜的像方焦距为负（发散透镜），则为伽利略望远镜。图 3-0-4 为开普勒望远镜的光路图。

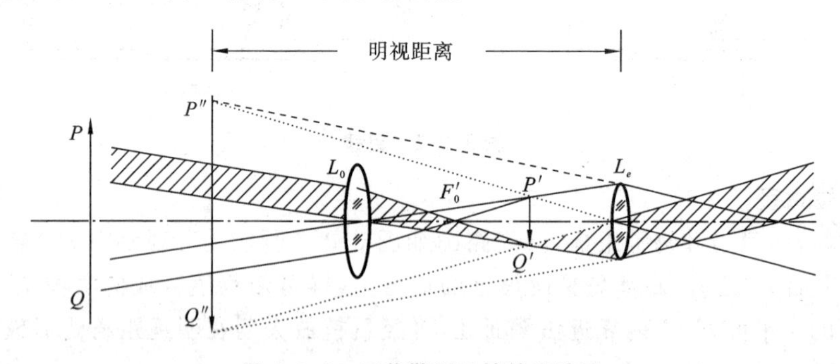

图 3-0-4　开普勒望远镜的光路图

由理论计算可得望远镜的放大率为

$$M=-\frac{f'_0}{f'_e} \tag{3-0-4}$$

该式表明，物镜的焦距越长、目镜的焦距越短，则望远镜的放大率越大。对开普勒望远镜（$f'_0>0, f'_e>0$），放大率 M 为负值，系统成倒立的像；而对伽利略望远镜（$f'_0>0, f'_e<0$），放大率 M 为正值，系统成正立的像。由于在实际观察时，物体并不是真正位于无穷远处，像亦不成在无穷远处，故该式仍近似适用。

（二）常用实验仪器的构造与调节

在光学实验中，常使用的一些基本光学仪器有光具座、测微目镜、读数显微镜及分光仪等。下面对这几种光学仪器作简单介绍。

1. 光具座

1）光具座的结构

光具座的主体是一个平直的轨道，有简单的双杆式和通用的平直轨道式两种，轨道的长度一般为 1～2 m，上面刻有毫米标尺，还有多个可以在导轨面上移动的滑动支架。一台性能良好的光具座应该是导轨的长度较长，平直度较好，同轴性和滑块支架的平稳性较好。

光学实验室常用的光具座有 GJ 型、GP 型、CXJ 型等，它们的结构和调试方法基本相同。图 3-0-5 所示的是 CXJ-1 型光具座的结构示意图，它是目前光学实验中比较通用的一种光具座，长 1520 mm，中心高度为 200 mm，其精度较高。

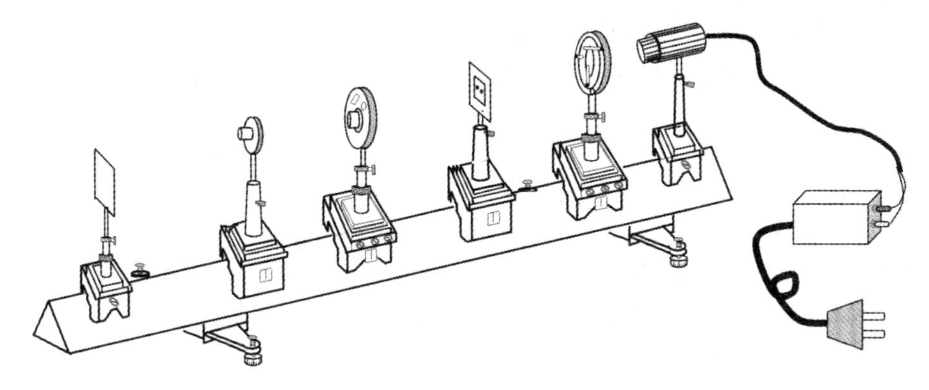

图 3-0-5 CXJ-1 **型光具座的结构示意图**

2）光具座的调节

将各种光学元件（透镜、面镜等）组合成特定的光学系统，运用这些光学系统成像时，要想获得优良的像，必须保持光束的同心结构，即要求该光学系统符合或接近理想光学系统的条件。这样，物方空间的任一物点经过该系统成像时，在像方空间必有唯一的共轭像点存在，而且符合各种理论计算公式。为此，在使用光具座时，必须进行共轴调节。共轴调节内容包括：所有透镜的主光轴重合且与光具座的轨道平行，物中心在透镜的主光轴上；物、透镜、屏的平面都应同时垂直于轨道。这里用两次成像法作以说明，如图 3-0-6 所示，当物屏 Q 与像屏 p 相距为 $D>4f$，且透镜沿主光轴移动时，两次成像位置分别是 P_1、P_2，一个是放大的像，另一个是缩小的像。若物中心处于透镜光轴上，大像的中心点 P'_1 与小像的中心点 P'_2 重合，若 P'_1 在 P'_2 之下（或之右），则物中心 P 必在主光轴之上（或之左）。调节时使两次成像中心重合并位于

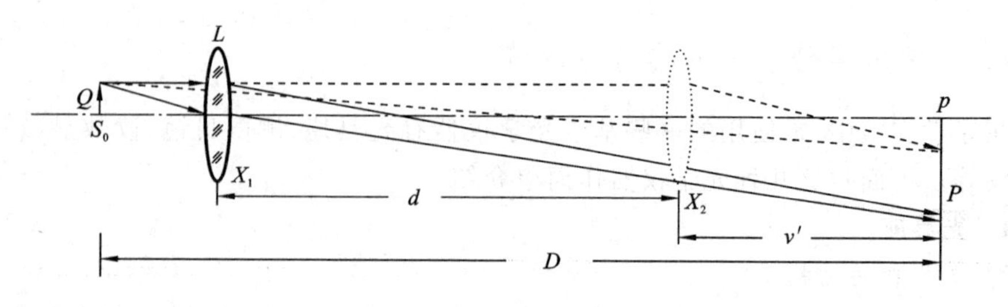

图 3-0-6　两次成像法

光屏的中心,依次反复调节,便可调好。

2. 测微目镜

1) 测微目镜的构造及读数方法

测微目镜一般作光学精密测量仪器使用,在读数显微镜、调焦望远镜、各种测长议、测微准直管上都可装用。测微目镜也可单独使用,主要用来测量由光学系统所成实像的大小。它的测量范围较小,但准确度较高。

下面以实验室常用的 MCU-15 型测微目镜为例,说明它的构造原理和使用方法,MCU-15 型测微目镜由目镜光具组、分划板、读数鼓轮和接头等装置组合而成。

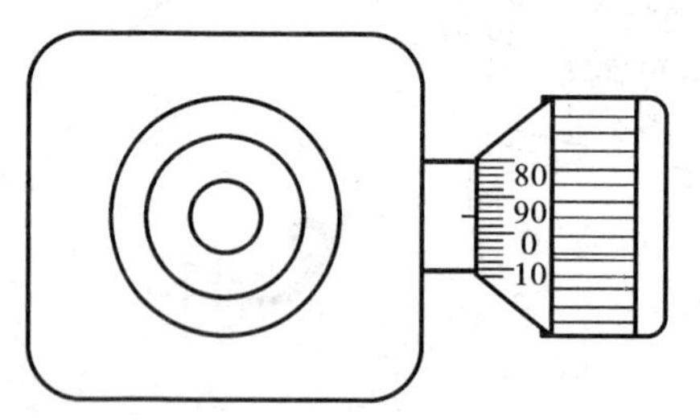

图 3-0-7　MCU-15 型测微目镜的外形

(1) MCU-15 型测微目镜的技术指标如下。

测微精度:小于 0.01 mm。

测微鼓轮的分度值:0.01 mm。

测量范围:0～8 mm。

(2) MCU-15 型测微目镜的外形和构造如图 3-0-7 和图 3-0-8 所示。

测微目镜可装配在各种显微镜上和准直管上(或其他类似仪器上)使用。

打开目镜本体匣,可以看到测微目镜的内部结构如图 3-0-9 所示。

(3) 读数方法。

毫米刻度的分划尺如图 3-0-10(a)所示,它被固定在目镜的物方焦面上,在分划板上刻有竖直双线和十字叉丝(见图 3-0-10(b)),分划尺和分划板之间仅有 0.1 mm 的空隙。因此,若在目镜中观察,就可看到如图 3-0-10(c)所示的图案。分划板的框架 1 通过弹簧 4 与测微螺旋的丝杆 5 相连,当测微螺旋(与读数鼓轮相连)6 转动时,丝杆就推动分划板的框架在导轨 3 内移动,这时目镜中的竖直双线和十字叉丝将沿垂直于目镜光轴的平面横向移动。读数鼓轮每转动一圈,竖线和十字叉丝就移动 1 mm。由于股轮上的周边叉丝分成 100 小格,因此鼓轮每转过一小格,叉丝就移动 0.01 mm。测微目镜十字叉丝中心移动的距离,可从分划尺上的数值加上读数鼓轮

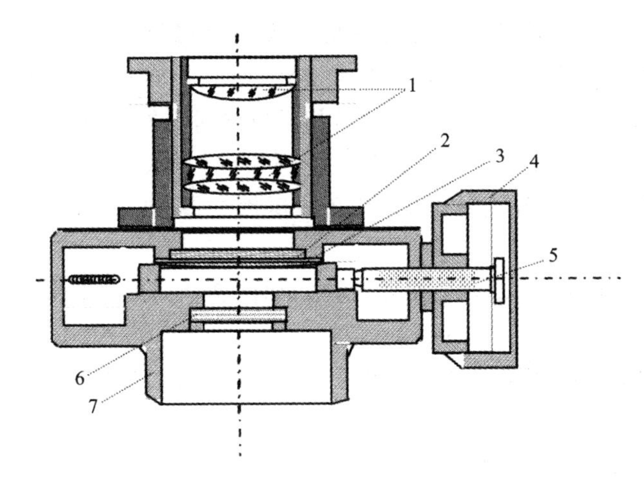

图 3-0-8 MCU-15 型测微目镜的构造

1. 复合镜；2. 玻璃板(分划尺)；3. 分度板；4. 传动测微旋；5. 读数鼓轮；6. 防尘玻璃；7. 接头装置。

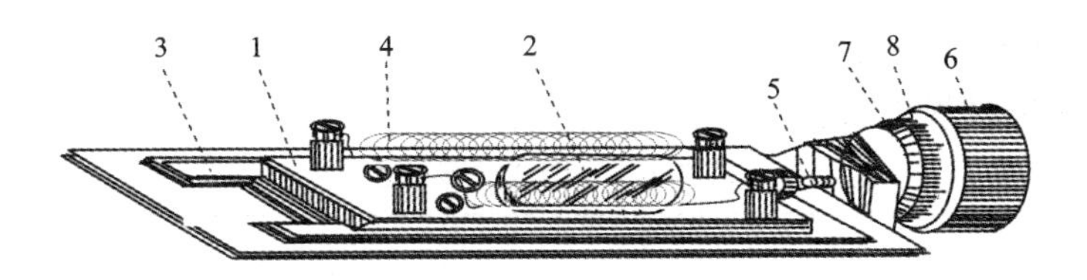

图 3-0-9 测微目镜的内部结构

1. 分划板框架；2. 分划板；3. 导轨；4. 弹簧；5. 丝杆；6. 读数鼓轮；7. 不动轮；8. 刻度尺。

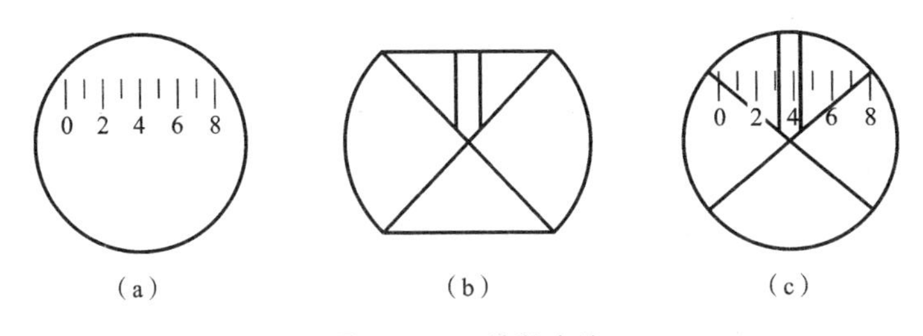

图 3-0-10 读数方法

的读数得到。

2) 使用测微目镜时应注意

(1) 读数鼓轮每转一周，叉丝移动距离等于螺距，由于测微目镜的种类繁多，精度不一，因此在使用时，首先要确定分度值。

(2) 使用时先调节目镜，使测量准线(叉丝)在视场中清晰可见，再调节物像，使之与测量准线无视差地对准后，方可进行测量。测量时必须使测量准线的移动方向和被测量的两点之间连线的方向相平行，否则实测值将不等于待测值。

(3) 由于分划板的移动是靠测微螺旋丝推动，但螺旋和螺套之间不可能完全密合，存有间隙。如果螺旋转动方向发生改变，则必须转过这个间隙后，叉丝才能重新跟着螺旋移动。因此，当测微目镜沿相反方向对准同一测量目标时，两次读数将不同，会产生测量回程误差。为了防止回程误差，每次测量时，螺旋应沿同一方向旋转，不要中途反向，若旋过了头，则必须退回一圈，再从原方向推进对准目标进行重测。

(4) 旋转测微螺旋时，动作要平稳、缓慢，如已到达一端，则不能再强行旋转，否则会损坏螺旋。

(5) 如果测量平面和测微目镜支架的中心面不重合，其间距在有关计算时，应作相应的修正。

3. 读数显微镜

读数显微镜是用于精确测量长度的专用显微镜，其形式比较多，物理实验室常用的是 JXD-B 型读数显微镜。

1) 主要技术参数

(1) 测量装置规格如表 3-0-1 所示。

表 3-0-1 测量装置规格

物镜		目镜		显微镜放大倍数	工作距离/mm	视场直径/mm
放大倍数	焦距/mm	放大倍数	焦距/mm			
3	36.48	10	25	30	47.48	6.3
8	19.8			80	9.49	2.2

(2) 测量范围如下。

X 方向：50 mm；Z 方向：30 mm。

(3) 最小读数：

X 方向：0.01 mm；Z 方向：0.10 mm。

2) 仪器结构

JXD-B 型读数显微镜的外形结构如图 3-0-11 所示，它将低倍显微镜安装在精密的螺旋测量装置上，转动测微螺旋，显微镜筒能在垂直于光轴的方向上移动，移动的距离可从读数装置上读出。目镜中装有十字分划板，用来对准测量的目标。

3) 调整方法及注意事项

(1) 测量前应先调节目镜，使测量叉丝在视场中清晰可见。把被测物用压片 10 固定在工作台上，使被测物表面与镜管 5 的光轴垂直。用小手柄 13 压住支杆 12，粗调工作距离，使物镜距被测物在 4 cm 内，拧紧大手柄 11 后，再用调焦手轮 17 由近向

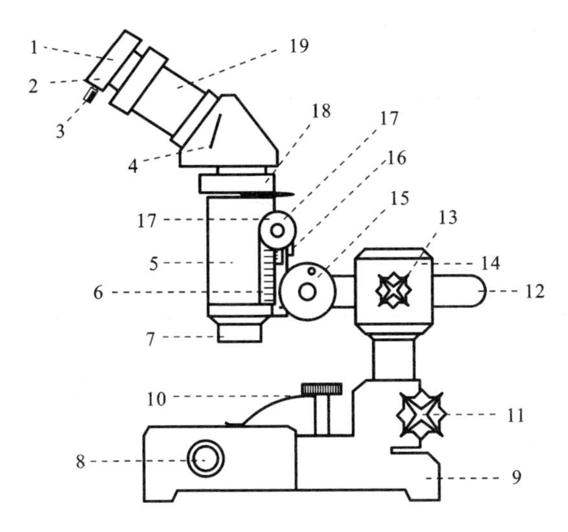

图 3-0-11 JXD-B **型读数显微镜**

1. 目镜;2. 目镜座;3. 锁紧螺钉;4. 棱镜盒;5. 镜管;6. 标尺;7. 物镜;
8. 反光镜小手轮;9. 底座;10. 压片;11. 大手柄;12. 支杆;13. 小手柄;
14. 十字孔支架;15. 读数鼓轮;16. 指标;17. 手轮;18 锁紧手轮;19. 目镜管。

远进行微调,使清晰像与测量叉丝无视差地对准后,方可进行测量。

(2) 测量时,必须使目镜的一根十字叉丝与显微镜的移动方向相垂直。移动显微镜,使这条叉丝逐次和被测物(像)长度的两端点相重合。若显微镜移动方向与该两点的连线方向相一致,且显微镜的光轴也垂直于该连线,那么相对应的两次位置的读数之差,为被测两点之间的距离。否则,将使测得值不等于待测长度的真实值。

(3) 由于显微镜的移动也是靠测微螺旋丝杆的推动,因此读数显微镜和测微目镜一样,也要防止回程误差,为了减少回程误差,要采用单方向移动测量。

(4) 使用完毕后,应将仪器归放在原仪器柜中,以免灰尘进入仪器,各种光学零件切勿随意拆动,以保持仪器的精度。

4. 分光计

分光计是一种常用的光学仪器,在实际中就是一种精密的测角仪。在几何光学实验中,主要用来测定棱镜顶角、光束的偏向角等;而在物理光学中,加上分光元件(棱镜、光栅)可作为分光仪器,用来观察光谱、测量光谱线的波长等。例如,利用光的反射原理测量棱镜的角度;利用光的折射原理测量棱镜的最小偏向角,计算棱镜玻璃的折射率和色散率;可与光栅配合,做光的衍射实验,测量光波波长和角色散率;可与偏振片、波片配合,做光的偏振实验等。

分光计的型号很多,现以应用广泛的 JJY 型为例来说明。

1) 主要技术参数(见表 3-0-2)

表 3-0-2 主要技术参数

型号	自准值望远镜			平行光管		刻度盘			载物台	
	物镜焦距/mm	目镜焦距/mm	放大倍数	物镜焦距/mm	狭缝调节范围/mm	度盘读数范围	游标读数值	最小读数值	旋转角度	升降范围/mm
JJY 型	168	24.3	5×	168	0～2	0°～360°	1′	30″	0°～360°	20

2) 分光计的构造与读数

分光计基本都由平行光管、自准值望远镜、载物台和光学游标盘(读数装置)等组成,其外形结构如图 3-0-12 所示。

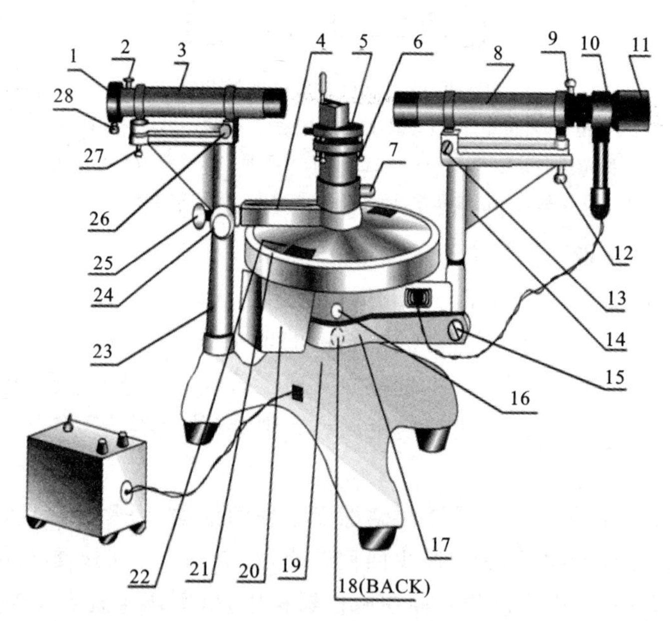

图 3-0-12 JJY-1 **型分光计结构示意图**

望远镜:8. 望远镜;9. 紧固螺钉;10. 分化板;11. 目镜(带调焦手轮);12. 仰角螺钉;13. 望远镜光轴水平螺钉;14. 支臂;15. 转角微调螺钉;17. 制动架;18. 望远镜止动螺钉。

载物台:5. 载物台;6. 载物台调平螺钉(3 只);7. 载物台锁紧螺钉。

圆刻度盘:16. 读数刻度盘止动螺钉;21 读数刻度盘;22. 游标盘;24. 游标盘微调螺钉;25. 游标盘止动螺钉。

平行光管:1. 狭缝;2. 紧固螺钉;3. 平行光管;26. 平行光管光轴水平螺钉;27. 仰角螺钉;28. 狭缝调节。

其他:4. 制动架;19. 底座;20. 转座;23. 立柱。

(1) 底座。

底座中心有一竖轴,为仪器的公共轴(主轴)。

(2) 平等光管。

平等光管的作用是产生一束平行光,它由会聚透镜和宽度可调的狭缝组成,内部结构图如图 3-0-13 所示。当狭缝位于透镜的焦平面时,就能使照射在狭缝上的光通过该透镜后成为平行光射出。

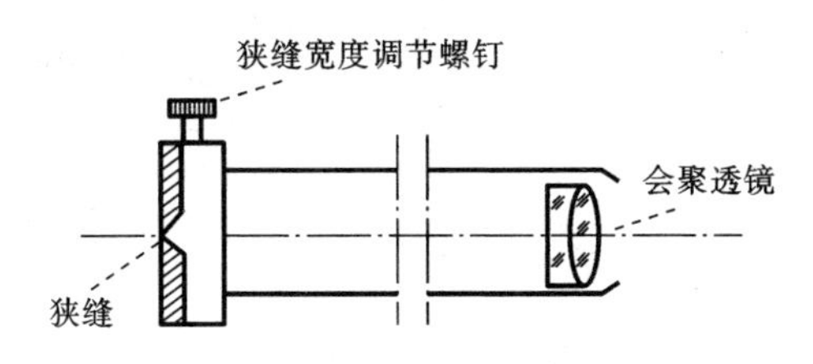

图 3-0-13 平等光管内部结构图

(3) 自准直望远镜(阿贝式)。

自准直望远镜用于观察。它由阿贝式目镜、物镜、分划板及分划板照明系统构成,内部结构如图 3-0-14 所示。分划板照明系统由分划板边缘处的 45°全反射小棱镜(表面镀了薄膜)和照明光源组成。薄膜上刻画出了一个透光的小十字,照明光源便照亮了该小十字。

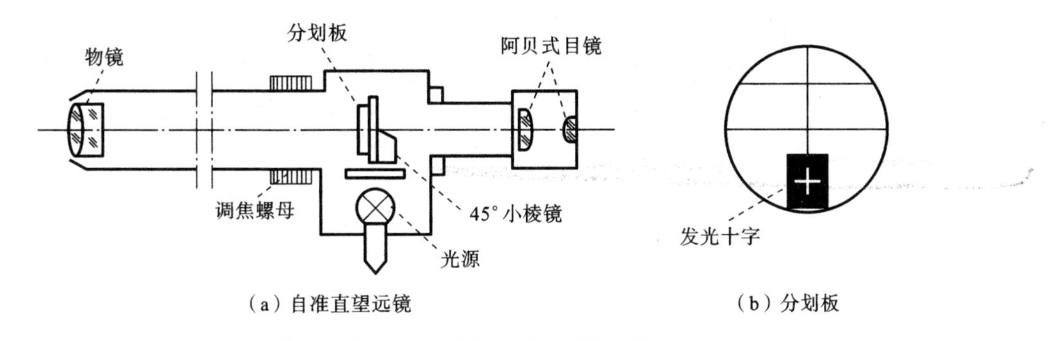

(a) 自准直望远镜 (b) 分划板

图 3-0-14 自准直望远镜内部结构图

(4) 载物台。

载物台用于放置三棱镜、光栅等元件,其外形如图 3-0-15。载物台分为上、下两片圆形铁板(圆板),它们用拉簧连接。上面一块圆板的上部有压住光学零件的压簧片,下部有三个等距设置的螺钉,把上圆板支撑在下圆板上,用于调节上圆板台面(即载物台表面)的倾斜度。载物台可以独立地并跟随游标盘一起绕中心轴转动,还可以沿竖直方向作上升、下降。

(5) 光学游标盘及读数原理。

JJY 型分光计的读数原理是,它也由一个分度盘和沿分度盘边缘对称(间距 180 度)放置的两个游标构成,无照明系统。分度盘上均匀地刻有分划线,共分 360 大格,即每大格为 1 度,每一大格又分成 2 小格,每一小格值为 30 分。游标盘上沿圆弧共

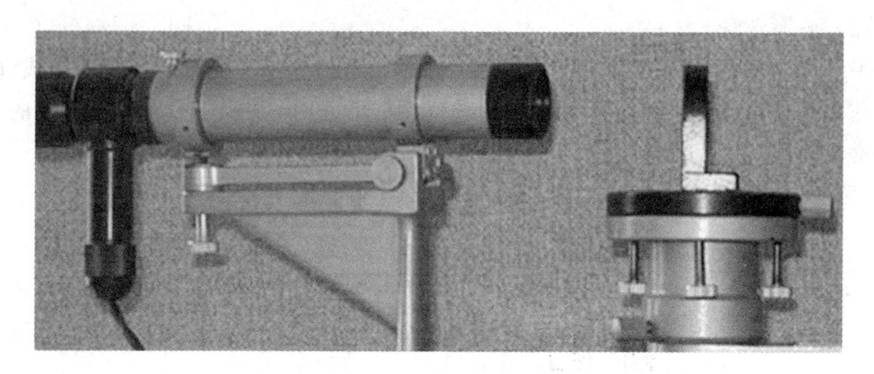

图 3-0-15　载物台

划分为 6 大格,每大格又分成 5 小格,共 30 小格,每一小格值为 29 分,当分度盘和游标盘的刻度线重叠时,每一对准线条格值为 1 分,为 JJY 型分光计游标的分度值(见图 3-0-16)。

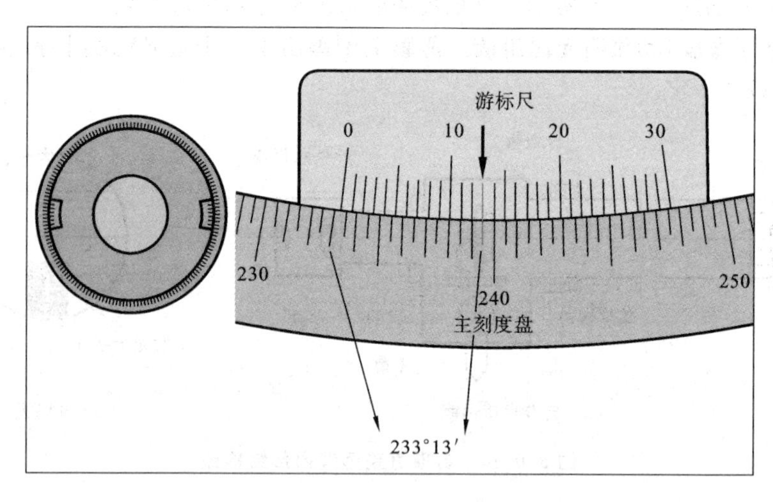

图 3-0-16　光学游标盘

3) 分光计的调整

分光计在用于测量前必须进行严格的调整,否则将会引入很大的系统误差。一架已调整好的分光计应具备下列三个条件:① 望远镜聚集在无限远处;② 望远镜和平行光管的光轴与分光计的主轴相互垂直;③ 平行光管射出的光是平行光。其具体调节步骤如下。

(1) 目测粗调。

目测粗调就是凭调试者的直观感觉进行调整。先松开望远镜和平行光管锁紧螺钉 9 和 2。调节平行光管倾斜度调节螺钉 27 与望远镜倾斜度调节 12,使两者呈水平。再调节载物台倾斜度调节螺钉 6,使载物台呈水平,或者使载物台上层圆盘 5 和下层圆盘之间有 3 mm 左右的等间隔，且两者平行。

(2) 调节望远镜聚集在无限远处(用自准直法)。

① 目镜调节。

调节望远镜调焦螺母 11，使在目镜视场中看清分划板上的双十字准线及下部小棱镜上的"＋"字，如图 3-0-14(b)所示。

按图 3-0-17 所示的位置将三棱镜放在载物台上，三棱镜的三条边对着平台的三个支承螺钉 a_1 和 a_2 和 a_3。将望远镜对准三棱镜的一个光学平面(如 AB 面)，由于望远镜中光源已照亮了目镜中的 45 度棱镜上的"＋"字，所以该"＋"字发出的光从望远镜物镜中射出，到达三棱镜的光学表面时，只要三棱镜的 AB 面与望远镜光轴垂直，则反射后的反射光就会重新回到望远镜中，那么在望远镜的目镜视场中除了看到原来棱镜上的"＋"像外，还能看到经棱镜表面反射回来的"＋"像。若看不到该像，可将望远镜绕主轴左右慢慢旋转并仔细寻找该像；如果仔细搜寻后仍找不到十字像，这表明反射光线根本没进入望远镜，此时需要重新对目测粗调，或沿望远镜筒外壁观察三棱镜表面，在望远镜外寻找反射的十字像，以判断反射光的方位，再调整望远镜倾角(螺钉 12)及平台倾角(螺钉 6)，使反射光线进入望远镜。

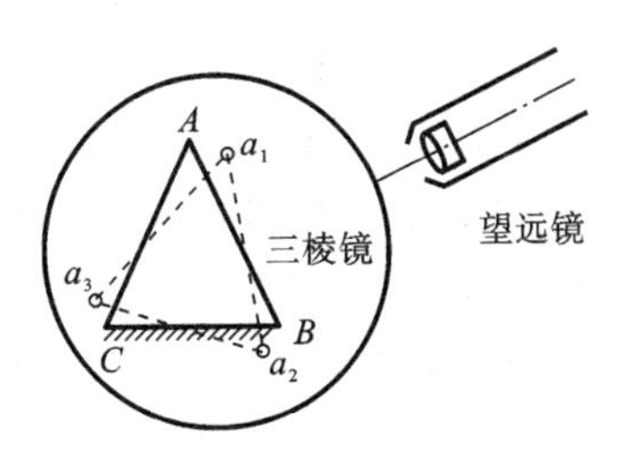

图 3-0-17 目镜调节

转动载物台，使望远镜对准三棱镜的另一光学平面(如 AC 面)，这时也应在目镜视场中看到反射回来的"＋"字，如图 3-0-18 所示，否则再调整望远镜倾角和平台倾角。

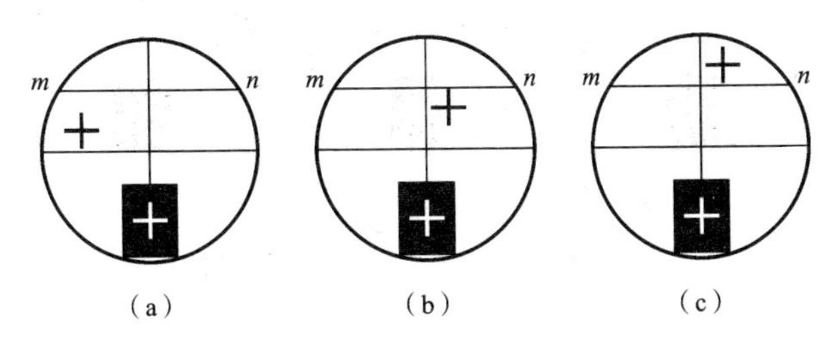

图 3-0-18 目镜视场呈现情况

② 望远镜聚焦在无限远处。

调节物镜，在望远镜中看到"＋"后，调节望远镜调焦螺钉 11，使小十字像清晰且与双十字准线之间无视差，此时望远镜已聚焦在无限远处。

(3) 调整望远镜光轴与分光计主轴垂直。

望远镜光轴与分光计光轴垂直才能够确保分度盘上转过的角度代表望远镜光轴转过的角度。望远镜的光轴与分光计主轴垂直的标志是望远镜旋转平面应与分度盘平面平行、载物台平面与分光计光轴垂直。因此，在调节时要根据在目镜中观察到的现象,同时调节望远镜倾角和载物台平面的倾角,一般采用二分之一逐次逼近法来调整,如图 3-0-19 所示。经过上述的调节,在目镜视场中可以看到三棱镜的两个光学平面反射回来的小"+"字像都在准线 mn 上,但一般开始时该像并不在线 mn 上。例如由三棱镜 AB 面反射回来的十字像一般在 mn 线下方,距 mn 线的距离为 s,现在分别调节望远镜的倾角螺钉 12,使十字像向 mn 线靠拢一半,如图 3-0-19(b)所示,再调节载物平台倾斜度调节螺钉 6(调 AB 所对的螺钉 a_1),使十字像落到 mn 线上,再转动平台,使棱镜的另一个面 AC 对准望远镜。这时,AC 面反射回来的十字像又不在 mn 线上了,而可能距 mn 线的距离为 s',可能在 mn 线上方,也可能在 mn 线下方。再调节望远镜的倾角螺钉 12,使十字像向 mn 线靠拢一半,即它距离 mn 线为 $s'/2$,再调节载物平台的倾斜角螺钉 6(调 AC 面所对的螺钉 a_2),使十字像回到 mn 线上。然后再转动平台,使棱镜 AB 面重新对准望远镜,原来已把 AB 面反射回来的十字像调到 mn 线上,现在可能又偏离 mn 线,因此再调节望远镜的倾斜螺钉 12,使十字像向 mn 线靠拢一半,再调平台倾斜度螺钉 6,使十字像再度与 mn 线重合。然后再让棱镜 AC 面对着望远镜,如果十字像又偏离 mn 线,则再按上述方法调节,使十字像再回到 mn 线,这样把 AB、AC 面轮流对准望远镜,并反复调节,使这两个面反射回来的十字像都在 mn 线上,表明调整完毕。注意,调整完毕后,望远镜与平台的倾斜调节螺钉不可再作任何调整,否则已调整好的垂直状态将被破坏,必须重新调节。上述调整完成后,转动望远镜可以看到小十字像始终在 mn 线上移动,如果转动望远镜,使十字像移到 mn 线中央竖线处,则表明望远镜光轴与棱镜的反射面垂直。

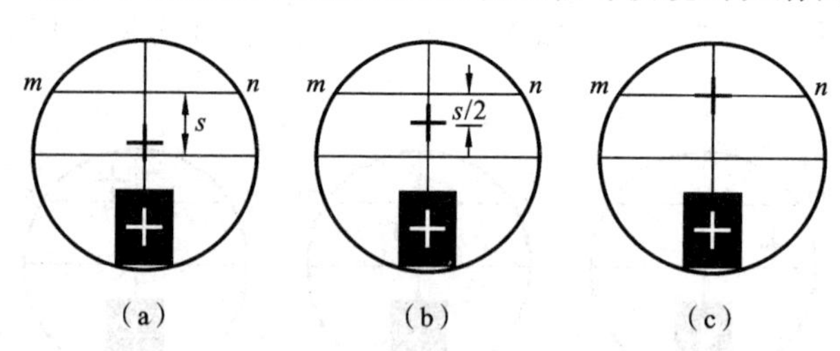

图 3-0-19　二分之一逐次逼近法

(4) 调整平行光管。

① 点亮光源预热。

移去载物台上的三棱镜,将已调好的望远镜对准平行光管,用光源照亮平行光管的狭缝,旋动狭缝调节螺钉 28 使狭缝宽度适中(一般为 0.5～1 mm),调节平行光管的倾斜度螺钉 27 并旋转望远镜使它对准狭缝,在望远镜中看到较窄的像。然后松开螺钉 2,并前后移动狭缝,通过望远镜能清晰地看到狭缝的像且无视差。

② 调整平行光管的光轴与分光计的主轴垂直。

转动平行光管的狭缝,使狭缝呈水平,调节平行光管倾角螺钉 27,使狭缝像与中央水平准线重合,如图 3-0-20(a)所示。转动望远镜狭缝像于中央竖直准线重合,再调节平行光管倾斜度螺钉27,使处于竖直位置的狭缝像被中央水平准线平分如图3-0-20(b)所示。如此反复调几次,使狭缝呈水平时,狭缝的像与中央水平准线重合;狭缝呈竖直时,狭缝的像位于中央竖直准线处,被中央水平准线平分,这样才表明平行光管的光轴与分光仪的主轴垂直。

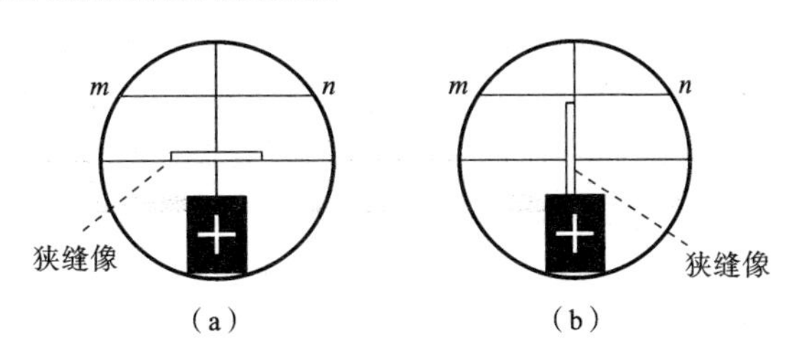

图3-0-20 调整平行光管

完成上述调节后,分光计才算调好。

二、光学实验中常用光源

能够发光的物体统称为光源。实验室中常用的是将电能转换为光能的光源——电光源。常见的有热辐射光源、气体放电光源和激光光源三类。

(一)热辐射光源

常用的热辐射光源是白炽灯。白炽灯有以下几种。

(1)普通灯泡:作白色光源,应按仪器要求和灯泡上指定的电压使用,如光具座、分光仪、读数显微镜等。

(2)汽车灯泡:因其灯丝线度小、亮度高,常用作点光源或扩束光源,亦应按电压值使用。

(3)标准灯泡:常用的有碘钨灯和溴钨灯,是在灯泡内加入碘或溴元素制成。碘或溴原子在灯泡内与经蒸发而沉积在泡壳上的钨化合,生成易挥发的碘化钨或溴化钨,这种卤化物扩散到灯丝附近时,因温度高而分解,分解出来的钨重新沉积在钨丝上,形成卤钨循环。因此,碘钨灯或溴钨灯的寿命比普通灯的长得多,其发光效率高,光色也较好。

(二)气体放电光源

1. 钠灯和汞灯

实验室常用的钠灯和汞灯(又称水银灯)作为单色光源,它们的工作原理都是以金属Na或Hg蒸气在强电场中发生的游离放电现象为基础的弧光放电灯。

在220 V额定电压下,当钠灯灯管壁温度升至260 ℃时,管内钠蒸气压约为0.399 Pa,发出波长为589.0 nm和589.6 nm的两种单色黄光最强,可达85%,而其他几种波长:818.0 nm 和 819.1 nm 等光仅有 15%。所以,一般在应用时应取 589.0 nm 和 589.6 nm 的平均值 589.3 nm 作为钠光灯的波长值。

汞灯可按其气压的高低,分为低压汞灯、高压汞灯和超高压汞灯。低压汞灯最为常用,其电源电压与管端工作电压分别为 220 V 和 20 V,正常点燃时发出青紫色光,其中主要包括七种可见的单色光,它们的波长分别是 612.35 nm(红)、579.07 nm、576.96 nm(黄)、546.07 nm(绿)、491.60 nm(蓝绿)、435.84 nm(蓝紫)和 404.66 nm(紫)。

使用钠灯和汞灯时,灯管必须与一定规格的镇流器(限流器)串联后才能接到电源上去,以稳定工作电流。钠灯和汞灯点燃后一般要预热 3～4 min 才能正常工作,熄灭后也需冷却 3～4 min 后,方可重新开启。

2. 氢放电管(氢灯)

它是一种高压气体放电光源,它的两个玻璃管中间用弯曲的毛细管连通,管内充氢气,在管子两端加上高电压后,氢气放电发出粉红色的光。氢灯工作电流约为 115 mA,启辉电压约为 8000 V,当 200 V 交流电输入调压变压器后,调压变压器输出的可变电压接到氢灯变压器的输入端,再由氢灯变压器输出端向氢灯供电。

在可见光范围内,氢灯发射的原子光谱线主要有三条,其波长分别为 656.28 nm(红)、486.13 nm(青)、434.05 nm(蓝紫)。

(三) 激光光源

激光是 20 世纪 60 年代诞生的新光源,它具有发光强度大、方向新性好、单色性强和相干性好等优点。激光器的发光原理是基于受激发射和光放大,它的种类很多,如氦氖激光器、氦镉激光器、氩离子激光器、二氧化碳激光器、红宝石激光器等。

实验室中常用的激光器是氦氖(He-Ne)激光器,它由激光工作的氦氖混合气体、激励装置和光学谐振腔三部分组成。氦氖激光器发出的光波波长为 632.8 nm,输出功率在几毫瓦到十几毫瓦之间,多数氦氖激光管的管长为 200～300 mm,两端所加高压是由倍压整流或开关电源产生,电压高达 1500～8000 V,操作时应严防触及,以免造成触电事故。由于激光束输出的能量集中,强度较高,使用时应注意切勿用眼睛迎着激光束直接观看。

目前,气体放电灯的供电电源广泛采用电子整流器,这种整流器内部由开关电源电路组成,具有耗电小、使用方便等优点。

光学实验中,常把光束扩大或产生点光源以满足具体的实验要求,图 3-0-21、图 3-0-22所示的是两种扩束的方法,它们分别提供球面光波和平面光波。

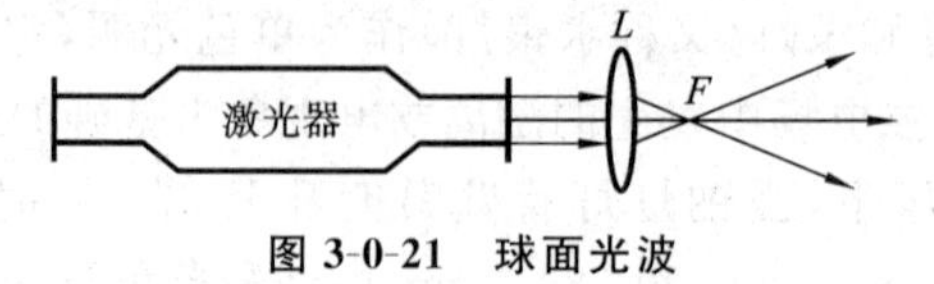

图 3-0-21 球面光波

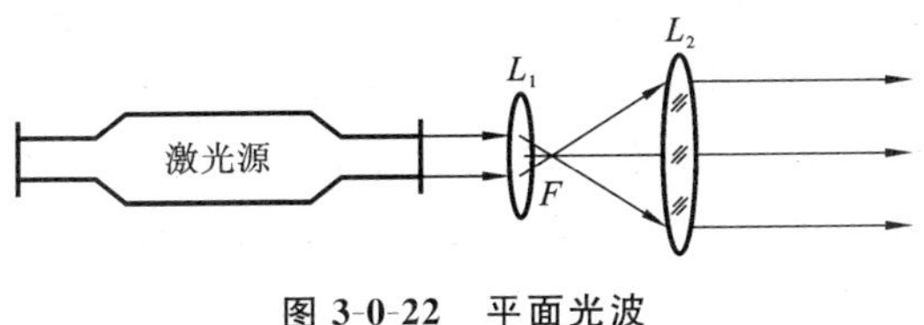

图 3-0-22 平面光波

三、光学仪器的正确使用与维护

一个实验工作者，不但要爱护自己的眼睛，还要十分爱惜实验室的各种仪器。实践经验证明，只有认真注意保养和正确地使用仪器，才能使测量得到符合实际的结果，同时这也是培养良好实验素质的重要方面。由于光学仪器一般比较精密，光学元件表面加工(磨平、抛光)也比较精细，有的还镀有膜层，而且光学元件大多是由透明、易碎的玻璃材料制成，所以在使用时一定要十分小心，不能粗心大意。如果使用和维护不当，很容易造成不必要的损坏。

1. 光学仪器常见损坏现象

1) 破损

发生磕碰，跌落，震动或挤压等情况，均会造成光学元件的破损，以致光学元件的部分或全部无法使用。

2) 磨损

由于用手和其他粗糙的东西擦拭光学元件的表面，致使光学表面(光线经过的表面)留下擦不掉的划痕，会严重影响光学仪器的透光能力和成像质量，甚至无法进行观察和测量。

3) 污损

当拿取光学元件不合规范，手上的油污、汗或其他不洁液体沉淀在元件的表面上时，会使光学仪器表面留下污迹斑痕。对于镀膜的表面，该问题将会更加严重，若不及时进行清除，将会降低光学仪器的透光性能和成像质量。

(1) 发霉生锈。

当仪器保管不善，光学元件长期在空气潮湿，温度变化较大的环境下使用时，因玷污霉菌所致，光学仪器的金属机械部分也会产生锈斑，使光学仪器失去原来的光洁度，影响仪器的精度、寿命和美观。

(2) 腐蚀，脱胶。

光学元件表面因受到酸、碱等化学物品的作用时，会发生腐蚀现象。例如，苯、乙醚等试剂流到光学元件之间或光学元件与金属的胶合部分，就会发生脱胶现象。

2. 使用和维护光学仪器的注意事项

(1) 在使用仪器前必须认真阅读仪器使用说明书，详细了解所使用的光学仪器的结构、工作原理、使用方法和注意事项，切忌盲目动手，抱着试试看的心理。

(2) 使用和搬动光学仪器时,应轻拿轻放,谨慎小心,避免受震、碰撞,更要避免仪器跌落地面。光学元件使用完毕,不应随便乱放,要做到物归原处。

(3) 仪器应放在干燥、空气流通的实验室内,一般要求保持空气相对湿度为60%~70%,室温变化不能太快也不能太大,还不能让含有酸性或碱性的气体侵入。

(4) 保护好光学元件的光学表面,禁止用手直接接触,只能用手接触经过磨砂的"毛面",如透镜的侧边,棱镜的上下底面等。若发现光学表面有灰尘,可用毛笔、镜头纸轻轻擦去,也可用清洁的空气球吹去;如果光学表面有脏物或油污,则应向教师说明,不要私自处理;对于没有镀膜的表面,可在教师的指导下,用干净的脱脂棉花蘸上清洁的溶剂(酒精、乙醚等),仔细地将污渍擦去,不要让溶剂流到元件胶合处,以免造成脱胶;对于镀有膜层的光学元件,则应由指导教师作专门的技术处理。

(5) 对于光学仪器中机械部分应注意添加润滑剂,以保持各转动部分灵活自如,平稳连续,并注意防锈,保持仪器外貌光洁、美观。

(6) 仪器在长期不使用时,应将仪器放入带有干燥剂(硅胶)的木箱内,防止光学元件受潮,发生霉变,并做好定期检查,如发现问题应及时处理。

实验1　薄透镜焦距的测定

【实验目的】

(1) 学会调节光学系统使之共轴。

(2) 掌握测量薄汇聚透镜和发散透镜焦距的方法。

(3) 验证透镜成像公式，了解透镜成像公式的近似性。

【实验仪器】

CXJ-1型光具座、底座及支架、薄凸透镜、薄凹透镜、平面镜、物屏(可调狭缝组、有透光箭头的铁皮屏或一字针组)、像屏(白色，有散射光的作用)。

【实验原理】

1. 共轭法测量凸透镜焦距

利用凸透镜物、像共轭对称成像的性质测量凸透镜焦距的方法，叫共轭法。所谓"物象共轭对称"是指物与像的位置可以互移，如图3-1-1(a)所示。图3-1-1(a)中处于物点s_0的物体Q经凸透镜L在像点p处成像P，这时物距为u，像距为v。若把物点s_0移到图3-1-1(a)中p点处，那么该物体经同一凸透镜L成像在原来的物点，即像点p将移到图3-1-1(a)中的s_0点处。于是，图3-1-1(b)中的物距u'和像距v'分别是图3-1-1(a)中的像距v和物距u，即物距$u'=v$，像距$v'=u$。这就是"物像共轭对称"，并设$u+v=u'+v'=D$(物屏Q和像屏P之间的距离为D)。

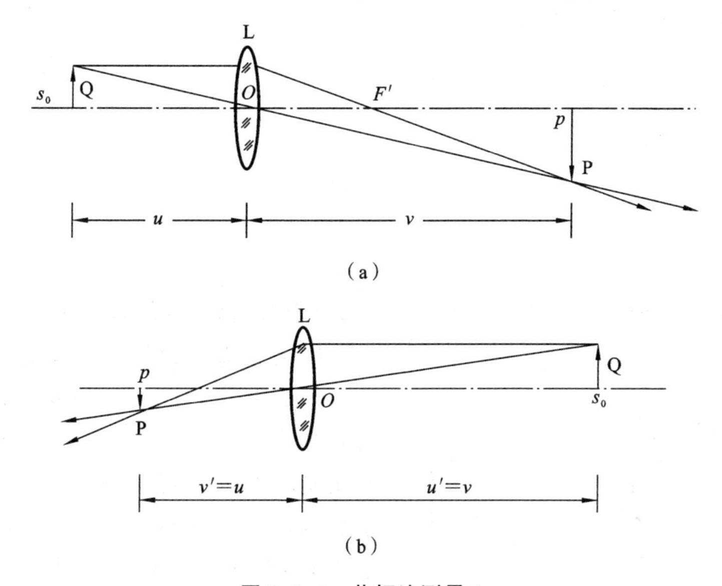

图3-1-1　共轭法测量1

根据上面的共轭法，如果物与像的位置不调换，那么物放在s_0处，凸透镜L放在

X_1 处,所成一倒立放大实像在 p 处;将物不动,凸透镜放在 X_2 处,所成倒立缩小的实像也在 p 处,如图 3-1-2 所示。

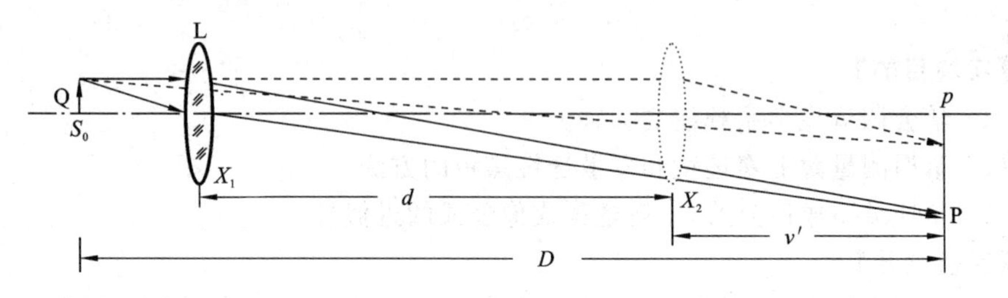

图 3-1-2 共轭法测量 2

由图可知,$u'-u=d$ 或 $v-u=d$。于是可得方程组:

$$\begin{cases} D=u+v, \\ d=v-u, \\ \dfrac{1}{u}+\dfrac{1}{v}=\dfrac{1}{f'} \end{cases}$$

解方程组得

$$v=\frac{D+d}{2}, \quad u=\frac{D-d}{2}, \quad f'=\frac{D^2-d^2}{4D} \tag{3-1-1}$$

该式是共轭法测量凸透镜焦距的公式。由于 f' 是通过移动透镜两次成像而求得的,所以这种方法又称为二次成像法。

另外,从上述方程组中消去 u,得

$$\frac{1}{D-v}+\frac{1}{v}=\frac{1}{f}, \quad v^2-Dv+Df=0, \quad v=\frac{D\pm\sqrt{D^2-4f'D}}{2}$$

当 v 有实根时,则必须有

$$D^2-4fD\geqslant 0$$

即

$$D\geqslant 4f' \tag{3-1-2}$$

故物屏与像屏之间的距离大于或等于四倍的焦距时,物才能通过凸透镜二次成像。

2. 自准直法测量凸透镜焦距

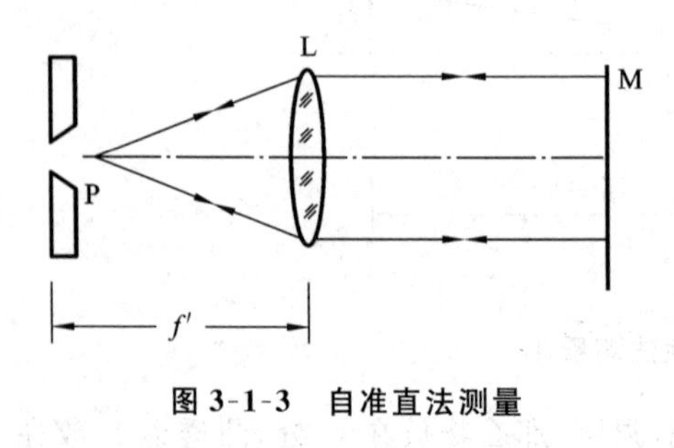

图 3-1-3 自准直法测量

如图 3-1-3 所示,当以狭缝光源 P 作为物放在透镜 L 的第一焦平面上时,由 P 发出的光经透镜 L 后将形成平行光。如果在透镜后面放一个与透镜光轴垂直的平面反射镜 M,则平行光经 M 反射,将沿着原来的路线反方向进行,并成像在狭缝平面上。狭缝 P 与透镜 L 之间的距离,就是透镜的第二焦

距 f'。这个方法是利用调节实验装置本身，使之产生平行光以达到调焦的目的，所以称为自准直法。

3. 物距与像距法测量凹透镜焦距

由于凹透镜对实物成虚像，所以难以直接测量凹透镜的物距和像距。我们只能借助与凸透镜成一个倒立的实像作为凹透镜的虚物，虚物的位置可以测出。由于凹透镜能对虚物成实像，则实像的位置可以测出。于是，就可以用高斯公式求出凹透镜的焦距 f，如图 3-1-4 所示。

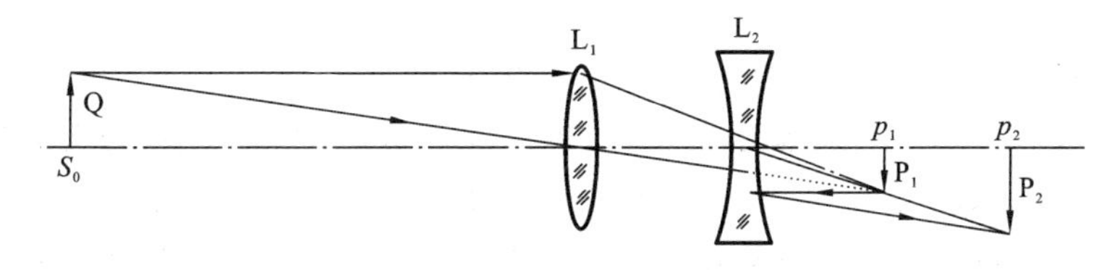

图 3-1-4 物距与像距法测量

【实验内容】

1. 共轭法测量凸透镜焦距

(1) 粗调，将光具座上的光具靠拢，调节其高低左右，使光心、中心大致在同一高度和一直线上。

(2) 细节，用共轭原理进行调整，使物屏与像屏之间的距离 $D \geqslant 4f$，将凸透镜从物屏向像屏缓慢移动，若所成的大像与小像的中心重合，则等高共轴已调节好；若大像中心在小像中心的下方，说明凸透镜位置偏低，应将位置调高；反之，则将透镜调低；左右亦然。详见光学实验基础知识。

(3) 读出物屏所在位置 s_0，像屏所在位置 p，填入自拟的表格中，并求出$D=|p-s_0|$。

(4) 移动凸透镜，使像屏上呈现清晰的放大的倒立实像，记下此时的位置 X_1，继续移动凸透镜，使像屏上呈现清晰的缩小的倒立实像，记下此时的位置 X_2，并求出$d=|X_2-X_1|$。

重复上述步骤五次，共得五组数据，用(3-1-1)式计算出每组的 f'值，并求出 f'的平均值。

2. 自准直法测量凸透镜焦距

(1) 如图 3-1-3 所示，在光具座上放置狭缝光源 P、平面镜 M，并使它们之间的距离比所测凸透镜的焦距大。在物屏 P 和平面镜 M 之间放上被测量的凸透镜 L。

(2) 适当调节光路，使物屏 P 发出的光通过透镜 L 后，由平面镜 M 再反射回去，并再次通过透镜射向物屏 P。

(3) 在光具座上，前后移动凸透镜，使物屏上产生倒立、等大、清晰的实像，当共轴较好时，物与像完全重合，用纸片遮住平面镜，清晰的像应该消失。记下凸透镜在导轨上的位置 l。

重复步骤(3)五次，记录物 P 及透镜 L 所在的位置，并计算出 f' 的平均值。

3. 用物距与像距法测量凹透镜焦距

(1) 按图 3-1-4 将物屏固定在 S_0 处，并在其后的导轨上放置一凸透镜 L_1，使像屏上成一倒立缩小的实像。记下像屏 P 位置 p_1(s_0 通过凸透镜也可成一个倒立放大的实像，且所成的缩小实像亮度、清晰度高，易准确定位；另外，由于光具座尺寸的限制，所以在实验中只能成缩小的实像)。

(2) 移动像屏的位置，重复步骤(1)五次，将测量六次所得的 p_1 位置填入自拟的表格中。

(3) 在凸透镜 L_1 与像屏 P 之间放上凹透镜 L_2，L_2 的位置应靠近 p_1 一些，此时 P 上倒立缩小的实像可能模糊不清，可将像屏向后移动，直至在 p_2 处又出现清晰的像。重复找出 p_2、L_2 的位置六次，填入自拟的表中。

(4) 利用高斯成像公式计算出凹透镜的焦距(高斯成像公式具体用到这里 u、f 均为负值，若 $|u|$ 大，则 v 也大；$u=f$，$v=\infty$)。

【思考题】

(1) 为什么要调节光学系统共轴？调节共轴有哪些要求？应该怎样调节？

(2) 为什么实验中常用白屏作为成像的光屏？可否用黑屏、透明平玻璃或毛玻璃？为什么？

(3) 为什么实物经会聚透镜两次成像时，必须使物体与像屏之间的距离 D 大于透镜焦距的 4 倍？实验中如果 D 选择不当，对 f' 的测量有何影响？

(4) 在薄透镜成像的高斯成像公式中，u、v、f 在具体应用时其正、负号应如何规定？

【附】

1. 有关“薄透镜”的部分术语

(1) 薄透镜：若透镜的厚度与其球面的曲率半径相比，小得可以忽略不计，则称为薄透镜。

(2) 主光轴：连接透镜两球面曲率中心的直线，称为透镜的主光轴。

(3) 光心：透镜主截面上的中心点，通过该点的光线不改变原来的方向，称这点为光心。

(4) 副光轴：通过光心的任一直线称为薄透镜的副光轴。

(5) 主截面：通过光心且垂直于主光轴的平面称为透镜的主截面。

(6) 物空间：入射光束在其中进行的空间称为物空间。

(7) 像空间：折射光束在其中进行的空间称为像空间。

(8) 像方焦点 F'(第二焦点)：平行于光轴的光束，经透透折射后，会聚在主光轴上的一点称像方焦点。

(9) 像方焦距 f'(第二焦距)：从透镜的光心 O 到像方焦点 F' 的距离称为薄透镜

的像方焦距 f'。

(10) 物方焦点(第一焦点):主光轴上发光点发出的光经薄透镜折射后成为一束平行光,该点称为物方焦点 F。

(11) 物方焦距 f(第一焦距):从透镜光心 O 到物方焦点 F 的距离称为薄透镜的物方焦距 f。

(12) 副焦点:平行于任一副光轴的平行光,通过透镜后会聚在副光轴上的一点,该点称为副焦点。

(13) 焦平面:由许许多多副焦点的集合构成的平面;或定义为,过焦点且垂直于主光轴的平面,称为焦平面。

(14) 实像:自物点发出的光线经透镜折射后,实际会聚在一点的像。

(15) 虚像:自物点发出的光线经透镜折射后,光线发散,而其光线的反向延长线汇聚在一点的像。

(16) 实物:发散的入射光束的顶点,称为实物。

(17) 虚物:会聚的入射光束的顶点,称为虚物。

(18) 光具组共轴:光源、像屏、透镜等各种光具,具有共同的主轴或它们的中心在主光轴上称为共轴。

2. 薄透镜成像公式

薄透镜成像公式有两种形式:一种叫高斯成像公式,其形式是 $\frac{1}{u}+\frac{1}{v}=\frac{1}{f}$,这个公式只适用于近轴光线的近似关系,以数学家高斯(KarlF. Gauss)的名字命名,静电学中的高斯定律也是这位科学家发现的;另一种叫牛顿公式,见本章实验5中所述。

实验2　光强分布的测定

【实验目的】

(1) 观察单缝衍射现象,加深对衍射理论的理解。

(2) 会用光电元件测量单缝衍射的相对光强分布,掌握其分布规律。

(3) 学会用衍射法测量微小量。

【实验仪器】

激光器、单缝、硅光电池、读数显微镜、光点检流计和米尺。

【实验原理】

1. 单缝衍射的光强分布及单缝宽度的测量

当光在传播过程中经过障碍物,如不透明物体的边缘、小孔、细线、狭缝等时,一部分光会传播到几何阴影中去,产生衍射现象。如果障碍物的尺寸与波长相近,那么这样的衍射现象就比较容易观察到。

单缝衍射有两种:一种是菲涅耳衍射,单缝距光源和接收屏均为有限远,即入射波和衍射波都是球面波;另一种是夫琅禾费衍射,单缝距光源和接收屏均为无限远或者相当于无限远,即入射波和衍射波都可看作是平面波。

用散射角极小的激光器产生激光束,通过一条很细的狭缝(0.1～0.3 mm 宽),在狭缝后大于 1.5 m 的地方放上观察屏,就可看到衍射条纹,它实际上就是夫琅禾费衍射条纹,如图 3-2-1 所示。当在观察屏处放上硅光电池和读数显微镜装置,与光电检流计相连的硅光电池可在垂直于衍射条纹的方向移动,那么光电检流计所显示出来的硅光电池的大小就与落在硅光电池上的光强成正比。实验装置如图 3-2-2 所示。

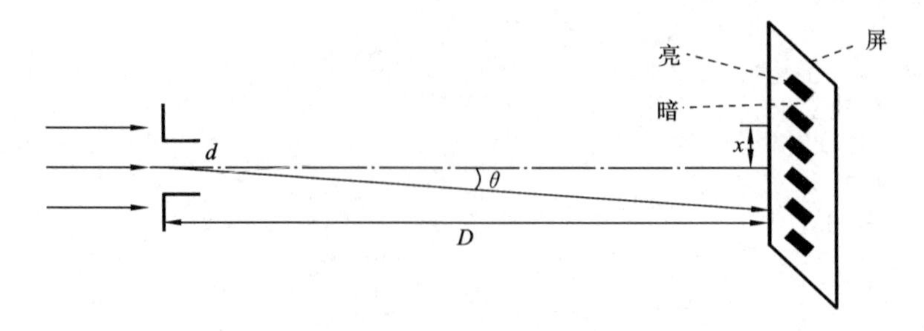

图 3-2-1　夫琅禾费衍射

当激光照射在单缝上时,根据惠更斯-菲涅耳原理,单缝上每一点都可看成是向各个方向发射球面子波的新波源。由于子波叠加的结果,在屏上可以得到一组平行于单缝的明暗相间的条纹。

由理论计算可得,垂直入射于单缝平面的平行光经单缝衍射后光强分布的规

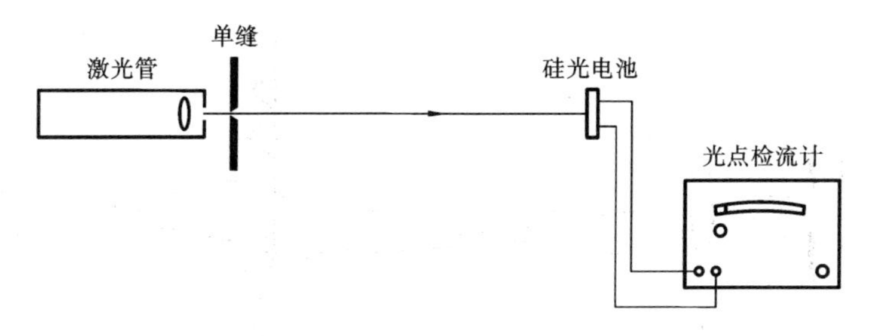

图 3-2-2 实验装置

律为

$$I=I_0 \cdot \frac{\sin^2\theta}{\theta^2}$$

$$\theta=Bx$$

$$B=\frac{\pi d}{\lambda D} \qquad (3\text{-}2\text{-}1)$$

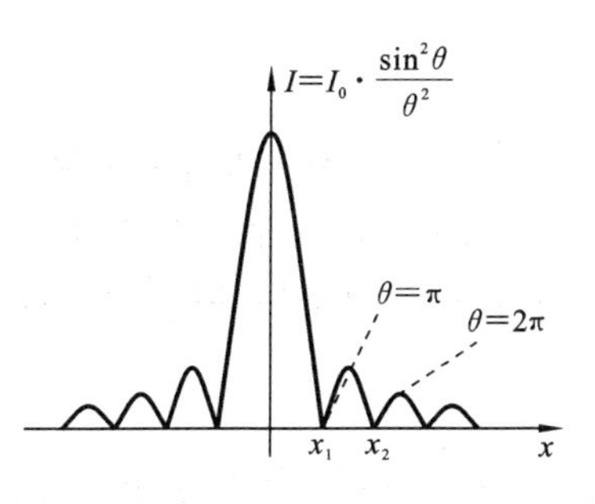

图 3-2-3 光强分布

式中:d 是狭缝宽;λ 是波长;D 是单缝位置到光电池位置的距离;x 是从衍射条纹的中心位置到测量点之间的距离,其光强分布如图 3-2-3 所示。

当 θ 相同,即 x 相同时,光强相同,所以在屏上得到的光强相同的图样是平行于狭缝的条纹。当 $\theta=0$ 时,$x=0$,$I=I_0$,在整个衍射图样中,此处光强最强,称为中央主极大;当 $\theta=K\pi(K=\pm1,\pm2,\cdots)$,即 $\theta=K\lambda D/d$ 时,$I=I_0$,在这些地方为暗条纹。暗条纹是以光轴为对称轴,呈等间隔、左右对称的分布。中央亮条纹的宽度 Δx 可用 $K=\pm1$ 的两条暗条纹间的间距确定,即 $\Delta x=2\lambda D/d$;某一级暗条纹的位置与缝宽 d 成反比,d 大,x 小,各级衍射条纹向中央收缩,当 d 宽到一定程度,衍射现象便不再明显,只能看到中央位置有一条亮线,这时可以认为光线是沿直线传播的。于是,单缝的宽度为

$$d=\frac{K\lambda D}{x} \qquad (3\text{-}2\text{-}2)$$

因此,如果测到了第 K 级暗条纹的位置 x,用光的衍射就可以测量细缝的宽度。

光的衍射现象是光的波动性的一种表现,研究光的衍射现象不仅有助于加深对光本质的理解,而且能为进一步学好近代光学技术打下基础。衍射使光强在空间重新分布,利用光电元件测量光强的相对变化,是测量光强的方法之一,也是光学精密测量的常用方法。根据互补原理,光束照射在细丝上时,其衍射效应和狭缝一样,在接收屏上得到同样的明暗相间的衍射条纹。因此,利用上述原理也可以测量细丝直径及其动态变化。

2. 小孔的夫琅禾费衍射及小孔的直径测量

夫琅禾费衍射不仅表现在单缝衍射中,也表现在小孔的衍射中,如图 3-2-4 所

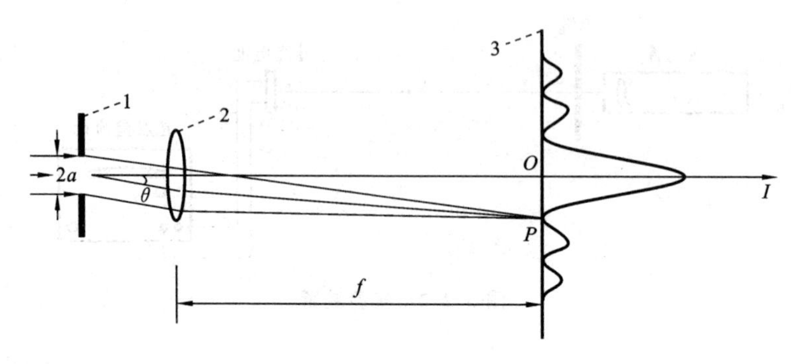

图 3-2-4　小孔衍射

示。平行的激光束垂直地入射于圆孔光阑 1 上，衍射光束被透镜 2 会聚在它的角平面 3 上，若在此焦平面上放置一接收屏，将呈现出衍射条纹。衍射条纹为同心圆，它集中了 84%以上的光能量，P 点的光强分布为

$$I=I_0\left[\frac{2J_1(x)}{x}\right]^2 \tag{3-2-3}$$

式中：$J_1(x)$为一阶贝塞尔函数，它可以展开成 x 的级数，即

$$J_1(x)=\sum_{k=0}^{\infty}\frac{(-1)^k}{k!(k+1)!}\cdot\left(\frac{x}{2}\right)^{2k+1} \tag{3-2-4}$$

其中，x 可以用衍射角 θ 及小孔半径 a 表示，即

$$x=\frac{2\pi a}{\lambda}\sin\theta \tag{3-2-5}$$

式中：λ 是激光波长(He-Ne 激光器 $\lambda=623.8$ nm)。衍射图样的光强极小点就是一阶贝塞尔函数的零点，它们是 $x_0=3.832,7.0162,0.174,13.32,\cdots$；衍射条纹的光强极大点对应的是 $x=5.136,8.460,11.620,13.32,\cdots$。中央光斑(第一暗环)的直径为 D，P 点的位置由衍射角 θ 来确定，若屏上 P 点离中心 O 的距离为 $r(r\approx f\sin\theta)$，则中央光斑的直径 D 为

$$D=2f\sin\theta=2f\cdot\frac{x_{01}\lambda}{2\pi a}=\frac{x_{01}}{\pi}\cdot\frac{\lambda f}{a}=1.22\cdot\frac{\lambda f}{a} \tag{3-2-6}$$

其中，$x_{01}=3.832$ 是一阶贝塞尔函数的第一个零点。同理，可推算出第 n 个暗环直径 D_n 为

$$D_n=\frac{x_{0n}}{\pi}\cdot\frac{\lambda f}{a}$$

$$a=\frac{x_{0n}}{\pi}\cdot\frac{\lambda f}{D_n} \tag{3-2-7}$$

其中，x_{0n}是一阶贝塞尔函数第 n 个零点，($n=1,2,3,\cdots$)。由(3-2-6)式可知，只要测得中央光斑的直径 D，便可求得小孔半径 a。

3. 细丝直径的测量

由巴比涅定理可知,直径为 d 的细丝产生的衍射图样与宽度为 d 的狭缝产生的衍射图样相同。如图 3-2-5 所示,产生暗条纹的条件是

$$d\sin\theta=k\lambda \quad (k=1,2,3,\cdots) \tag{3-2-8}$$

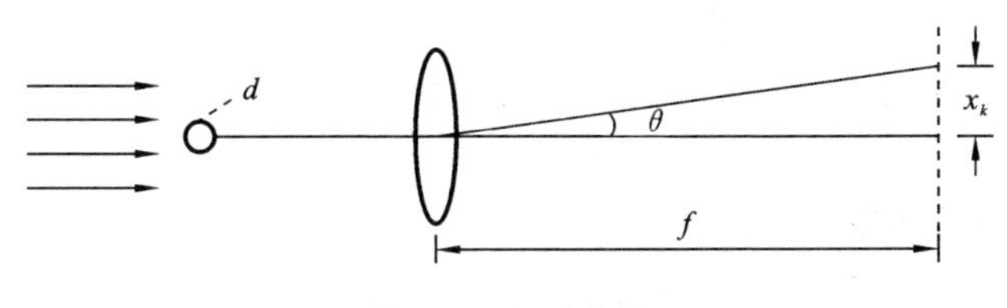

图 3-2-5 暗条纹

由于

$$\sin\theta=\frac{x_k}{\sqrt{x_k^2+f^2}}$$

所以

$$d=\frac{k_\lambda}{x_k}\sqrt{x_k^2+f^2} \tag{3-2-9}$$

式中:$k=1,2,3,\cdots$,可以看出,只需测出第 k 个暗条纹的位置 x_k,就可以计算出细丝的直径 d。

【实验内容】

1. 单缝衍射的光强分布及单缝宽度的测量

(1) 开启激光电源,预热。

(2) 将单缝靠近激光器的激光管管口,并照亮狭缝。

(3) 在硅光电池处,先用纸屏进行观察,调节单缝倾斜度及左右位置,使衍射花样水平,且两边对称。然后改变缝宽,观察花样变化规律。

(4) 移开纸屏,在纸屏处放上硅光电池盒及移动装置。遮住激光出射处,把光电检流计调到"—60 格"处作为零点基准。在测量过程中,检流计的衰减倍率要根据光强的大小换挡。换挡后的零点基准要重调,且仍遮住激光出射处,把光标调到"—60 格",倍率换挡应在暗处进行。

(5) 检流计倍率放在 0.01 挡,转动读数鼓轮,把硅光电池盒狭缝位置移到鼓轮中间位置 25 mm 处,调节电池盒左右、高低和倾斜度,使衍射花样中央最大两旁相同级次的光强以同样高度射入电池盒狭缝。

(6) 调节单缝宽度,衍射微花样对称的第四个暗点位置处在读数显微镜的读数两边缘。

(7) 从略小于中央极大处开始,每经过 0.5 mm,测一点光强,一直测到另一侧的第三个暗点。

(8) 测量单缝到光电池之间的距离 D。

2. 数据记录及处理

(1) 以中央最大光强处为 x 轴坐标原点，把测得的数据归一化处理。即把在不同位置上测得的检流计光标偏转数除以中央最大的光标偏转数，然后在毫米方格(坐标)纸上做出 I/I_0-x 光强分布曲线。

(2) 根据三条暗条纹的位置，用(3-2-2)式分别计算出单缝的宽度 d，然后求其平均值。

3. 小孔直径的测量

(1) 按实验 1 中的步骤安装、调试仪器。

(2) 用读数显微镜测出中央光斑的直径 D_0，由(3-2-6)式求出小孔半径 a。

(3) 取 $n=1,2,3,\cdots$，测出第 1，2，3，…个暗环的直径 $D_1,D_2,D_3,\cdots$，由(3-2-7)式分别计算出圆孔半径 a，并求出 $\bar{a}$ 值。

4. 细丝直径的测量

(1) 可参照实验 1 中的步骤调整仪器。

(2) 用读数显微镜测出第 1、2、3、4、5、6 级暗条纹的位置 x_1、x_2、x_3、x_4、x_5、x_6，由(3-2-9)式分别计算出细丝直径 d_1、d_2、d_3、d_4、d_5、d_6，并求出细丝直径 d 的平均值。

【思考题】

(1) 什么叫光的衍射现象？

(2) 夫琅禾费衍射应符合什么条件？

(3) 单缝衍射光强是怎么分布的？

(4) 如果激光器输出的单色光照射在一根头发丝上，将会产生怎样的衍射花样？可用本实验的哪种方法测量头发丝的直径？

(5) 本实验中采用了激光衍射测径法测量细丝直径，它与普通物理实验中的其他测量细丝直径方法相比有何优点？试举例说明。

实验3 单色仪的定标

【实验目的】

(1) 了解棱镜单色仪的分光原理、仪器结构和使用方法。

(2) 学会用汞光谱对单色仪的读数系统进行定标。

(3) 会做定标曲线。

【实验仪器】

单色仪、测微目镜(或读数显微镜)、汞灯、短焦距凸透镜及支架。

【实验原理】

1. 单色仪的分光原理

单色仪是用棱镜作为色散元件的光谱仪器,它通常由三部分组成,如图 3-3-1 所示。

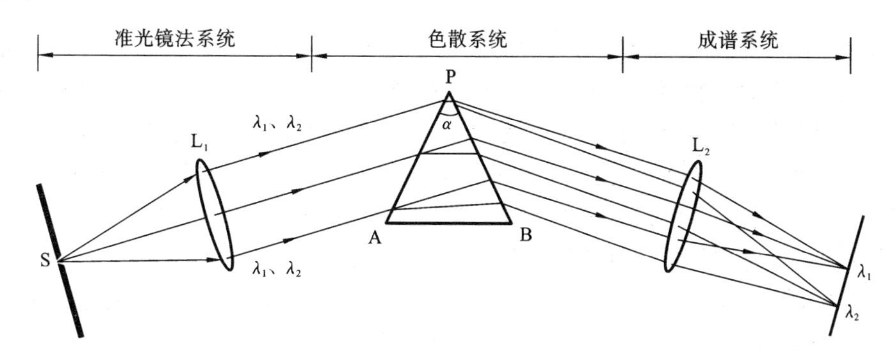

图 3-3-1 单色仪

(1) 准光镜系统:由准直光物镜 L_1 和放在 L_1 焦平面上的狭缝 S 组成。这个系统能够将来自光源 S 的复色光变成平行光。

(2) 色散系统:由棱镜 P 将来自于准光镜系统的平行光均匀而广泛地照射在棱镜 P 的折射面 A 上,经棱镜的 A 、B 两个折射面的折射,分解成沿不同方向传播的单色光。

(3) 成谱系统:由物镜 L_2 和在其焦平面上的像屏(或谱面)组成。物镜 L_2 将沿不同方向的平行光会聚于焦平面上,从而获得一幅彩色光谱线图。其中,每一根谱线实质上是狭缝的一个像(注意:凸透镜的焦距与入射光的波长有关,所以光谱像并不是呈现在垂直于透镜主光轴的焦平面上,而是略有倾斜的平面)。

成谱系统采用的形式不同,光谱仪的名称也各不相同。成谱系统若用的是望远镜(观察光谱用),则叫作"棱镜分光计";若用照相物镜和感光板进行摄谱,则叫作"棱镜摄谱仪";若在成谱物镜 L_2 的焦平面上放置一条狭缝(用以分离各条谱线),则叫作"单色仪",因为从该狭缝中射出的光是单色光。

2. 单色仪(WDF型)的设计思路和实际光路图

为了使谱线像差小、成像清晰、集光本领强、体积小等技术指标更趋完善和使用方便，人们在实际制造单色仪时，对某些具体结构做了重要改进。

(1) 将准光镜系统中的凸透镜 L_1 和成谱物镜 L_2 改用两块凹柱面反射镜 M_1、M_2 来代替。因为薄凸透镜两面的曲率半径均为 r，其焦距为

$$f=\frac{r}{2(n-1)} \tag{3-3-1}$$

式中：n 为透镜材料的折射率，它随着光波的波长不同而不同，波长 λ 越长，折射率 n 就越小，焦距 f 就越大，反之亦然。所以由三棱镜分解出来各种不同波长的光波通过凸透镜折射后所成的像不是在此透镜的单一焦平面上，而是在与主光轴有倾斜的准焦平面上。

凹面反射镜的焦距为

$$f=\frac{r}{2} \tag{3-3-2}$$

式中：r 为凹面镜的曲率半径，与入射的波长 λ 无关。从(3-3-1)式和(3-3-2)式可以看出，用凹面反射镜代替凸透镜，使狭缝 S 射进来的复色光变成平行光的平行性最好，且凹面镜对各种不同波长的平行光聚于焦平面上的像，不会有前后之分。

(2) 复色光中以“最小偏向角”经过棱镜色散的单色光才能通过狭缝 S_2。“偏向角”是指某一单色光入射到棱镜的方向与射出棱镜方向之间的夹角。当入射方向为某一特定方向，则“偏向角”有一最小值，称为“最小偏向角”。最小偏向角及图示在本章实验 4 中讨论，请参考。当棱镜 P 绕其主截面底边的中心轴转动时，复色光中只有以最小偏向角通过棱镜的单色光才能通过出射狭缝 S_2。最小偏向角的改变与棱镜绕中心轴转动的角度一一对应，角度改变的情况与装在棱镜转轴下的刻度鼓轮相连接(鼓轮借用了螺旋测微计原理制成)。这便是本实验用鼓轮刻度为各种不同波长定标的依据。

(3) 单色仪(WDF型)的实际光路图如图 3-3-2 所示，S_1 为入射狭缝，被放在柱面凹面镜 M_1 的焦平面上，由 S_1 进入的复色光经 M_1 反射后成为平行光，平行光射到平面镜 M_2 上改变了方向，以适当的角度投射到棱镜 P 的一个折射面上，其中有一组以最小偏向角 $\delta_{\min}(\lambda_i)$ 的单色平行光(波长为 λ_i)通过棱镜投射到柱面凹面镜 M_3 上，并由其聚焦到出射狭缝 S_2 处，就得到了一束波长为 λ_i 的单色光。

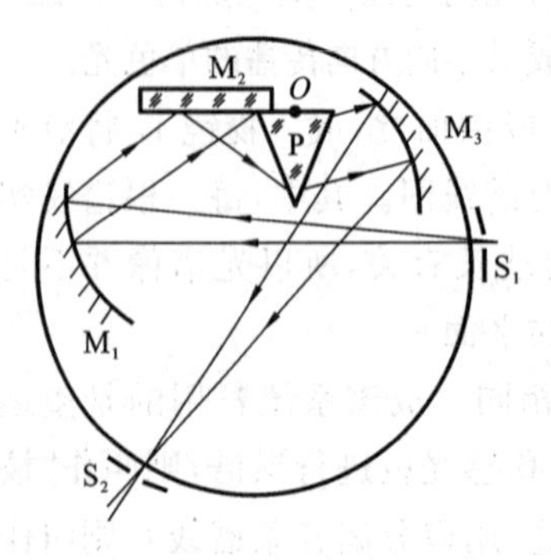

图 3-3-2　单色仪的实际光路图

3. 单色仪的结构与外形

单色仪的全部元件安装在一个钢制的圆筒内或

其侧面上，上面用钢盖盖好，以免空气中的水蒸气侵入和灰尘落入。其中入射狭缝 S_1 和出射狭缝 S_2 装在钢筒的外侧，狭缝的宽度由它上面的螺旋调节，螺旋顺时针旋转时狭缝变宽，逆时针旋转时狭缝变窄。狭缝刀口已经闭合时，若再用力旋转，刀口受过大的压力会损坏，调节狭缝时务必注意。

平面镜 M_2 的表面与棱镜 P 的底面平行，且都装在同一个基座上，此基座以棱镜底边的中心 O 为转轴，转轴与钢筒底座下的读数鼓轮相连接。因读数鼓轮在钢筒底座下，读数不方便，所以在鼓轮旁装一凹面镜 M_3，读数鼓轮在凹面镜上映出清晰的像，就可通过该凹面镜看到鼓轮上的读数。

柱凹面镜装在钢筒的内壁，且和平面镜表面都蒸镀金属膜，其反射系数极高。

4. 单色仪的定标原理

单色仪出厂时，一般都附有曲线的数据或图表供参阅，但经过长期的使用或重新装调后，其数据会发生改变，就需要重新定标，对原数据进行修正。

单色仪的定标曲线是借助于波长已知的线光谱光源来完成。为了获得较多的点，必须有一组光源，常用汞灯、氢灯、钠灯、氖灯以及弧光灯。本实验用汞灯的已知光谱(可见光区域为 400～760 nm)对单色仪的读数鼓轮进行定标，具体方法是，当单色仪鼓轮转动时，带动三棱镜转动，对应于单色仪出射狭缝 S_2 上有不同波长的谱线出现。例如，光谱线的波长是已知的，分别为 $\lambda_1,\lambda_2,\cdots,\lambda_n$，对应于鼓轮上的读数分别为 $L_1,L_2,\cdots,L_n$，定标完成。定了标的单色仪对于未知波长的光谱，可由鼓轮上的读数值在定标曲线上查出单色光波的波长。

【实验内容】

1. 入射光源的调节

将汞灯、凸透镜、WDF 单色仪，按如图 3-3-3 所示的顺序排列，使单色仪的狭缝 S_1 对准凸透镜和汞灯所发出的光线。适当调节透镜和汞灯的位置，使汞灯发出的光成像在入射狭缝 S_1 上。

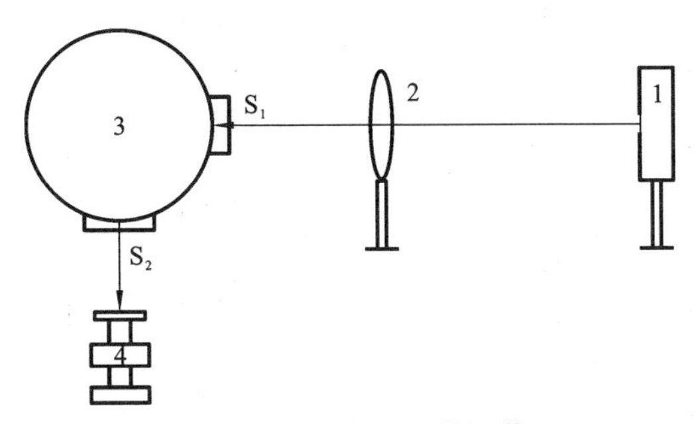

图 3-3-3 入射光源的调节

1. 汞灯；2. 短焦距凸透镜；3. 单色仪；4. 测微目镜。

2. 观测装置的调整

在出射狭缝 S_2 前放一测微目镜或读数显微镜，调节测微目镜直至看清叉丝。然后调节其物镜,看清出射狭缝 S_2 和狭缝中的光谱线。若谱线较粗,可调节入射狭缝 S_1 上端的调节螺旋,使狭缝宽度减小,边调边看,直到谱线清晰又明亮。实验中必须要调节到能分清汞灯光谱中的双黄线。

3. 辨认汞灯谱线

汞灯光源在可见光波段有几十条谱线,最易观察到的约有 23 条。对初次接触单色仪的读者,可能会感到对其所分解出的光谱有如下一些困难。① 某些谱线看起来若隐若现。这时,只有定下心来,耐心观察,才能看清楚。例如,汞灯的红谱线有三条,其中一条波长为 725.00 nm 的暗谱线,看起来非常朦胧。② 对于颜色的界定不明确,特别是从一种颜色向另一种颜色过渡的过渡色很难分辨。例如,橙色与红色,初次接触难于分清,只能边看边学,边认识。③ 观察光谱与个人眼睛的好坏有很大关系,较好的眼力,可多看一些谱线,较弱的眼力,就只能看到少量的谱线。

4. 测量

为了准确测量,我们可以转动鼓轮,将汞灯光谱从红到紫来回多看几遍,并且将鼓轮的读数范围确定下来。在基本辨认和熟悉全部 23 条谱线颜色特征以后,调节器观测装置,把测微目镜的叉丝对准出射缝中央,向一个方向缓慢转动鼓轮,从红到紫,读出每一条谱线所对应的鼓轮读数,重复读两次,并将数据填入表 3-3-1 中。

表 3-3-1 汞灯可见光谱线对应鼓轮读数记录表

颜色	特征	波长/nm	鼓轮读数/nm	
			1	2
红	暗	725.00		
	较亮	696.75		
	亮	671.62		
橙	暗	623.44		
	较亮	612.33		
	亮	607.26		
黄	暗	589.02		
	较暗	585.94		
	较亮	579.07		
	亮	576.96		
绿	暗	576.59		
	较亮	546.07		
	亮	535.40		

续表

颜色	特征	波长/nm	鼓轮读数/nm	
			1	2
青	暗	510.00		
	较暗	503.00		
	较亮	496.03		
	亮	491.60		
蓝	暗	435.84		
	较亮	434.75		
	亮	433.92		
紫	暗	410.84		
	较亮	407.78		
	亮	404.66		

【数据处理】

将上面的测量数据在方格坐标纸上作 L-λ 曲线，以 L 以为纵轴，λ 为横轴，将表格中各点的数据写入直角坐标中，然后将各点用光滑的曲线连接起来，该曲线称为定标曲线。只要在单色仪上测出某谱线所对应的鼓轮读数 L_X，就可以在此曲线上查出波长 λ_x。

【思考题】

(1) 三棱镜的分光原理是什么？单色仪为什么要用平行光通过三棱镜？它是如何实现的？

(2) 什么叫三棱镜色散的最小偏向角？单色光实现最小偏向角的条件是什么？

(3) 本实验中的单色仪是什么样的结构？这样的结构有何优点？

(4) 本实验中如何对单色仪的读数装置进行定标？

实验 4　分光计的调整及使用

【实验目的】

(1) 了解分光计的结构;掌握分光计的调节和使用方法。

(2) 掌握测定棱镜顶角的方法。

(3) 学会用最小偏向角测定棱镜的折射率。

(4) 加深对光的干涉及衍射和光栅分光作用基本原理的理解。

(5) 学会用透射光栅测定光波的波长及光栅常数和角色散率。

(6) 学会利用透射光栅演示复色光谱。

【实验仪器】

JJY-1 型分光计、三棱镜(等边)、汞灯、平面透射光栅。

分光计是一种能精确测量角度的典型光学仪器,其精确度可达到 1′,常用来测量折射率、光波波长、色散率和观测光谱等。由于该装置比较精密,操纵控制部件较多而复杂,故使用时必须按一定的规则严格调整,方能获得较高精度的测量结果。

分光计的结构示意图如图 3-4-1 所示。

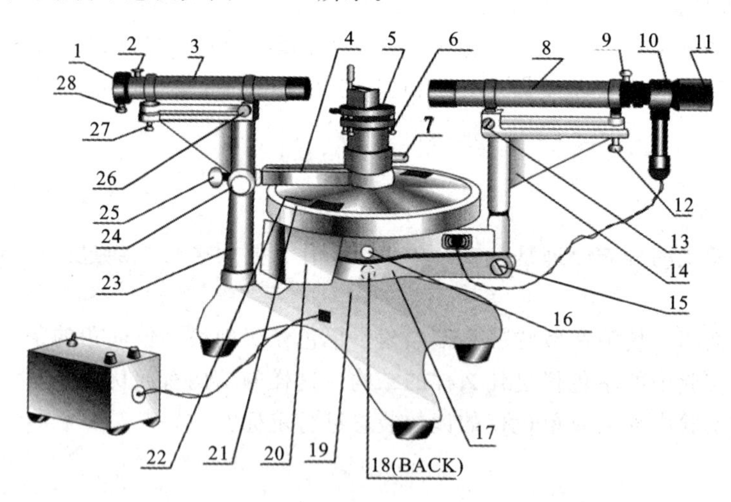

图 3-4-1　分光计结构示意图

望远镜:8. 望远镜;9. 紧固螺钉;10. 分化板;11. 目镜(带调焦手轮);12. 仰角螺钉;13. 望远镜光轴水平螺钉;14. 支臂;15. 转角微调螺钉;17. 制动架;18. 望远镜止动螺钉。

载物台:5. 载物台;6. 载物台调平螺钉(3 只);7. 载物台锁紧螺钉。

圆刻度盘:16. 读数刻度盘止动螺钉;21. 读数刻度盘;22. 游标盘;24. 游标盘微调螺钉;25. 游标盘止动螺钉。

平行光管:1. 狭缝;2. 紧固螺钉;3. 平行光管;26. 平行光管光轴水平螺钉;27. 仰角螺钉;28. 狭缝调节。

其他:4. 制动架;19. 底座;20. 转座;23. 立柱。

(1) 分光计底座的中心有一沿铅直方向的转轴,称为分光计的转轴。在这个转轴上套有一个读数刻度盘和一个游标盘,这两个盘可以绕它旋转。

(2) 望远镜安装在支臂上,支臂与转轴相连。在支臂与转轴连接处有螺钉 18,将其拧松时,望远镜(和读数刻度盘一起)可绕轴自由转动;将其旋紧时,不得强制望远镜绕轴转动,否则会损坏仪器。螺钉 15 是它的微调螺钉,当螺钉 18 拧紧后,望远镜不能绕轴转动时,用它可以使望远镜绕轴作微小转动。螺钉 9 是目镜镜筒的制动螺钉,旋松它可拉动望远镜套筒,调节分划板与物镜之间距离。望远镜光轴的倾斜度由螺钉 12 调节。分光计上的望远镜通常采用阿贝式自准直目镜,其结构如图 3-4-2 所示。分划板的透明玻璃上刻有黑十字准线。在该准线的竖线下方,紧贴一块小棱镜,在其涂黑的端面上,刻有透明十字线,利用电珠照明使它成为发光体。而在准线的竖线上方,与透明十字线对称的位置上,有一条黑水平线。

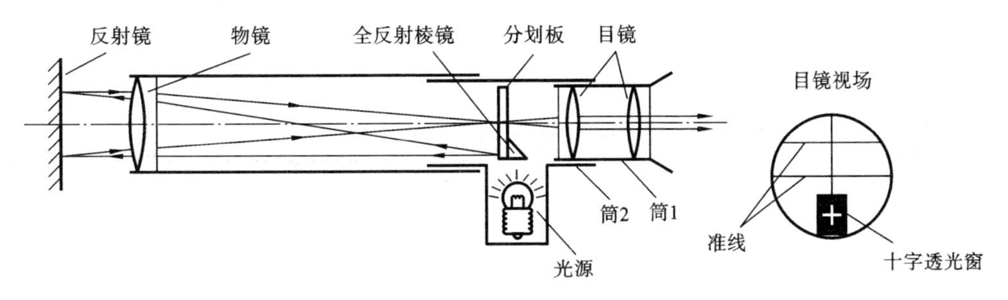

图 3-4-2 望远镜结构

(3) 载物台是用来放置平面镜、棱镜等光学元件的,它与游标盘通过螺钉 7 相互锁定,拧紧螺钉 7 后,载物台可和游标盘一起绕分光计的转轴转动。螺钉 25 是游标盘的止动螺钉,将其拧紧时不能再强制转动游标盘,否则亦会损坏仪器。螺钉 24 是游标盘的微调螺丝,当螺丝拧紧后,游标盘不能绕轴转动,用它可以使游标盘绕轴作微小转动。载物台下有三只调节螺钉 6,可调节台面的倾斜度。

(4) 圆刻度盘在分光计出厂时已将它调到与仪器转轴垂直。由于圆刻度盘中心和仪器转轴在制造和装配时,不可能完全重合,因此在读数时会产生偏心差。圆刻度盘上的刻度均匀地刻在圆周上,当圆刻度盘中心 O 与转轴重合时,由相差 $180°$ 的两个游标读出的转角刻度数值相等;而当圆刻度盘偏心时,由两个游标盘读出的转角刻度值就不相等,所以如果只用一个游标读数窗会产生系统误差。通过在转轴直径上安置两个对称的游标读数窗,可消除这种系统误差。

分光计的读数系统由刻度盘和游标盘组成,读数方法和游标原理相同。以角游标零线为准,先读出刻度盘上的值,再找游标上与刻度盘上刚好重合的刻线,该刻线为所求的分值。注意:如果游标零线值落在半度刻线之外,则读数应加上 $30'$。

光栅相当于一组数目众多的等宽、等距和平行排列的狭缝,被广泛地用在单色仪、摄谱仪等光学仪器中,有应用透射光工作的透射光栅和应用反射光工作的反射光栅两种,本实验用的是透射光栅。

如图 3-4-3 所示，设 S 为位于透镜 L_1 第一焦平面上的细长狭缝，G 为光栅，光栅的缝宽为 d，相邻狭缝间不透明部分的宽度为 b，自 L_1 射出的平行光垂直地照射在光栅 G 上。透镜 L_2 将与光栅法线成 θ 角的衍射光会聚于其第二焦平面上的 P_θ 点。由夫琅禾费衍射理论知，产生衍射亮条纹的条件：

$$d\sin\theta = k\lambda \quad (k=\pm1,\pm2,\cdots,\pm n) \tag{3-4-1}$$

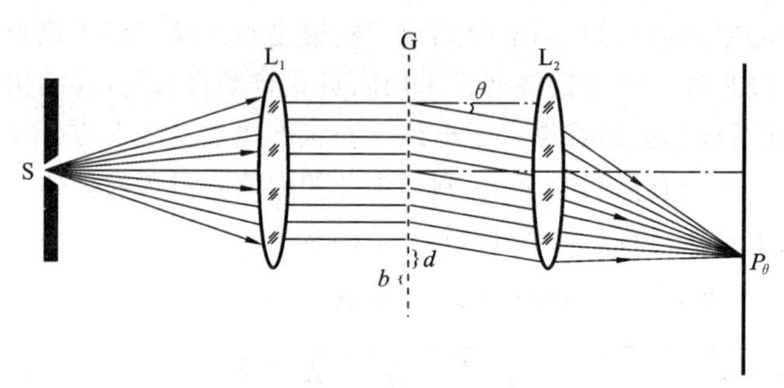

图 3-4-3　透射光栅

(3-4-1)式称为光栅方程，式中 θ 角是衍射角，λ 是光波波长，k 是光谱级数，$d=a+b$ 是光栅常数。因为衍射亮条纹实际上是光源狭缝的衍射像，是一条锐细的亮线，所以又称为光谱线。

当 $k=0$ 时，任何波长的光均满足(3-4-1)式，亦即在 $\theta=0$ 的方向上，各种波长的光谱线重叠在一起，形成明亮的零级光谱，对于 k 的其他数值，不同波长的光谱线出现在不同的方向上(θ 的值不同)，而与 k 的正负两组相对应的两组光谱，则对称地分布在零的光谱两侧。若光栅常数 d 已知，在实验中测定某谱线的衍射角 θ 和对应的光谱级数 k，则可由(3-4-1)式求出该谱线的波长 λ；反之，如果波长 λ 是已知的，则可求出光栅常数 d。光栅方程对 λ 微分，就可得到光栅的角色散率：

$$D=\frac{\mathrm{d}\theta}{\mathrm{d}\lambda}=\frac{k}{d\cos\theta} \tag{3-4-2}$$

角色散率是光栅、棱镜等分光元件的重要参数，它表示单位波长间隔内两单色谱线之间的角间距，当光栅常数 d 愈小时，角色散愈大；光谱的级次愈高，角色散也愈大。当光栅衍射时，如果衍射角不大，则 $\cos\theta$ 几乎不变，光谱的角色散几乎与波长无关，即光谱随波长的分布比较均匀，这和棱镜的不均匀色散有明显的不同。当常数 d 已知时，若测得某谱线的衍射角 θ 和光谱级数 k，可依(3-4-2)式计算这个波长的角色散率。

【实验原理】

1. 测量三棱镜的顶角

三棱镜由两个光学面 AB 和 AC 及一个毛玻璃面 BC 构成。三棱镜的顶角是指 AB 与 AC 的夹角 α，如图 3-4-4 所示。自准直法就是用自准直望远镜光轴与 AB 面垂直，使三棱镜 AB 面反射回来的小十字像位于准线 mn 中央，由分光仪的度盘和游标盘读出这时望远镜光轴相对于某一个方位 OO' 的角位置 θ_1；再把望远镜转到与三棱镜的 AC 面垂直，由分光计度盘和游标盘读出这时望远镜光轴相对于 OO' 的方位角 θ_2，于是望远镜光轴转过的角度为 $\varphi=\theta_2-\theta_1$，三棱镜顶角为

$$\alpha=180^\circ-\varphi$$

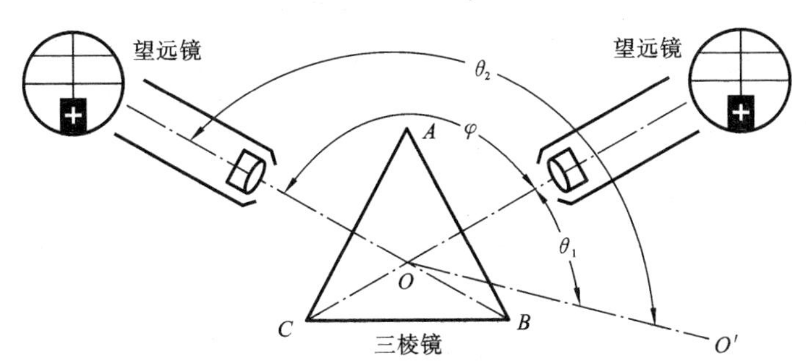

图 3-4-4 准直法测三棱镜顶角

由于分光计在制造上的原因，主轴可能不在分度盘的圆心上，而可能略偏离分度盘圆心，因此望远镜绕过的真实角度与分度盘上反映出来的角度有偏差，这种误差叫偏心差，是一种系统误差。为了消除这种系统误差，分光计分度盘上设置了相隔180°的两个读数窗口（A、B 窗口），而望远镜的方位 θ 由两个读数窗口读数的平均值来决定，而不是由一个窗口来读出，即

$$\theta_1=\frac{(\theta_1^A+\theta_1^B)}{2},\quad \theta_2=\frac{(\theta_2^A+\theta_2^B)}{2} \tag{3-4-3}$$

于是，望远镜光轴转过的角度为

$$\varphi=\theta_2-\theta_1=\frac{|\theta_2^A-\theta_1^A|+|\theta_2^B-\theta_1^B|}{2}$$

$$\alpha=180^\circ-\frac{|\theta_2^A-\theta_1^A|+|\theta_2^B-\theta_1^B|}{2} \tag{3-4-4}$$

注意：分光计测量时，如果游标盘经过了度盘的 0 刻度线，必须注意要对读数进行修正，否则会出现错误结果。

2. 用最小偏向角法测定棱镜玻璃的折射率

分光计读数的修正

如图 3-4-5 所示，在三棱镜中，入射光线与出射光线之间的夹角 δ 称为棱镜的偏向角，这个偏向角 δ 与光线的入射角有关，则有

$$\alpha=i_2+i_3 \tag{3-4-5}$$

$$\delta=(i_1-i_2)+(i_4-i_3)=(i_1+i_4)-\alpha \tag{3-4-6}$$

由于 i_4 是 i_1 的函数，因此 δ 实际上只随 i_1 变化，当 i_1 为某一个值时，δ 达到最小，这最小的 δ 称为最小偏向角。

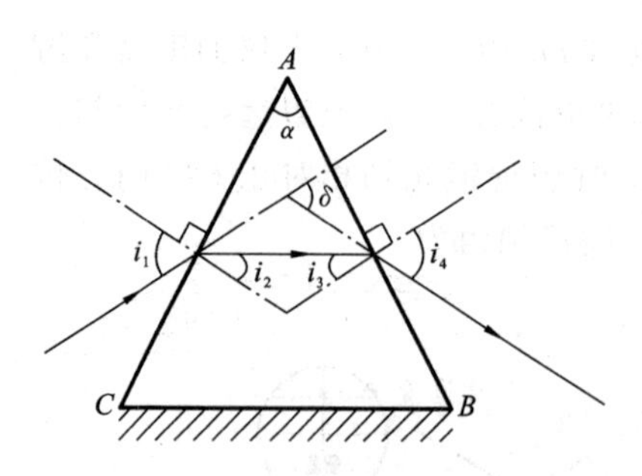

图 3-4-5　三棱镜的工作原理

为了求 δ 的极小值，令导数 $\frac{d\delta}{di_1}=0$，由(3-4-6)式得

$$\frac{di_4}{di_1}=-1 \tag{3-4-7}$$

由折射定律得

$$\sin i_1=n\sin i_2,\quad \sin i_4=n\sin i_3$$

$$\cos i_1\,di_1=n\cos i_2\,di_2,\quad \cos i_4\,di_4=n\cos i_3\,di_3$$

于是，有

$$di_3=-di_2$$

$$\frac{di_4}{di_1}=\frac{di_4}{di_3}\cdot\frac{di_3}{di_2}\cdot\frac{di_2}{di_1}=\frac{n\cos i_3}{\cos i_4}\times(-1)\times\frac{\cos i_1}{n\cos i_2}=-\frac{\cos i_3\cos i_1}{\cos i_4\cos i_2}$$

$$=-\frac{\cos i_3\sqrt{1-n^2\sin^2 i_2}}{\cos i_2\sqrt{1-n^2\sin^2 i_3}}=-\frac{\sqrt{\sec^2 i_2-n^2\tan^2 i_2}}{\sqrt{\sec^2 i_3-n^2\tan^2 i_3}}$$

$$=-\frac{\sqrt{1+(1-n^2)\tan^2 i_2}}{\sqrt{1+(1-n^2)\tan^2 i_3}}$$

此式与(3-4-7)比较可知 $\tan i_2=\tan i_3$，在棱镜折射的情况下，$i_2<\frac{\pi}{2}$，$i_3<\frac{\pi}{2}$，所以

$$i_2=i_3$$

由折射定律可知，这时 $i_1=i_4$。因此，当 $i_1=i_4$ 时，δ 具有极小值。

将 $i_1=i_4$、$i_2=i_3$ 代入(3-4-5)式、(3-4-6)式，有

$$\alpha=2i_2,\quad \delta_{\min}=2i_1-\alpha,\quad i_2=\frac{\alpha}{2},\quad i_1=\frac{1}{2}(\delta_{\min}+\alpha)$$

$$n=\frac{\sin i_1}{\sin i_2}=\frac{\sin\left(\frac{\delta_{\min}+\alpha}{2}\right)}{\sin\left(\frac{\alpha}{2}\right)} \tag{3-4-8}$$

由此可见，当棱镜偏向角最小时，在棱镜内部的光线与棱镜底面平行，入射光线与出射光线相对于棱镜成对称分布。

由于偏向角仅是入射角 i_1 的函数，因此可以通过连续改变入射角 i_1，同时观察出射光线的方位变化。在 i_1 的上述变化过程中，出射光线也随之向某一方向变化。当 i_1 变到某个值时，出射光线方位变化会发生停滞，并随即反向移动。在出射光线即将反向移动的时刻就是最小偏向角所对应的方位，只要固定这时的入射角，测出所固定的入射光线角坐标 θ_1，再测出出射光线的角坐标 θ_2，则有

$$\delta_{\min}=|\theta_1-\theta_2| \tag{3-4-9}$$

3. 调好分光计

(1) 用光栅的正、反两面分别代替实验四中的三棱镜 AB、AC 面来调整分光计，使望远镜聚焦于无穷远和望远镜的光轴与分光计的主轴垂直。把光栅按图 3-4-6 所示置于载物台上，旋转载物台，并调节平台倾斜螺丝，使望远镜筒中从光栅面反射回来的绿色亮十字像与分划板上方的十字叉丝重合且无视差。再将载物台连同光栅转过 180°，重复以上步骤，如此反复数次，使绿色亮十字像始终和分划板上方十字叉丝重合。

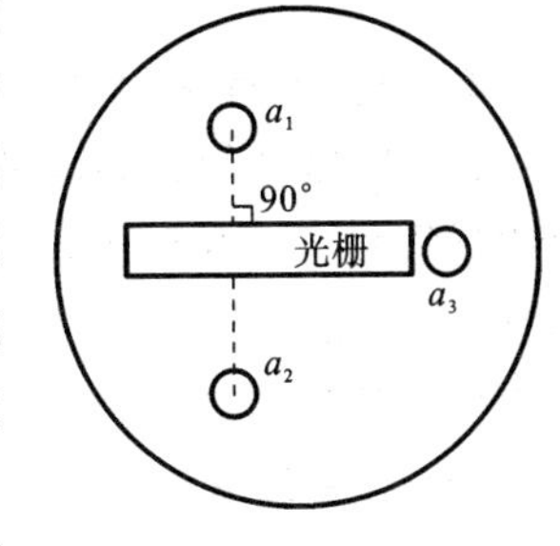

图 3-4-6 载物台

(2) 点燃汞灯，将平行光管的竖直狭缝均匀照亮，调节平行光管的狭缝宽度，使望远镜中分化板上的中央竖直准线对准狭缝像。转动望远镜筒，在光栅法线两侧观察各级衍射光谱，调节平台的三个支撑螺钉 a_1、a_2 和 a_3，使各级光谱线等高。这时，光栅的刻纹平行于仪器的主轴。固定载物平台，在整个测量过程中载物平台及其上面的光栅位置不可再变动。

4. 光栅位置的调节及光谱观察

左右转动望远镜仔细观察谱线的分布规律，在谱线中中央为白亮线（$k=0$ 的狭缝像），其两旁各有两级紫、蓝、绿、黄的谱线。

5. 测定衍射角

(1) 从光栅的法线（零级光谱亮条纹）起沿一个方向转动望远镜筒，使望远镜中叉丝依次与第一级衍射光谱中的各级谱线重合，并记录与每一谱线对应的 A、B 两窗角坐标。再反向转动望远镜，越过法线，记录另一个各级谱线对应的 A、B 两窗角坐标。对应同一谱线的两次角坐标之差，即为该谱线衍射角 θ 的 2 倍。

(2) 重复上述步骤三次，由(3-4-1)式，求出 2θ 的平均值。

【数据处理】

(1) 以汞灯绿谱线的波长（$\lambda=546.1$ nm）为已知，按照实验原理部分 3～5 条所述操作步骤中所测绿谱线的衍射角 θ 代入(3-4-1)式，并取 $k=1$，求出光栅常数 d，然后由其他谱线衍射角 θ 和求得的光栅常数 d 算出相应的波长。

(2) 与公认值比较，计算其测量误差。

(3) 将汞灯各谱线的衍射角 θ 代入(3-4-2)式中，计算出光栅相应于各谱线的第一级角色散率。

【实验内容】

1. 按《光学实验基础知识》，对分光计进行调整

(1) 调节目镜，看清分划板上准线及小棱镜上绿色十字像。

(2) 在载物平台上放上三棱镜并调节望远镜及平台，使在望远镜中看到三棱镜两个光学面反射的小绿色十字像。

(3) 调节望远镜目镜焦距调节手轮和阿贝式目镜筒的前后位置,左右移动眼睛,使绿色十字像和十字分划板没有相对移动,即二者无视差。

(4) 调整望远镜与分光计主轴垂直。

2. 用自准直法测量三棱镜顶角

(1) 锁紧分度盘制动螺钉 16,转动望远镜(这时望远镜转动锁紧螺钉 18 松开),使望远镜对准三棱镜的反射面 AB,锁紧望远镜转动螺钉 18。利用望远镜转动微调螺钉 15,使由 AB 面反射回来的小十字像位于分划板 mn 准线的中央,记下分度盘两个窗口的读数值 θ_1^A 与 θ_1^B。

(2) 松开锁紧螺钉 18,把望远镜转到与 AC 面垂直,再锁紧螺钉 18。利用微调螺钉 12 使由 AC 面反射回来的小十字像位于分划板上 mn 准线中央,记下分度盘上两个窗口的读数 θ_2^A 与 θ_2^B。

(3) 按上述两步重复测量四次,将数据填入自拟表中,由(3-4-1)式求出 θ,计算出 φ 的平均值及标准误差。

3. 用反射法测量三棱镜顶角

如图 3-4-7 所示,用光源照亮平行光管,它射出的平行光束照射在棱镜的顶角尖处(A),而被棱镜的两个光学面 AB 和 AC 所反射,分成夹角为 φ 的两束平行反射光束 R_1、R_2。由反射定律可知,$\angle 1=\angle 2=\angle 3=\angle 4$,所以$\angle 1+\angle 2=\angle 3+\angle 4$。因为$\angle 1+\angle 3=\alpha$,所以$\angle 2+\angle 4=\alpha$。于是只要用分光计测出从平行光管的狭缝射出的光线经 AB、AC 两个面反射后的二束平行光 R_1 与 R_2 之间的夹角 φ,就可得顶角 $\alpha=\frac{\varphi}{2}$,则

$$\alpha=\frac{\varphi}{2}=\frac{|\theta_2^A-\theta_1^A|+|\theta_2^B-\theta_1^B|}{4} \tag{3-4-10}$$

(1) 按实验原理 3 的步骤调好分光计。

(2) 参照图 3-4-4 转动望远镜,寻找 AB 面反射的狭缝像,使狭缝像与竖直准线重合,记下分光仪 A、B 窗口的读数 θ_1^A、θ_1^B,继续转动望远镜,寻找 AC 面反射的狭缝像,也使狭缝像与竖直准线重合,再记下分光计 A、B 窗口的读数 θ_2^A、θ_2^B。

(3) 重复上述测量四次,将数据填入自拟表中,由(3-4-10)式求出 φ 的平均值及标准误差。

4. 用最小偏向角法测定棱镜玻璃的折射率

(1) 用汞灯作光源照亮狭缝,由平行光管射出光线进入望远镜,寻找狭缝像,使狭缝像与分化板上的中央竖直准线重合,记下这时望远镜筒所在的角坐标 θ_1^A、θ_1^B。

(2) 将三棱镜放置在载物台平台上,使平行光管射出光线进入三棱镜的 AC 面,转动平台在三棱镜的 AB 面观察望远镜中的可见光谱,跟踪绿谱线的移动方向。寻找最小偏向角的最佳位置,当轻微调节载物平台,而绿谱线恰好要反向移动时,固定

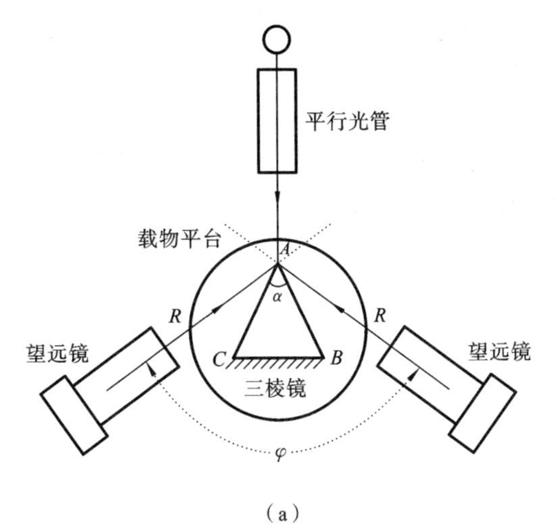

(a)

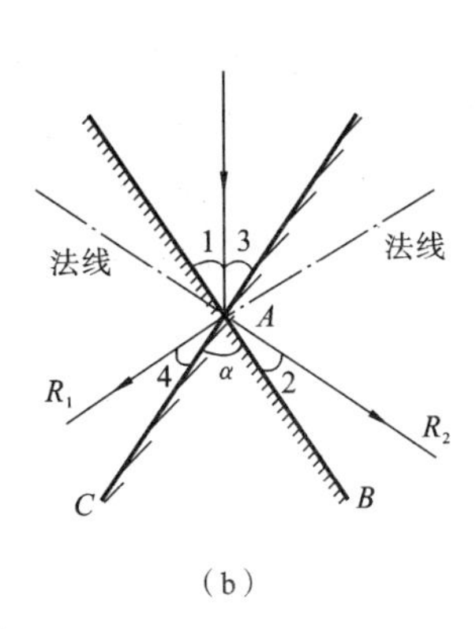

(b)

图 3-4-7 用反射法测三棱镜顶角

载物平台，再转动望远镜，使狭缝的像（绿谱线）与中央竖直准线重合，记下这时出射光线角坐标 θ_2^A、θ_2^B。

(3) 按上述步骤重复三次，由(3-4-9)式求出 $\delta_{\min}$ 的平均值，把 $\delta_{\min}$ 与 α 代入(3-4-8)式，求出棱镜玻璃的折射率 n 值，并计算出 n 的相对误差。

(4) 以汞灯绿谱线的波长($\lambda=546.1$ nm)为已知，将按照实验原理部分 3～5 条所述操作步骤中所测绿谱线的衍射角 θ 代入(3-4-1)式，并取 $k=1$，求出光栅常数 d，然后由其他谱线衍射角 θ 和求得的光栅常数 d 算出相应的波长。

(5) 与公认值比较，计算其测量误差。

(6) 将汞灯各谱线的衍射角 θ 代入(3-4-2)式中，计算出光栅相应于各谱线的第一级角色散率。

【思考题】

(1) 分光计主要由哪几部分组成？各部分作用是什么？

(2) 分光计的调整主要内容是什么？每一步是如何实现的？

(3) 分光计底座为什么没有水平调节装置？

(4) 在调整分光计时，若旋转载物平台，三棱镜的 AB、AC、BC 三面反射回来的绿色小十字像均对准分化板水平叉丝等高的位置，这时还有必要再采用二分之一逐次逼近法来调节吗？为什么？

(5) 望远镜对准三棱镜 AB 面时，A 窗口读数是 293 度 21 分 30 秒，写出此时 B 窗口的可能读数和望远镜对准面 AC 时，A、B 窗口的可能读数值。

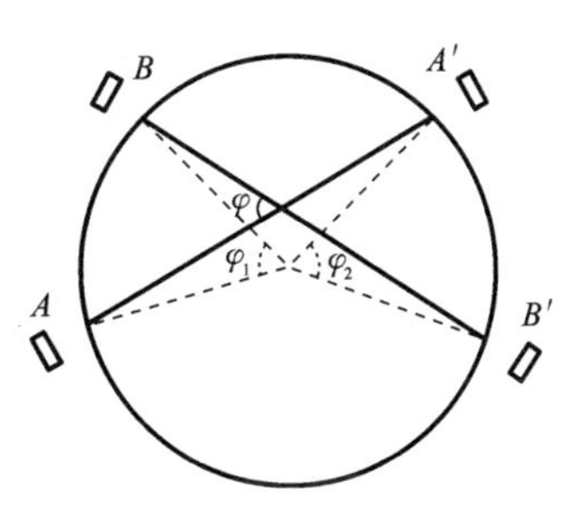

图 3-4-8 思考题(6)图

(6) 如图 3-4-8 所示，分光计中刻度盘中心 O 与游标盘中心O'不重合，则游标盘转过φ角时，刻度盘读出的角度$\varphi_1 \neq \varphi_2 \neq \varphi$，但$\varphi = \frac{1}{2}(\varphi_1 + \varphi_2)$，试证明。

(7) 什么是最小偏向角？在实验中，如何来调整测量最小偏向角的位置？若位置稍有偏离带来的误差对实验结果影响如何？为什么？

(8) 分析光栅和棱镜分光的主要区别。

(9) 如果光波波长都是未知的，能否用光栅测其波长？

实验5 光具组基点的测定

【实验目的】

(1) 了解测节器的构造及工作原理。

(2) 加强对光具组基点的认识。

(3) 学习测定光具组基点和焦距的方法。

【实验仪器】

光具座、测节器、薄透镜(几片)、物屏、光源、准直透镜(焦距大一些)、平面反射镜、光具组、尖头棒、T形辅助棒、白屏。

【实验原理】

1. 用测节器测定光具组的基点

设有一束平行光入射在由两片薄透镜组成的光具组,光具组与平行光束共轴,光线通过光具组后,会聚于白屏上的 Q 点,如图3-5-1所示,此 Q 点为光具组的像方焦点 F'。若以垂直于平行光的某一方向为轴,将光具组转动一小角度,可有如下两种情况。

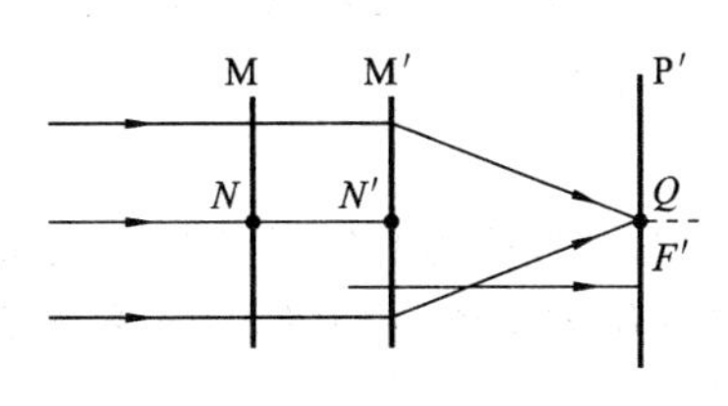

图3-5-1 光具组1

1) 回转轴恰好通过光具组的第二节点 N'

因为入射第一节点 N 的光线必从第二节点 N' 射出,而且出射光平行于入射光。现在 N' 未动,入射角光束方向未变,所以通过光具组的光束,仍然会聚于焦平面上的 Q 点,如图3-5-2(a)所示。但是,这时光具组的像方焦点 F' 已离开 Q 点,严格地讲,回转后的像的清晰度稍差。

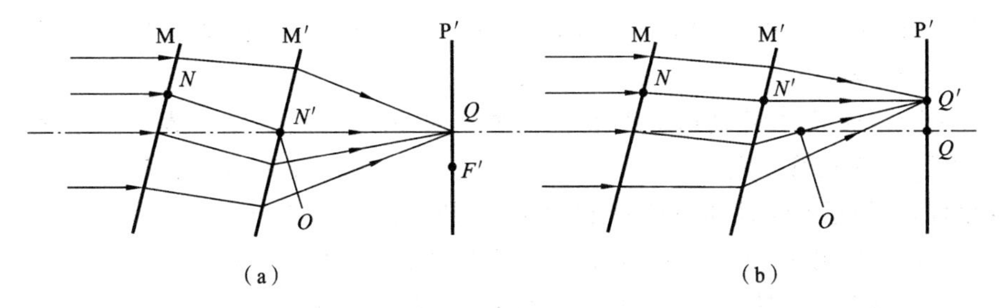

图3-5-2 光具组2

2) 回转轴未通过光具组的第二节点 N'

由于第二节点 N' 未在回转轴上,所以光具组转动后,N' 出现移动,但由 N' 的出射光仍然平行于入射光,所以由 N' 出射的光线和前一情况相比将出现平移,光束的会聚点将从 Q 移到 Q',如图3-5-2(b)所示。

测节器是一个可绕铅直轴 OO' 转动的水平滑槽 R，待测基点的光具组 L_S(由薄透镜组成的共轴系统)放置在滑槽上，其位置可调，并由槽上的刻度尺指示 L_S 的位置如图 3-5-3 所示。测量时轻轻地转动一点滑槽，观察白屏 P′上的像是否移动，参照上述分析判断 N' 是否位于 OO' 轴上，如果 N' 未在 OO' 轴上，就调整 L_S 在槽中位置，直至 N' 在 OO' 轴上，则从轴的位置可求出 N' 对 L_S 的位置关系。

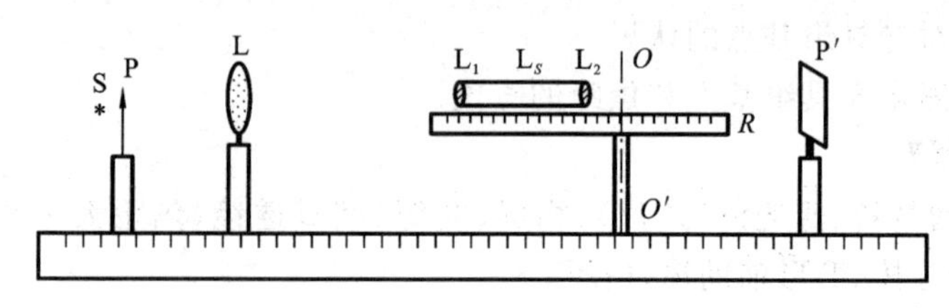

图 3-5-3　光具组 3

2. 用牛顿公式测量光具组基点

牛顿公式：

$$xx'=ff'(f=-f') \tag{3-5-1}$$

式中：x 为从物方焦点量起的物方焦点到物的距离；x' 为从像方焦点量起的像方焦点到像的距离；物方焦距 f 和像方焦距 f' 分别是从第一和第二主面量到物方焦点和像方焦点的距离。

【实验内容】

1. 用测节器测定光具组的基点

(1) 测量透镜 L_1 和 L_2 的焦距 f'_1、f'_2(L_1、L_2 为组成光具组的二薄透镜)。

(2) 将 L_1 和 L_2 按 $d<(f'_1+f'_2)$组成光具组置于测节器的滑槽上。

(3) 如图 3-5-3 所示，将光源 S、物屏 P、准直物镜 L、测节器 R 及白屏 P′置于光具座上时，调节其共轴。

(4) 用自准方法调节物屏 P 位于准直物镜 L 的物方焦面上，调好后，P 和 L 的位置均不要再移动。

(5) 照亮物屏 P，移动白屏 P′得到清晰的像，轻轻转动少许滑槽，从像的移动判断 n'的位置，逐渐移动光具组 L_S，直至其第二节点 N' 在转轴 OO' 上为止(可用放大镜观察像)。记录 OO' 轴和焦点 F' 相对于 L_2 的位置，重复几次。

(6) 将光具组转 180°，此时原来的节点 N 成为 N'，同上进行测量。

(7) 绘图表示光具组主面及焦点的位置，计算焦距 f'之值。

(8) 取 $d>(f'_1+f'_2)$，重复上述步骤 3～4 次。

2. 用牛顿公式测定光具组基点

(1) 测量两凸透镜的焦距 f'_1 和 f'_2。

(2) 如图 3-5-4 所示布置仪器，取 $d<f'_1$ 及 $d<f'_2$ 组成光具组，调节其共轴。利用尖头棒 P 和平面镜 M，依据自准直法确定光具组焦点 F 的位置，用 T 形辅助棒

测出光具组最外侧镜面 A 到 F 的距离 l。

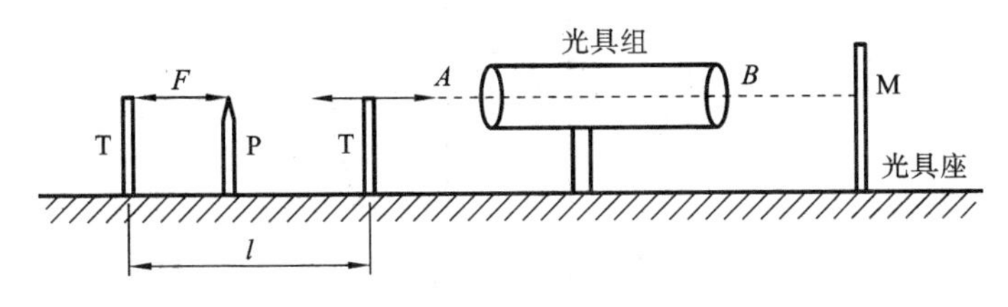

图 3-5-4　光具组 4

(3) 将光具组转 180°，测量光具组 B 面前焦点 F' 的位置 l'（即 BF' 的平均值）。

(4) 将尖头棒置于物方焦点的外侧，另一尖头棒 Q 置于像方焦点 F' 的外侧，照亮 P 棒，用视差法使 Q 棒和 P 的像对准，用 T 形棒测出 $\overline{PA}$、$\overline{BQ}$ 的距离 l_P 及 l_Q，则有 $x=l_p-l$，$x'=l_Q-l'$，代入(3-5-1)式中，求出焦距 f'_1 和 f'_2（要考虑 x、x' 的符号）。

(5) 求主面相对于 A、B 面的位置，并绘出光具组及主面的位置。

【思考题】

(1) 第一主面靠近第一个透镜，第二个主面靠近第二个透镜，在什么条件下才是对的（光具组由两个薄透镜组成）？

(2) 由一个凸透镜和一个凹透镜组成的光具组，如何测量其基点（距离 d 可自己设定）？

【补充材料】

1. 牛顿公式

光学仪器中常用的光学系统，一般都由单透镜或胶合透镜等球面系统共轴构成的。对于薄透镜组合成的共轴球面系统，其物和像的位置可由高斯公式确定。高斯公式中 f' 为系统的像方的焦距，u 为物距，v 为像距。物距是从第一主面到物的距离，像距是从第二主面到像的距离，系统的像方焦距是从第二主面到像方焦点的距离。各量的符号从各相应主面，沿光线进行方向测量为正，反向为负（见实验 1 中有关内容）。但共轴球面系统中物和像的位置，可由(3-5-1)式的牛顿公式表示，其各物理量见本实验原理中所述。

2. 共轴球面系统的基点和基面

1) 主面和主点

若将物体垂直于系统的光轴，放置在第一主点 H 处，则必成一个与物体同样大小的正立的像于第二主点 H' 处，即主点是横向放大率 $\beta=+1$ 的一对共轭点。过主点垂直于光轴的平面，分别称为第一和第二主面，如图 3-5-5 所示的 MH 和 $M'H'$。

2) 节点和节面

节点是角放大率 $\gamma=+1$ 的一对共轭点。入射光线（或其延长线）通过第一节点 N 时，出射光线（或其延长线）必通过第二节点 N'，并与 N 的入射光线平行（见图 3-5-5）。过节点垂直于主光轴的平面分别称为第一和第二节面。当共轴球面系统处

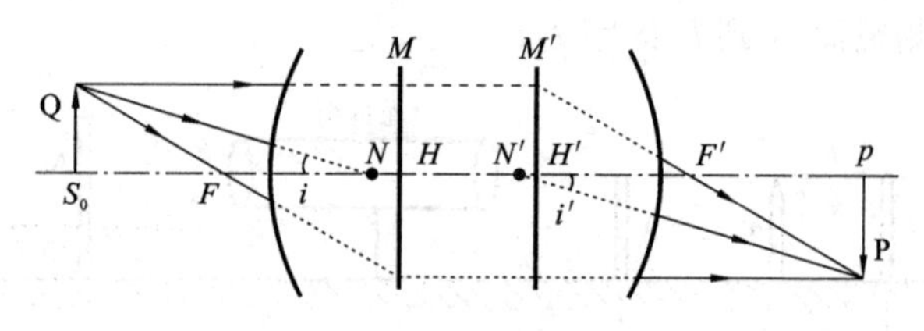

图 3-5-5　光具组 5

于同一媒质时,两主点分别与两节点重合。

3）焦点和焦面

平行于系统主轴的平行光束,经系统折射后与主轴的交点 F' 称为像方焦点;过 F' 垂直于主轴的平面称为像方焦面。第二主点 H' 到像方焦点 F' 的距离,称为系统的像方焦距 f'。此外,还有物方焦点 F、物方焦面和物方焦距 f。

综上所述,薄透镜的两主点与透镜的光心重合,而共轴球面系统两主点的位置,将随各组合透镜或折射面的焦距和系统的空间特性而异。下面以两个薄透镜组合为例进行讨论。

设两薄透镜的像方焦距分别为 f'_1 和 f'_2,两透镜之间距离为 d,则透镜组的像方焦距 f' 可由下式求出,即

$$f'=\frac{f'_1 f'_2}{(f'_1+f'_2)-d} \tag{3-5-2}$$

(3-5-1)式中,$f'=f$,故两主点位置为

$$l'=\frac{-f'_2 d}{(f'_1+f'_2)-d},\quad l=\frac{f'_1 d}{(f'_1+f'_2)-d} \tag{3-5-3}$$

计算时注意 l' 是从第二透镜光心量起,l 是从第一透镜光心量起。可以证明,对于凸透镜组成的光具组,当 $d<f'_1+f'_2$ 时,有

$$|l|+|l'|>d \tag{3-5-4}$$

实验6 迈克尔孙干涉仪的调整及使用

在物理学史上，迈克尔孙曾用自己发明的光学干涉仪器进行实验，精确地测量微小长度，否定了“以太”的存在，这个著名的实验为近代物理学的诞生和兴起开辟了道路，并于1907年获诺贝尔物理学奖。迈克尔孙干涉仪原理简明、构思巧妙，堪称精密光学仪器的典范。随着对仪器的不断改进，还能用于光谱线精细结构的研究和利用光波标定标准米尺等实验。目前，根据迈克尔孙干涉仪的基本原理，研制的各种精密仪器已广泛地应用于生产、生活和科技领域。

引力波测量——迈克尔孙干涉仪原理

【实验目的】

(1) 了解迈克尔孙干涉仪的结构和干涉花样的形成原理。

(2) 学会迈克尔孙干涉仪的调整和使用方法。

(3) 观察等倾干涉条纹，测量He-Ne激光的波长。

(4) 观察等厚干涉条纹，测量钠光的双线波长差。

【实验仪器】

迈克尔孙干涉仪(WSM-100型)、多束光纤激光器、钠光灯、毛玻璃屏、扩束镜。

1. 迈克尔孙干涉仪的主体结构

WSM-100型迈克尔孙干涉仪的主体结构如图3-6-1所示，由下面六个部分组成(外观如图3-6-2和图3-6-3所示)。

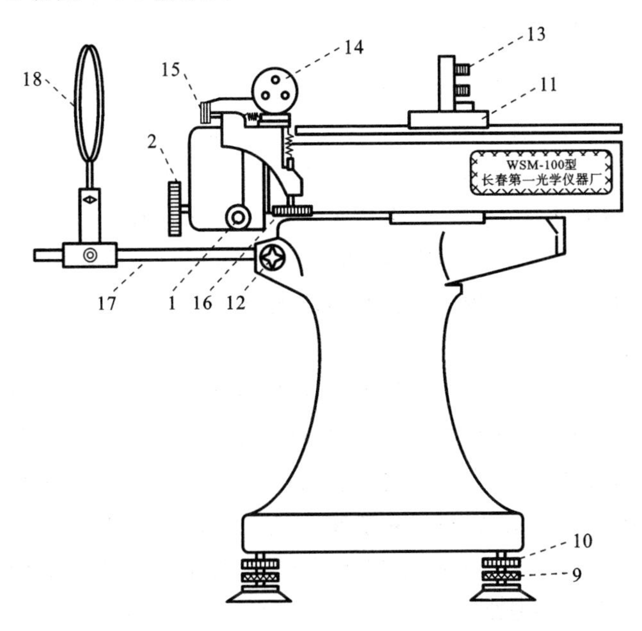

图3-6-1 迈克尔孙干涉仪的主体结构

图 3-6-2 迈克尔孙干涉仪

图 3-6-3 多束光纤激光器

1) 底座

底座由生铁铸成,较重,确保了仪器的稳定性。由三个调平螺丝 9 支撑,调平后可以拧紧锁紧圈 10 以保持座架稳定。

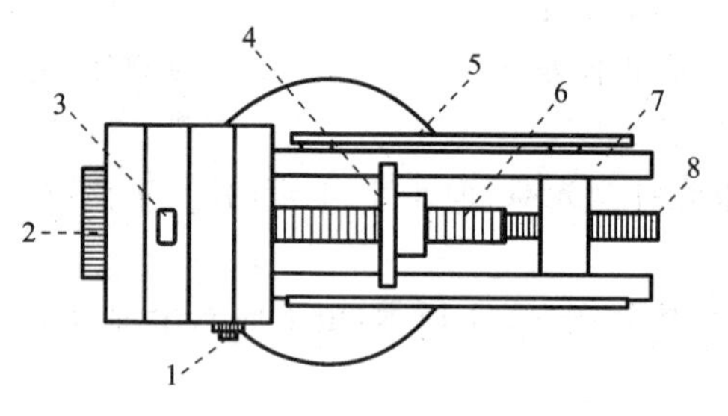

图 3-6-4 读数系统和传动部分

2) 导轨

导轨 7 由两根平行的长约 280 mm 的框架和精密丝杆 6 组成(见图 3-6-4),被固定在底座上,精密丝杆穿过框架正中,丝杆螺距为 1 mm,如图 3-6-1 所示。

3) 拖板部分

拖板是一块平板,反面做成与导轨吻合的凹槽,装在导轨上,下方是精密螺母,丝杆穿过螺母,当丝杆旋转时,拖板能前后移动,带动固定在其上的移动镜 11(即 M_1)在导轨面上滑动,实现粗动调节。M_1是一块很精密的平面镜,表面镀有金属膜,具有较高的反射率,垂直地固定在拖板上,它的法线严格地与丝杆平行。倾角可用镜背后面的三颗滚花螺丝 13 来调节,各螺丝的调节范围是有限度的,如果螺丝向后顶得过松,在移动时可能因震动而使镜面有倾角变化;如果螺丝向前顶得太紧,致使条纹不规则,严重时,有可能将螺丝丝口打滑或平面镜破损。

4) 定镜部分

定镜 M_2 与 M_1 是相同的一块平面镜,固定在导轨框架右侧的支架上。通过调节其上的水平拉簧螺钉 15 使 M_2 在水平方向转过一微小的角度,能够使干涉条纹在水平方向微动;通过调节其上的垂直拉簧螺钉 16 使 M_2 在垂直方向转过一微小的角度,能够使干涉条纹上下微动;与三颗滚花螺丝 13 相比,15、16 改变 M_2 的镜面方位小得多。定镜部分还包括分光板 P_1 和补偿板 P_2,前面已介绍其原理部分。

5) 读数系统和传动部分

(1) 移动镜 11(即 M_1)的移动距离毫米数可在机体侧面的毫米刻尺 5 上直接

读得。

(2) 粗调手轮 2 旋转一周，拖板移动 1 mm，即 M_2 移动 1 mm，同时读数窗口 3 内的鼓轮也转动一周，鼓轮的一圈被等分为 100 格，每格为 10^{-2} mm，读数由窗口上的基准线指示。

(3) 微调手轮 1 每转过一周，拖板移动 0.01 mm，可从读数窗口 3 中可看到读数鼓轮移动一格，而微调鼓轮的周线被等分为 100 格，则每格表示为 10^{-4} mm。所以，最后读数应为上述三者之和。

6) 附件

支架杆 17 是用来放置像屏 18 用的，由加紧螺丝 12 固定。

2. 迈克尔孙干涉仪的调整

(1) 如图 3-6-2 所示安装激光器和迈克尔孙干涉仪。打开激光器的电源开关，光强度旋钮调至中间，使激光束水平地射向干涉仪的分光板 P_1。

(2) 调整激光光束对分光板 P_1 的水平方向入射角为 45°。

如果激光束对分光板 P_1 在水平方向的入射角为 45°，那么正好以 45°的反射角向动镜 M_1 垂直入射，且原路返回，这个像斑重新进入激光器的发射孔。调整时，先用一张纸片将定镜 M_2 遮住，以免 M_2 反射回来的像干扰视线，然后调整激光器或干涉仪的位置，使激光器发出的光束经 P_1 折射和 M_1 反射后，原路返回到激光出射口，这已表明激光束对分光板 P_1 的水平方向入射角为 45°。

(3) 调整定臂光路。

将纸片从 M_2 上拿下，遮住 M_1 的镜面。发现从定镜 M_2 反射到激光发射孔附近的光斑有四个，其中光强最强的那个光斑就是要调整的光斑。为了将此光斑调进发射孔内，应先调节 M_2 背面的 3 个螺钉，微小改变 M_2 的反射角度，再调节水平拉簧螺钉 15 和垂直拉簧螺钉 16，使 M_2 转过一微小的角度。特别注意，在未调 M_2 之前，这两个细调螺钉必须旋放在中间位置。

(4) 拿掉 M_1 上的纸片后，要看到两个臂上的反射光斑都应进入激光器的发射孔，且在毛玻璃屏上的两组光斑完全重合，若无此现象，应按上述步骤反复调整。

(5) 用扩束镜使激光束产生面光源，按上述步骤反复调节，直到毛玻璃屏上出现清晰的等倾干涉条纹。

【实验原理】

1. 用迈克尔孙干涉仪测量 He-Ne 激光波长

迈克尔孙干涉仪的工作原理如图 3-6-5 所示，M_1、M_2 为两垂直放置的平面反射镜，分别固定在两个垂直的臂上。P_1、P_2 平行放置，与 M_2 固定在同一臂上，且与 M_1 和 M_2 的夹角均为 45°。M_1 由精密丝杆控制，可以沿臂轴前后移动。P_1 的第二面上涂有半透明、半反射膜，能够将入射光分成振幅几乎相等的反射光 1′和透射光 2′，所以 P_1 称为分光板(又称为分光镜)。1′光经 M_1 反射后延原路返回再次穿过分光板

P_1 后成为 1″光，到达观察点 E 处；2′光到达 M_2 后被 M_2 反射后延原路返回，在 P_1 的第二面上形成 2″光，也被返回到观察点 E 处。由于 1′光在到达 E 处之前穿过 P_1 三次，而 2′光在到达 E 处之前穿过 P_1 一次，为了补偿 1′、2′两光的光程差，便在 M_2 所在的臂上再放一个与 P_1 的厚度、折射率严格相同的 P_2 平面玻璃板，满足了 1′、2′两光在到达 E 处时无光程差，所以称 P_2 为补偿板。由于 1′、2′光均来自同一光源 S，在到达 P_1 后被分成 1′、2′两光，所以两光是相干光。

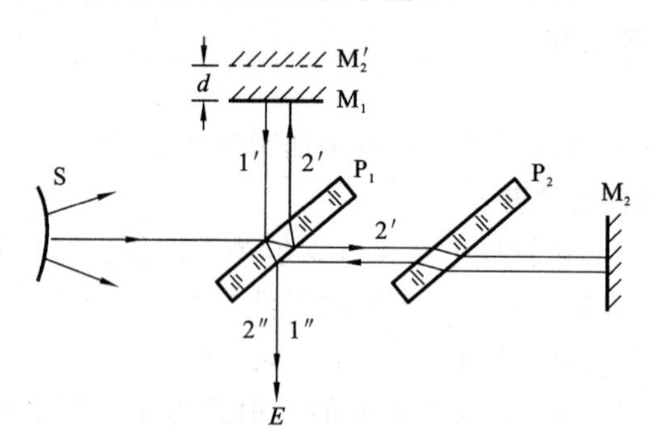

图 3-6-5 迈克尔孙干涉仪的工作原理

综上所述，光线 2″是在分光板 P_1 的第二面反射得到的，这样使 M_2 在 M_1 的附近(上部或下部)形成一个平行于 M_1 的虚像 M'_2，因而在迈克尔孙干涉仪中，自 M_1、M_2 的反射相当于自 M_1、M'_2 的反射。也就是在迈克尔孙干涉仪中产生的干涉相当于厚度为 d 的空气薄膜所产生的干涉，可以等效为距离为 $2d$ 的两个虚光源 S_1 和 S'_2 发出的相干光束。即 M_1 和 M'_2 反射的两束光程差为

$$\delta=2dn_2\cos i \tag{3-6-1}$$

两束相干光明暗条件为

$$\delta=2dn_2\cos i=\begin{cases} k\lambda & (亮), \\ \left(k+\dfrac{1}{2}\right)\lambda & (暗) \end{cases} \quad (k=1,2,3,\cdots) \tag{3-6-2}$$

式中：i 为反射光 1′在平面反射镜 M_1 上的反射角；λ 为激光的波长；n_2 为空气薄膜的折射率；d 为薄膜厚度。

与 i 相同的光线的光程差相等，并且得到的干涉条纹随 M_1 和 M'_2 的距离 d 而改变。当 $i=0$ 时光程差最大，在 O 点处对应的干涉级数最高。由(3-6-2)式得

$$2d\cos i=k\lambda \Rightarrow d=\frac{k}{\cos i}\cdot\frac{\lambda}{2} \tag{3-6-3}$$

$$\Delta d=N\cdot\frac{\lambda}{2} \tag{3-6-4}$$

由(3-6-4)式可得，当 d 改变一个 $1/2\lambda$ 时，就有一个条纹“涌出”或“陷入”，所以在实验时只要数出“涌出”或“陷入”的条纹个数 N，读出 d 的改变量 Δd 就可以计算

出光波波长 λ 的值，即

$$\lambda=\frac{2\Delta d}{N} \tag{3-6-5}$$

从迈克尔孙干涉仪装置中可以看出，S_1 发出的凡与 M_2 的入射角均为 i 的圆锥面上所有光线 a，经 M_1 与 M_2' 的反射和透镜 L 的会聚于 L 的焦平面上以光轴为对称同一点处；从光源 S_2 上发出的与 S_1 中 a 平行的光束 b，只要 i 角相同，它就与 $1'$、$2'$的光程差相等，经透镜 L 会聚在半径为 r 的同一个圆上，如图 3-6-6 所示。

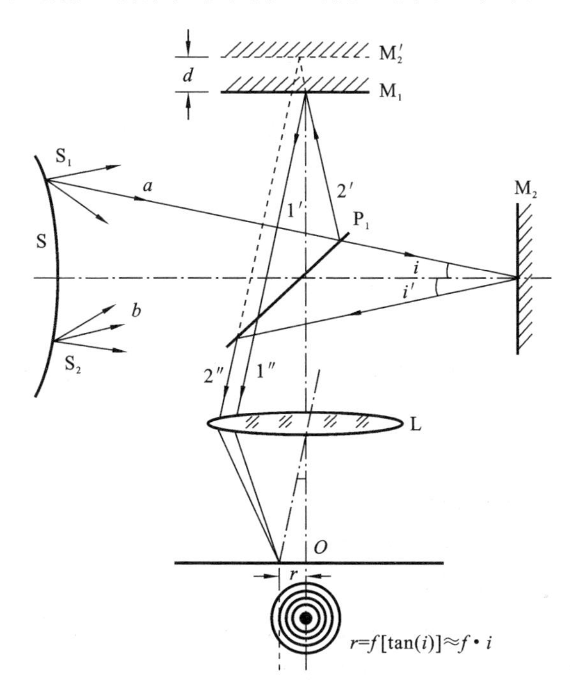

图 3-6-6 迈克尔孙干涉仪实验图

2. 用迈克尔孙干涉仪测量钠光的双线波长差

由原理 1 可知，因光源的绝对单色（λ 一定），经 M_1、M_2' 反射及 P_1、P_2 透射后，得到一些因光程差相同的圆环，Δd 的改变仅是“涌出”或“陷入”的 N 在变化，其可见度 V 不变，即条纹清晰度不变，可见度为

$$V=\frac{I_{\max}-I_{\min}}{I_{\max}+I_{\min}} \tag{3-6-6}$$

当用 λ_1、λ_2 两相近的双线光源照（如钠光）射时，光程差为

$$\delta_1=k\lambda_1=\left(k+\frac{1}{2}\right)\lambda_2 \tag{3-6-7}$$

当改变 Δd 时，光程差为

$$\delta_2=\left(k+m+\frac{1}{2}\right)\lambda_1=(k+m)\lambda_2 \tag{3-6-8}$$

(3-6-7)和(3-6-8)两式对应相减得光程差变化量

$$\Delta l=\delta_2-\delta_1=\left(m+\frac{1}{2}\right)\lambda_1=\left(m-\frac{1}{2}\right)\lambda_2 \tag{3-6-9}$$

由(3-6-9)式得

$$\frac{\lambda_2-\lambda_1}{\lambda_1}=\frac{1}{m-\frac{1}{2}}=\frac{\lambda_2}{\Delta l}$$

于是,钠光的双线波长差为

$$\Delta\lambda=\frac{\lambda_1\lambda_2}{\Delta l}=\frac{\bar{\lambda}^2}{\Delta l} \tag{3-6-10}$$

式中:$\bar{\lambda}=(\lambda_1+\lambda_2)/2$ 在视场中心处,当 M_1 在相继两次可见度为 0 时,移过 Δd 引起的光程差变化量为

$$\Delta l=2\Delta d$$

则

$$\Delta\lambda=\frac{\bar{\lambda}^2}{2\Delta d} \tag{3-6-11}$$

由(3-6-11)式可知,只要知道两波长的平均值 $\bar{\lambda}$ 和 M_1镜移动的距离 Δd,就可求出钠光的双线波长差 $\Delta\lambda$。

【实验内容】

1. 测量 He-Ne 激光的波长

(1) 迈克尔孙干涉仪的手轮操作和读数练习。

① 按图 3-6-2 组装、调节仪器。

② 连续同一方向转动微调手轮,仔细观察屏上的干涉条纹"涌出"或"陷入"现象,先练习读毫米标尺、读数窗口和微调手轮上的读数。掌握干涉条纹"涌出"或"陷入"个数、速度与调节微调手轮的关系。

(2) 经上述调节后,读出动镜 M_1 所在的相对位置,此为"0"位置,然后沿同一方向转动微调手轮,仔细观察屏上的干涉条纹"涌出"或"陷入"的个数。每隔 100 个条纹,记录一次动镜 M_1 的位置。共记 500 条条纹,读 6 个位置的读数,填入自拟的表格中。

(3) 由(3-6-5)式计算出 He-Ne 激光的波长。取其平均值 $\bar{\lambda}$ 与公认值(632.8 nm)比较,并计算其相对误差。

2. 测量钠光双线波长差

(1) 以钠光为光源,使之照射到毛玻璃屏上,使形成均匀的扩束光源以便于加强条纹的亮度。在毛玻璃屏与分光镜 P_1 之间放一叉线(或指针),在 E 处沿 EP_1M_1 的方向进行观察。如果仪器未调好,则在视场中将见到叉丝(或指针)的双影。这时必须调节 M_1 或 M_2 镜后的螺丝,以改变 M_1 或 M_2 镜面的方位,直到双影完全重合。

一般地说，这时即可出现干涉条纹，再仔细、慢慢地调节 M_2 镜旁的微调弹簧，使条纹成圆形。

(2) 把圆形干涉条纹调好后，缓慢移动 M_1 镜，使视场中心的可见度最小，记下镜 M_1 的位置 d_1 再沿原来方向移动 M_1 镜，直到可见度最小，记下 M_1 镜的位置 d_2，即得到

$$\Delta d = |d_2 - d_1|$$

(3) 按上述步骤重复三次，求得$\overline{\Delta d}$，代入(3-6-11)式，计算出钠光的双线波长差 $\Delta\lambda$，取 $\bar{\lambda}$ 为 589.3 nm。

【注意事项】

(1) 在调节和测量过程中，一定要非常细心和耐心，转动手轮时要缓慢、均匀。

(2) 为了防止引进螺距差，每项测量时必须沿同一方向转动手轮，途中不能倒退。

(3) 在用激光器测波长时，M_1 镜的位置应保持在 30～60 mm 的范围内。

(4) 为了测量读数准确，使用干涉仪前必须对读数系统进行校正。

【思考题】

(1) 简述本实验所用干涉仪的读数方法。

(2) 分析扩束激光和钠光产生的圆形干涉条纹的差别。

(3) 怎样利用干涉条纹的“涌出”和“陷入”来测定光波的波长？

(4) 调节钠光的干涉条纹时，如果双影重合，但条纹并不出现，试分析可能产生的原因。

实验 7　偏振光的研究

【实验目的】

(1) 观察光的偏振现象,加深对偏振光的了解。

(2) 掌握产生和检验偏振光的原理和方法。

【实验仪器】

氦氖激光器、偏振片、波片、玻璃片和支架。

【实验原理】

光波的振动方向与光波的传播方向垂直。自然光的振动在垂直与其传播方向的平面内,取所有可能的方向,某一方向振动占优势的光叫部分偏振光,只在某一个固定方向振动的光线叫线偏振光或平面偏振光。将非偏振光(如自然光)变成线偏振光的方法称为起偏,用来起偏的装置或元件叫起偏器;用来检验偏振光的装置或元件叫检偏器。实际上,能产生偏振光的元件,同样可用作检偏器。

1. 平面偏振光的产生

1) 非金属表面的反射和折射

光线斜射向非金属的光滑平面(如水、木头、玻璃等)时,反射光和折射光都会产生偏振现象,偏振的程度取决于光的入射角及反射物质的性质。当入射角是某一数值而反射光为线偏振光时,该入射角叫起偏角。起偏角的数值 α 与反射物质的折射率 n 的关系是

$$\tan\alpha = n \tag{3-7-1}$$

称为布儒斯特定律,如图 3-7-1 所示。根据此式,可以简单地利用玻璃起偏,也可以用于测定物质的折射率。从空气入射到介质,一般起偏角在 53°到 58°之间。

非金属表面发射的线偏振光的振动方向总是垂直于入射面的;透射光是部分偏振光;使用多层玻璃组合成的玻璃堆,能得到很好的透射线偏振光,其振动方向平行于入射面的。

2) 偏振片

分子型号的偏振片是利用聚乙烯醇塑胶膜制成,它具有梳状长链形结构的分子,这些分子平行地排列在同一方向上。这种胶膜只允许垂直于分子排列方向的光振动通过,因而产生线偏振光,如图 3-7-2 所示。分子型偏振片的有效起偏范围几乎可达到 180°,用它可得到较宽的偏振光束,是实验中常用的起偏元件。

鉴别光的偏振状态叫检偏,用来检偏的仪器或元件叫检偏器。偏振片也可作检偏器使用。自然光、部分偏振光和线偏振光通过偏振片时,在垂直光线传播方向的平面内旋转偏振片,可观察到不同的现象,如图 3-7-3 所示。图 3-7-3 中,(a)表示旋转 P,光强不变,为自然光;(b)表示旋转 P,无全暗位置,但光强变化,为部分偏振光;(c)表示旋转 P,可找到全暗位置,为线偏振光。

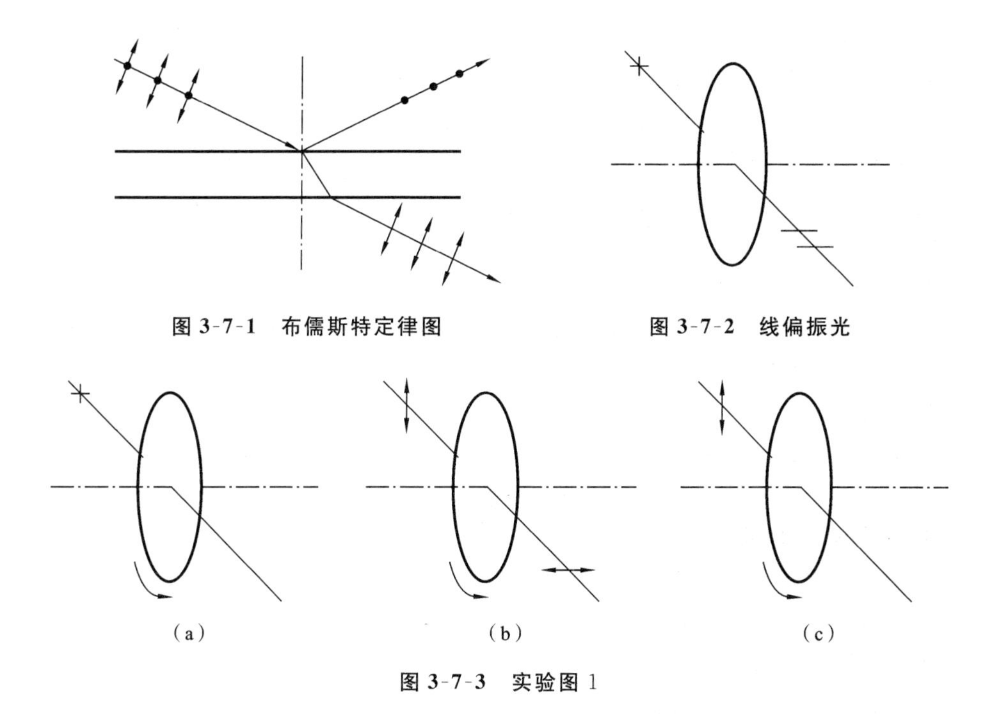

图 3-7-1　布儒斯特定律图

图 3-7-2　线偏振光

图 3-7-3　实验图 1

2. 圆偏振光和椭圆偏振光的产生

平面偏振光垂直入射晶片，如果光轴平行于晶片的表面，会产生比较特殊的双折射现象。这时，非常光 e 和寻常光 o 的传播方向是一致的，但速度不同，因而从晶片出射时会产生相位差：

$$\delta=\frac{2\pi}{\lambda_0}(n_o-n_e)d \tag{3-7-2}$$

式中：λ_0 表示单色光在真空中的波长；n_o 和 n_e 分别为晶体中 o 光和 e 光的折射率；d 为晶片厚度。

（1）如果晶片的厚度使产生的相位差 $\lambda=\frac{1}{2}(2k+1)\pi$，$k=0,1,2,\cdots$，这样的晶片称为 1/4 波片。平面偏振光通过 1/4 波片后，透射光一般是椭圆偏振光；当 $\alpha=\pi/4$ 时，则为圆偏振光；当 $\alpha=0$ 或 $\pi/2$ 时，椭圆偏振光退化为平面偏振光。由此可知，1/4 波片可将平面偏振光变成椭圆偏振光或圆偏振光；反之，它也可将椭圆偏振光或圆偏振光变成平面偏振光。

（2）如果晶片的厚度使产生的相位差 $\delta=(2k+1)\pi$，$k=0,1,2,\cdots$，这样的晶片称为半波片。如果入射平面偏振光的振动面与半波片光轴的交角为 α，则通过半波片后的光仍为平面偏振光，但其振动面相对于入射光的振动面转过 2α 角。

3. 平面偏振光通过检偏器后光强的变化

强度为 I_0 的平面偏振光通过检偏器后的光强 I_θ 为

$$I_\theta = I_0 \cos^2\theta \tag{3-7-3}$$

式中:θ 为平面偏振光偏振面和检偏器主截面的夹角。(3-7-3)式为马吕斯(Malus)定律,它表示改变角可以改变透过检偏器的光强。

当起偏器和检偏器的取向使得通过的光强极大时,称它们为平行(此时 $\theta=0°$)。当二者的取向使系统射出的光强极小时,称它们为正交(此时 $\theta=90°$)。

【实验内容】

1. 起偏

将激光束投射到屏上,在激光束中插入一偏振片,使偏振片在垂直于光束的平面内转动,观察透射光光强的变化。

2. 消光

在第一块偏振片和屏之间加入第二块偏振片,将第一块偏振片固定,在垂直于光束的平面内旋转第二块偏振片,观察此时现象。

3. 三块偏振片的实验

使两块偏振片处于消光位置,再在它们之间插入第三块偏振片,这时观察第三块偏振片在什么位置时光强最强,在什么位置时光强最弱。

4. 布儒斯特定律

(1) 如图 3-7-4 所示,在旋转平台上垂直固定一平板玻璃,先使激光束平行于玻璃板,然后使平台转过 θ 角,形成反射和透射光束。

(2) 使用检偏器检验反射光的偏振态,并确定检偏器上偏振片的偏振轴方向。

(3) 测出起偏角 α,按(3-7-1)式,计算出玻璃的折射率。

5. 圆偏振光和椭圆偏振光的产生

(1) 如图 3-7-5 所示,调整偏振片 A 和 B 的位置使通过的光消失,然后插入一片 1/4 波片 C_1(注意使光线尽量穿过元件中心)。

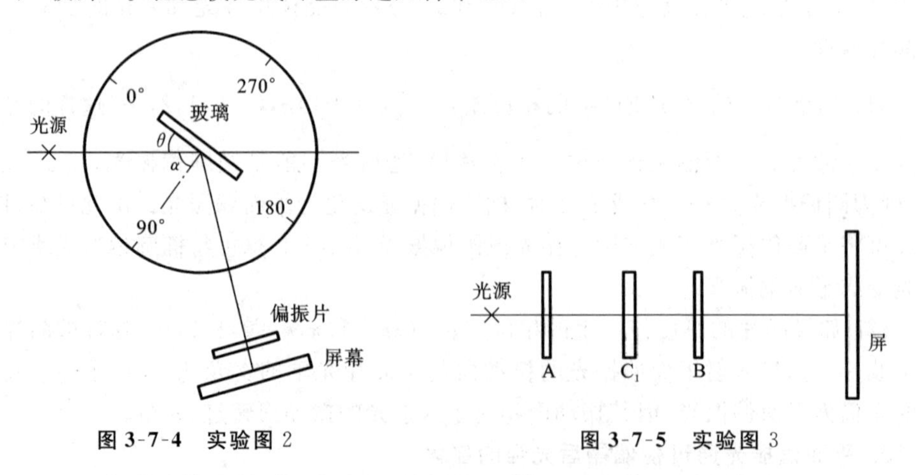

图 3-7-4 实验图 2　　图 3-7-5 实验图 3

(2) 以光线为轴先转动 C_1 消光,然后使 B 转 360°观察此时现象。

(3) 将 C_1 从消光位置转过 30°、45°、60°、75°、90°，以光线为轴每次都将 B 转 360° 观察并记录此时现象。

6. 圆偏振光、自然偏振光与椭圆偏振光和部分偏振光的区别

由偏振理论可知，一般能够区别开线偏振光和其他状态的光，但用一片偏振片是无法将圆偏振光与自然光，椭圆偏振光与部分偏振光区别开的，如果再提供一片 1/4 波片 C_2 加在检偏的偏振片前，就可鉴别出它们。

按上述步骤，再在实验装置上增加一片 1/4 波片 C_2，观察并记录现象。

【思考题】

(1) 两片 1/4 波片组合，能否做成半波片?

(2) 在确定起偏角时，找不到全消光的位置，根据实验条件分析原因。

实验 8 平行光管的调整及使用

【实验目的】

(1) 了解平行光管的结构及工作原理;掌握平行光管的调整方法。

(2) 加强对光具组基点的认识。

(3) 学会用平行光管测量凸透镜和透镜组的焦距。

(4) 学会用平行光管测定鉴别率。

【实验仪器】

平行光管、平面反射镜、平行光管分划板、测微目镜、凸透镜、透镜组、光具座、螺丝刀。

平行光管是产生平行光束的装置,其外形如图 3-8-1 所示。当调试好平行光的十字分划板的中心与平行光管的主光轴共轴以后,先拆下高斯目镜光源,再拆下十字分划板,换上玻罗板、鉴别率板等,接上如图 3-8-2 所示的直筒式光源(直筒式光源中的小灯泡是从高斯光源上拆下来的)。由于分划板放在平行光管物镜的焦平面上,且有灯光照射在分划板的毛玻璃上,所以分划板上各种划痕,以及毛玻璃上所散射出来的光,通过物镜的折射后都成为平行光。平行光管是装、校、调整光学仪器的重要工具之一,也是光学量度仪器中的重要组成部分,配用不同的分划板与测微目镜(或显微镜系统),可以测定透镜或透镜组的焦距、鉴别率及其他成像质量。为了保证检查或测量精度,被检透镜组的焦距最好不大于平行光管物镜焦距的二分之一(我们经常

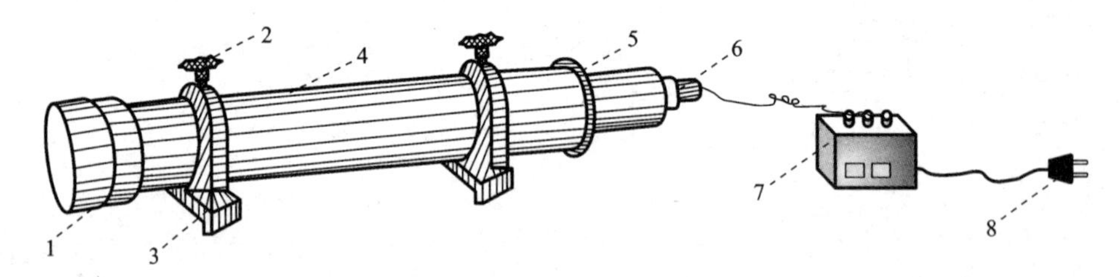

图 3-8-1 平行光管

1. 物镜组;2. 十字旋手;3. 底座;4. 镜管;5. 分划板调节螺钉;6. 照明灯座;7. 变压器;8. 插头。

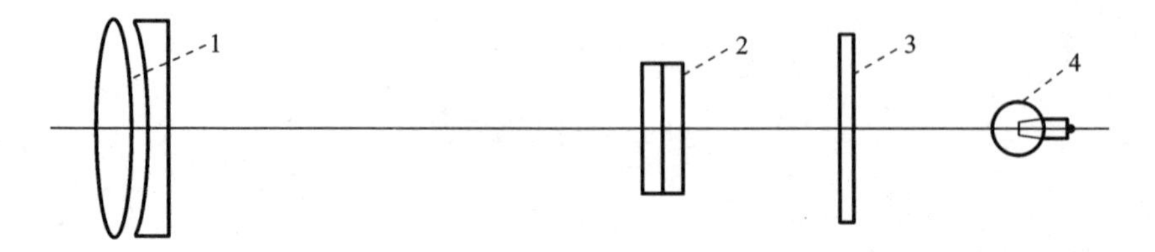

图 3-8-2 直筒式光源

1. 物镜;2. 分化板;3. 毛玻璃;4. 光源。

认定其物镜焦距是平行光管的焦距)。

平行光管的型号很多,常见的有 CPG550 型、CTT5.5 型,下面主要以 CPG550 型为例介绍平行光管的构造。

1. CPG550 型平行光管主要规格

(1) 物镜焦距 f':550 mm(名义值),使用时按出厂的实测值。

(2) 物镜口径 D:55 mm。

(3) 高斯目镜:焦距 f'为 44 mm,放大倍数为 5.7。

2. 分划板

CPG550 型平行光管有 5 种分划板,如图 3-8-3 所示。

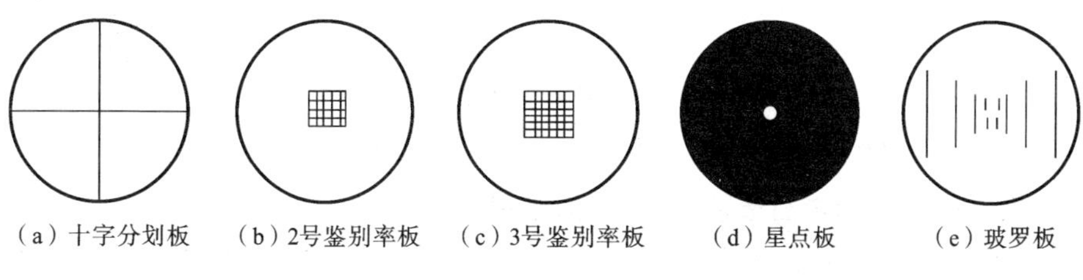

(a) 十字分划板 (b) 2号鉴别率板 (c) 3号鉴别率板 (d) 星点板 (e) 玻罗板

图 3-8-3 分划板

(1) 十字分划板:调节平行光管的物镜焦距并将十字分划板的十字心调到平行光管的主光轴上,若拿掉十字分划板换上其他分划板,此分划板的中心也在平行光管的主光轴上。

(2) 鉴别率板:可以用来检验透镜和透镜组的鉴别率,板上有 25 个图案单元,每个图案单元中平行条纹宽度不同,对于 2 号鉴别率板,第 1 单元到第 25 单元的条纹宽度由 20 μm 递减至 5 μm;而对于 3 号鉴别率板,第 1 单元到第 25 单元的条纹宽度由 40 μm 递减至 10 μm。

(3) 星点板:星点直径为 ϕ0.05 mm,通过被检系统后有一衍射像,根据像的形状作光学零件或组件成像质量定性检查。

(4) 玻罗板:它与测微目镜(或读数显微镜)组合在一起使用,用来测量透镜组的焦距。玻罗板上每两条等长线之间的间距有不同的尺寸,其名义尺寸为 1 mm、2 mm、4 mm、10 mm、20 mm,使用时应依据出厂时的实测值。

【实验原理】

1. 用平行光管测量焦距

如图 3-8-4 所示,选用测微目镜,使被测透镜焦平面上所成玻罗板的像也在测微目镜的焦平面上,便可测量。因为

$$\alpha=\alpha'$$

所以

$$f=\frac{f'\cdot y}{y'} \tag{3-8-1}$$

式中：f 为被测透镜焦距；f'为平行光管焦距实测值；y'为玻罗板上所选用线距实测值($A'B'=Y'$)；y 为测微目镜上玻罗板低频线的距离($AB=Y$，即测量值)。

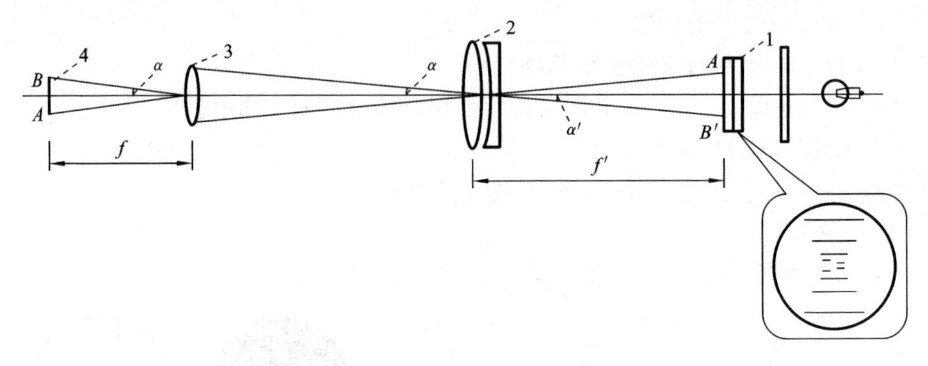

图 3-8-4　平行光管测量焦距

1. 玻罗板；2. 平行光管物镜(焦距 f')；3. 被测凸透镜(焦距 f)；4. 测微目镜。

2. 用平行光管测定凸透镜、透镜组的鉴别率

光学系统的鉴别率是该系统成像质量的综合性指标，按照几何光学的观点，任何靠近的两个微小物点，经光学系统后成像在像平面上，仍然是两个"点"像。事实上，这是不可能的。即使光学系统无像差，通过光学系统后，波面不受破坏，而根据光的衍射理论，一个物点的像不再是"点"，而是一个衍射花样。光学系统能够把这种靠得很近的两个衍射花样分辨出来的能力，称为光学系统的鉴别率。根据衍射理论和瑞利准则，仪器的最小分辨角为

$$\alpha=1.22\frac{\lambda}{D} \tag{3-8-2}$$

式中：α 的单位为弧度；D 为入射光瞳直径；λ 为光波波长。

当平行光管物镜焦平面上的鉴别率板产生的平行光(将平行光管的分划板换成鉴别率板)射入被测透镜时，在被测透镜的焦平面附近，用测微目镜可观察到鉴别率板的像。如果被检透镜质量越高，在视场里观察到能分辨的单元号码越高。仔细找出尽可能高的分辨单元号码，由下式测定鉴别率角值：

$$\theta=\frac{2\alpha}{f'}20°62'56'' \tag{3-8-3}$$

式中：θ 为角值；α 为条纹宽度；f'为平行光管焦距。

【实验内容】

1. 用平行光管测量焦距

(1) 调整分划板座的中心使其位于平行光管的主光轴上，且使分划板严格位于物镜的焦平面上。

平行光管使用时，因测试的需要，常常要换上不同的分划板，为了保证出射光线

平行，每次调换后都必须使分划板严格处于物镜的焦平面上。

① 十字分划板装在平行光管的分划板座上，然后再装上高斯目镜。

② 调节高斯目镜(即拉伸目镜)，眼睛对着目镜观看时，能清楚地看到十字叉丝。

③ 调节放在平行光管前的平面镜(平面镜上有调节水平螺丝和垂直螺丝)，使平行光管射出的光线重新返回平行光管。这时能通过高斯目镜看到分划板上有一个反射回来的像，前后调节物镜(旋转物镜)，直到目镜里清楚地观察到十字叉丝的像，表明分划板已经调整在物镜的焦平面上了。

(2) 调整十字分划板中心在平行光管主光轴上。

① 平面镜暂时用纸遮住，在目镜上看到十字分划板，粗调分划板的上、下和左、右螺丝，使分划板的十字心在平行光管的管心处。

② 拿走平面镜上的纸片，在目镜上又看到十字叉丝像，调节平面镜的俯仰角，观察叉丝的像与十字叉丝重合。

③ 松开平行光管的两只"十字旋手"，将平行光管以轴心为准线旋转 180°，观察叉丝与其像的横线是否重合。如果不重合，调节分划板座的上、下螺丝，使叉丝的横线与像的横线接近一半，再调平面镜的角度使横线重合。如此重复旋转，直至横线在任何角度下都重合。

④ 调节分划板座的左、右螺丝，使十字叉丝垂直线与其像的垂直线重合，直至转动平行光管时，十字叉丝物像始终重合。这表示分划板座的中心与平行光管的主光轴已经重合。

(3) 测量凸透镜及透镜组的焦距。

① 平行光管调整后，拿下平面镜，将被测凸透镜置于平行光管的前方，在透镜的前方放上测微目镜，调节平行光管、被测凸透镜和测微目镜，使它们大致在同一光轴上，尽量让测微目镜拉近到实验人员方便观察的位置。

② 将平行光管的十字分划板换成玻罗板，并拿下高斯目镜上的灯泡，放在直筒形光源罩上，然后装在平行光管上。

③ 转动测微目镜的调节螺丝，直到从测微目镜里面能看到清晰的叉丝、标尺为止。

④ 前后移动凸透镜，使被测凸透镜在平行光管中的玻罗板成像于测微目镜的标尺和叉丝上，表明凸透镜的焦平面与测微目镜的焦平面重合。

⑤ 用测微目镜测出玻罗板像中 10 mm 两刻线间距的测量值 y，读出平行光管的焦距实测值 f'和玻罗板两刻线的实测值 y'(出厂时仪器说明书中给定)，重复五次，将各次数据填入自拟表中。

⑥ 将凸透镜拿下来，换上被测量的透镜组，重复上述步骤五次，测出透镜组的焦距，求其平均值。

2. 用平行光管测凸透镜和透镜组的鉴别率

(1) 取下玻罗板，换上 3 号鉴别板，装上光源。

(2) 将测微目镜、被测透镜、平行光管依次放在光具座上。

(3) 移动被测透镜的位置,使被测透镜在平行光管的 3 号鉴别率板成像于测微目镜的焦平面上。用眼睛认真地从 1 号单元鉴别率板上开始朝下看,分辨出是哪一个号数单元的并排线条,并记下号码。

(4) 在表 3-8-1 中查出条纹宽度 α 值及鉴别率角值,也可将 α、f'(平行光管焦距,出厂的实测值)代入(3-8-3)式,求出鉴别率角值 θ。

表 3-8-1 测定凸透镜、凸透镜组所用的 2 号、3 号鉴别率板

鉴别率板号		2 号		3 号	
鉴别率板单元号	单元中每一组的条纹数	条纹宽度/μm	当平行光管 f=550 时鉴别率角值/s	条纹宽度/μm	当平行光管 f=550 时鉴别率角值/s
1	4	20.0	15.00″	40.0	30.00″
2	4	18.9	14.18″	37.8	28.35″
3	4	17.8	13.35″	35.6	26.70″
4	5	16.8	12.60″	33.6	25.20″
5	5	15.9	11.93″	31.7	23.78″
6	5	15.0	11.25″	30.0	22.50″
7	6	14.1	10.58″	28.3	21.23″
8	6	13.3	9.98″	26.7	20.03″
9	6	12.6	9.45″	25.2	18.90″
10	7	11.9	8.93″	23.8	17.85″
11	7	11.2	8.40″	22.5	16.88″
12	8	10.6	7.95″	21.2	15.90″
13	8	10.0	7.50″	20.0	15.00″
14	9	9.4	7.05″	18.9	14.18″
15	9	8.9	6.68″	17.8	13.35″
16	10	8.4	6.30″	16.8	12.60″
17	11	7.9	5.93″	15.9	11.93″
18	11	7.5	5.63″	15.0	11.25″
19	12	7.1	5.33″	14.1	10.58″
20	13	6.7	5.03″	13.3	9.98″
21	14	6.3	4.73″	12.6	9.45″
22	14	5.9	4.43″	11.9	8.93″
23	15	5.6	4.20″	11.2	8.40″
24	16	5.3	3.98″	10.06	7.95″
25	17	5.0	3.75″	10.0	7.50″

（5）取下透镜，换上透镜组，重复上述步骤，读出鉴别率板上能分辨的号码，并填入自拟表中。

【思考题】

（1）叙述平行光管的结构，并阐释在平行光管中用高斯目镜的作用是什么。

（2）平行光管产生平行光的原理是什么？是否能产生单一方向的平行光？

（3）利用平行光管测量透镜和透镜组焦距的原理是什么？

（4）什么叫光学系统的鉴别率？如何用平行光管测量透镜和透镜组的鉴别率？

（5）在实验报告中画出本实验所需要的数据记录表格。

实验9　用菲涅耳双棱镜测波长

【实验目的】

(1) 掌握菲涅耳双棱镜获得双光束干涉的方法。

(2) 观察双棱镜产生的双光束干涉现象,进一步理解产生干涉的条件。

(3) 学会用双棱镜测定光波波长。

【实验仪器】

双棱镜、可调狭缝、辅助透镜、测物目镜、光具座、白屏、单色光源。

【实验原理】

如图3-9-1所示,将一块平玻璃板的上表面加工成两楔形,两端与棱脊垂直,楔角较小(一般小于1°)。当单色光源照射在双棱镜表面时,经其折射后形成两束好像由两个光源发出的光(即两列光波的频率相同,传播方向几乎相同,相位差不随时间变化),那么在两列光波相交的区域内光强的分布是不均匀的,满足光的相干条件,称这种棱镜为双棱镜。

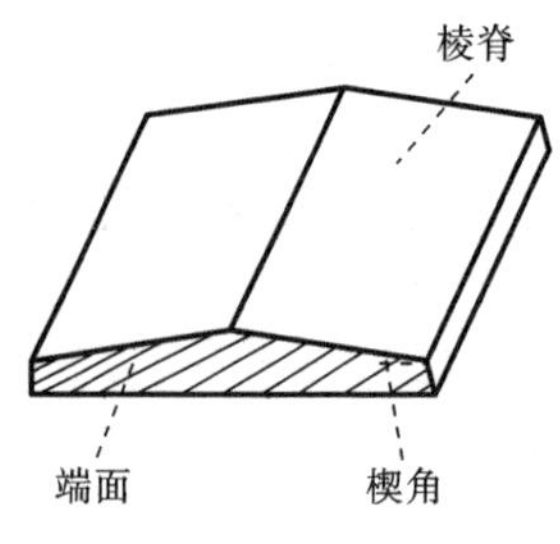

图3-9-1　双棱镜

菲涅耳利用图3-9-2所示的装置,获得了双光束的干涉现象。图中双棱镜 AB 是一个分割波前的分束器,从单色光源M发出的光波,经透镜L会聚于狭缝S,使S成为具有较大亮度的线状光源。当狭缝S发出的光波投射到双棱镜 AB 上时,经折射后,被分割成两部分,形成沿不同方向传播的两束相干柱波。通过双棱镜观察这两束光,就好像它们是由 S_1 和 S_2 发出的一样,故在其相互交叠区域 P_1P_2 内产生干涉。如果狭缝的宽度较小,双棱镜的棱脊与光源平行,就能在白屏P上观察到与狭缝平行的等间距干涉条纹。

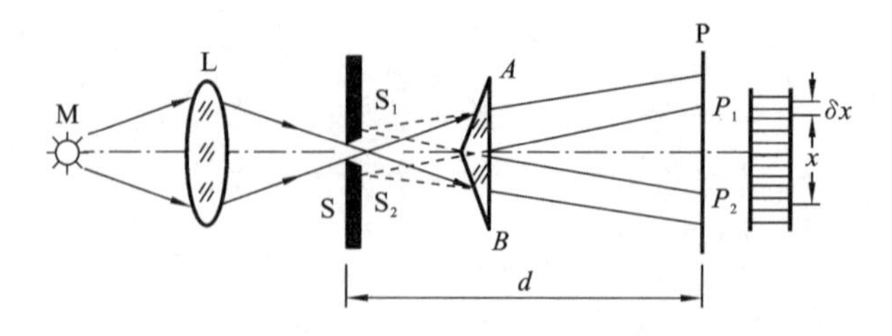

图3-9-2　双光束干涉现象

设 d' 代表两虚光源 S_1 和 S_2 之间的距离,d 为虚光源所在的平面(近视的在光源狭缝S的平面内)至观察屏的距离,且 $d' \ll d$,干涉条纹宽度为 δx,则实验所用光波波长 λ 可由下式确定,即

$$\lambda=\frac{d'}{d}\delta x \tag{3-9-1}$$

(3-9-1)式表明，只要测出 d'、d 和 δx，便可计算出光波波长。

通过使用简单的米尺和测微目镜，进行毫米级的长度测量，推算出微米级的光波波长。所以，这是一种光波波长的绝对测量。

由于干涉条纹宽度 δx 很小，必须使用测微目镜进行测量。两虚光源之间的距离为 d'，可用已知焦距为 f' 的会聚透镜 L′置于双棱镜与测微目镜之间，由透镜的两次成像法求得，如图 3-9-3 所示。只要使测微目镜到狭缝的距离 $d>4f'$，前后移动透镜，就可以在两个不同位置上从测微目镜中看到两虚光源 S_1、S_2 经透镜所成的实像 S_1'、S_2'，其中一组为放大的实像，另一组为缩小的实像，如果分别测得二放大像间距 d_1 和二缩小像间距 d_2，则有

$$d'=\sqrt{d_1 d_2} \tag{3-9-2}$$

由(3-9-2)式可求得两虚光源之间的距离。

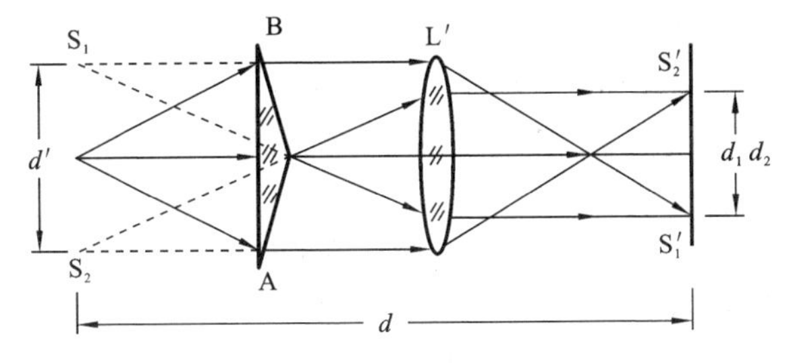

图 3-9-3 实验图

【实验内容】

1. 调节共轴

(1) 将单色光源 M、会聚透镜 L、狭缝 S、双棱镜 AB 与测微目镜 P，按图 3-9-2 的次序放置在光具座上，用目视粗略地调整它们的中心等高、共轴；双棱镜的底面与系统的光轴垂直，棱脊和狭缝的取向大体平行。

(2) 点亮光源 M，通过透镜照亮狭缝 S，用手执白屏在双棱镜后面观察，经双棱镜折射后的光束，应有较亮的叠加区域 P_1P_2，且叠加区域能够进入测微目镜。当白屏移动时，叠加区域能逐渐向左、右或上、下偏移。根据观察到的现象，做出判断，并反复调节，直至共轴。

2. 调节干涉条纹

(1) 减小狭缝的宽度，一般情况下，可从测微目镜中观察到不太清晰的干涉条纹(测微目镜的结构及使用调节方法见实验基础知识中的有关内容)。

(2) 绕系统光轴缓慢地向右或向左旋转双棱镜 AB，将会出现清晰的干涉条纹。这时棱镜的棱脊与狭缝的取向应严格平行。

(3) 看到清晰的干涉条纹后，将双棱镜或测微目镜前后移动，使干涉条纹的宽度适当，同时在不影响条纹清晰度的情况下，适当地增加缝宽，以保持干涉条纹有足够的亮度。但双棱镜和狭缝的距离不宜过小，因为减小它们的距离，S_1S_2 的间距也会减小，对测量 d' 不利。

3. 测量与数据处理

(1) 用测微目镜测量干涉条纹的宽度 δx。为了提高测量精度，可先测出 n 条(10～20 条)干涉条纹的间距，再除以 n，即得 δx。测量时，先使目镜叉丝对准某亮纹的中心，然后旋转测微螺旋，使叉丝移过 n 个条纹，读出两次读数。重复上述步骤，求出 δx。

(2) 用米尺量出狭缝到测微目镜叉丝平面的距离 d，测量几次，求平均值。

(3) 用透镜两次成像法测两虚光源的间距 d'。保持狭缝与双棱镜原来的位置不变，在双棱镜和测微目镜之间放置一个已知焦距 f' 的会聚透镜 L′，移动测微目镜使它到狭缝的距离大于 $4f'$，分别测得两次清晰成像时实像的间距 d_1、d_2。各测几次，取其平均值，再计算 d' 值。

(4) 用所得的 $\Delta\bar{x}$、$\overline{d'}$、d 值，求出光源的光波波长 λ。

(5) 用最小二乘法拟和来计算波长测量值的标准不确定度。

【注意事项】

(1) 使用测微目镜时，首先要确定测微目镜读数装置的分格精度，然后要注意防止回程误差，旋转读数轮时动作要平稳、缓慢，测量装置要保持稳定。

(2) 在测量光源狭缝至观察屏的距离 d 时，因为狭缝平面和测微目镜的分划板平面均不和光具座滑块的读数准线共面，必须引入相应的修正量(如 GP-78 型光具座，狭缝平面位置的修正量为 42.5 mm，MCU-15 型测微目镜分划板平面的修正量为 27.0 mm)，否则将引进较大的系统误差。

(3) 测量 d_1、d_2 时，由于透镜像差的影响，实像 S_1' 和 S_2' 的位置确定不准，将给 d_1、d_2 的测量引入较大误差，可在透镜 L′ 上加一直径约 1 cm 的圆孔光阑(用墨纸)，增加 d_1、d_2 测量的精确度(可对比一下加或不加光阑的测量结果)。

【思考题】

(1) 双棱镜是怎样实现双光束干涉的？干涉条纹是怎样分布的？干涉条纹的宽度、数目由哪些因素决定？

(2) 在实验时双棱镜和光源之间为什么要放一狭缝？为什么狭缝很窄时才可以得到清晰的干涉条纹？

(3) 试证明公式 $d'=\sqrt{d_1d_2}$。

实验10 用光学仪器测量放大率和微小长度

【实验目的】

(1) 熟悉显微镜和望远镜的构造及其放大原理。

(2) 学会测定显微镜和望远镜放大率的方法。

(3) 掌握显微镜的正确使用方法;学会利用显微镜测量微小长度。

(4) 理解光学仪器分辨本领的物理意义。

【实验仪器】

读数显微镜、望远镜、测微目镜、目镜测微尺、标准石英尺、十字叉丝光阑、圆孔光阑、准直光阑、分辨率板、辅助显微镜、米尺、标尺、待测样品等。

【实验原理】

1. 测定显微镜和望远镜的放大率

在前面的基础知识中,我们已经对显微镜和望远镜的光学系统有所了解,在用显微镜或望远镜观察物体时,一般因为视角均较小,故视角之比可用其正切之比来代替。于是,显微镜和望远镜的放大率可近似地写成

$$M=\frac{\tan\alpha_0}{\tan\alpha_e}$$

1) 显微镜的放大率

测定显微镜放大率最简便的方法如图 3-10-1 所示。现以显微镜为例,设长为 l_0 的目的物 PQ 直接置于观察者的明视距离处,其视角为 α_0,从显微镜中最后看到虚像 $P''Q''$ 亦在明视距离处,其长度为 $-l$,视角为 $-\alpha_e$,于是有

$$M=\frac{\tan\alpha_0}{\tan\alpha_e}=\frac{l_0}{l} \tag{3-10-1}$$

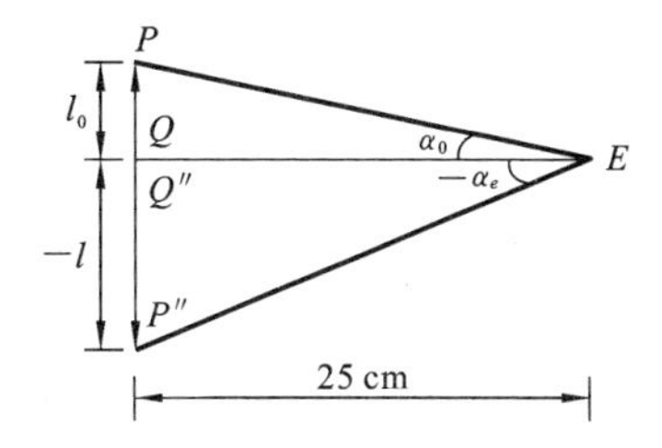

图 3-10-1 测定显微镜放大率

因此,用一刻度尺作为目标物,取其一段分度长为 l_0,把观察到的尺的像投影到尺面上,设被投影后像在刻度尺上的长度是 l,就可求得显微镜的放大率。

2) 望远镜的放大率

当望远镜对无穷远调焦时,望远镜筒的长度(即物镜与目镜之间的距离)就可认为是 $f'_0+f'_e$。这时,如果将望远镜的物镜卸下,在它原来的位置放一长度为 l_1 的目的物(十字叉丝光阑),于是,在离目镜 d 处得到该物经目镜所成的实像,设其像长为 $-l_2$,则根据透镜成像公式有

$$\frac{l_1}{-l_2}=\frac{f'_0+f'_e}{d} \tag{3-10-2}$$

及

$$\frac{1}{d}+\frac{1}{f'_0+f'_e}=\frac{1}{f'_e} \tag{3-10-3}$$

将(3-10-2)式和(3-10-3)式消去 d,得

$$M=-\frac{f'_0}{f'_e}=\frac{l_1}{l_2} \tag{3-10-4}$$

由(3-10-4)式可知,只要测出光阑的长度 l_1 及其像长 l_2,即可算出望远镜的放大率。

2. 用生物显微镜测量微小长度

显微镜的种类很多,实验中常用的是生物显微镜,它的构造和外形如图 3-10-2 所示。

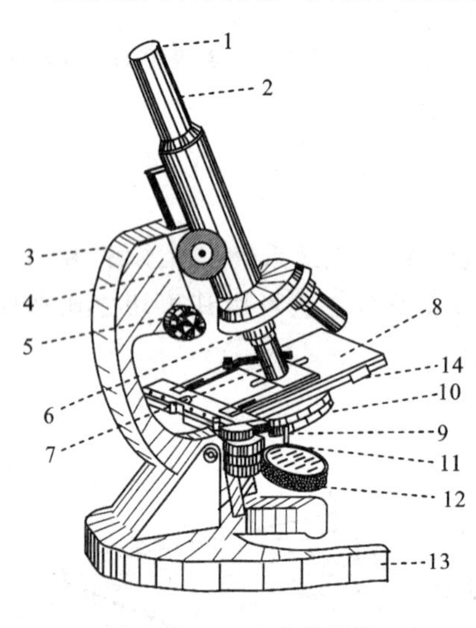

图 3-10-2 生物显微镜

1) 光学部分的成像系统

光学部分的成像系统由目镜 1 和物镜 7 组成。目镜由两块透镜装置在目镜镜筒中构成,筒上标有放大率,常用的有 5×、10×、15×(或 12.5×)。物镜由多块透镜复合而成,装置在物镜转换器 6 上,转动转换器可调换使用。该系统通常配有物镜三个,放大率分别为 10×、40×、100×(或 8×、45×、100×)。可以看出物镜和目镜的相互组合可得九种不同的放大率。

2) 光学部分的照明系统

光学部分的照明系统由聚光镜 10 和可变光阑 11 及反射镜 12 组成。反射镜将外来光线导入聚光镜,并由聚光镜聚焦,以照亮被观察物。可变光阑可改变孔径,用来调节照明亮度,以便使用不同数值孔径的物镜观察时获得清晰的像。

3) 机械部分

机械部分由镜筒 2、镜架 3、镜座 13 等组成,物镜转换器 6 装有三个物镜,可借助转动而调换。调节器分粗调手轮 4 和微调手轮 5 两种,转动粗调手轮可使镜筒明显升降,用以粗调光线;转动微调手轮可使镜筒细微升降,用以精确对物调焦。载物台 8 在物镜下方,用以搁置载物玻片和标本。载物台移动手轮 9 装在载物台上,用以前后左右移动载物玻片和标本。移动距离可由游标尺 14 读出。

4) 显微镜的操作规程

显微镜是精密的光学仪器,要注意保养维护,使用时应严格遵守操作规程和使用方法,特别是使用高倍物镜时,由于物镜视场小而暗、工作距离短,所以调节较为困难,必须细心操作。例如,100×物镜的工作距离只有 0.2 mm 左右,调焦稍不注意,物镜就可能与被观察物接触而受挤压,造成损坏。为此,规定调焦的操作规程如下。

① 需要使用高倍物镜时，先用低倍物镜进行调节。

② 选用粗调手轮把镜筒往下调，并从旁边严密监视，使物镜头慢慢靠近被观察物而又不与之接触。

③ 从目镜中观察，并慢慢转动粗调手轮使镜筒上升，使镜头与物之间的距离逐渐增大，直至观察到物的像。

④ 这时转动转换器，换用高倍物镜观察（转换时物镜不会碰到被观察物），稍加调节微调手轮，即可获得最清晰的像，至此调焦完毕。

3. 显微镜和望远镜的分辨本领

根据光的衍射理论，任何助视光学仪器对任何一物成像时，因孔径光阑的夫琅禾费衍射作用，其像均非一点，而为一光斑（艾里斑）。因此，当两个物点靠得很近时，相应的艾里斑可能重叠过多，人们将无法分辨它们是否由两个物点产生的像，会误认为只是一个物点产生的。光学仪器因构造和用途不一样，根据瑞利判据，衡量各自分辨本领的方式也不一样。

1）望远镜的分辨本领

望远镜的分辨本领用最小分辨角 $\delta\theta$ 表示，其理论值为

$$\delta\theta=1.22\frac{\lambda}{D} \tag{3-10-5}$$

式中：λ 是光波波长，D 为望远镜物镜的孔径，计算得出的角度单位为弧度。

因此，当两个物体 P_1、P_2 对望远镜的张角小于 $\delta\theta$ 值时，望远镜将无法分辨它们。显然，物镜孔径 D 值越大，$\delta\theta$ 就越小，分辨本领越高。

2）显微镜的分辨本领

显微镜的分辨本领用最小分辨距离 δy 表示，其理论值（不计像差）为

$$\delta y=\frac{0.61\lambda}{n\sin\left(\frac{\theta}{2}\right)} \tag{3-10-6}$$

式中：λ 为光波波长；n 为显微镜物方空间的折射率；θ 为物镜对轴上物点的张角。通常将 $n\sin\frac{\theta}{2}$ 称为物镜的数值孔径 N_A，并将此数值标记在物镜筒上。于是(3-10-6)式变为

$$\delta y=\frac{0.61\lambda}{N_A} \tag{3-10-7}$$

显然，物镜的数值孔径 N_A 越大，最小分辨距离就越小，物镜的分辨本领就越高。一般情况下，物镜的分辨本领就是整个显微镜的分辨本领。

【实验内容】

1. 读数显微镜放大率的测定

(1) 认真阅读《光学实验基础知识》中读数显微镜、测微目镜、望远镜的有关内容。

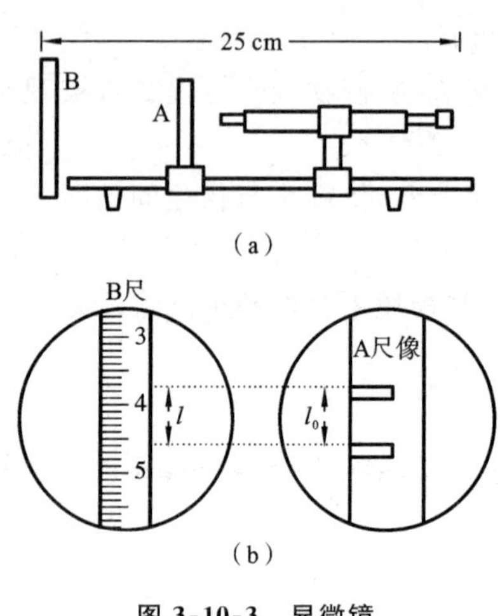

图 3-10-3 显微镜

(2) 如图 3-10-3 所示布置仪器,将显微镜夹持好,在垂直于显微镜光轴方向距目镜 254 mm 处放置一把毫米分度的米尺 B,在物镜前放置另一把毫米分度的短尺 A,调节显微镜使显微镜中看到短尺 A 的像。

(3) 用一只眼睛通过显微镜观察短尺 A 的像,另一只眼睛直接看米尺 B。经过多次观察,调节眼睛使得显微镜中看到的 A 尺的像被投影到靠近米尺 B 时,选定 A 尺的像上某一分度 l_0,记录其相当于 B 尺上的分度 l,将 l、l_0 代入(3-10-1)式中,求出显微镜的放大率 M。

(4) 按上述步骤重复几次,取其平均值。

显微镜镜筒改变以后,光学间隔随之改变,放大率亦随之变化。将显微镜镜筒稍做改变,再测一次放大率,重复几次,取其平均值。

2. 望远镜放大率的测定

(1) 把望远镜调焦到无穷远处,也就是使用望远镜能清楚地看到远处的物体 l'_2。

(2) 卸下望远镜的物镜,并在原物镜的目镜位置上装一个十字叉丝光阑。

(3) 利用移测显微镜测出由望远镜目镜所成十字像的长度,并用移测显微镜直接测出光阑上十字叉丝的长度。

设十字线的长度分别为 l_1 与 l'_1,它们经望远镜目镜所成像的长度分别是 l_2 与 l'_2,于是由(3-10-4)式,可得望远镜的放大率:

$$M=\frac{1}{2}\left(\frac{l_1}{l_2}+\frac{l'_1}{l'_2}\right)$$

(4) 将所得结果与其真值进行比较。

3. 用生物显微镜、目镜测微尺和石英尺测量微小长度

(1) 将所需测量的样品或标本放在载物台上夹住。

(2) 将各倍率的物镜顺序装在物镜转换器上;选择适当倍率的目镜,并把目镜测微尺放入目镜筒,然后插入显微镜筒中。

(3) 根据需要调节聚光镜、反光镜及光阑,使目镜中观察到强弱适当且均匀的视场。

(4) 熟悉显微镜的机械结构,学会调节使用,特别要熟悉粗调手轮和微调手轮的使用方法,弄清镜筒的升降(顺时针转动手轮是下降,逆时针转动手轮是上升),做到熟练掌握,调节自如。

(5) 先用低倍物镜对物进行调焦,遵照操作规程先粗调后微调,直至目镜视场中观察到最清晰的像。如果被观察物的像不在视场中心,则可调节载物台移动手轮,将其移至视场中心进行观察。

(6) 转动转换器换用高倍物镜观察,略微调节微调手轮,直至所观察的像为最清晰。

(7) 将观察的样品或标本取下,换上标准石英尺,常用的石英尺高刻度部分全长1 mm,共分为100小格,每小格的宽度为0.01 mm。转动目镜镜筒,使目镜测微尺的刻度与视场中标准石英尺的刻度相平行,并移动载物台,使之重合,读取目镜测微尺上的几个分格在标准石英尺上的分格数,以定标目镜测微尺的分格值。记下所用物镜的放大率,比较实验结果。

(8) 取下标准石英尺,换上观察样品标本,在不同部位或不同地方测量其长度数次,取平均值。

4. 用显微镜配备的测微目镜测量微小长度

1) 测微目镜刻度的定标

(1) 将标准石英尺放在显微镜载物台上夹住。

(2) 将显微镜上目镜卸下,换上测微目镜,调焦使物的像最为清晰。

(3) 转动测微目镜鼓轮(或载物台的移动手轮),使分划板上叉丝的取向与标准石英尺平行,然后将叉丝移至和显微镜视场中标准石英尺的某一刻度重合,记下测微目镜的读数 m(包括测微尺刻度和鼓轮刻度读数),如图3-10-4所示。

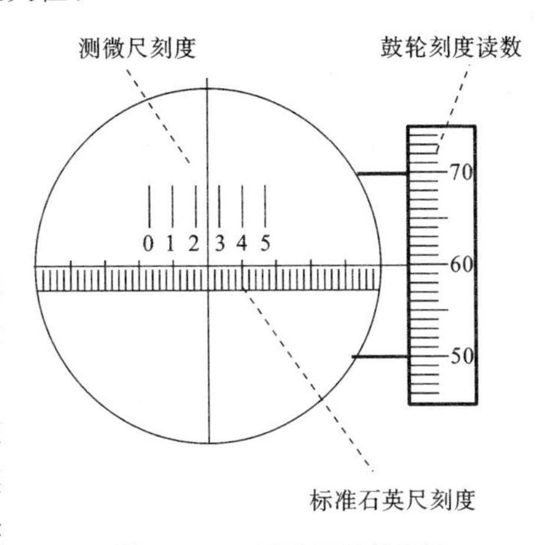

图3-10-4 测微目镜的读数

(4) 转动测微目镜鼓轮使叉丝在标准石英尺上移动 N 格,这时叉丝与标准石英尺上另一刻线重合,记下测微目镜的读数 n。

(5) 重复测量几次,求出 $|m-n|$ 的平均值,计算出测微目镜鼓轮每一个小格所对应的叉丝实际移动的长度。这样,测微目镜刻度便得到定标。

2) 测量微小长度

取下标准石英尺,换上所需测量的标本玻片(图样、刻度等),对每一个长度重复测量几次,求出平均值。

5. 望远镜最小分辨角的测定

(1) 将分辨率板放置在物镜的焦面上,用目镜小灯照亮,使平行光管产生平行光,如图3-10-5所示。

(2) 分辨率板上共有25组条纹,每组条纹有四个不同的取向,如图3-10-6所

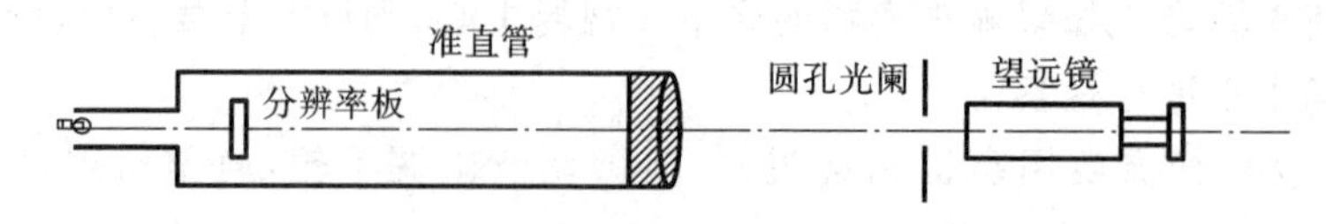

图 3-10-5　实验图 1

图 3-10-6　实验图 2

示，每组条纹的宽度和角度均相同。

(3) 用待测望远镜直接观察分辨率板的像，找出分辨率板上刚刚能看出有条纹分布的组号(只要能看见任一取向的条纹，就算该组号的条纹能被分辨)，从仪器说明书上查出相应组号条纹的角度，为望远镜最小分辨角的实验值。

(4) 用游标尺测量物镜的孔径 D，测量几次，将平均值代入(3-10-5)式中，计算 $\delta\theta$ 的理论值，并与实验值比较。因采用白光照明，计算时取 $\lambda=550$ nm。

(5) 为了观察孔径 D 对分辨本领的影响，在望远镜物镜前再另加一圆孔光阑，其直径应比物镜孔径小，重复上述步骤计算并和不用光阑的结果比较。

6. 显微镜分辨本领的测定

显微镜的分辨本领主要取决于物镜，实验时，因 $n=1$，故 $N_A=\sin\dfrac{\theta}{2}$。

(1) 将待测显微镜 M_1 与辅助显微镜 M_2 如图 3-10-7 所示共轴调节好。

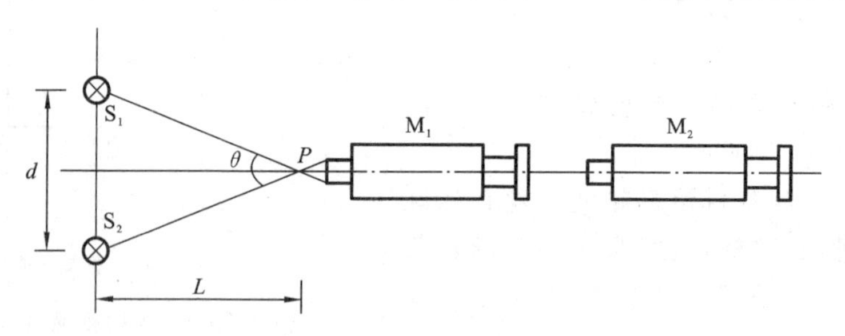

图 3-10-7　实验图 3

(2) 在待测显微镜 M_1 前方 L 远处垂直于光轴放置米尺，点亮米尺杆上的小灯 S_1 和 S_2，调节辅助显微镜并从中观察到米尺上小灯的清晰的像。

(3) 移动米尺上小灯的位置，使小灯 S_1 和 S_2 的像分别位于显微镜 M_2 视角的边缘，记下小灯 S_1、S_2 之间的距离 d。

(4) 移开辅助显微镜 M_2，将米尺移近待测显微镜(保持待测显微镜不动)到直接观察到米尺清晰的位置 P 时，米尺移动的距离即为 L，近似地有 $\sin\dfrac{\theta}{2}=\dfrac{d}{2L}$。将 $\sin\dfrac{\theta}{2}$的值代入(3-10-7)式中，计算出显微镜的最小分辨距离($\lambda=550$ nm)。

【思考题】

(1) 显微镜与望远镜有哪些相同之处与不同之处?

(2) 显微镜测量微小长度时,用测微目镜测定石英标准尺 m 个分格的数值为 Δx,为什么它和石英标准尺相应分格的实际值 Δx_0 之比不等于物镜的放大率?

(3) 评价天文望远镜时,一般不讲它是多少倍的,而是说物镜口径多大,为什么?

实验 11 用掠射法测定透明介质的折射率

【实验目的】

(1) 掌握用掠射法测定液体的折射率。

(2) 了解阿贝折射仪的工作原理,熟悉其使用方法。

【实验仪器】

分光仪、阿贝折射仪、三棱镜两块、钠灯、待测液体(水、酒精)、读数小灯、毛玻璃。

【实验原理】

1. 用掠射法测定液体折射率

将折射率为 n 的待测物质放在已知折射率为 n_1($n<n_1$)的直角棱镜的折射面 AB 上,若以单色的扩展光源照射分界面 AB,则入射角为 $\pi/2$ 的光线Ⅰ将掠射到 AB 界面而折射进入三棱镜内,其折射角 i_c 为临界角。如图 3-11-1 所示,可以看出应满足关系:

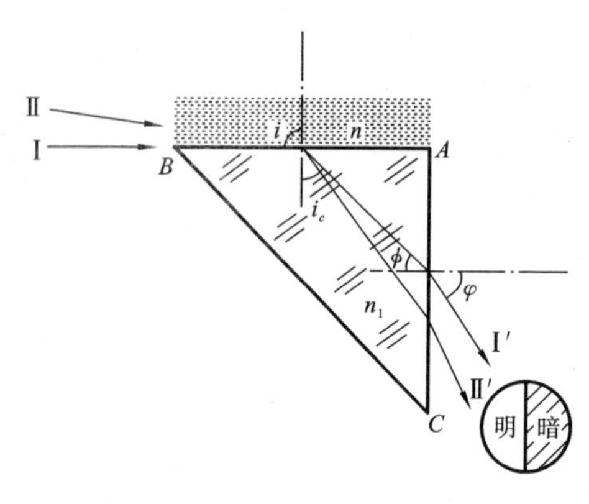

图 3-11-1 实验图 1

$$\sin i_c=\frac{n}{n_1}$$

当光线Ⅰ射到 AC 面,再经折射进入空气时,设在 AC 面上的入射角为 ϕ,折射角为 φ,则有

$$\sin\varphi=n_1\sin\phi \qquad (3\text{-}11\text{-}1)$$

除入射光线Ⅰ外,其他光线如光线Ⅱ在 AB 面上的入射角均小于 $\pi/2$,因此经三棱镜折射最后进入空气时都在光线Ⅰ′的左侧。当用望远镜对准出射光方向观察时,在视场中将看到以光线Ⅰ′为分界线的明暗半荫视场,如图 3-11-1 所示。

当三棱镜的棱镜角 A 大于角 i_c 时,由图 3-11-2 可以看出,A、i_c 和角 ϕ 有如下关系:

$$A=i_c+\phi \qquad (3\text{-}11\text{-}2)$$

将(3-11-1)式和(3-11-2)式消去 i_c 和 ϕ,若棱镜角 A 等于 90°,可得

$$n=\sqrt{n_1^2-\sin^2\varphi} \qquad (3\text{-}11\text{-}3)$$

若棱镜角 A 不等于 90°,可得

$$n=\sin A\sqrt{n_1^2-\sin^2\varphi}-\cos A\cdot\sin\varphi \qquad (3\text{-}11\text{-}4)$$

因此,当直角棱镜的折射率 n_1 为已知时,测出 φ 角后便可计算出待测物质的折射率 n。

上述测定折射率的方法称为掠射法,应用了全反射原理。

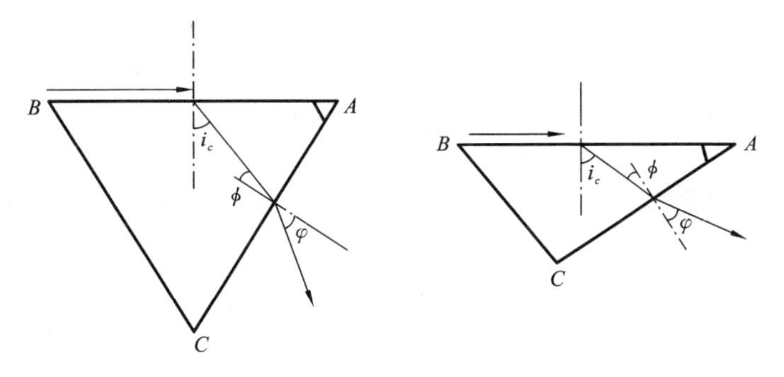

图 3-11-2　实验图 2

2. 用阿贝折射仪测定透明介质的折射率

阿贝折射仪是测量固体和液体折射率的常用仪器，同时还可测量出不同温度时的折射率。阿贝折射仪的测量范围为 1.3～1.7，可以直接读出折射率的值，操作简便，测量比较准确，其精度为 0.0003。阿贝折射仪测量液体时所需样品很少，测量固体时对样品的加工要求不高。

阿贝折射仪也是根据全反射原理设计的。它有两种工作方式，即透射式和反射式。阿贝折射仪中的折射棱镜 ABC 和照明棱镜 $A'B'C'$ 都是直角棱镜，由重火石玻璃制成。照明棱镜的 $A'B'$ 面经过磨砂，供透射式测量作为漫射光源使用；折射棱镜的 BC 面也经过磨砂，供反射式测量作为漫反射光源使用。

透射式测量光路如图 3-11-3(a)所示，将折射率为 n 的待测物质放在折射率为 n_1 的直角棱镜的斜面上，其棱角为 A，并用光源 S 照明，如果介质的折射率 $n<n_1$，这时与图 3-11-1 相同，经棱镜 ABC 两次折射后，由 AC 面射出的光束在望远镜视场中将观察到半荫视场，明暗分界线就对应于掠面入射光束，测出 AC 面上相应的临界出射角 φ，即可应用(3-11-4)式计算出 n。

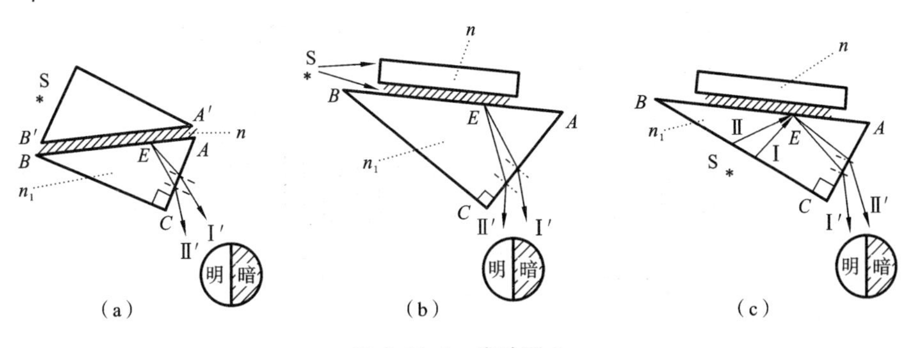

图 3-11-3　实验图 3

应用阿贝折射仪测定固体折射率时不用照明棱镜，对于加工有两个抛光面的固体样品，则光路可采用如图 3-11-3(b)所示的透射式测量；对于加工只有一个抛光面的固体样品,则光路可采用如图 3-11-3(c)所示的反射式测量。

用光源 S(一般为自然光)照亮折射棱镜上的磨砂面 BC,使之成为一个扩展的平面光源,从面上各点发出的光线Ⅰ、Ⅱ射抵 AB 面上的 E 点时,入射角均不相同,其中入射角大于临界角 i_c 的都发生在全反射后再由 AC 面射出。同样,在望远镜对准Ⅰ′观察时,亦可看到半荫视场,只是明暗分布恰与透射光的视场分布相反,其临界出射角 φ 为最大,而且视场中明暗的对比也不如透射光明显,这是由于照射在 AB 面上那些小于临界角的光线,也会在 AB 面上产生部分的反射。要测出 AC 面上的临界出射角 φ,先应用(3-11-4)式计算出待测固体的折射率。

测定时,将待测样品的抛光面与折射棱镜 AB 面紧密地叠合在一起,中间添加一层接触液,形成均匀的液膜,其折射率应大于样品的折射率(如 α-溴代萘,$n_D=1.66$),当折射率大于 1.66 时,可用二碘甲烷($n_D=1.74$)进行测量,可以证明接触液的加入,并不影响计算公式的适用性。

阿贝折射仪的光学系统由两部分组成:望远系统与读数系统(见图 3-11-4)。

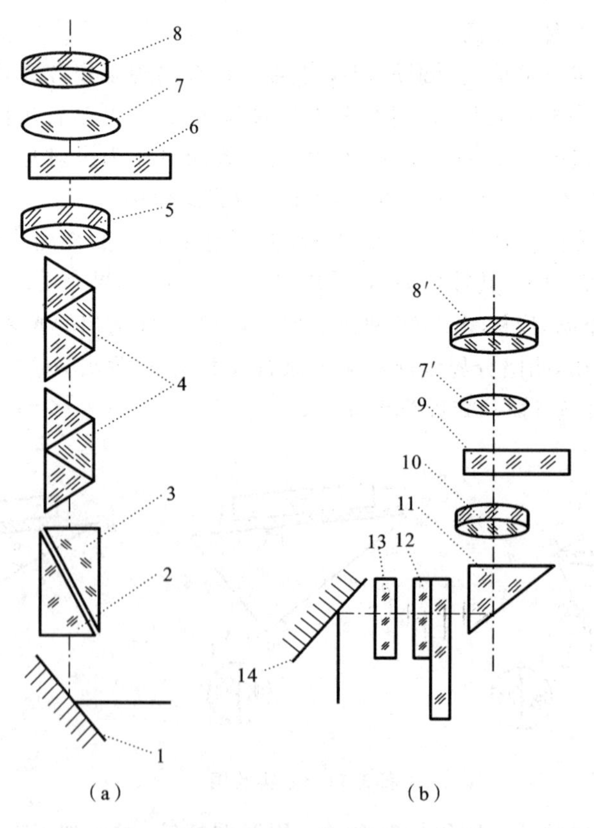

图 3-11-4　实验图 4

望远系统:光线经反射镜 1 反射进入照明棱镜 2 及折射棱镜 3,待测液体放置在棱镜2与3之间，经阿米西消色差棱镜组4抵消由折射棱镜待测物质所产生的色散，通过物镜5将明暗分界线成像于分划板6上，再经目镜7和8放大成像后为观察者所观察。

阿米西消色差棱镜组由两个完全相同的直视棱镜组成，每一个直视棱镜又由三个分光棱镜复合而成。棱镜Ⅰ和Ⅲ的介质相同，与棱镜Ⅱ互为倒置，并使钠黄光(D线)能无偏向地通过，但对波长较长的红光(C线)、波长较短的紫光(F线)，因复合棱镜的色散，将产生相应的偏折，其主截面如图3-11-5所示。阿米西消色差棱镜组通过一个公用的旋钮调节，使之绕望远镜的光轴沿相反方向同时转动，转动的角度可从读数盘上读出。在平行于阿贝折射棱镜的主截面内，产生一个随转动角度改变的色散，该色散的方向和数值的大小均可变化，以抵消由折射棱镜和待测样品产生的色散，使半荫视场清晰、界线分明。由消色差棱镜组转动的角度，对照仪器的附表，便可查得样品的平均色散为 $n_F - n_C$。

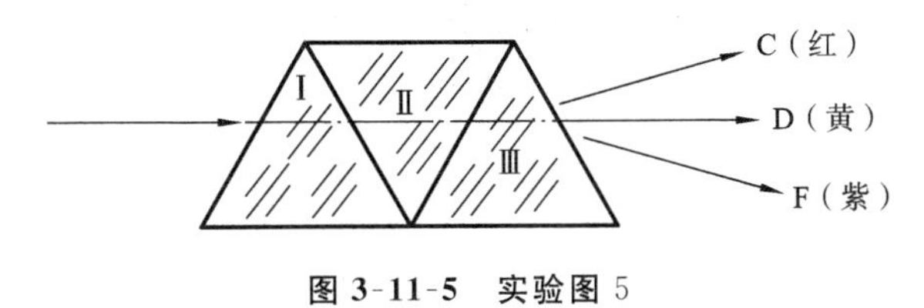

图3-11-5　实验图5

读数系统：光线由小反光镜14经毛玻璃13照明刻度盘12，经转向棱镜11及物镜10将刻度成像于分划板9上，再经目镜7′、8′放大成像后为观察者所观察。

国产2W(WZS-1)型阿贝折射仪的外形如图3-11-6所示，图中13为阿贝棱镜组，下面的棱镜为辅助照明棱镜，上面的棱镜为折射棱镜，它们整体联结在一个可以旋转的臂上。当旋转手轮2时，棱镜组同时转动，可使明暗分界线位于视场中央，并与测量叉丝的交点对准。视场里的分度标尺上有两行刻度，一行可以直读折射率的数值，另一行刻有百分浓度，作为测定糖溶液浓度的专用标尺。

【实验内容】

1. 用掠入法测定液体折射率

(1) 调节好分光仪，用自准直法将望远镜对无穷远调焦，并使其光轴垂直于仪器的转轴，调节棱镜的主截面与仪器的转轴垂直。

(2) 如图3-11-7所示，将待测液体5滴一、二滴在直角棱镜1的 AB 面上，用90°角作为棱镜顶角 A，并用另一辅助棱镜2($A'B'C'$)的一个表面 $A'B'$ 与 AB 面相合，使液体在两棱镜接触面间形成一均匀液层，然后置于分光仪载物台上，注意棱镜的放置方法。

(3) 点亮钠灯3照亮毛玻璃屏4，将它放在折射棱 B 角的附近，先用眼睛在出射光的方向观察半荫视场6，旋转载物台，改变光源和棱镜的相对方位，使半荫视场的分界线位于载物台近中心处，并将载物台固定。转动望远镜，使望远镜叉丝对准分界线，记下两游标读数(θ_1^A、θ_1^B)，重复测量几次，分别取平均值。

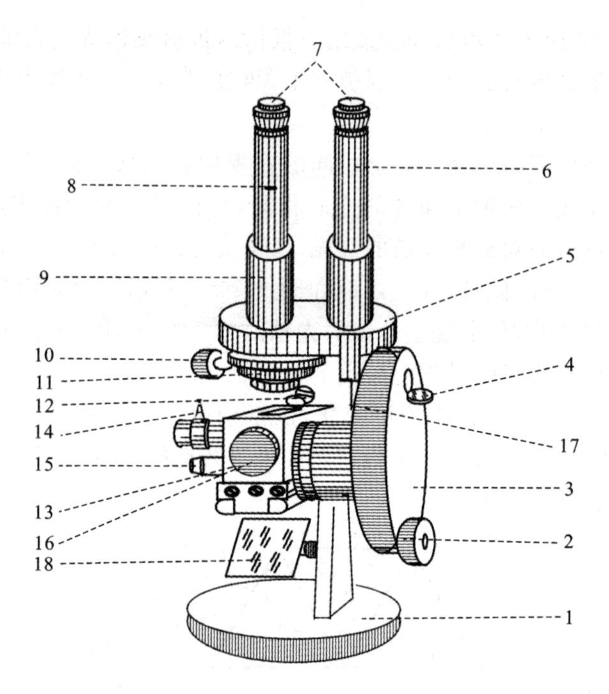

图 3-11-6　实验图 6

1.底座;2.棱镜转动手轮;3.圆盘组(内有刻度);4.小反光镜;5.支架;6.读数镜筒;7.目镜;8.望远镜筒;9.示值调节螺钉;10.阿米西棱镜手轮;11.色散值刻度圈;12.棱镜锁紧扳手;13.棱镜组;14.温度计座;15.恒温器接头;16.保护罩;17.主轴;18.反光镜。

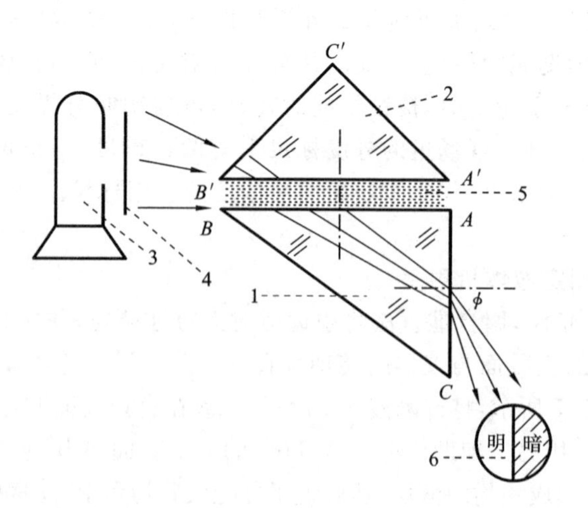

图 3-11-7　实验图 7

(4) 再次转动望远镜,利用自准直的调节方法,测出 AC 面的法线方向两游标读数(θ_2^A、θ_2^B),由(3-11-1)式求出望远镜转过的角度 φ,重复测量几次,取其平均值。

(5) 将 φ 值代入(3-11-3)式,求出 n。如果棱镜角 A 不等于 90°,则将 φ 值代入

(3-11-4)式计算出 n。

(6) 依同样方法，重复以上步骤，测定另一种液体的折射率。

2. 用阿贝折射仪测定透明介质的折射率

(1) 转动棱镜锁紧手柄12，打开棱镜，用脱脂棉沾一些无水酒精将棱镜面轻轻擦干净，在照明棱镜的磨砂面上滴上一、二滴待测液体，旋紧棱镜锁紧手柄，使液膜均匀，无气泡，并充满视场。

(2) 调节两反光镜4和18，使两镜筒视场明亮。

(3) 旋转手轮2使棱镜组13转动，在望远镜中观察明暗分界线上下移动，同时旋转阿米西棱镜手轮10，使视场中除黑白两色外无其他颜色。当视场中无色且分界线在十字线叉丝中心时，观察读数显微镜视场右边所指示的刻度值，即为待测液体的折射率 n 的数值，如图3-11-8所示，$n=1.330$。

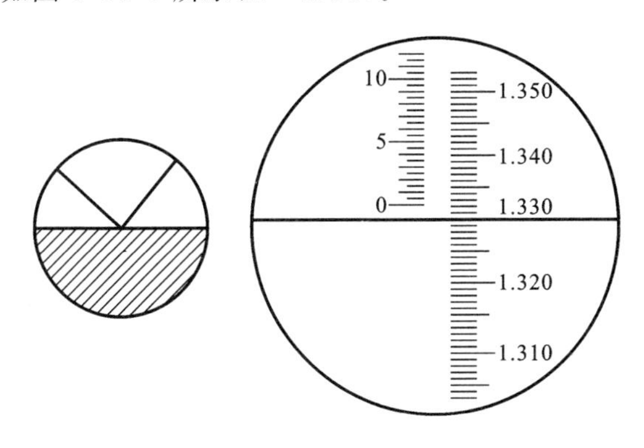

图 3-11-8 实验图8

(4) 依同样的方法，重复上述步骤3～5次，并分析产生误差的原因。

【注意事项】

1. 用掠入法测定液体折射率

(1) 注意观察看到的现象是否准确。

(2) 辅助棱镜 $A'B'C'$ 的作用是让较多的光线能投射出到液层和折射棱镜的面 AB 上，使观察到的分界线更为清楚。两棱镜之间的液层一定要均匀，不能有气泡；滴入液体不宜过多，避免大量液体渗漏在仪器上。

(3) 改换另一种被测液体时，必须将棱镜擦拭干净。

2. 用阿贝折射仪测定液体折射率

(1) 测量工作开始前注意做好棱镜的清洁工作，以免在工作面上残留其他物质而影响测量精度。

(2) 必须对阿贝折射仪进行读数校正。通常，最简便的方法是用蒸馏水来校正，因蒸馏水在一定温度(20 ℃)和一定光源(钠光 589.3 nm)照射下，它的折射率为已知值，$n_{水}=1.3330$。为此，只要滴几滴蒸馏水到进光棱镜上，调节并读取其折射率数值,如不相符,可微调仪器上的校正螺旋,使之完全相同。这样,折射仪的读数就得到校正。

如使用仪器上的标准玻璃块(n_D=1.5172)进行校正,则应根据测定固体折射率的方法,在标准玻璃块与折射率棱镜之间滴入高折射率的接触液,按上述方法进行校正。

(3) 任何物质的折射率都与测量时使用的光波波长和温度有关,本仪器在消除色散的情况下测得的折射率,其对应光波的波长 λ=589.3 nm;如需要测量不同温度时的折射率,可将阿贝折射仪与恒温、测温装置连用,待棱镜组和待测物质达到所需温度后,方能进行测量,一般均在室温下进行。

【思考题】

(1) 怎样应用掠射法测定玻璃的折射率?简要说明实验方法并推导出折射率的计算公式。

(2) 用阿贝折射仪测量固体折射率时,为什么要滴入高折射率的接触液?为什么它对测量结果没有影响?

实验12　用透射光栅测光波波长及角色散率

【实验目的】

(1) 加深对光的干涉及衍射和光栅分光作用基本原理的理解。

(2) 学会用透射光栅测定光波的波长及光栅常数和角色散率。

(3) 学会利用透射光栅演示复色光谱。

【实验仪器】

分光计、平面透射光栅、汞灯。

【实验原理】

光栅相当于一组数目众多的等宽、等距和平行排列的狭缝，被广泛地用在单色仪、摄谱仪等光学仪器中，有应用透射光工作的透射光栅和应用反射光工作的反射光栅两种。本实验用的是透射光栅。

如图3-12-1所示，设S为位于透镜L_1第一焦平面上的细长狭缝，G为光栅，光栅的缝宽为d，相邻狭缝间不透明部分的宽度b，自L_1射出的平行光垂直地照射在光栅G上。透镜L_2将与光栅法线成θ角的衍射光会聚于其第二焦平面上的P_θ点。由夫琅禾费衍射理论知，产生衍射亮条纹的条件为

$$d\sin\theta=k\lambda \quad (k=\pm1,\pm2,\cdots,\pm n) \tag{3-12-1}$$

该式称为光栅方程。式中：θ角是衍射角；λ是光波波长；k是光谱级数；$d=a+b$是光栅常数。因为衍射亮条纹实际上是光源狭缝的衍射像，是一条锐细的亮线，所以又称为光谱线。

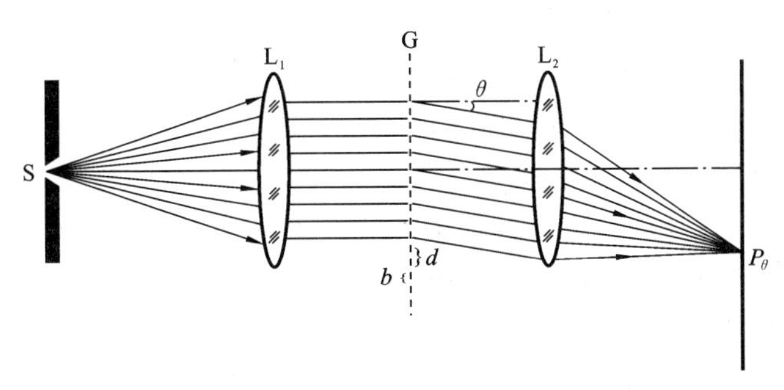

图3-12-1　实验图1

当$k=0$时，任何波长的光均满足(3-12-1)式，亦即在$\theta=0$的方向上，各种波长的光谱线重叠在一起，形成明亮的零级光谱，对于k的其他数值，不同波长的光谱线出现在不同的方向上(θ的值不同)，而与k的正负两组相对应的光谱，则对称地分布在零光谱的两侧。若光栅常数d已知，在实验中测定某谱线的衍射角θ和对应的光谱级k，则可由(3-12-1)式求出该谱线的波长λ；反之，如果波长λ是已知的，则可求

出光栅常数 d。光栅方程对 λ 微分，就可得到光栅的角色散率：

$$D=\frac{d\theta}{d\lambda}=\frac{k}{d\cos\theta} \tag{3-12-2}$$

角色散率是光栅、棱镜等分光元件的重要参数，它表示单位波长间隔内两单色谱线之间的角间距，当光栅常数 d 愈小时，角色散愈大；光谱的级次愈高，角色散也愈大。当光栅衍射时，如果衍射角不大，则 $\cos\theta$ 接近不变，光谱的角色散几乎与波长无关，即光谱随波长的分布比较均匀，这和棱镜的不均匀色散有明显的不同。当常数 d 已知时，若测得某谱线的衍射角 θ 和光谱级 k，可依(3-12-2)式计算这个波长的角色散率。

【实验内容】

1. 按实验四所述的调节步骤调好分光计

(1) 用光栅的正、反两面分别代替实验四中的三棱镜 AB、AC 面来调整分光计，使望远镜聚焦于无穷远处，望远镜的光轴与分光仪的主轴垂直。把光栅如图 3-12-2 所示置于载物台上，旋转载物台，并调节平台倾斜螺丝，使望远镜筒中从光栅面反射回来的绿色亮十字像与分划板上方的十字叉丝重合且无视差，再将载物台连同光栅转过 180°。重复以上步骤，如此反复数次，使绿色亮十字像始终和分划板上方十字叉丝重合。

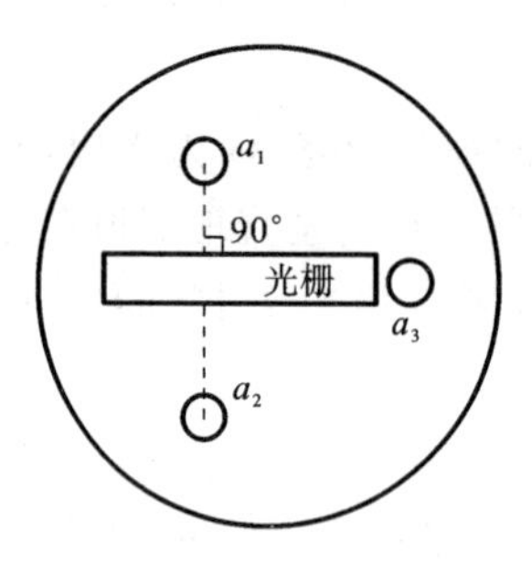

图 3-12-2　实验图 2

(2) 点燃汞灯，将平行光管的竖直狭缝均匀照亮，调节平行光管的狭缝宽度，使望远镜中分化板上的中央竖直准线对准狭缝像。转动望远镜筒，在光栅法线两侧观察各级衍射光谱，调节平台的三个支撑螺钉 a_1、a_2 和 a_3，使各级光谱线等高。这时，光栅的刻纹即平行于仪器的主轴。固定载物平台，在整个测量过程中载物平台及其上面的光栅位置不可再变动。

2. 光栅位置的调节及光谱观察

左右转动望远镜仔细观察谱线的分布规律，在谱线中中央为白亮线($k=0$ 的狭缝像)，其两旁各有两级紫、蓝、绿、黄的谱线。

3. 测定衍射角

(1) 从光栅的法线(零级光谱亮条纹)起沿一方向转动望远镜筒，使望远镜中叉丝依次与第一级衍射光谱中的各级谱线重合，并记录与每一谱线对应的 A、B 两窗角坐标。再反向转动望远镜，越过法线，记录另一各级谱线对应的 A、B 两窗角坐标。对应同一谱线的两次角坐标之差，即为该谱线衍射角 θ 的 2 倍。

(2) 重复上述步骤三次，由(3-12-1)式，求出 2θ 其平均值。

【数据处理】

(1) 已知汞灯绿谱线的波长($\lambda=546.1$ nm)，将绿谱线的衍射角 θ 代入(3-12-1)

式中，并取 $k=1$，求出光栅常数 d，然后由其他谱线衍射角 θ 和求得的光栅常数 d 算出相应的波长。

(2) 与公认值比较，计算其测量误差。

(3) 将汞灯各谱线的衍射角 θ 代入(3-12-2)式中，计算出光栅相应于各谱线的第一级角色散率。

【思考题】

(1) 本实验对分光计的调整有何特殊要求？如何调节才能满足测量要求？

(2) 分析光栅和棱镜分光的主要区别。

(3) 如果光波波长都是未知的，能否用光栅测其波长？

第4章 近代物理实验

实验1 弗兰克—赫兹实验

20世纪初，关于原子结构的问题引起了物理学家们的极大关注。1897年，发现电子的汤姆孙（*Joseph John Thomson*）提出了“葡萄干布丁”模型，原子呈球状，带正电荷，而带负电荷的电子则一粒粒地“镶嵌”在这个圆球上。在这样的一幅画面中，电子就像布丁上的葡萄干一样。1911年，英国实验物理学家卢瑟福根据他的散射实验结果提出了原子的“行星模型”。根据这种模型，原子由原子核和电子组成，电子在原子核外绕核转动，正如行星绕太阳运转一样。然而，这一直观模型却与经典理论之间存在尖锐的矛盾。一方面，根据经典理论的预言，这样的系统无法稳定存在，电子很快就会辐射掉能量而落入核中（人们在实验上并没有发现这种坍缩现象，原子系统是稳定的）；另一方面，这种理论下原子光谱应该是连续的，但是事实上不是。

1913年，玻尔在哥本哈根的家中致信卢瑟福，信中附寄了他那篇著名的原子论文的第一章，请求卢瑟福将稿件发表在《哲学杂志》上。在这篇论文中，玻尔从原子所奏出的光谱音乐中聆听到了量子的声音，这便开启了通往原子世界的大门。1900年的普朗克宣告了量子的诞生，那么1913年的玻尔则宣告了它进入了青年时代。丹麦博士玻尔将普朗克的量子概念大胆地应用到卢瑟福的原子模型中，出人意料地解决了“稳定性”问题，成功地解释了氢原子的核式结构和氢光谱的规律。1913年，玻尔发表了长篇论文《论原子构造和分子构造》，其中他提出了新的原子图像——“定态跃迁的原子模型”：电子只在一些具有特定能量的轨道上（这些轨道由一定的量子化条件决定）绕核做圆周运动，其间原子不发射也不吸收能量，这些轨道称为定态；当电子从一个轨道跃迁到另一个轨道时原子才发射或吸收能量，而且发射或吸收的辐射的频率符合普朗克的能量量子化关系 $E=h\nu$。

(1) 定态假设：原子中电子的轨道不是任意的，只能取分立的几个，在以上轨道运动的电子不辐射电磁波，原子处于相应的定态。

(2) 跃迁假设：原子中的电子从一定态跃迁到另一定态，若相应的能量 $E_n>E_k$，则原子将放出一个光子，其频率：

$$\nu=\frac{E_n-E_k}{h}$$

(3) 角动量量子化：如果电子绕核转的是圆轨道的话，它的角动量也应是量子化

的，即

$$P=n\frac{h}{2\pi}\quad (n=1,2,3\cdots)$$

1914年，弗兰克和赫兹在研究气体放电现象中低能电子与原子间相互作用时，在充汞的放电管中，发现透过汞蒸气的电子流随电子的能量显现有规律的周期性变化，能量间隔为4.9 eV。同一年，他们使用石英制作的充汞管，拍摄到与能量4.9 eV相应的光谱线253.7 nm的发射光谱。对此，他们提出了原子中存在“临界电势”的概念：当电子能量低于临界电势相应的临界能量时，电子与原子的碰撞是弹性的；而当电子能量达到这一临界能量时，碰撞过程由弹性转变为非弹性，电子把这份特定的能量转移给原子，使之受激；原子退激时，再以特定频率的光量子形式辐射出来。1920年，弗兰克及其合作者对原先的装置做了改进，提高了分辨率，测得了亚稳能级和较高的激发能级，进一步证实了原子内部能量是量子化的。1925年，弗兰克和赫兹共同获得了诺贝尔物理学奖。

弗兰克

通过这一实验，可以了解弗兰克和赫兹研究气体放电现象中低能电子与原子间相互作用的实验思想和方法，电子与原子碰撞的微观过程是怎样与实验中的宏观量相联系的，并可以用于研究原子内部的能量状态与能量交换的微观过程。

赫兹

仪器主要技术参数：测得的波峰个数大于等于5个，电流测量范围为0.1 nA～10 μA。

弗兰克—赫兹实验仪如图4-1-1所示，各部件技术参数如下。

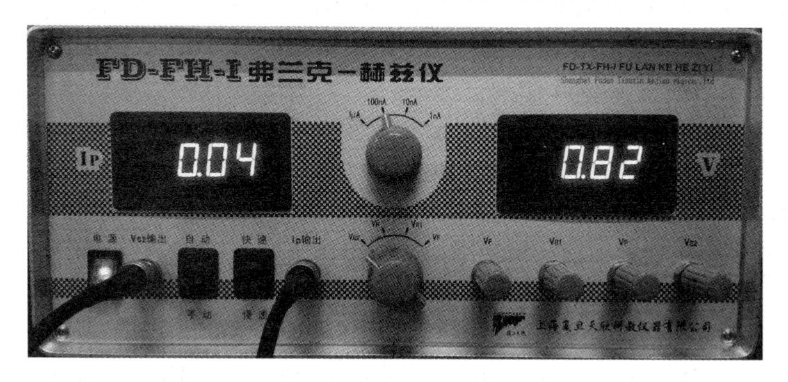

图4-1-1　弗兰克—赫兹实验仪

1. 弗兰克—赫兹实验管

弗兰克—赫兹管为实验仪的核心部件。弗兰克—赫兹管采用间热式阴极、双栅极和板极的四极形式，各极一般为圆筒状。这种弗兰克—赫兹管内充氩气，且玻璃封装。其电性能及各电极与其他部件的连接示意图如图4-1-2所示。

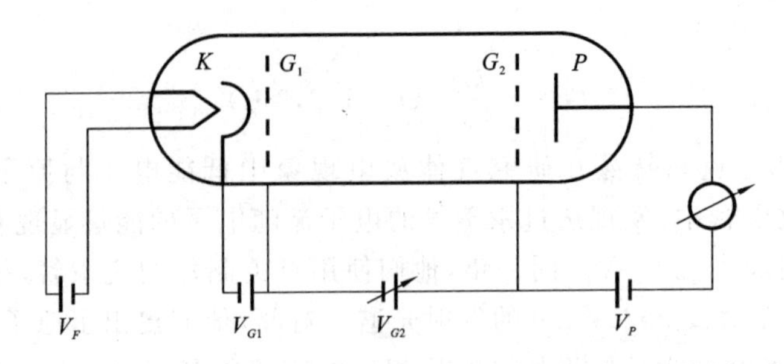

图 4-1-2 弗兰克—赫兹管示意图

2. 弗兰克—赫兹管电源组

该电源组提供弗兰克—赫兹管各电极所需的工作电压，其性能如下。

(1) 灯丝为直流电压 V_F，其范围为 1～5 V，且连续可调。

(2) 栅极 G_1—阴极间为直流电压 V_{G1}，其范围为 0～6 V，且连续可调。

(3) 栅极 G_2—阴极间为直流电压 V_{G2}，其范围为 0～90 V，且连续可调。

3. 扫描电源和微电流放大器

扫描电源提供可调直流电压或输出锯齿波电压作为弗兰克—赫兹管电子加速电压。直流电压供手动测量，锯齿波电压供示波器显示、X-Y 记录仪和微机用。微电流放大器用来检测弗兰克—赫兹管的板流 I_P。其性能如下。

(1) 具有“手动”和“自动”两种扫描方式：“手动”输出直流电压，其范围为 0～90 V，且连续可调；“自动”输出 0～90 V 锯齿波电压，扫描上限可以设定。

(2) 扫描速率分“快速”和“慢速”两挡：“快速”是周期约为 20 次/s 锯齿波，供示波器和微机用；“慢速”是周期约为 0.5 次/s 的锯齿波，供 X-Y 记录仪用。

(3) 微电流放大测量范围为 10^{-9} A，10^{-8} A，10^{-7} A，10^{-6} A 四个挡。

4. 弗兰克—赫兹实验值

I_P 和 V_{G2} 分别用三位半数字表头显示。另设端口供示波器、X-Y 记录仪及微机显示或者直接记录 I_P～V_{G2} 曲线的各种信息。

5. 面板及功能

弗兰克—赫兹实验前面板示意图如图 4-1-3 所示。

(1) I_P 显示表头(表头示值×指示挡后为 I_P 实际值)。

(2) I_P 为微电流放大器量程选择开关，分为 1 μA、100 nA、10 nA、1 nA 四个挡。

(3) 数字电压表头(与(8))相关，可以分别显示 V_F、V_{G1}、V_P、V_{G2} 的值，其中 V_{G2} 值为表头示值×10 V。

(4) V_{G2} 为电压调节旋钮。

(5) V_P 为电压调节旋钮。

(6) V_{G1} 为电压调节旋钮。

(7) V_F 为电压调节旋钮。

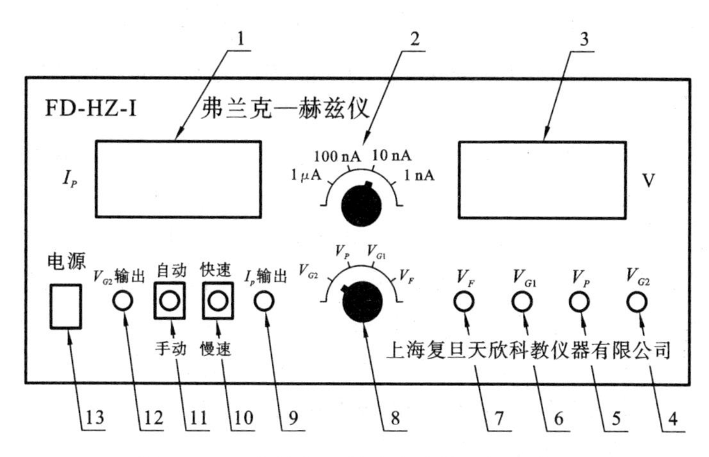

图 4-1-3 弗兰克—赫兹实验前面板示意图

(8) 电压示值选择开关，可以分别选择 V_F、V_{G1}、V_P、V_{G2}。

(9) I_P 为输出端口，接示波器 Y 端、X-Y 记录仪 Y 端或者微机接口的电流输入端。

(10) V_{G2}为扫描速率选择开关，“快速”挡供接示波器观察 I_P-V_{G2}曲线或微机用，“慢速”挡供 X-Y 记录仪用。

(11) V_{G2}为扫描方式选择开关，“自动”挡供示波器、X-Y 记录仪或微机用，“手动”挡供手测记录数据使用。

(12) V_{G2}为输出端口，接示波器 X 端、X-Y 记录仪 X 端或者微机接口的电压输入。

(13) 电源开关。

【实验目的】

(1) 通过示波器观察 I_P-V_{G2}关系曲线，了解电子与原子碰撞和能量交换的过程。

(2) 通过主机的测量仪表记录数据，作图计算氩原子的第一激发电位。

【实验原理】

根据玻尔理论，原子只能较长久地停留在一些稳定状态(即定态)，其中每一种状态对应一定的能量值，各定态的能量是分立的，原子只能吸收或辐射相当于两定态间能量差的能量。如果处于基态的原子要发生状态改变，所具备的能量不能少于原子从基态跃迁到第一激发态时所需要的能量。弗兰克—赫兹实验是通过具有一定能量的电子与原子碰撞，进行能量交换而实现原子从基态到高能态的跃迁。

电子与原子碰撞过程可以用以下方程表示：

$$\frac{1}{2}m_e v^2+\frac{1}{2}MV^2=\frac{1}{2}m_e v'^2+\frac{1}{2}MV'^2+\Delta E$$

其中：m_e 是电子质量；M 是原子质量；v 是电子的碰撞前的速度；V 是原子的碰撞前的速度；v'是电子的碰撞后速度；V'是原子的碰撞后速度；ΔE 为内能项。因为 $m_e \ll M$，所以电子的动能可以转变为原子的内能。因为原子的内能是不连续的，所以电子的动能小于原子的第一激发态电位时，原子与电子发生弹性碰撞 $\Delta E=0$；当电子的动能大于原子的第一激发态电位时，电子的动能转化为原子的内能 $\Delta E=E_1$，E_1 为原子的第一激发电位。

弗兰克—赫兹实验原理如图 4-1-1 所示，在充氩气的弗兰克—赫兹管中，电子由热阴极发出，阴极 K 和栅极 G_1 之间的加速电压 V_{G1} 使电子加速，在板极 P 和栅极 G_2 之间有减速电压 V_P。当电子通过栅极 G_2 进入 G_2P 空间时，如果能量大于 eV_P，就能到达板极形成电流 I_P。如果电子在 G_1G_2 空间与氩原子发生了弹性碰撞，电子本身剩余的能量小于 eV_P，则电子不能到达板极。

随着 V_{G2} 的继续增加，电子的能量也随之增加，当电子与氩原子碰撞后仍留下足够的能量，可以克服 G_2P 空间的减速电场而到达板极 P 时，板极电流又开始上升。如果电子在加速电场得到的能量等于 $2\Delta E$ 时，电子在 G_1G_2 空间会因二次非弹性碰撞而失去能量，结果使板极电流第二次下降。

在加速电压较高的情况下，电子在运动过程中，将与氩原子发生多次非弹性碰撞，在 I_P-V_{G2} 关系曲线上就表现为多次下降。板极电流随 V_{G2} 的变化如图 4-1-4 所示。对氩原子来说，曲线上相邻两峰(或谷)之间的 V_{G2} 之差，即为氩原子的第一激发电位。曲线的极大、极小值呈现明显的规律性，它是量子化能量被吸收的结果。由于原子只吸收特定能量而不是任意能量，即证明了氩原子能量状态的不连续性。

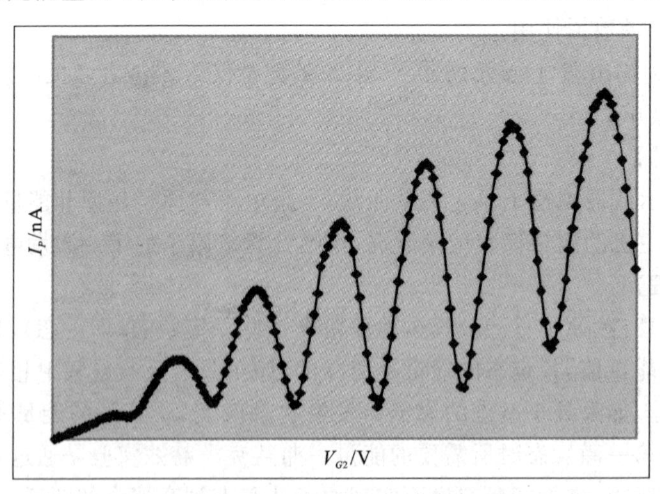

图 4-1-4　I_P-V_{G2} 关系曲线

【实验仪器】

主机、双踪示波器、电源线一根、Q9 线两根。

【实验内容】

1. 示波器演示法

(1) 连好主机后面板电源线，用 Q9 线将主机正面板上“V_{G2} 输出”与示波器上的

"X 相"(供外触发使用)相连,"I_P 输出"与示波器"Y 相"相连。

(2) 将扫描开关置于"自动"挡,扫描速度开关置于"快速"挡,微电流放大器量程选择开关置于"10 nA"。

(3) 分别将"X""Y"电压调节旋钮调至"1 V"和"2 V","POSITION"调至"$x-y$","交直流"全部打到"DC"。

(4) 分别开启主机和示波器电源开关,并稍等片刻。

(5) 分别调节 V_{G1}、V_P、V_F 电压(可以先参考给出值)至合适值,将 V_{G2} 由小慢慢调大(以弗兰克—赫兹管不击穿为界),直至示波器上呈现充氩管稳定的 I_P-V_{G2} 曲线,观察原子能量的量子化情况。

2. 手动测量法

(1) 调节 V_{G2} 至最小,扫描开关置于"手动"挡,打开主机电源。

(2) 选取合适的实验条件,即置 V_{G1}、V_P、V_F 于适当值,用手动方式逐渐增大 V_{G2},同时观察 I_P 变化。适当调整预置 V_{G1}、V_P、V_F 值,使 V_{G2} 由小到大能够出现 5 个以上的峰值。

(3) 选取合适实验点,分别由数字表头读取 I_P 和 V_{G2} 值,作图可得 I_P-V_{G2} 曲线,注意示值和实际值的关系。

例如,I_P 表头示值为"3.23",电流量程选择"10 nA"挡,则实际测量 I_P 电流值应该为"32.3 nA";V_{G2} 表头示值为"6.35",实际值为"63.5 V"。

(4) 由曲线的特征点求出充氩弗兰克—赫兹管中氩原子的第一激发电位。

【注意事项】

(1) 仪器应该检查无误后才能接电源,开关电源前应先将各电位器逆时针旋转至最小值位置。

(2) 灯丝电压 V_F 不宜放得过大,一般在 2 V 左右,如电流偏小再适当增加。

(3) 要防止弗兰克—赫兹管击穿(电流急剧增大),如发生击穿应立即调低 V_{G2},以免弗兰克—赫兹管受损。

(4) 弗兰克—赫兹管为玻璃制品不耐冲击,应重点保护。

(5) 实验完毕,应将各电位器逆时针旋转至最小值位置。

弗兰克—赫兹实验数据处理示例

【思考题】

(1) 考察各实验条件 V_F,V_{G1},V_P 对 I_P-V_{G2} 曲线的影响,试分析原因。

(2) 考察 I_P-V_{G2} 曲线的周期变化与能级的关系。

(3) 考察峰(或谷)间距的变化,试分析原因。

(4) 第一峰位的位置电压与第一激发电位的关系。

(5) I_P 值有时为负值,如何解释它是正常的?

实验 2 光电效应和普朗克常数测定

光电效应是指一定频率的光照射在金属表面时会有电子从金属表面逸出的现象。光电效应实验对于认识光的本质及早期量子理论的发展,具有里程碑的意义。

自古以来,人们就试图解释光是什么,直到 17 世纪,研究光的反射、折射、成像等规律的几何光学基本确立。牛顿等人在研究几何光学现象的同时,根据光的直线传播,认为光是一种微粒流,微粒从光源飞出来,在均匀物质内以力学规律做匀速直线运动。微粒流学说很自然的解释了光的直线传播等性质,在 17、18 世纪的学术界占有主导地位,但在解释牛顿环等光的干涉现象时遇到了困难。

惠更斯等人在 17 世纪就提出了光的波动学说,认为光是以波的方式产生和传播的,但早期的波动理论缺乏数学基础,没有得到重视。19 世纪初,托马斯·杨发展了惠更斯的波动理论,成功地解释了干涉现象,并提出了著名的杨氏双缝干涉实验,为波动学说提供了很好的证据。1818 年,年仅 30 岁的菲涅耳在法国科学院关于光的衍射问题的一次悬奖征文活动中,从光是横波的观点出发,圆满地解释了光的偏振,并以严密的数学推理,定量地计算了光通过圆孔、圆板等形状的障碍物所产生的衍射花纹,推出的结果与实验相符,使评奖委员会大为叹服,他荣获了这一届的科学奖,同时波动学说逐步为人们所接受。1856—1865 年,麦克斯韦建立了电磁场理论,指出光是一种电磁波,从而光的波动理论得到确立。

19 世纪末,物理学在力、热、电、光等领域,都已经建立了完整的理论体系,在应用上也取得巨大成果。就当物理学家普遍认为物理学发展已经到顶时,实验中陆续验证了一系列重大发现,揭开了现代物理学革命的序幕,光电效应实验在其中起到了重要的作用。

1887 年,赫兹在用两套电极做电磁波的发射与接收的实验中,发现当紫外光照射到接收电极的负极时,接收电极之间更易于产生放电。赫兹的发现吸引了许多人去从事这方面的研究工作。斯托列托夫发现负电极在光的照射下会放出带负电的粒子,从而形成光电流。光电流的大小与入射光强度成正比,光电流实际是在照射开始时立即产生,无须时间上的积累。1899 年,汤姆孙测定了光电流的荷质比,证明光电流是阴极在光照射下发射出的电子流。赫兹的助手勒纳德从 1889 年就从事光电效应的研究工作,1900 年他用在阴阳极间加反向电压的方法研究电子逸出金属表面的最大速度,发现光源和阴极材料都对截止电压有影响,但光的强度对截止电压无影响,电子逸出金属表面的最大速度与光的强度无关。这是勒纳德的新发现,勒纳德因在这方面的工作获得 1905 年的诺贝尔物理学奖。

光电效应的实验规律与经典的电磁理论是矛盾的,按经典理论,电磁波的能量是连续的,电子吸收光的能量获得动能,应该是光越强,能量越大,电子的初速度越大;

实验结果是电子的初速与光速无关。按经典理论，只要有足够的光强和照射时间，电子就应该获得足够的能量逸出金属表面，与光波频率无关。实验事实是对于一定的金属，当光波频率高于某一值时，金属一经照射，立即有光电子产生；当光波频率低于该值时，无论光强多强，照射时间多长，都不会有光电子产生。光电效应使经典的电磁理论陷入困境，包括勒纳德在内的许多物理学家提出了种种假设，企图在不违反经典的前提下，对上述实验事实做出解释，但都过于牵强附会，经不起推理和实践的检验。

1900年，普朗克在研究黑体辐射问题时，先提出了一个符合实验结果的经验公式，为了从理论上推导出这一公式，他采用了玻尔兹曼的统计方法，假定黑体内的能量是由不连续的能量子构成，能量子的能量为 $h\nu$。能量子的假说具有划时代的意义，但是无论是普朗克本人还是他的许多同时代人当时对这一点都没有充分认识。爱因斯坦以他惊人的洞察力，最先认识到量子假说的伟大意义并予以发展，1905年，在其著名论文《关于光的产生和转化的一个试探性观点》中写道："在我看来，如果假定光的能量在空间的分布是不连续的，就可以更好的理解黑体辐射、光致发光、光电效应以及其他有关光的产生及转化的现象的各种观察结果。根据这一假设，从光源发射出来的光能在传播中将不是连续分布在越来越大的空间之中，而是由一个数目有限的局限于空间各点的光量子组成，这些光量子在运动中不再分散，只能整个的被吸收或产生"。作为例证，爱因斯坦由光子假设得出了著名的光电效应方程，解释了光电效应的实验结果。

爱因斯坦的光子理论由于与经典电磁波抵触，一开始受到怀疑和冷遇。一方面是因为人们受传统观念的束缚，另一方面是因为当时光电效应的实验精度不高，无法验证光电效应方程。密立根从1904年开始光电效应实验，历经十年，用实验证实了爱因斯坦的光量子理论。两位物理大师因在光电效应等方面的杰出贡献，分别于1921年和1923年获得诺贝尔物理学奖。密立根在1923年的领奖演说中，这样谈到自己的工作："经过十年之久的实验、改进和学习，有时甚至还遇到挫折，在这以后，我把一切努力针对光电子发射能量的精密测量，测量它随温度、波长、材料改变的函数关系。与我自己预料的相反，这项工作终于在1914年完成了，爱因斯坦方程在很小的实验误差范围内精确有效的第一次直接实验证据，并且第一次直接测定普朗克常数 h"。爱因斯坦这样评价密立根的工作："我感谢密立根关于光电效应的研究，它第一次判决性地证明了在光的影响下电子从固体发射与光的频率有关，这一量子论的结果是辐射的量子结构所特有的性质"。

光量子理论创立后，在固体比热、辐射理论、原子光谱等方面都获得成功，人们逐步认识到光具有波动和粒子二象属性。光子的能量 $E=h\nu$ 与频率有关，当光传播时，显示出光的波动性，产生干涉、衍射、偏振等现象；当光和物体

普朗克

爱因斯坦

发生作用时,它的粒子性又突出了出来。后来科学家发现波粒二象性是一切微观物体的固有属性,并发展了量子力学来描述和解释微观物体的运动规律,使人们对客观世界的认识前进了一大步。

【实验目的】

(1) 通过实验了解光的量子性。

(2) 测量光电管的弱电流特性,找出不同光频率下的截止电压。

(3) 验证爱因斯坦方程,并由此求出普朗克常数。

【实验仪器】

光电管、高压汞灯、滤色片、微电流测量放大器。

【实验原理】

在光的照射下,从金属表面释放电子的现象称为光电效应。光电效应的基本规律可归纳为:光电流与光强成正比;入射光频率低于某一临界值 v_0 时,不论光的强度如何,都没有光电子产生,称 v_0 为截止频率;光电子的动能与光强无关,与入射光频率成正比。

爱因斯坦突破了光的能量连续分布的观念,他认为光是以能量 $E=hv$ 的光量子的形式一份一份向外辐射。光电效应中,具有能量 hv 的一个光子作用于金属中的一个自由电子,光子能量 hv 要么被电子完全吸收,要么完全不吸收。电子吸收光子能量 hv 后,一部分用于逸出功 $e\varphi$,剩余部分成为逸出电子的最大动能,即

$$\frac{1}{2}mv_{\max}^2=hv-e\varphi \tag{4-2-1}$$

此式称为爱因斯坦方程。式中:h 为普朗克常数,公认值为 6.626176×10^{-34} J · s。即存在一截止频率,此时吸收的光子能量恰好用于电子逸出功,没有多余的动能。由(4-2-1)式可知,当 $hv-e\varphi=0$ 时,则 $\frac{1}{2}mv^2=0$,存在一截止频率 v_0,此时吸收的光子能量 hv 恰好用于电子逸出功 $e\varphi$,没有多余能量。因而当 $hv<e\varphi$ 时,没有光电流,只有入射光的频率 $v>v_0$ 时才有光电流。由于不同金属的逸出功数值不同,所以有不同的截止频率。当 $v>v_0$ 时,光电子具有较大动能,在阳极不加电压,甚至阳极电位低于阴极电位时,也会有光电子到达阳极,产生为光电流。

图 4-2-1 所示的是从左至右依次为同一频率,不同光强时光电管的伏安特性曲线、不同频率时光电管的伏安特性曲线、截止电压 U 与入射光频率 v 的关系图。

本实验仪器前面板与仪器连接分别如图 4-2-2、图 4-2-3 所示,光阑孔及滤色片如图 4-2-4 所示,实验仪器结构图如图 4-2-5 所示。实验原理采用减速电场法,如图 4-2-6 所示。单色光透过光电管的玻璃口照射到阴极 K 上,从 K 发射出的光电子向阳极 A 运动,在阳极加上相对阴极为负的电压 U_0,以阻止光电子向阳极运动。随着反射电压 U_0 的增加,到达阳极的电子数减少,光电流减少,当反向电压满足

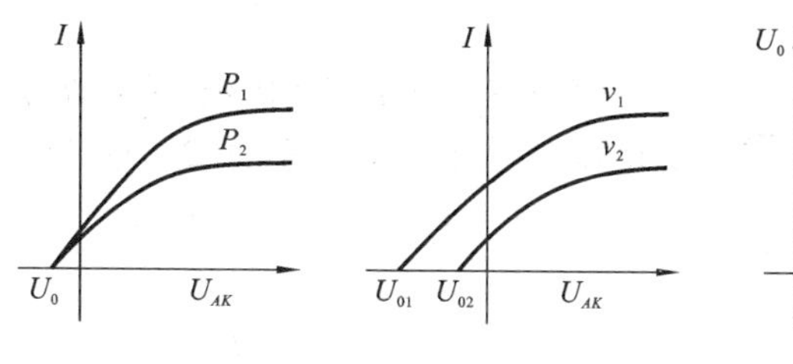

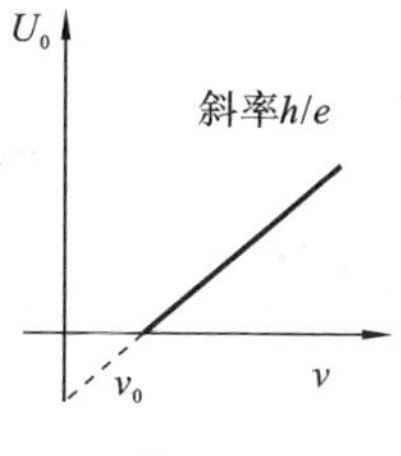

图 4-2-1　实验图 1

图 4-2-2　光电效应实验仪前面板

图 4-2-3　光电效应实验仪

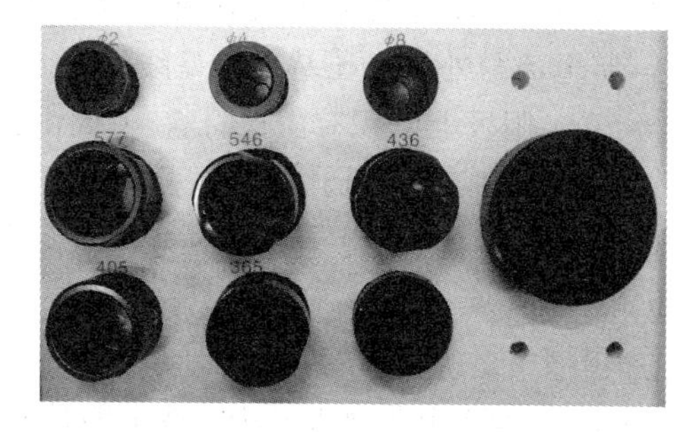

图 4-2-4　光阑孔及滤色片

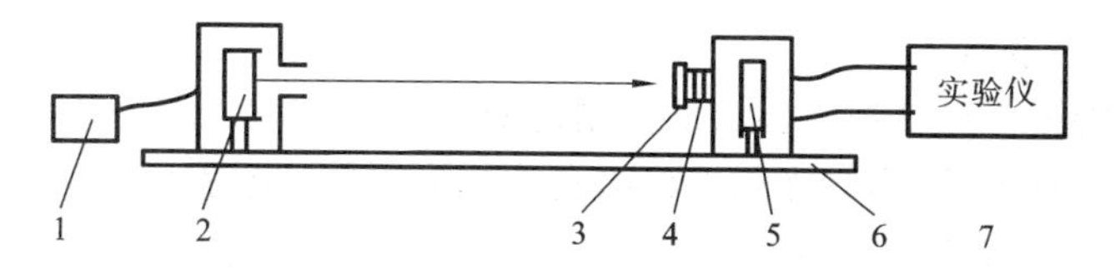

图 4-2-5　实验仪结构图

1. 汞灯电源；2. 汞灯；3. 滤色片；4. 光阑；5. 光电管；6. 基座；7. 实验仪。

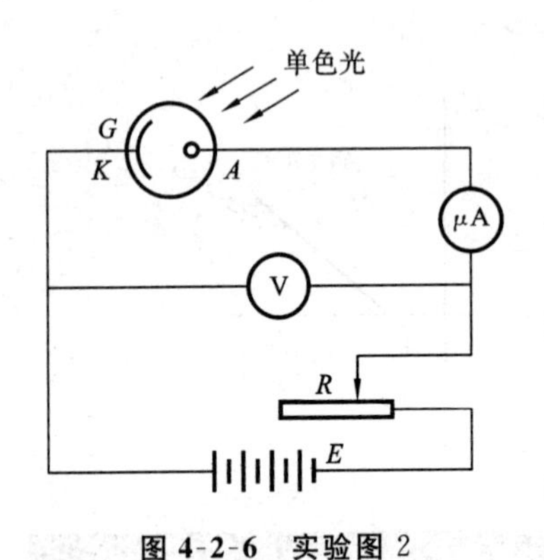

图 4-2-6　实验图 2

$$eU_0=\frac{mv_{\max}^2}{2} \tag{4-2-2}$$

将没有光电子到达阳极，光电流为零，称 U_0 为截止电压。由(4-2-1)式和(4-2-2)式得

$$eU_0=hv-e\varphi$$

即

$$U_0=\frac{hv}{e}-\varphi \tag{4-2-3}$$

将 $\varphi=hv_0/e$ 代入(4-2-3)式，有

$$U_0=\frac{hv}{e}-\frac{hv_0}{e}=\frac{h(v-v_0)}{e} \tag{4-2-4}$$

(4-2-4)式表明，对同一种光电阴极材料制成的光电管，其截止电压 U_0 和入射光频率 v 呈线性关系。直线斜率 $k=h/e$。当 $v=v_0$ 时，$U_0=0$，此时没有光电子逸出。

对于不同频率的光，可以得到与之对应的 I-U 特性(光电伏安特性)曲线和截止电压 U_0 的值，可在方格坐标纸上做出 U_0-v 图线，根据已知的电子电量 e 值和图线斜率 k 即可确定普朗克常数 h 的值。

对于本实验还需要说明以下两点。

(1) 暗盒中的光电管即使没有光照射，在外加电压下也会有微弱电流，称为暗电流。其主要原因是极间绝缘电阻漏电和阴极在常温下的热电子发射等，暗电流与外加电压基本上呈线性关系。

(2) 阳极上沉积有阴极材料，遇到由阴极散射的光或其他杂散光的照射，也会发射光电子，反向的电压对阳极发射的光电子起加速作用，形成反向饱和电流。

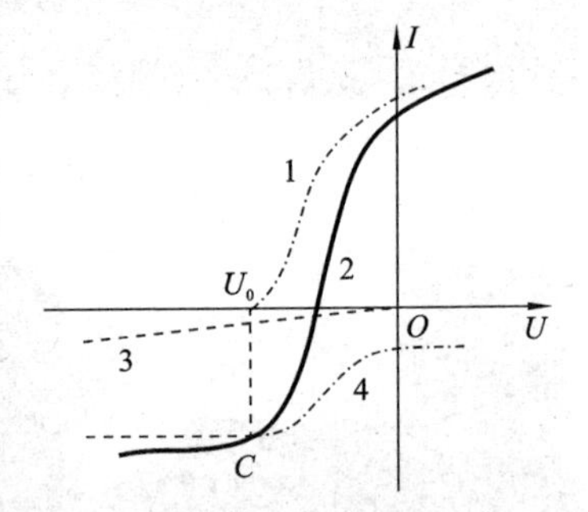

图 4-2-7　实验图 3

1. 理想阴极发射电流；2. 实测曲线；3. 暗电流；4. 阳极发射电流。

由于以上原因，致使实测曲线光电流为零时所对应的电压并不是截止电压，真正的截止电压在该曲线的直线部分与曲线部分相接的点 C 处，如图 4-2-7 所示。

【实验内容】

1. 测试前的准备

(1) 认真阅读光电效应实验仪的使用说明书。

(2) 安放好仪器后，用遮光罩罩住暗盒的光窗，插上电源预热 20～30 min，然后调整测量放大器的零点和满度。

2. 测量光电管的暗电流

(1) 连接好光电暗盒与测量放大器之间的屏蔽电缆、地线和阳极电源线，测量放大器的“倍率”旋钮置 $\times10^{-6}$ 挡。

(2) 顺时针缓慢旋转“电压调节”旋钮，并适当地改变“电压量程”和“电压极性”开关。仔细记录在不同电压下的相应电流值(电流值=倍率×电表读数×微安)，此时所读得的数即为光电管的暗电流的数值。

3. 测量光电管的 I-U 特性

(1) 让光源出射孔对准暗盒窗口，并使暗盒离开光源 30～50 cm，测量放大器“倍率”旋钮置$\times 10^{-6}$挡，撤去遮光罩，换上滤色片。“电压调节”从-3 V或-2 V调起，缓慢增加，先观察不同滤色片下的电流变化情况，记下电流明显变化的电压值以使精确测量。

(2) 在上述粗测的基础上进行精确测量记录。从短波长起小心地逐次换上滤色片，仔细读出不同频率入射光照射下的光电流，并记录数据，注意在电流开始变化的地方多读几个值。

(3) 在坐标纸上，仔细做出不同波长(频率)的 I-U 曲线。从曲线中认真找出电流开始变化的“抬头点”，确定 I_{AK} 的截止电压 U_0。

(4) 把不同频率下的截止电压 U_0 描绘在方格纸上。如果光电效应遵从爱因斯坦方程，则 $U_0=f(v)$ 曲线应该是一条直线，求出直线的斜率 $k=\Delta U_0/\Delta\nu$ 和普朗克常数 $h=ek$，计算出所测值与公认值之间的误差。

(5) 改变光源与暗盒的距离 L 和光阑孔 ϕ，重复上述步骤 3～5 次。

【注意事项】

(1) 必须在了解仪器的使用规则后方可进行实验。

(2) 滤色片是经精选和精加工的，更换时应注意避免污染，使用前用擦镜纸认真揩擦以保证良好的透光。

(3) 更换滤色片时应先将光源出射孔遮盖，实验完毕后用遮光罩盖住暗盒光窗，以免强光照射阴极缩短光电管寿命。

(4) 光源射出的光必须直射光电管的阴极，此时暗盒可作左右及高低调节。为避免光线直射阳极，测试时光窗处宜加 $\phi=4$～6 mm 的光阑。

(5) 测量放大器需充分预热，测量才能准确。接线时先接好地线，后接信号线，注意不能将输出端与地短路，以免烧毁电源。

【思考题】

(1) 什么叫光电效应？爱因斯坦提出的光电效应理论有哪些内容？

(2) 说明光电效应与光频率、光强、逸出功、截止电压、截止频率的关系，简述暗电流产生的原因及测量方法。

(3) 用什么方法求出普朗克常数 h？截止电压 U_0 与入射光频率有什么关系？当 $U_0=0$ 时有什么结论？

(4) 在实验中，若改变光电管上的照度，对 I-U 曲线有何影响？

实验 3　密立根油滴实验

1897 年汤姆孙发现了电子的存在后，人们进行了多次尝试，以精确确定它的性质。汤姆孙又测量了这种基本粒子的比荷(荷质比)，证实了这个比值的唯一性。许多科学家为测量电子的电荷量进行了大量的实验探索工作。密立根油滴实验，是美国芝加哥大学物理学家罗伯特·安德鲁·密立根(Robert Andrews Millikan)及其探究学生哈维·福莱柴尔(Harvey Fletcher)在 1909 年所进行的一项物理学实验，密立根在前人工作的基础上，进行基本电荷量 e 的测量，他做了几千次测量，一个油滴要盯住几个小时，可见其艰苦的程度。电子电荷的精确数值最早是于 1917 年用实验测得的。密立根因此获得 1923 年的诺贝尔物理学奖。

密立根通过油滴实验精确地测定基本电荷量 e 的过程，是一个不断发现问题并解决问题的过程。为了实现精确测量，他创造了实验所必需的环境条件，如油滴室的气压和温度的测量和控制。刚开始，他是用水滴作为电量的载体的，由于水滴的蒸发，不能得到满意的结果，后来改用了挥发性小的油滴。最初，由实验数据通过公式计算出的 e 值随油滴的减小而增大，面对这一情况，密立根经过分析后认为导致这个谬误的原因在于，实验中选用的油滴很小，对它来说，空气已不能看作连续媒质，斯托克斯定律已不适用，因此他通过分析和实验对斯托克斯定律作了修正，得到了合理的结果。

密立根的实验装置随着技术的进步而得到了不断的改进，但其实验原理至今仍在当代物理科学研究的前沿发挥着作用。例如，科学家用类似的方法确定出基本粒子——夸克的电量。

油滴实验中将微观量测量转化为宏观量测量的巧妙设想和精确构思，以及用比较简单的仪器，测得比较精确而稳定的结果等都是富有启发性的。

本实验采用南京大学科教仪器研究所研制的“MOD-CCD 密立根油滴仪”，它应用了 CCD 图像传感器件，使测量更为清晰、直观，测量精度接近目前的最佳公认值。

密立根

【实验目的】

(1) 通过对带电油滴在重力场和静电场中运动的测量，证明电荷的不连续性，并测量基本电荷 e 的大小。

(2) 通过实验中对仪器的调整、油滴的选择、跟踪、测量及数据处理，培养学生科学的实验方法。

(3) 了解现代测量技术在试验中的应用。

【实验仪器】

MOD-CCD 密立根油滴仪、钟表油、喷雾器、显示器。

【实验原理】

1. 原理

一个质量为 m 带电量为 q 的油滴处在二块平行板之间，在平行板未加电压时，油滴受重力的作用而加速下降，由于空气阻力 f_e 的作用，下降一段距离后，油滴将匀速运动，速度为 V_g，此时 f_e 与 mg 平衡，如图 4-3-1 所示。

由斯托克斯定律知，黏滞阻力为

$$f_r = 6\pi a\eta V_g = mg \tag{4-3-1}$$

式中：η 为空气黏滞系数；a 为油滴的半径。

此时在平行板上加电压 V，油滴处在场强为 E 的静电场中，其所受静电场力 qE 与重力 mg 相反，如图 4-3-2 所示。

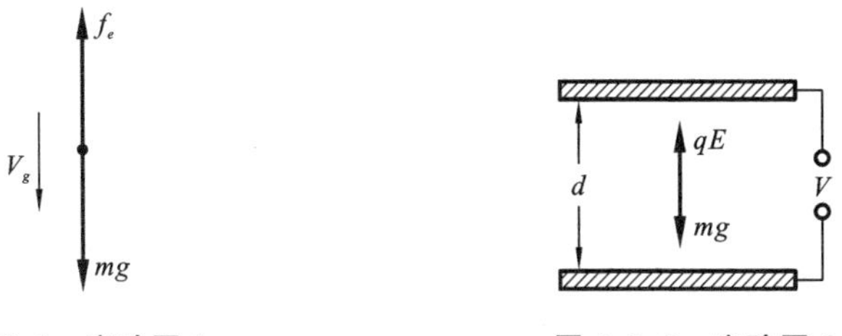

图 4-3-1　实验图 1　　图 4-3-2　实验图 2

当 qE 大于 mg 时，油滴加速上升，由于 f_r 的作用，上升一段距离后，将以 V_e 的速度匀速上升，于是有

$$\begin{cases} 6\pi a\eta V_e + mg = qE = q \cdot \dfrac{V}{d} \\ 6\pi a\eta V_g = mg \end{cases} \tag{4-3-2}$$

由(4-3-2)式可知，为了测定油滴所带的电荷量 q，除应测平行板上所加电压 V、两块平行板之间距离 d、油滴匀速上升的速度 V_e 和 V_g 外，还需知油滴质量 m。由于空气中的悬浮和空气表面张力的作用，可将油滴视为圆球，其质量为

$$m = \frac{4}{3}\pi a^3 \rho \tag{4-3-3}$$

由(4-3-2)式和(4-3-3)式得油滴半径为

$$a = \sqrt{\frac{9\eta V_g}{2\rho g}} \tag{4-3-4}$$

由于油滴半径 a 小到 10^{-6} m 的量级，所以空气的黏滞系数 η 应修正为

$$\eta' = \frac{\eta}{1 + \dfrac{b}{pa}} \tag{4-3-5}$$

将(4-3-5)式代入(4-3-4)式，得

$$a=\sqrt{\frac{9\eta Vg}{2\rho g\left(1+\frac{b}{pa}\right)}} \tag{4-3-6}$$

于是，带电油滴质量 m 为

$$m=\frac{4}{3}\pi\rho\left[\frac{9\eta Vg}{2\rho g\left(1+\frac{b}{pa}\right)}\right]^{\frac{3}{2}} \tag{4-3-7}$$

设油滴匀速下降和匀速上升的距离相等，均为 l，则有

$$Vg=\frac{l}{t_g}\quad Ve=\frac{l}{t_e}$$

所以油滴所带的电荷量为

$$q=\frac{18\pi}{\sqrt{2\rho g}}\left[\frac{\eta l}{1+\frac{b}{pa}}\right]^{\frac{3}{2}}\cdot\frac{d}{V}\left(\frac{1}{t_e}+\frac{1}{t_g}\right)\cdot\left(\frac{1}{t_g}\right)^{\frac{1}{2}} \tag{4-3-8}$$

令(4-3-8)式中 $K=\frac{18\pi}{\sqrt{2\rho g}}\left[\frac{\eta l}{1+\frac{b}{pa}}\right]^{\frac{3}{2}}\cdot d$，则(4-3-8)式变为

$$q=K\left(\frac{1}{t_e}+\frac{1}{t_g}\right)\cdot\left(\frac{1}{t_g}\right)^{\frac{1}{2}}\cdot V^{-1} \tag{4-3-9}$$

该式就是动态法测量油滴带电荷的公式。

实验时，将 K_2 拨至“0 V”挡位，让油滴自由下落 l 距离，测得所用时间 t_g，再加上电压 V(K_2 拨至“提升”挡位)，使油滴上升相同的 l 时，测得所用时间 t_e，代入(4-3-9)式便求得油滴所带电荷量的 q 值。

若调节平行板间电压，使油滴不动，$V_e=0$，$t_e\to\infty$，则(4-3-9)式变为

$$q=K\left(\frac{1}{t_g}\right)^{\frac{3}{2}}\cdot\frac{1}{V} \tag{4-3-10}$$

该式就是静态法测量油滴带电荷的公式。

实验时，只需测得油滴自由下落距离 l 所用的时间 t_g 和油滴平衡时所加的电压 V，便可求得 q 的值。

2. MOD-CCD 密立根仪结构与调节

MOD-CCD 密立根仪由油滴盒、油雾室、CCD 电视显微镜、电路箱、监视器等组成，如图 4-3-3、图 4-3-4、图 4-3-5 所示。

1) 油滴盒

油滴盒 1 是一个重要部件，由精密加工的平板垫在胶木圆环上，在上电极板 7 中心有一个 0.4 mm 的油雾落入孔 2，在胶木圆环上开有显微镜观察孔、照明孔和一个备用孔，备用孔为采用紫外线等手段改变油滴带电量时使用，在上电极板的上方有一个可以左右移动的压簧，保证上电极板与下电极板 8 始终平行。油滴盒外套有防风

罩 3、照明灯。照明灯采用聚光半导体发光器件，其光路与 CCD 显微镜光路的夹角为 150°～160°。在照明座左上方有一个安全开关。当取下油雾室时，平行电极就自动断电。油滴盒整体固定在油雾盒基座 9 上，如图 4-3-6 所示。

图 4-3-3　油滴仪显示器

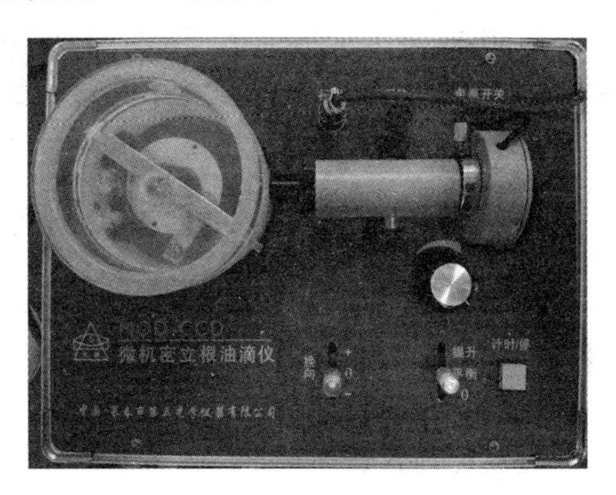

图 4-3-4　MOD-CCD 油滴仪实物图

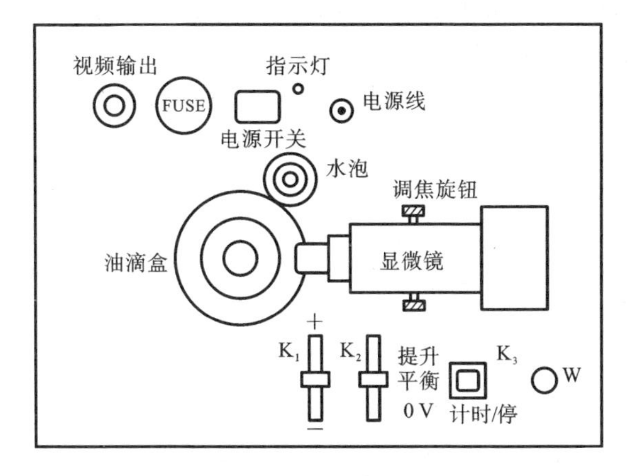

图 4-3-5　实验图 3

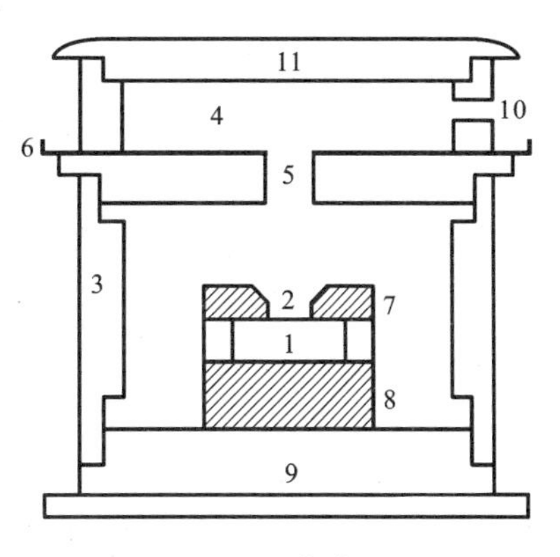

图 4-3-6　实验图 4

2）油雾室

油雾室 4 放置在防风罩上，可以取下。油雾室底中心有一个落油孔 5 和一个挡片 6，用来开关油雾孔，旁边有一个喷雾口 10，喷雾器产生的油雾由此喷入。为了防止灰尘和空气中的水分落入，油雾室顶部有上盖板 11。

3）CCD 电视显微镜

CCD 电视显微镜包括显微物镜、CCD 摄像头没和接口电路，在显微镜上有两个对称的调焦旋钮，用来调节像的聚焦。

4）电路箱

仪器底部装有三只水平手轮，电路箱就固定在其上，电路箱内有高压产生和测量显示控制等电路。测量显示电路是产生电子分划板刻度，且 CCD 头与扫描严格同步。面板上部有水准仪和控制开关，使用前必须调节三只水平手轮，使仪器水平。面板有控制平行板电压的三挡开关 K_2、改变平行板电压极性开关 K_1 和"计时/停"控制 K_3，以及平衡电压调节电位器 W。K_2 控制极板上电压的大小，当 K_2 处于"平衡"挡位时，可用 W 调节平衡电压，当 K_2 打向"提升"挡位时，自动地在平衡电压的基础上增加 220～300 V 的提升电压，当 K_2 打向"0 V"挡位时，极板上电压为 0 V。分划板是 8×3 格的规格，其垂直视场为 2 mm，分 8 格，每格为 0.25 mm，为观察油滴的布朗运动专用。

计数器的"计时/停"与 K_2 的"平衡"挡联动，在 K_2 由"平衡"挡位打向"0 V"挡位时，油滴开始匀速下落的同时，计时器便开始计时；当 K_2 由"0 V"挡位拨到"平衡"挡位时，油滴停止下落的同时，计数器停止计时。为确保测量精度，按一下"计时/停"开关，在清零的同时，立即开始计时，再按一下"计时/停"，停止计时。

【实验内容】

1. 仪器的连接与调整

(1) 仪器安放在无风稳定的实验台上，调节机箱下的四个调平手轮，观察水准仪上方气泡处于中央位置，以保持两极板水平，使电场力与重力相平行。

(2) 电源线的插头为三脚插头，中心脚为地线端，应插在确有地线的电源插座上。如果插座上没有接地线，必须拉一条地线接在机箱上，以保证安全。

(3) 电源接通后，观看两组数字表的显示，试一试两个电位器和两个换向开关，是否符合正常运作情况，正式测量前，要预热 5 min 以上，电压才能稳定。

(4) 本仪器成像为反向成像，即显示器所看到油滴运动方向与油滴实际运动方向相反，也可将 CCD 旋转 180°使其方向一致，此时应重新调整显微镜组件及相关部件。

(5) 观察油滴在油滴室内的照明和聚焦情况，常常从上级板的落入孔中插入一根细尼龙丝，调节显微镜镜筒的进退，从目镜中观看尼龙丝和分划板的像是否都清晰。做这项检查时，必须使极板间的电压为零(两个换向开关皆放在中挡，最好电位器也调到零点)，而且绝不准用金属丝插进落入孔，防止短路火花损伤极板表面。

2. 练习与测量

(1) 将油从油雾杯旁的喷雾口喷入后，从荧屏的视场中可以看到许多油滴，如满天繁星般向下匀速降落，将极板上加以平衡电压 300～ 400 V，换向开关扳在上挡或下挡，均可驱走不需要的油滴，直到剩下几颗缓慢运动的，注视其中某一颗，仔细调节平衡电压使油滴达到静止不动。去掉电压后，油滴又匀速降落，在平衡电压上加以升降电压时，油滴又向上运动，反复多次练习，掌握控制油滴的技巧。

(2) 测量练习。

喷油后，K_2 置于"平衡"挡，调节 W，注意选择几颗缓慢运动较为清晰明亮的油滴。试将 K_2 置"0 V"挡位，观测其下落的大概速度，选择合适的油滴，将平衡电压调到 200～370 V，让油滴在屏幕上匀速下降六格（0.25 mm×6＝1.5 mm）的时间在 8～20 s。从中选一颗为测量对象（目视直径在 0.5～1 mm 为宜）。用 K_2 将油滴移至某条刻度线上，仔细调节平衡电压，这样反复操作几次，经过一段时间观测，油滴确实不再移动认为是平衡了。

（3）实际测量。

平衡测量法。此法主要测量平衡电压 V_p 和油滴降落一段距离所需的时间。首先要选出一大小适中的带电油滴（油滴过大则降落过快，不易测准 t_g；油滴过小则有布朗运动的影响），通常选择平衡电压 V_p 在 200 V 以上，油滴匀速下降 2 mm，时间在 20～30 s 范围内的较为合适。要仔细调节平衡电压 V_p，使油滴悬浮在分划板的某一横线附近，以便准确地判断出这颗油滴是否平衡，应该仔细观察一分钟左右，如果油滴在此时间内在平衡位置附近漂移不大，才能认为油滴是真正平衡了。记下此时的平衡电压 V_p。

再测油滴匀速降落一段距离的时间 t_g。用升降电压使油滴越过分划板的某一横线，再去掉电压（两个换向开关都扳回中挡），让油滴自由降落一段距离达到匀速，当经过分划板某一横线时开始计时，测量经过一段距离的时间 t_g。选定测量的距离应该在平行极板之间的中间部分，占分划板中间四个分格为宜，此时距离为 1 mm（0.25 mm×4＝1 mm），若太靠近上极板，由于小孔附近有气流，电场也不均匀，会影响测量结果；若太靠近下级板，测量完时间后，油滴容易丢失，不能反复测量。

动态测站法。此法主要使极板间所加的电压 V_g，大于平衡电压 V_p，即 $V_g \geqslant V_p$，使油滴在电场力作用下向上做匀速运动，测出经过一段距离所需时间 t_g，再同上法求降落的时间 t_g，代入公式计算 q 值。

本仪器使用时，如显示器出现字符紊乱或分划板有重复条格，是由于某种干扰源所致，可重新启动电源开关或按动换向开关上部黑色复位按钮即可消除。

由于存在涨落，对于同一颗油滴，必须重复上述测量 10 次，从而得到某一油滴运动时数据的平均值 $\overline{t_g}$、$\overline{V_g}$。

选择 5 颗油滴分别测量 10 次，得 $\overline{q_1}$、$\overline{q_2}$、$\overline{q_3}$、$\overline{q_4}$、$\overline{q_5}$、$\overline{q_6}$、$\overline{q_7}$、$\overline{q_8}$、$\overline{q_9}$、$\overline{q_{10}}$。

注意：每次测量时都需检查平衡电压，分别记下不同的平行板电压值。

【数据处理】

1. 计算法

（1）将实验测量和计算得到的一组油滴带电量的数据除以公认值 e，得到各油滴的带电量子数（一般为非整数），再对这些数值四舍五入取整，作为各油滴的带电量子数 n，用求得的量子数分别除以对应的油滴带电量 q。

（2）在测量和计算得到的一组油滴带电量 q 的数据中，找出它们的最大公约数，用该最大公约数代替单位电荷电量的公认值 e。再进行计算，得到各油滴的带电量子数 n（一般为非整数），然后对这些数四舍五入取整作为各油滴带电的量子数 n。

(3) 由油滴带电量$\overline{q_1}$、$\overline{q_2}$、$\overline{q_3}$、$\overline{q_4}$、$\overline{q_5}$、$\overline{q_6}$、$\overline{q_7}$、$\overline{q_8}$、$\overline{q_9}$、$\overline{q_{10}}$的数据依次求取差值，在这组差值中求取最大公约数，将此最大公约数代替单位电荷电量 e 的公认值，并求出各组油滴的带电量数 n。

2. 作图法

设实验得到 m 个油滴的带电量分别为 q_1、q_2…q_m，由于电荷的量子化特性，应有

$$q_i = n_i e \tag{4-3-11}$$

式中：n_i为第 i 个油滴的带电量子数；e 为单位电荷值。

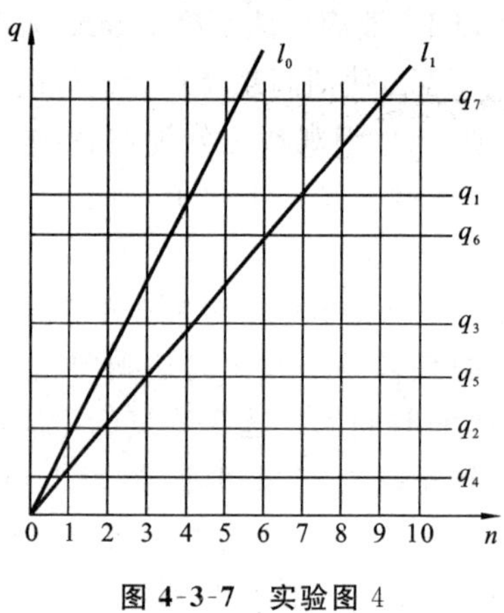

图 4-3-7 实验图 4

(4-3-11)式在数学上抽象为一直线方程，n 为自变量，q 为函数，截距为 0。因此，m 个油滴对应的数据在 n-q 直角坐标系中，必然在同一条通过原点的直线上，若能在 n-q 坐标系中找到满足这一关系的这条直线，就能确定该油滴的带电量子数 n 和 e 的值。

具体方法：在线性坐标系中，沿纵轴标出 q_i 点，并过这些点作平行于横轴的直线，沿横轴等间隔地标出若干整数点，并过这些点作平行于纵轴的直线。如此，在 n-q 坐标系中开成一张网，满足 $q_i = n_i e$ 中的关系的那些点必定位于网的节点上，如图 4-3-7 所示。

用一直尺，由过原点和过距原点最近的一个节点连成一条直线 l_0，开始绕原点慢慢向下方扫过，直到每一条平行线上都有一个节点落在直线 l_1 上(由于 q_i 存在实验误差，实际上应为每一条平行线上都有一个节点落在或接近直线 l_1)，画出这条直线，从图 4-3-7 中可读取对应足 q_i 量子数 n_i，该直线斜率 k 即为单位电荷实验值 e。

3. 最小二乘法拟合法(参考"误差理论"部分有关内容)

实验中所用的有关参考数据如下。

油滴密度：$\rho = 981\ \text{kg} \cdot \text{m}^{-3}$。

重力加速度：以力学实验中所测数据为准。

空气黏滞系数：$\eta = 1.83 \times 10^{-5}\ \text{kg} \cdot \text{m}^{-1} \cdot \text{s}^{-1}$。

油滴匀速下降距离：$l = 1.0 \times 10^{-3}\ \text{m}$。

两块平行板之间距离：$d = 6.00 \times 10^{-3}\ \text{m}$。

大气压强：以实验室大气压强计为准。

基本电荷的最佳公认值：$e = (1.60217733 \pm 0.00000049) \times 10^{-19}\ \text{C}$。

【思考题】

(1) 为什么在数据处理时采用作图法？

(2) 如何调整"MOD-CCD 密立根油滴仪"？

(3) 实验中选择合适油滴的原则是什么?

(4) 为什么必须使做匀速运动或静止? 实验中如何保证油滴在测量范围内做匀速运动?

(5) 两极板不水平对测量有什么影响?

(6) “升降电压”起什么作用? 测量平衡电压时,它应该处于什么位置?

(7) 若油滴下落极快,说明了什么? 若平衡电压太小又说明什么?

(8) 为了减小计时误差,油滴下落是否越慢越好? 为什么?

(9) 实验中若出现油滴逐渐变模糊是什么原因? 为什么会发生? 如何处理?

实验4 燃料电池综合特性实验

【实验目的】

(1) 了解燃料电池的工作原理。

(2) 观察仪器的能量转换过程:

光能→太阳能电池→电能→电解池→氢能(能量储存)→燃料电池→电能

(3) 测量燃料电池的输出特性,做出所测燃料电池的伏安特性(极化)曲线,电池输出功率随输出电压的变化曲线。计算燃料电池的最大输出功率及效率。

(4) 测量质子交换膜电解池的特性,验证法拉第电解定律。

(5) 测量太阳能电池的特性,做出所测太阳能电池的伏安特性曲线,电池输出功率随输出电压的变化曲线。获取太阳能电池的开路电压、短路电流、最大输出功率、填充因子等特性参数。

【实验原理】

1. 历史背景

燃料电池以氢和氧为燃料,通过电化学反应直接产生电力,能量转换效率高于燃烧燃料的热机。燃料电池的反应生成物为水,对环境无污染,单位体积氢的储能密度远高于现有的其他电池。因此它的应用从最早的宇航等特殊领域,到现在人们积极研究将其应用到电动汽车,手机电池等日常生活的各个方面,各国都投入巨资进行研发。

1839年,英国人格罗夫(W. R . Grove)发明了燃料电池。历经近两百年,燃料电池在材料、结构、工艺不断改进之后,进入了实用阶段。按燃料电池使用的电解质或燃料类型,可将现在使用的燃料电池分为碱性燃料电池、质子交换膜燃料电池、直接甲醇燃料电池、磷酸燃料电池、熔融碳酸盐燃料电池、固体氧化物燃料电池等6种主要类型,本实验研究其中的质子交换膜燃料电池。

燃料电池的燃料氢(反应所需的氧可从空气中获得)可由电解水获得,也可由矿物或生物原料转化制成。本实验包含太阳能电池发电(光能—电能转换)、电解水制取氢气(电能—氢能转换)、燃料电池发电(氢能—电能转换)等几个环节,形成了完整的能量转换、储存、使用的链条。实验中含丰富的物理知识,实验内容紧密结合科技发展热点与实际应用,实验过程环保清洁。

直接甲醇燃料电池

能源为人类社会发展提供动力,长期依赖矿物能源使我们面临环境污染之害、资源枯竭之困。为了人类社会的持续健康发展,各国都致力于研究开发新型能源。未来的能源系统中,太阳能将作为主要的一次能源替代目前的煤、石油和天然气,而燃料电池将成为取代汽油、柴油和化学电池的清洁能源。

2. 燃料电池

质子交换膜(proton exchange membrane,PEM)燃料电池在常温下工作,具有启动快速,结构紧凑的优点,较适宜作汽车或其他可移动设备的电源,近年来发展很快,其基本结构如图 4-4-1 所示。

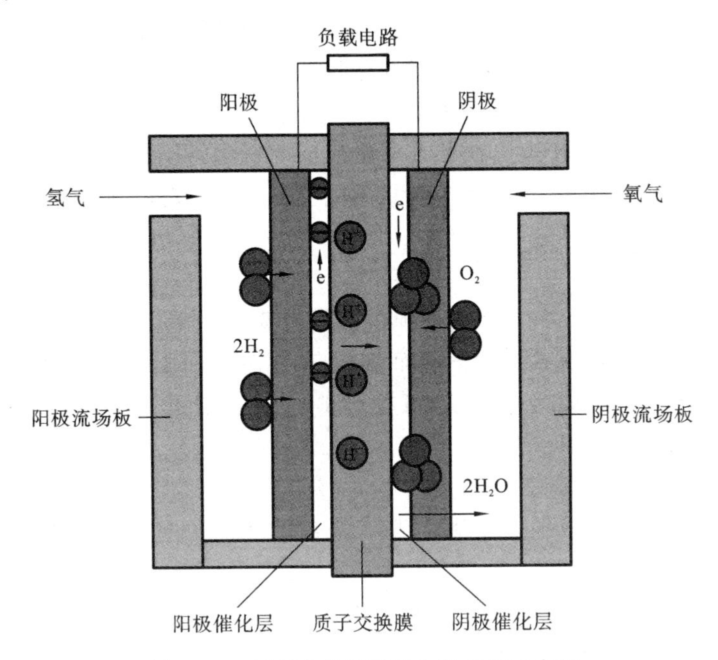

图 4-4-1　质子交换膜燃料电池结构示意图

目前广泛采用的是全氟璜酸质子交换膜为固体聚合物薄膜,厚度为 0.05~0.1 mm,它提供氢离子(质子)从阳极到达阴极的通道,而电子或气体不能通过。

催化层是将纳米量级的铂粒子用化学或物理的方法附着在质子交换膜表面,厚度约为 0.03 mm,对阳极氢的氧化和阴极氧的还原起催化作用。

膜两边的阳极和阴极由石墨化的碳纸或碳布做成,厚度为 0.2~0.5 mm,导电性能良好,其上的微孔提供气体进入催化层的通道,又称为扩散层。

商品燃料电池为了提供足够的输出电压和功率,需将若干单体电池串联或并联在一起,流场板一般由导电良好的石墨或金属做成,与单体电池的阳极和阴极形成良好的电接触,称为双极板,其上加工有供气体流通的通道。教学用的燃料电池为直观起见,采用有机玻璃做流场板。

进入阳极的氢气通过电极上的扩散层到达质子交换膜。氢分子在阳极催化剂的作用下解离为 2 个氢离子,即质子,并释放出 2 个电子,阳极反应为

$$H_2 = 2H^+ + 2e \tag{4-4-1}$$

氢离子以水合质子 $H^+(nH_2O)$的形式,在质子交换膜中从一个璜酸基转移到另

一个璜酸基,最后到达阴极,实现质子导电。质子的这种转移导致阳极带负电。

在电池的另一端,氧气或空气通过阴极扩散层到达阴极催化层,在阴极催化层的作用下,氧与氢离子和电子反应生成水,阴极反应为

$$O_2+4H^++4e=2H_2O \tag{4-4-2}$$

阴极反应使阴极缺少电子而带正电,结果在阴阳极间产生电压,在阴阳极间接通外电路,就可以向负载输出电能。总的化学反应如下:

$$2H_2+O_2=2H_2O \tag{4-4-3}$$

(阴极与阳极:在电化学中,失去电子的反应叫氧化,得到电子的反应叫还原。产生氧化反应的电极是阳极,产生还原反应的电极是阴极。对电池而言,阴极是电的正极,阳极是电的负极。)

3. 水的电解

水电解产生氢气和氧气与燃料电池中氢气和氧气反应生成水互为逆过程。

水电解装置同样因电解质的不同而各异,碱性溶液和质子交换膜是最好的电解质之一。若以质子交换膜为电解质,可在图 4-4-1 中右边电极接电源正极形成电解的阳极,在其上产生氧化反应:

$$2H_2O=O_2+4H^++4e$$

左边电极接电源负极形成电解的阴极,阳极产生的氢离子通过质子交换膜到达阴极后,产生还原反应:

$$2H^++2e=H_2$$

即在右边电极析出氧,左边电极析出氢。

作燃料电池或作电解器的电极在制造上通常有些差别,燃料电池的电极应利于气体吸纳,而电解器需要尽快排出气体。燃料电池的阴极产生的水应随时排出,以免阻塞气体通道,而电解器的阳极必须被水淹没。

4. 太阳能电池

太阳能电池利用半导体 P-N 结受光照射时的光伏效应发电,太阳能电池的基本结构就是一个大面积平面 P-N 结,图 4-4-2 所示的是 P-N 结示意图。

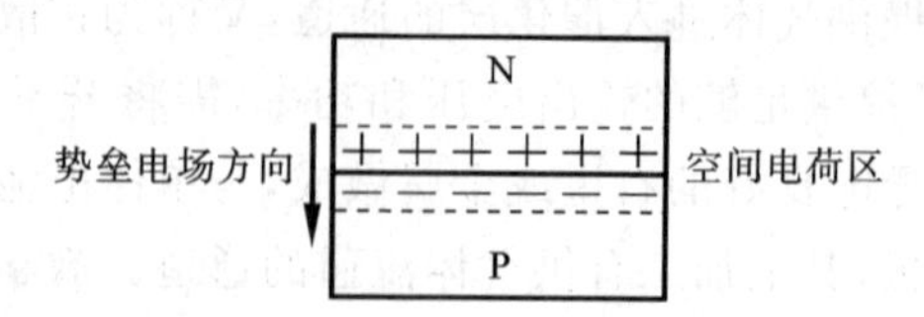

图 4-4-2　半导体 P-N 结示意图

P 型半导体中有相当数量的空穴,几乎没有自由电子。N 型半导体中有相当数量的自由电子,几乎没有空穴。当两种半导体结合在一起形成 P-N 结时,N 区的电子(带负电)向 P 区扩散,P 区的空穴(带正电)向 N 区扩散,在 P-N 结附近形成空间

电荷区与势垒电场。势垒电场会使载流子向扩散的反方向作漂移运动，最终扩散与漂移达到平衡，使流过P-N结的净电流为零。在空间电荷区内，P区的空穴被来自N区的电子复合，N区的电子被来自P区的空穴复合，使该区内几乎没有能导电的载流子，又称为结区或耗尽区。

当光电池受光照射时，部分电子被激发而产生电子一空穴对，在结区激发的电子和空穴分别被势垒电场推向N区和P区，使N区有过量的电子而带负电，P区有过量的空穴而带正电，P-N结两端形成电压，这就是光伏效应。若将P-N结两端接入外电路，就可向负载输出电能。

【实验仪器】

仪器的构成如图4-4-3所示(燃料电池、电解池、太阳能电池的原理见实验内容部分)。

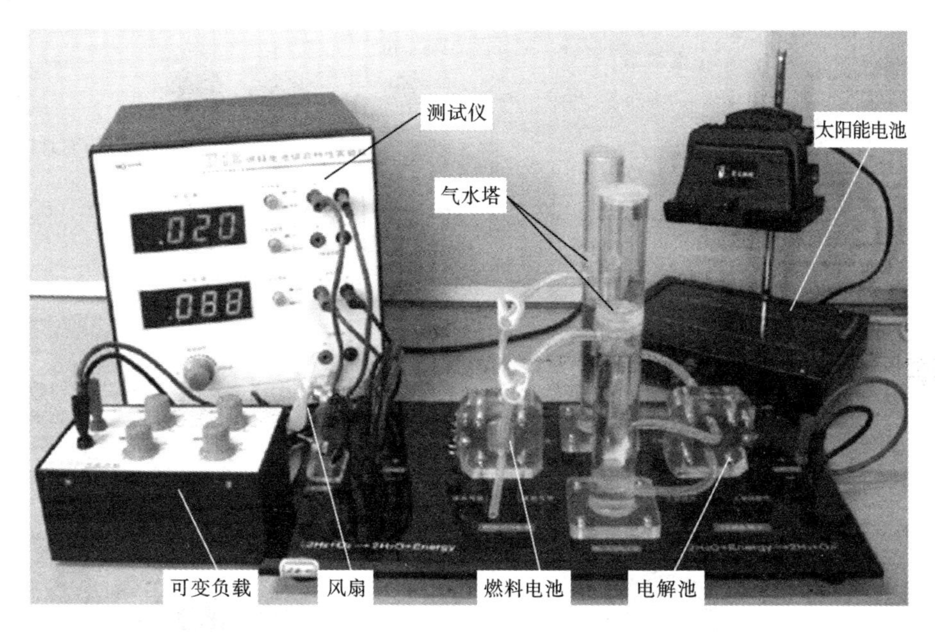

图4-4-3 燃料电池综合实验仪

质子交换膜必须含有足够的水分，才能保证质子的传导。但水含量又不能过高，否则电极被水淹没，水阻塞气体通道，燃料不能传导到质子交换膜参与反应。如何保持良好的水平衡关系是燃料电池设计的重要课题。为保持水平衡，电池在正常工作时排水口打开，在电解电流不变时，燃料供应量是恒定的。若负载选择不当，电池输出电流太小，未参加反应的气体从排水口泄漏，燃料利用率及效率都低。选择适当负载，其燃料利用率约为90%。

气水塔为电解池提供纯水(2次蒸馏水)，可分别储存电解池产生的氢气和氧气，为燃料电池提供燃料气体。每个气水塔都是上下两层结构，上下层之间通过插入下层的连通管连接,下层顶部有一输气管连接到燃料电池。初始时,下层近似充满水,电解池工作时,产生的气体会汇聚在下层顶部,通过输气管输出。若关闭输气管开关,气体产生的压力会使水从下层进入上层,而将气体储存在下层的顶部。通过管壁上的刻度可知储存气体的体积。两个气水塔之间还有一个水连通管,加水时打开水连通管使两塔水位平衡,实验时切忌关闭该连通管。

风扇作为定性观察时的负载,可变负载作为定量测量时的负载。

测试仪面板如图 4-4-4 所示。测试仪可测量电流、电压。若不用太阳能电池作电解池的电源,可从测试仪供电输出端口向电解池供电。实验前需预热 15 min。

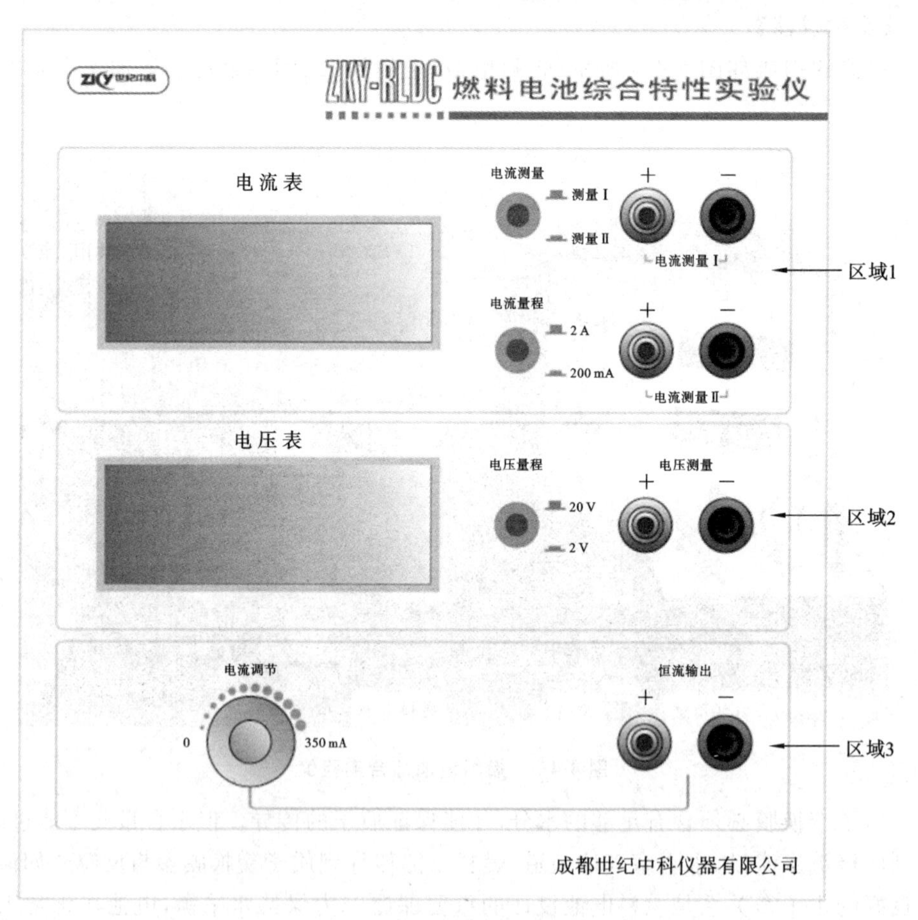

图 4-4-4 燃料电池测试仪前面板示意图

区域 1——电流表部分:作为一个独立的电流表使用。其中包括,两个挡位:2 A 挡和 200 mA 挡。可通过电流挡位切换开关选择合适的电流挡位测量电流。两个测量通道:电流测量Ⅰ和电流测量Ⅱ。通过电流测量切换键可以同时测量两条通道的电流。

区域2——电压表部分：作为一个独立的电压表使用。共有两个挡位：20 V挡和2 V挡，可通过电压挡位切换开关选择合适的电压挡位测量电压。

区域3——恒流源部分：为燃料电池的电解池部分提供一个从0～350 mA的可变恒流源。

【实验内容】

1. 质子交换膜电解池的特性测量

理论分析表明，若不考虑电解器的能量损失，在电解器上加1.48 V电压就可使水分解为氢气和氧气，实际由于各种损失，输入电压高于1.6 V电解器才开始工作。

电解器的效率为

$$\eta_{电解}=\frac{1.48}{U_{输入}}\times 100\% \tag{4-4-4}$$

在输入电压较低时，虽然能量利用率较高，但电流小、电解的速率低，通常使电解器输入电压在2 V左右。

根据法拉第电解定律，电解生成物的量与输入电量成正比。在标准状态下(温度为0 ℃，电解器产生的氢气保持在1个大气压)，设电解电流为I，经过时间t生产的氢气体积(氧气体积为氢气体积的一半)的理论值为

$$V_{氢气}=\frac{It}{2F}\times 22.4 \tag{4-4-5}$$

式中：$F=eN=9.65\times 10^4$ C/mol，为法拉第常数，$e=1.602\times 10^{-19}$ C，为电子电量，$N=6.022\times 10^{23}$，为阿伏伽德罗常数；$It/2F$为产生的氢分子的摩尔(克分子)数；22.4 L为标准状态下气体的摩尔体积。

若实验时的摄氏温度为T，所在地区气压为P，根据理想气体状态方程，可对(4-4-5)式作修正：

$$V_{氢气}=\frac{273.16+T}{273.16}\cdot\frac{P_0}{P}\cdot\frac{It}{2F}\times 22.4 \tag{4-4-6}$$

式中：P_0为标准大气压。自然环境中，大气压受各种因素的影响，如温度和海拔高度等，其中海拔对大气压的影响最为明显。由国家标准GB4797.2—2005可查到，海拔每升高1000 m，大气压下降约10%。

由于水的分子量为18，且每克水的体积为1 cm^3，故电解池消耗的水的体积为

$$V_{水}=\frac{It}{2F}\times 18=9.33It\times 10^{-5} \tag{4-4-7}$$

应当指出，(4-4-6)式、(4-4-7)式的计算对燃料电池同样适用，其中，I代表燃料电池输出电流，$V_{氢气}$代表燃料消耗量，$V_{水}$代表电池中水的生成量。

确认气水塔水位在水位上限与下限之间。

将测试仪的电压源输出端串联电流表后接入电解池，将电压表并联到电解池两端。

将气水塔输气管止水夹关闭，调节恒流源输出到最大(旋钮顺时针旋转到底)，让电解池迅速地产生气体。当气水塔下层的气体低于最低刻度线的时候，打开气水塔输气管止水夹，排出气水塔下层的空气。如此反复2～3次后，气水塔下层的空气基本排尽，剩下的就是纯净的氢气和氧气了。根据表4-4-1中的电解池输入电流大小，调节恒流源的输出电流，待电解池输出气体稳定后(约1 min)，关闭气水塔输气管。测量输入电流、电压以及产生一定体积的气体的时间，记入表4-4-1中。

表4-4-1 电解池的特性测量

输入电流 I/A	输入电压/V	时间 t/s	电量 It/C	氢气产生量测量值/升	氢气产生量理论值/升
0.10					
0.20					
0.30					

由于(4-4-6)式计算氢气产生量的理论值，与氢气产生量的测量值比较，若不管输入电压与电流大小，氢气产生量只与电量成正比，且测量值与理论值接近，即验证了法拉第定律。

2. 燃料电池输出特性的测量

在一定的温度与气体压力下，改变负载电阻的大小，测量燃料电池的输出电压与输出电流之间的关系，如图4-4-5所示。电化学家将其称为极化特性曲线，习惯用电压作纵坐标，电流作横坐标。

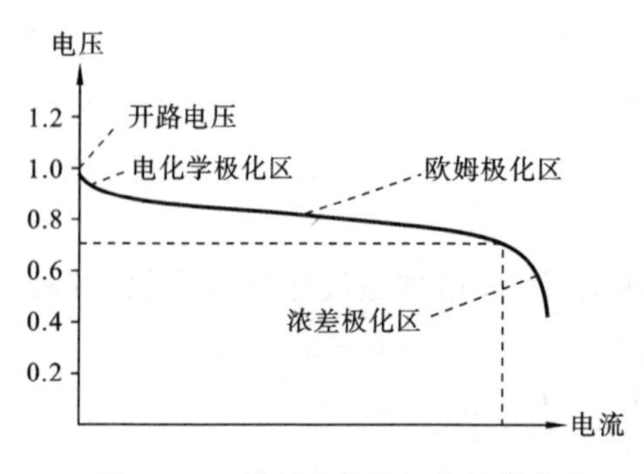

图4-4-5 燃料电池的极化特性曲线

理论分析表明，如果燃料的所有能量都被转换成电能，则理想电动势为1.48 V。实际燃料的能量不可能全部转换成电能，总有一部分能量转换成热能，少量的燃料分子或电子穿过质子交换膜形成内部短路电流等，故燃料电池的开路电压低于理想电动势。

随着电流从零增大，输出电压有一段下降较快，主要是因为电极表面的反应速度有限，有电流输出时，电极表面的带电状态将会改变，且驱动电子输出阳极或输入阴极时，产生的部分电压会被损耗掉，这一段被称为电化学极化区。

输出电压的线性下降区的电压降，主要是电子通过电极材料及各种连接部件，离子通过电解质的阻力引起的，这一段电压降与电流成比例的区域被称为欧姆极化区。

输出电流过大时，燃料供应不足，电极表面的反应物浓度下降，从而使输出电压迅速降低，而输出电流基本不再增加，这一段被称为浓差极化区。

综合考虑燃料的利用率(恒流供应燃料时可表示为燃料电池电流与电解电流之比)及输出电压与理想电动势的差异,燃料电池的效率为

$$\eta_{电池}=\frac{I_{电池}}{I_{电解}}\cdot\frac{U_{输出}}{1.48}\times 100\%=\frac{P_{输出}}{1.48\times I_{电解}}100\% \tag{4-4-8}$$

某一输出电流的燃料电池的输出功率相当于图 4-4-5 中虚线围出的矩形区,在使用燃料电池时,应根据伏安特性曲线,选择适当的负载匹配,使效率与输出功率达到最大。

实验时让电解池输入电流保持在 300 mA,并关闭风扇。

将电压测量端口接到燃料电池输出端。打开燃料电池与气水塔之间的氢气、氧气连接开关,等待约 10 min,让电池中的燃料浓度达到平衡值,电压稳定后记录开路电压值。

将电流量程按钮切换到 200 mA。可变负载调至最大,电流测量端口与可变负载串联后接入燃料电池输出端,改变负载电阻的大小,使输出电压值如表 4-4-2 所示(输出电压值可能无法精确到表中所示的数值,只需相近即可),稳定后记录电压电流值。

表 4-4-2　燃料电池输出特性的测量　　电解电流=　　mA

输出电压 U/V		0.90	0.85	0.80	0.75	0.70					
输出电流 I/mA	0										
功率 $P=U\times I$/mW	0										

负载电阻猛然调得很低时,电流会猛然升到很高,甚至超过电解电流值,这种情况是不稳定的,且重新恢复稳定需较长时间。为避免出现这种情况,输出电流高于 210 mA 后,每次调节减小电阻 0.5 Ω;输出电流高于 240 mA 后,每次调节减小电阻 0.2 Ω,每测量一点的平衡时间稍长一些(约需 5 min)。电路恢复稳定后再记录电压电流值。

实验完毕后,关闭燃料电池与气水塔之间的氢气氧气连接开关,切断电解池输入电源。

3. 太阳能电池的特性测量

在一定的光照条件下,改变太阳能电池负载电阻的大小,测量输出电压与输出电流之间的关系,如图 4-4-6 所示。

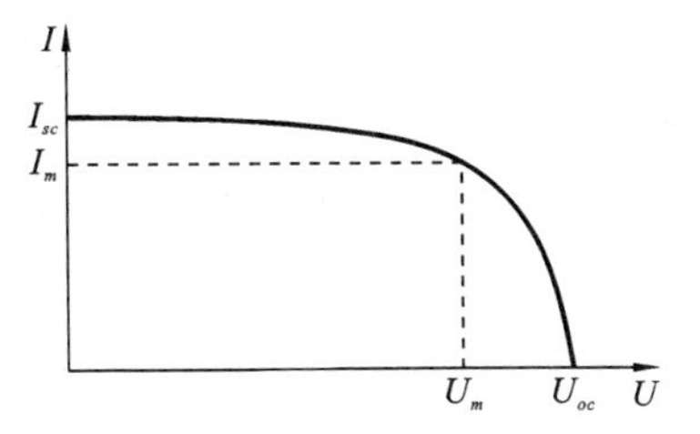

图 4-4-6　太阳能电池的伏安特性曲线

其中,U_{oc} 代表开路电压,I_{sc} 代表短路电流,图 4-4-6 中虚线围出的面积为太阳能电池的输出功率。与最大功率对应的电压称为最大工作电压 U_m,对应的电流称为最大工作电流 I_m。

表征太阳能电池特性的基本参数还包括光谱响应特性、光电转换效率、填充因

子等。

填充因子 FF 定义为

$$FF=\frac{U_m I_m}{U_{oc} I_{sc}} \tag{4-4-9}$$

它是评价太阳能电池输出特性好坏的一个重要参数，它的值越高，表明太阳能电池输出特性越趋近于矩形，电池的光电转换效率越高。

将电流测量端口与可变负载串联后接入太阳能电池的输出端，将电压表并联到太阳能电池两端。

保持光照条件不变，改变太阳能电池负载电阻的大小，测量输出电压电流值，并计算输出功率，记录数据如表 4-4-3 所示。

表 4-4-3　太阳能电池输出特性的测量

输出电压 U/V												
输出电流 I/mA												
功率 $P=U\times I$/mW												

有关本实验数据处理更详细内容和步骤请参考链接内容。

燃料电池综合实验

【注意事项】

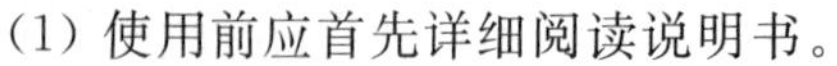

(1) 使用前应首先详细阅读说明书。

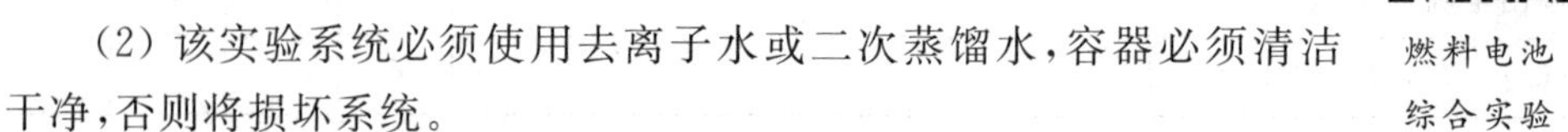

(2) 该实验系统必须使用去离子水或二次蒸馏水，容器必须清洁干净，否则将损坏系统。

(3) PEM 电解池的最高工作电压为 6 V，最大输入电流为 1000 mA，否则将极大地伤害 PEM 电解池。

(4) PEM 电解池所加的电源极性必须正确，否则将毁坏电解池并有起火燃烧的可能。

(5) 绝不允许将任何电源加到 PEM 燃料电池输出端，否则将损坏燃料电池。

(6) 气水塔中所加入的水面高度必须在上水位线与下水位线之间，以保证 PEM 燃料电池正常工作。

(7) 该系统主体由有机玻璃制成，使用时需小心，以免打坏和损伤。

(8) 太阳能电池板和配套光源在工作时温度很高，切不可用手触摸，以免被烫伤。

(9) 绝不允许用水打湿太阳能电池板和配套光源，以免触电和损坏该部件。

(10) 配套“可变负载”所能承受的最大功率是 1 W，只能使用于该实验系统中。

(11) 电流表的输入电流不得超过 2 A，否则将烧毁电流表。

(12) 电压表的最高输入电压不得超过 25 V，否则将烧毁电压表。

(13) 实验时必须关闭两个气水塔之间的连通管。

【思考题】

（1）做出所测燃料电池的极化曲线。

（2）做出该电池输出功率随输出电压的变化曲线。

（3）该燃料电池最大输出功率是多少？最大输出功率时对应的效率是多少？

（4）做出所测太阳能电池的伏安特性曲线。

（5）做出该电池输出功率随输出电压的变化曲线。

（6）该太阳能电池的开路电压 U_{oc}、短路电流 I_{sc} 是多少？最大输出功率 P_m 是多少？最大工作电压 U_m、最大工作电流 I_m 是多少？填充因子 FF 是多少？

实验5　塞曼效应

1896年,荷兰物理学家塞曼(P. Zeeman(1865—1943),见图4-5-1)发现当光源放在足够强的磁场中时,原来的一条光谱线分裂成几条光谱线,分裂的谱线成分是偏振的,分裂的条数随能级的类别而不同,后人称此现象为塞曼效应。塞曼效应是继英国物理学家法拉第(M. Faraday(1791—1863))在1845年发现磁致旋光效应、克尔(John Kerr(1824—1907))在1876年发现磁光克尔效应之后,发现的又一个磁光效应。

图4-5-1　塞曼

磁致旋光效应和磁光克尔效应的发现在当时引起了众多物理学家的兴趣。1862年法拉第出于“磁力和光波彼此有联系”的信念,曾试图探测磁场对钠黄光的作用,但因仪器精度欠佳未果。

塞曼在法拉第的信念的激励下,经过多次的失败,最后用当时分辨本领最高的罗兰凹面光栅和强大的电磁铁,终于在1896年发现了钠黄线在磁场中变宽的现象,后来又观察到了镉蓝线在磁场中的分裂。

塞曼在洛仑兹的指点及其经典电子论的指导下,解释了正常塞曼效应和分裂后谱线的偏振特性,并且估算出电子的荷质比与几个月后汤姆孙从阴极射线得到的电子荷质比相同。

塞曼效应不仅证实了洛仑兹电子论的准确性,而且为汤姆孙发现电子提供了证据。还证实了原子具有磁矩并且空间取向是量子化的。1902年,塞曼与洛仑兹因这一发现共同获得了诺贝尔物理学奖。直到今日,塞曼效应仍旧是研究原子能级结构的重要方法。

早年把那些谱线分裂为三条,而裂距按波数计算正好等于一个洛仑兹单位的现象叫作正常塞曼效应(洛伦兹单位 $L=eB/4\pi mc$)。正常塞曼效应用经典理论就能给予解释。实际上,大多数谱线的塞曼分裂不是正常塞曼分裂,分裂的谱线多于三条,谱线的裂距可以大于也可以小于一个洛仑兹单位,人们称这类现象为反常塞曼效应。反常塞曼效应只有用量子理论才能得到满意的解释。对反常塞曼效应以及复杂光谱的研究,促使朗德(Lande)于1921年提出g因子概念,乌伦贝克和歌德斯密特于1925年提出电子自旋的概念,推动了量子理论的发展。

【实验仪器】

如图4-5-2所示,永磁塞曼效应实验仪主要由控制主机、笔形汞灯、毫特斯拉计探头、永磁铁、会聚透镜、干涉滤光片、法布里一珀罗标准具、成像透镜、读数显微镜、导轨以及六个滑块组成。另外用户还可以选配CCD摄像器件(含镜头)、USB接口外置图像采集盒以及塞曼效应实验分析软件。

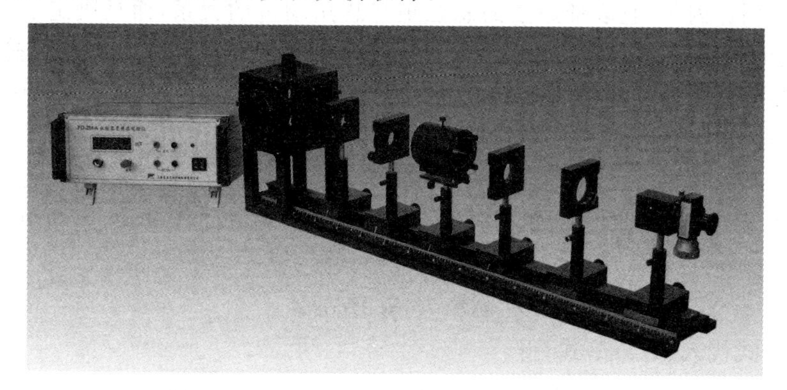

图4-5-2　FD-ZM-A型永磁塞曼效应实验仪

【实验目的】

(1) 掌握观测塞曼效应的方法,加深对原子磁矩及空间量子化等原子物理学概念的理解。

(2) 观察汞原子546.1 nm谱线的分裂现象及它们偏振状态,由塞曼裂距计算电子荷质比。

(3) 学习法布里一珀罗标准具的调节方法以及CCD器件在光谱测量中的应用。

【实验原理】

1. 原子的总磁矩和总角动量的关系

严格来说,原子的总磁矩由电子磁矩和核磁矩两部分组成,但由于后者比前者小三个数量级以上,所以暂时只考虑电子的磁矩这一部分。原子中的电子由于作轨道运动产生轨道磁矩,电子还具有自旋运动产生自旋磁矩,根据量子力学的结果,电子的轨道磁矩$\boldsymbol{\mu}_L$和轨道角动量$\boldsymbol{P}_L$在数值上有如下关系:

$$\boldsymbol{\mu}_L=\frac{e}{2m}\boldsymbol{P}_L,\quad P_L=\sqrt{L(L+1)}\hbar \tag{4-5-1}$$

自旋磁矩$\boldsymbol{\mu}_S$和自旋角动量$\boldsymbol{P}_S$在数值上有如下关系:

$$\boldsymbol{\mu}_S=\frac{e}{m}\boldsymbol{P}_S,\quad P_S=\sqrt{S(S+1)}\hbar \tag{4-5-2}$$

式中:e,m分别表示电子电荷和电子质量;L和S分别表示轨道量子数和自旋量子数。轨道角动量和自旋角动量合成原子的总角动量$\boldsymbol{P}_J$,轨道磁矩和自旋磁矩合成原子的总磁矩$\boldsymbol{\mu}$。由于$\boldsymbol{\mu}$绕$\boldsymbol{P}_J$运动,故只有$\boldsymbol{\mu}$在$\boldsymbol{P}_J$方向的投影,$\boldsymbol{\mu}_J$对外平均效果不为零,可以得到$\boldsymbol{\mu}_J$与$\boldsymbol{P}_J$在数值上的关系为

$$\boldsymbol{\mu}_J=g\,\frac{e}{2m}\boldsymbol{P}_J \tag{4-5-3}$$

其中

$$g=1+\frac{J(J+1)-L(L+1)+S(S+1)}{2J(J+1)} \tag{4-5-4}$$

式中:g 为朗德因子,它表征原子的总磁矩与总角动量的关系,而且决定了能级在磁场中分裂的大小。

2. 外磁场对原子能级的作用

在外磁场中,原子的总磁矩在外磁场中受到力矩 $\boldsymbol{L}$ 的作用,即

$$\boldsymbol{L}=\boldsymbol{\mu}_J\times B \tag{4-5-5}$$

式中:B 表示磁感应强度。力矩 $\boldsymbol{L}$ 使角动量 $\boldsymbol{P}_J$ 绕磁场方向作进动,进动引起附加的能量 ΔE 为

$$\Delta E=-\boldsymbol{\mu}_J B\cos\alpha \tag{4-5-6}$$

将(4-5-3)式代入(4-5-6)式,得

$$\Delta E=g\,\frac{e}{2m}\boldsymbol{P}_J B\cos\beta \tag{4-5-7}$$

由于 $\boldsymbol{\mu}_J$ 和 $\boldsymbol{P}_J$ 在磁场中取向是量子化的,也就是说,$\boldsymbol{P}_J$ 在磁场方向的分量是量子化的。$\boldsymbol{P}_J$ 的分量只能是 $\hbar$ 的整数倍,即

$$P_J\cos\beta=M\hbar,\quad M=J,(J-1),\cdots,-J \tag{4-5-8}$$

磁量子数 M 共有 $2J+1$ 个值。将(4-5-8)式代入(4-5-7)式得到

$$\Delta E=Mg\,\frac{e\hbar}{2m}B \tag{4-5-9}$$

这样,无外磁场时的一个能级,在外磁场作用下分裂为 $2J+1$ 个子能级。由(4-5-9)式决定的每个子能级的附加能量正比于外磁场 B,并且与朗德因子 g 有关。

3. 塞曼效应的选择定则

设某一光谱线在未加磁场时跃迁前后的能级为 E_2 和 E_1,则谱线的频率 ν 取决于

$$h\nu=E_2-E_1 \tag{4-5-10}$$

在外磁场中,上下能级分裂为 $2J_2+1$ 和 $2J_1+1$ 个子能级,附加能量分别为 ΔE_2 和 ΔE_1,并且可以按(4-5-9)式算出。新的谱线频率 ν' 取决于

$$h\nu'=(E_2+\Delta E_2)-(E_1+\Delta E_1) \tag{4-5-11}$$

所以分裂后谱线与原谱线的频率差为

$$\Delta\nu=\nu'-\nu=\frac{1}{h}(\Delta E_2-\Delta E_1)=(M_2-M_1)\frac{eB}{4\pi m} \tag{4-5-12}$$

用波数来表示为

$$\Delta\tilde{v}=(M_2g_2-M_1g_1)\frac{eB}{4\pi mc} \tag{4-5-13}$$

令 $L=eB/(4\pi mc)$,L 称为洛仑兹单位。将有关物理常数代入得

$$L=4.67\times10^{-3}Bm^{-1}$$

其中，B 的单位采用 Gs(1 Gs=10^{-4} T)。

但是，并非任何两个能级的跃迁都是可能的。跃迁必须满足以下选择定则：

$$\Delta M = M_2 - M_1 = 0,\quad \pm 1(\text{当 } J_2 = J_1 \text{ 时}, M_2 = 0 \to M_1 = 0 \text{ 除外})$$

习惯上取较高能级的 M 量子数之差为 ΔM。

(1) 当 $\Delta M=0$ 时，产生 π 线，沿垂直于磁场的方向观察时，得到光振动方向平行于磁场的线偏振光。沿平行于磁场的方向观察时，光强度为零。

(2) 当 $\Delta M=\pm 1$ 时，产生 $\sigma^{\pm}$ 线，合称 σ 线。沿垂直于磁场的方向观察时，得到的都是光振动方向垂直于磁场的线偏振光。当光线的传播方向平行于磁场方向时，σ^{+} 线为一左旋圆偏振光，σ^{-} 线为一右旋圆偏振光；当光线的传播方向反平行于磁场方向时，观察到的 σ^{+} 和 σ^{-} 线分别为右旋和左旋圆偏振光。沿其他方向观察时，π 线保持为线偏振光，σ 线变为圆偏振光。由于光源必须置于电磁铁两磁极之间，为了在沿磁场方向上观察塞曼效应，必须在磁极上镗孔。

4. 汞绿线在外磁场中的塞曼效应

本实验中所观察的汞绿线 546.1 nm 对应于跃迁 $6s7s\,^3S_1 \to 6s6p\,^3P_2$。与这两能级及其塞曼分裂能级对应的量子数和 g、M、Mg 以及偏振态如表 4-5-1、表 4-5-2 所示。

表 4-5-1 各光线的偏振态

选择定则	$\boldsymbol{K}\perp\boldsymbol{B}$(横向)	$\boldsymbol{K}/\!/\boldsymbol{B}$(纵向)
$\Delta M=0$	线偏振光 π 成分	无光
$\Delta M=+1$	线偏振光 σ 成分	右旋圆偏振光
$\Delta M=-1$	线偏振光 σ 成分	左旋圆偏振光

表 4-5-2 汞绿线的上下能级

汞绿线	上能级	下能级
项符	$^3S_1$	$^3P_2$
轨道量子数(L)	0	1
自旋量子数(S)	1	1
总量子数(J)	1	2
朗德因子(g)	2	3/2
磁量子数(M)	1, 0, −1	2, 1, 0, −1, −2
Mg	2, 0, −2	3, 3/2, 0, −3/2, −3

表 4-5-1 中，$\boldsymbol{K}$ 为光波矢量；$\boldsymbol{B}$ 为磁感应强度矢量；σ 表示光波电矢量 $\boldsymbol{E}\perp\boldsymbol{B}$；$\pi$ 表示光波电矢量 $\boldsymbol{E}/\!/\boldsymbol{B}$。

这两个状态的朗德因子 g 和在磁场中的能级分裂，可以由(4-5-4)式和(4-5-7)式计算得出，并且绘成能级跃迁图，如图 4-5-3 所示。

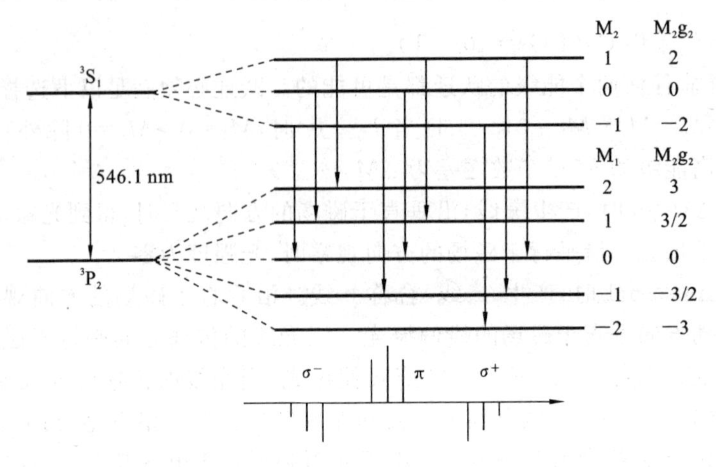

图 4-5-3 汞绿线的塞曼效应及谱线强度分布

由图 4-5-3 可见,上下能级在外磁场中分裂为三个和五个子能级,并画出了选择规则允许的九种跃迁。在能级图下方画出了与各跃迁相应的谱线在频谱上的位置,波数从左到右增加,并且是等距的,为了便于区分,将 π 线和 σ 线都标在相应的地方,各线段的长度表示光谱线的相对强度。

5. 法布里—珀罗标准具的原理和性能

塞曼分裂的波长差是很小的,普通的棱镜摄谱仪不能胜任,应使用分辨本领高的光谱仪器,如法布里—珀罗标准具、陆末—格尔克板、迈克尔孙阶梯光栅等。大部分的塞曼效应实验仪器选择法布里—珀罗标准具。

法布里—珀罗标准具(以下简称 F-P 标准具)由两块平行平面玻璃板和夹在中间的一个间隔圈组成。平面玻璃板内表面是平整的,其加工精度要求优于 1/20 中心波长。内表面镀有高反射膜,膜的反射率高于 90%。间隔圈用膨胀系数很小的熔融石英材料制作,精加工成有一定的厚度,用来保证两块平面玻璃板之间有很高的平行度和稳定间距。

标准具的光路图如图 4-5-4 所示,当单色平行光束 S_0 以某一小角度入射到标准具的 M 平面上;光束在 M 和 M′两个表面上经过多次反射和投射,分别形成一系列相互平行的反射光束 1,2,3,…及投射光束 1′,2′,3′,…,任何相邻光束间的光程差 Δ 是一样的,即

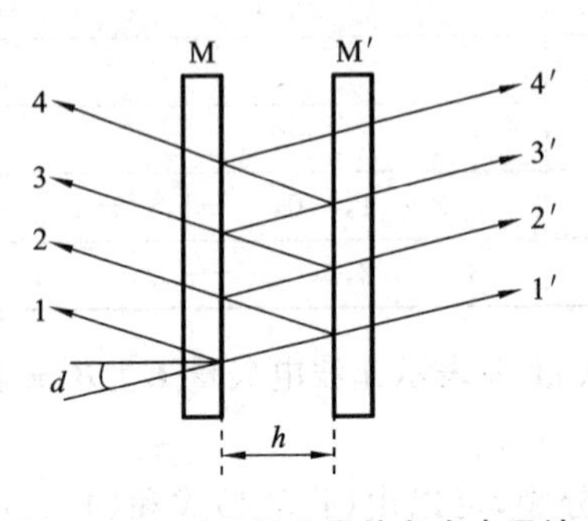

图 4-5-4 F-P 标准具的多光束干涉

$$\Delta = 2nd\cos\theta$$

式中:d 为两平行板之间的间距,大小为 2 mm;θ 为光束折射角;n 为平行板介质的折射率,在空气中使用标准具时可以取 $n=1$。当一系列相互平行并有一定光程差的光束(多光束)经会聚透

镜在焦平面上发生干涉。光程差为波长整数倍时产生相长干涉，得到光强极大值：

$$2d\cos\theta=K\lambda \tag{4-5-14}$$

式中：K 为整数，称为干涉序。由于标准具的间隔 d 是固定的，对于波长一定的光，不同的干涉序 K 出现在不同的入射角 θ 处，如果采用扩展光源照明，在 F-P 标准具中将产生等倾干涉，这时相同 θ 角的光束所形成的干涉花纹是一圆环，整个花样则是一组同心圆环。

由于标准具中发生的是多光束干涉，干涉花纹的宽度非常细锐。通常用精细度（定义为相邻条纹间距与条纹半宽度之比）F 表征标准具的分辨性能，可以证明：

$$F=\frac{\pi\sqrt{R}}{1-R} \tag{4-5-15}$$

式中：R 是平行板内表面的反射率。精细度的物理意义是在相邻的两干涉序的花纹之间能够分辨的干涉条纹的最大条纹数。精细度仅依赖于反射膜的反射率，反射率越大，精细度越大。即每一干涉花纹越锐细，仪器能分辨的条纹数越多，也就是仪器的分辨本领越高。实际上，玻璃内表面加工精度受到一定的限制，反射膜层中出现各种非均匀性，这些都会带来散射等耗散因素，往往使仪器的实际精细度比理论值低。

我们考虑两束具有微小波长差的单色光 λ_1 和 λ_2（$\lambda_1>\lambda_2$，且 $\lambda_1\approx\lambda_2\approx\lambda$）。例如，加磁场后汞绿线分裂成的九条谱线中，对于同一干涉序 K，根据(4-5-14)式，λ_1 和 λ_2 的光强极大值对应于不同的入射角 θ_1 和 θ_2，因此所有的干涉序形成两套花纹。如果 λ_1 和 λ_2 的波长差（随磁场 B）逐渐加大，使得 λ_2 的 K 序花纹与 λ_1 的 $(K-1)$ 序花纹重合，这时以下条件得到满足，即

$$K\lambda_2=(K-1)\lambda_1 \tag{4-5-16}$$

考虑到靠近干涉圆环中央处 θ 都很小，因而 $K=2d/\lambda$，于是(4-5-16)式可以写为

$$\Delta\lambda=\lambda_1-\lambda_2=\frac{\lambda^2}{2d} \tag{4-5-17}$$

用波数表示为

$$\Delta\tilde{\nu}=\frac{1}{2d} \tag{4-5-18}$$

按(4-5-17)式和(4-5-18)式算出的 $\Delta\lambda$ 或 $\Delta\tilde{\nu}$ 定义为标准具的色散范围，又称为自由光谱范围。色散范围是标准具的特征量，它给出了靠近干涉圆环中央处不同波长差的干涉花纹不重序时所允最大波长差。

6. 分裂后各谱线的波长差或波数差的测量

用焦距为 f 的透镜使 F-P 标准具的干涉条纹成像在焦平面上，这时靠近中央各花纹的入射角 θ 与它的直径 D 有如下关系（见图 4-5-5）：

$$\cos\theta=\frac{f}{\sqrt{f^2+(D/2)^2}}\approx1-\frac{1}{8}\frac{D^2}{f^2} \tag{4-5-19}$$

代入(4-5-14)式，得

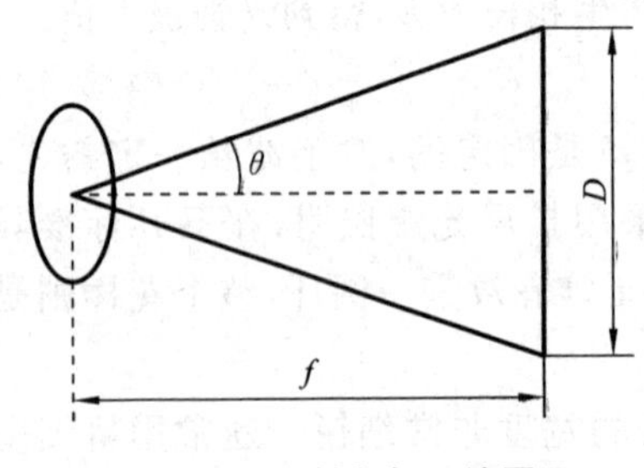

图 4-5-5 入射角与干涉圆环直径的关系

$$2d\left(1-\frac{D^2}{8f^2}\right)=K\lambda \tag{4-5-20}$$

由(4-5-20)式可见,靠近中央各花纹的直径平方与干涉序呈线性关系。对同一波长而言,随着花纹直径的增大,花纹愈来愈密,并且(4-5-20)式左侧括号内符号表明,直径大的干涉环对应的干涉序低。同理,就不同波长、同序的干涉环而言,直径越大,波长越短。

同一波长相邻两序 K 和 $K-1$ 花纹的直径平方差 ΔD^2 可以由(4-5-20)式求出,得到

$$\Delta D^2=D_{K-1}^2-D_K^2=\frac{4f^2\lambda}{d} \tag{4-5-21}$$

可见,ΔD^2 是一个常数,与干涉序 K 无关。

由(4-5-20)式又可以求出在同一序中不同波长 λ_a 和 λ_b 之差。例如,分裂后两相邻谱线的波长差为

$$\lambda_a-\lambda_b=\frac{d}{4f^2K}(D_b^2-D_a^2)=\frac{\lambda}{K}\frac{D_b^2-D_a^2}{D_{K-1}^2-D_K^2} \tag{4-5-22}$$

测量时,通常可以只利用在中央附近的 K 序干涉花纹。考虑到标准具间隔圈的厚度比波长大得多,中心花纹的干涉序是很大的。因此,用中心花纹干涉序代替被测花纹的干涉序所引入的误差可以忽略不计,即

$$K=\frac{2d}{\lambda} \tag{4-5-23}$$

将(4-5-23)式代入(4-5-22)式得到

$$\lambda_a-\lambda_b=\frac{\lambda^2}{2d}\frac{D_b^2-D_a^2}{D_{K-1}^2-D_K^2} \tag{4-5-24}$$

用波数表示为

$$\tilde{v}_a-\tilde{v}_b=\frac{1}{2d}\frac{D_b^2-D_a^2}{D_{K-1}^2-D_K^2}=\frac{1}{2d}\frac{\Delta D_{ab}^2}{\Delta D^2} \tag{4-5-25}$$

式中:$\Delta D_{ab}^2=D_b^2-D_a^2$。由(4-5-25)式得知波数差与相应花纹的直径平方差成正比。

将(4-5-25)式带入(4-5-13)式得到电子荷质比:

$$\frac{e}{m}=\frac{2\pi\cdot c}{(M_2g_2-M_1g_1)Bd}\left(\frac{D_b^2-D_a^2}{D_{K-1}^2-D_K^2}\right) \tag{4-5-26}$$

7. CCD 摄像器件

CCD 是电荷耦合器件的简称。它是一种金属氧化物—半导体结构的新型器件,具有光电转换、信息存储和信号传输功能,在图像传感、信息处理和存储等方面有广泛的应用。

CCD摄像器件是CCD在图像传感领域中的重要应用。在本实验中，经有F-P标准具出射的多光束，经透镜会聚相干，呈多光束干涉条纹成像于CCD光敏面。利用CCD的光电转换功能，将其转换为电信号“图像”，由荧光屏显示。因为CCD是对弱光极为敏感的光放大器件，所以能够呈现明亮、清晰的干涉图样。

【实验仪器】

如图4-5-6所示，永磁塞曼效应实验仪主要由控制主机、笔形汞灯、毫特斯拉计探头、永磁铁、会聚透镜、干涉滤光片、法布里一珀罗标准具、成像透镜、读数显微镜、导轨以及六个滑块组成。另外用户还可以选配CCD摄像器件（含镜头）、USB接口外置图像采集盒以及塞曼效应实验分析软件。

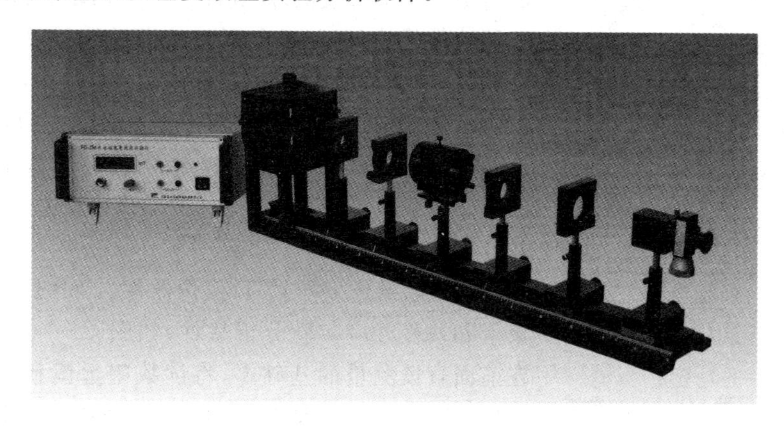

图4-5-6　FD-ZM-A型永磁塞曼效应实验仪

【实验内容】

（1）如图4-5-7所示，依次放置各光学元件（偏振片可以先不放置），并调节光路上各光学元件等高共轴，点燃汞灯，使光束通过每个光学元件的中心。

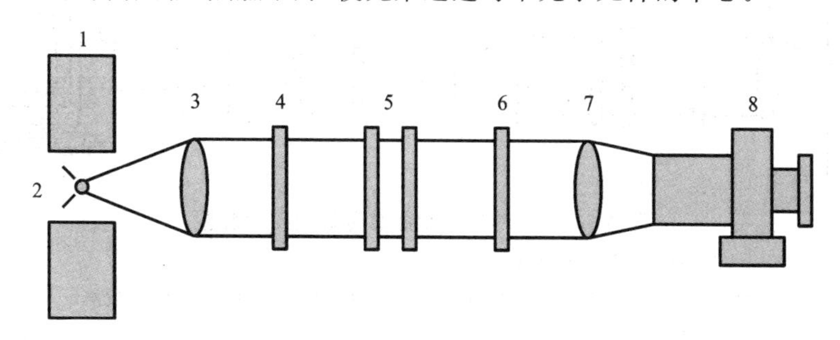

图4-5-7　直读法测量塞曼效应实验装置图

1. 磁铁；2. 笔形汞灯；3. 会聚透镜；4. 干涉滤色片；5. F-P标准具；6. 偏振片；7. 成像透镜；8. 读数显微镜。

（2）注意图4-5-7中会聚透镜和成像透镜的区别：成像透镜焦距大于会聚透镜，而会聚透镜的通光孔径大于成像透镜的通光孔径。用内六角扳手调节标准具上三个压紧弹簧螺丝(一般在出厂前,标准具已经调好,学生做实验时,请不要自行调节),使两平行面达到严格平行,从测量望远镜中可观察到清晰明亮的一组同心干涉圆环。

(3) 从测量望远镜中可观察到细锐的干涉圆环发生分裂的图像。调节会聚透镜的高度,或者调节永磁铁两端的内六角螺丝,改变磁间隙,达到改变磁场场强的目的,可以看到随着磁场 B 的增大,谱线的分裂宽度也在不断增宽。放置偏振片(注意,直读测量时应将偏振片中的小孔光阑取掉,以增加通光量),当旋转偏振片的角度为 0°、45°、90°时,可观察到偏振性质不同的 π 成分和 σ 成分。

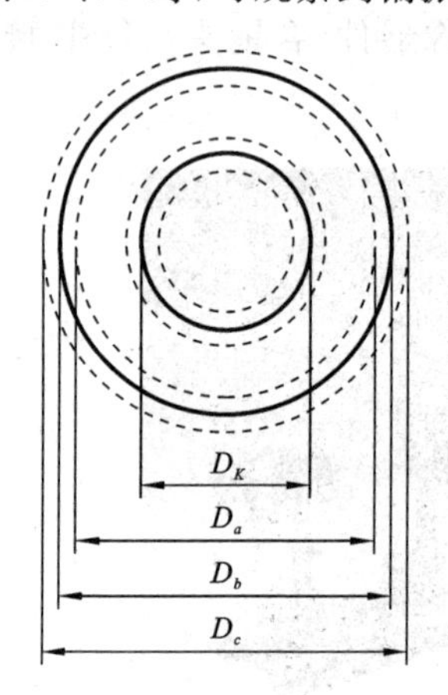

图 4-5-8　汞 546.1 nm 光谱加磁场后的图像

(4) 旋转偏振片,通过读数望远镜能够看到清晰的每级三个的分裂圆环,如图 4-5-8 所示,旋转测量望远镜读数鼓轮,用测量分划板的铅垂线依次与被测圆环相切,从读数鼓轮上读出相应的一组数据,它们的差值即为被测的干涉圆环直径。测量四个圆的直径 D_c、D_b(即为 D_{K-1})、D_a、D_K,用毫特斯拉计测量中心磁场的磁感应强度 B,代入公式(4-5-26)计算电子荷质比,并计算测量误差。

(5) 如果选配了 CCD 摄像器件、USB 外置图像采集卡和塞曼效应实验分析软件,如图 4-5-9 所示,可以在前面直读测量的基础上,将读数望远镜和成像透镜去掉,装上 CCD 摄像器件,并连接 USB 外置图像采集卡,安装驱动程序以及塞曼效应实验分析 VCH4.0 软件,进行自动测量。注意,这时偏振片上应该加装小孔光阑。

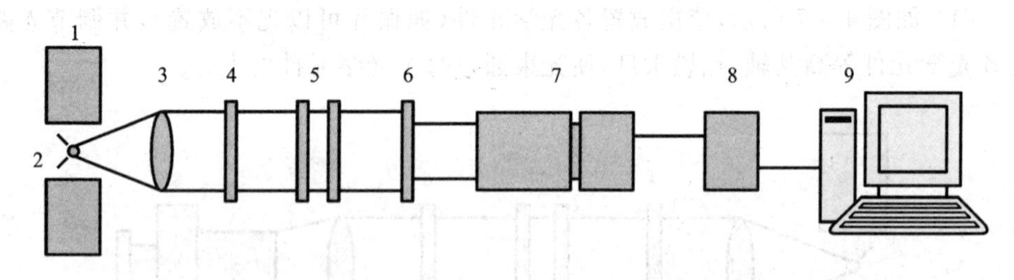

图 4-5-9　电脑自动测量塞曼效应实验装置

1. 磁铁;2. 笔形汞灯;3. 会聚透镜;4. 干涉滤色片;5. F-P 标准具;6. 偏振片;7. CCD 摄像器件(配调焦镜头);8. USB 外置图像采集卡;9. 电脑。

【注意事项】

实验数据处理参考

(1) 笔形汞灯工作时辐射出较强的 253.7 nm 紫外线,在实验时,操作者请不要直接观察汞灯灯光,如果需要直接观察灯光,请佩戴防护眼镜。

(2) 为了保证笔形汞灯有良好的稳定性,在振荡直流电源上应用时，对其工作电流应该加以选择。另外，将笔形汞灯管放入磁头间隙时，注意尽量不要使灯管接触磁头。

（3）仪器应存放在干燥、通风的清洁房间内，长时间不用时请加罩防护。

（4）法布里—珀罗标准具等光学元件应避免沾染灰尘、污垢和油脂，还应该避免在潮湿、过冷、过热和酸碱性蒸汽环境中存放和使用。

（5）光学零件的表面上如有灰尘可以用橡皮吹气球吹去；如表面有污渍可以用脱脂、清洁棉花球蘸酒精、乙醚混合液轻轻擦拭。

【附】

仪器指标及使用注意事项

1. 毫特斯拉计

量程：0～1999 mT。

分辨率：1 mT。

2. 笔形汞灯

发光区直径：7 mm。

起辉电压：1700 V。

额定功率：3 W。

3. 永磁铁

最大磁场：1300 mT。

磁头间隙：大于 7 mm（可调节）。

4. 干涉滤色片

中心波长：546.1 nm。

半带宽：8 nm。

通光口径：Φ19 mm。

5. 法布里—珀罗标准具（F-P 标准具）

通光口径：Φ40 mm。

间隔块：2 mm。

波段宽：大于 100 nm。

反射率：95%。

平面性误差：小于$\frac{\lambda}{30}$。

6. 透镜

会聚透镜孔径：Φ34 mm。

成像透镜孔径：Φ30 mm。

成像透镜焦距：约 157 mm。

7. 读数显微镜

放大倍数:20。

有效测量范围: 8 mm。

目镜分划尺格植: 1 mm。

测微鼓最小读数: 0.01 mm。

8. CCD 摄像头(选配件)

成像器件:1/3″SONY HAD CCD。

有效像素:752(H)×582(V)。

水平解析度:570 线。

最低照度:0.001Lux at F1.2。

信噪比:大于 48 dB。

电源: DC 12 V。

9. USB 接口外置图像采集盒(选配件)

接口标准:USB2.0 标准接口。

采集方式:单帧或者多帧。

采集图像:黑白/彩色图像。

实验 6　核磁共振

磁矩是由许多原子核所具有的内部角动量或自旋引起的。1933 年,斯特恩和艾斯特曼对核粒子的磁矩进行了第一次粗略测定,后来,美国哥伦比亚的拉比的实验室在这个领域的研究中获得了进展。这些研究对核理论的发展起了很大的作用。

当受到强磁场加速的原子束加以一个已知频率的弱振荡磁场时,原子核就要吸收某些频率的能量,同时跃迁到较高的磁场亚层中。通过测定原子束在频率逐渐变化的磁场中的强度,就可测定原子核吸收频率的大小。这种技术起初被应用于气体物质,后来通过斯坦福的布洛赫和哈佛大学的珀塞尔的工作扩大应用到液体和固体。布洛赫实验组第一次测定了水中质子的共振吸收,而珀塞尔实验组第一次测定了固态链烷烃中质子的共振吸收,两人因此共同获得了 1952 年的诺贝尔物理学奖。

核磁共振,是指具有磁矩的原子核在恒定磁场中由电磁波引起的共振跃迁现象。自 1946 年进行这些研究以来,由于核磁共振的方法和技术可以深入物质内部而不破坏样品,并且具有迅速、准确、分辨率高等优点,所以得到迅速发展和广泛应用,现今已从物理学渗透到化学、生物、地质、医疗以及材料等学科,在科研和生产中发挥了巨大的作用。

核磁共振技术及其应用

【实验原理】

我们以氢核为主要研究对象介绍核磁共振的基本原理和观测方法。氢核虽然是最简单的原子核,但它是目前在核磁共振应用中最常见和最有用的核。

1. 核磁共振的量子力学描述

1) 单个核的磁共振

通常将原子核的总磁矩在其角动量 $\boldsymbol{P}$ 方向上的投影 $\boldsymbol{\mu}$ 称为核磁矩,它们之间的关系通常写成

$$\boldsymbol{\mu}=\gamma\cdot\boldsymbol{P}\quad\text{或}\quad\boldsymbol{\mu}=g_N\cdot\frac{e}{2m_p}\cdot\boldsymbol{P}\tag{4-6-1}$$

式中:$\gamma=g_N\cdot\dfrac{e}{2m_p}$,称为旋磁比;$e$ 为电子电荷;m_p 为质子质量;g_N 为朗德因子。对氢核来说,$g_N=5.5851$。

按照量子力学,原子核角动量的大小由下式决定

$$P=\sqrt{I(I+1)}\hbar\tag{4-6-2}$$

式中:$\hbar=\dfrac{h}{2\pi}$,其中 h 为普朗克常数;I 为核的自旋量子数,可以取 $I=0,\dfrac{1}{2},1,\dfrac{3}{2},\cdots$,对氢核来说,$I=\dfrac{1}{2}$。

把氢核放入外磁场 $\boldsymbol{B}$ 中,可以取坐标轴 z 方向为 $\boldsymbol{B}$ 的方向。核的角动量在 $\boldsymbol{B}$ 方向上的投影值由下式决定,即

$$P_B=m\cdot\hbar \tag{4-6-3}$$

式中:m 称为磁量子数,可以取 $m=I,I-1,\cdots,-(I-1),-I$。核磁矩在 $\boldsymbol{B}$ 方向上的投影值为

$$\mu_B=g_N\frac{e}{2m_p}P_B=g_N\left(\frac{e\hbar}{2m_p}\right)m$$

可将它写为

$$\mu_B=g_N\mu_N m \tag{4-6-4}$$

式中:$\mu_N=5.050787\times10^{-27}\ \mathrm{JT^{-1}}$ 称为核磁子,是核磁矩的单位。

磁矩为 $\boldsymbol{\mu}$ 的原子核在恒定磁场 $\boldsymbol{B}$ 中具有的势能为

$$E=-\boldsymbol{\mu}\cdot\boldsymbol{B}=-\mu_B B=-g_N\mu_N mB$$

任何两个能级之间的能量差为

$$\Delta E=E_{m1}-E_{m2}=-g_N\mu_N B(m_1-m_2) \tag{4-6-5}$$

考虑最简单的情况,对氢核而言,自旋量子数 $I=\frac{1}{2}$,所以磁量子数 m 只能取两个值,即 $m=\frac{1}{2}$ 和 $m=-\frac{1}{2}$。磁矩在外场方向上的投影也只能取两个值,如图 4-6-1(a)所示,与此相对应的能级如图 4-6-1(b)所示。

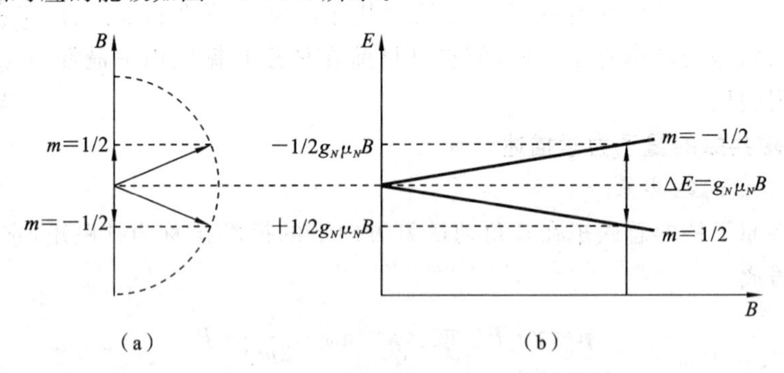

图 4-6-1 氢核能级在磁场中的分裂

根据量子力学中的选择定则,只有 $\Delta m=\pm1$ 的两个能级之间才能发生跃迁,这两个跃迁能级之间的能量差为

$$\Delta E=g_N\mu_N B \tag{4-6-6}$$

由(4-6-6)式可知:相邻两个能级之间的能量差 ΔE 与外磁场 $\boldsymbol{B}$ 的大小成正比,磁场越强,则两个能级分裂也越大。

如果实验中外磁场的数值为 B_0,在该稳恒磁场区域又叠加一个电磁波作用于氢核,如果电磁波的能量 $h\nu_0$ 恰好等于这时氢核两能级的能量差 $g_N\mu_N B_0$,即

$$h\nu_0 = g_N \mu_N B_0 \tag{4-6-7}$$

则氢核就会吸收电磁波的能量，由 $m=\frac{1}{2}$ 的能级跃迁到 $m=-\frac{1}{2}$ 的能级，这就是核磁共振吸收现象。(4-6-7)式就是核磁共振条件。为了应用上的方便，常写成

$$\nu_0 = \frac{g_N \mu_N}{h} B_0$$

即

$$\omega_0 = \gamma B_0 \tag{4-6-8}$$

2) 核磁共振信号的强度

上面讨论的是单个的核放在外磁场中的核磁共振理论。但在实验中所用的样品是大量同类核的集合。如果处于高能级上的核数目与处于低能级上的核数目没有差别，则在电磁波的激发下，上下能级上的核都要发生跃迁，并且跃迁几率是相等的，吸收能量等于辐射能量，我们就观察不到任何核磁共振信号。只有当低能级上的原子核数目大于高能级上的核数目，吸收能量比辐射能量多，这样才能观察到核磁共振信号。在热平衡状态下，核数目在两个能级上的相对分布由玻尔兹曼因子决定，即

$$\frac{N_2}{N_1} = \exp\left(-\frac{\Delta E}{kT}\right) = \exp\left(-\frac{g_N \mu_N B_0}{kT}\right) \tag{4-6-9}$$

式中：N_1 为低能级上的核数目；N_2 为高能级上的核数目；ΔE 为上下能级间的能量差；k 为玻尔兹曼常数；T 为绝对温度。当 $g_N \mu_N B_0 \ll kT$ 时，上式可以近似写成

$$\frac{N_2}{N_1} = 1 - \frac{g_N \mu_N B_0}{kT} \tag{4-6-10}$$

(4-6-10)式说明，低能级上的核数目比高能级上的核数目略微多一点。对氢核来说，如果实验温度 $T=300\ \mathrm{K}$，外磁场 $B_0=1\ \mathrm{T}$，则

$$\frac{N_2}{N_1} = 1 - 6.75 \times 10^{-6} \quad 或 \quad \frac{N_1 - N_2}{N_1} \approx 7 \times 10^{-6}$$

这说明，在室温下，每百万个低能级上的核比高能级上的核大约只多出 7 个。这就是说，在低能级上参与核磁共振吸收的每一百万个核中只有 7 个核的核磁共振吸收未被共振辐射所抵消。所以核磁共振信号非常微弱，检测如此微弱的信号，需要高质量的接收器。

由(4-6-10)式可以看出，温度越高，粒子差数越小，对观察核磁共振信号越不利。外磁场 B_0 越强，粒子差数越大，越有利于观察核磁共振信号。一般核磁共振实验要求磁场强一些，其原因就在这里。

另外，要想观察到核磁共振信号，仅仅磁场强一些还不够，磁场在样品范围内还应高度均匀，否则磁场再强也观察不到核磁共振信号。其原因之一是，核磁共振信号由(4-6-7)式决定，如果磁场不均匀，则样品内各部分的共振频率不同。对某个频率的电磁波，将只有少数核参与共振，结果信号被噪声所淹没，难以观察到核磁共振

信号。

2. 核磁共振的经典力学描述

以下从经典理论观点来讨论核磁共振问题。把经典理论核矢量模型用于微观粒子是不严格的,但是它对某些问题可以做一定的解释。数值上不一定正确,但可以给出一个清晰的物理图像,帮助我们了解问题的实质。

1) 单个核的拉摩尔进动

我们知道,如果陀螺不旋转,当它的轴线偏离竖直方向时,在重力作用下,它就会倒下来。但是如果陀螺本身做自转运动,它就不会倒下而绕着重力方向做进动,如图4-6-2所示。

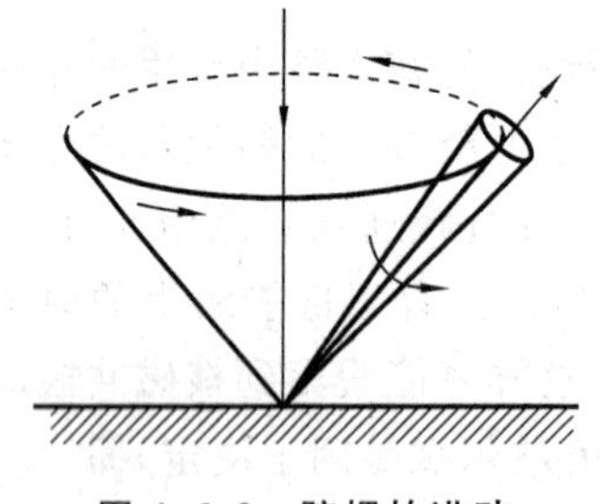

图 4-6-2 陀螺的进动

由于原子核具有自旋和磁矩,所以它在外磁场中的行为同陀螺在重力场中的行为是完全一样的。设核的角动量为 $\boldsymbol{P}$,磁矩为 $\boldsymbol{\mu}$,外磁场为 $\boldsymbol{B}$,由经典理论可知

$$\frac{\mathrm{d}\boldsymbol{P}}{\mathrm{d}t}=\boldsymbol{\mu}\times\boldsymbol{B} \tag{4-6-11}$$

由于 $\boldsymbol{\mu}=\gamma\cdot\boldsymbol{P}$,所以有

$$\frac{\mathrm{d}\boldsymbol{\mu}}{\mathrm{d}t}=\lambda\cdot\boldsymbol{\mu}\times\boldsymbol{B} \tag{4-6-12}$$

写成分量的形式则为

$$\begin{cases}\dfrac{\mathrm{d}\mu_x}{\mathrm{d}t}=\gamma(\mu_y B_z-\mu_z B_y)\\ \dfrac{\mathrm{d}\mu_y}{\mathrm{d}t}=\gamma(\mu_z B_x-\mu_x B_z)\\ \dfrac{\mathrm{d}\mu_z}{\mathrm{d}t}=\gamma(\mu_x B_y-\mu_y B_x)\end{cases} \tag{4-6-13}$$

若设稳恒磁场为 $\boldsymbol{B}_0$,且 z 轴沿 $\boldsymbol{B}_0$ 方向,即 $B_x=B_y=0,B_z=B_0$,则上式将变为

$$\begin{cases}\dfrac{\mathrm{d}\mu_x}{\mathrm{d}t}=\gamma\mu_y B_0\\ \dfrac{\mathrm{d}\mu_y}{\mathrm{d}t}=-\gamma\mu_x B_0\\ \dfrac{\mathrm{d}\mu_z}{\mathrm{d}t}=0\end{cases} \tag{4-6-14}$$

由此可见,磁矩分量 μ_z 是一个常数,即磁矩 $\boldsymbol{\mu}$ 在 $\boldsymbol{B}_0$ 方向上的投影将保持不变。将(4-6-14)式的第一式对 t 求导,并把第二式代入有

$$\frac{\mathrm{d}^2\mu_x}{\mathrm{d}t^2}=\gamma B_0\frac{\mathrm{d}\mu_y}{\mathrm{d}t}=-\gamma^2 B_0^2\mu_x$$

或

$$\frac{\mathrm{d}^2\mu_x}{\mathrm{d}t^2}+\gamma^2B_0^2\mu_x=0 \tag{4-6-15}$$

这是一个简谐运动方程，其解为 $\mu_x=A\cos(\gamma B_0t+\varphi)$，由(4-6-14)式的第一式得到

$$\mu_y=\frac{1}{\gamma B_0}\cdot\frac{\mathrm{d}\mu_x}{\mathrm{d}t}=-\frac{1}{\gamma B_0}\cdot\gamma B_0A\sin(\gamma B_0t+\varphi)=-A\sin(\gamma B_0t+\varphi)$$

将 $\omega_0=\gamma B_0$ 代入，有

$$\begin{cases}\mu_x=A\cos(\omega_0t+\varphi)\\ \mu_y=-A\sin(\omega_0t+\varphi)\\ \mu_L=\sqrt{(\mu_x+\mu_y)^2}=A=\text{常数}\end{cases} \tag{4-6-16}$$

由此可知，核磁矩 $\boldsymbol{\mu}$ 在稳恒磁场中的运动特点如下(其运动图像如图 4-6-3 所示)。

(1) 它围绕外磁场 $\boldsymbol{B}_0$ 做进动，进动的角频率为 $\omega_0=\gamma B_0$，与 $\boldsymbol{\mu}$ 与 $\boldsymbol{B}_0$ 之间的夹角 θ 无关。

(2) 它在 xy 平面上的投影 μ_L 是常数。

(3) 它在外磁场 $\boldsymbol{B}_0$ 方向上的投影 μ_z 为常数。

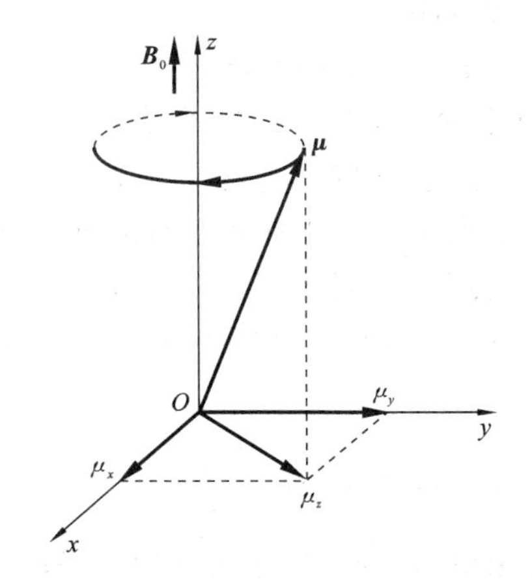

图 4-6-3　磁矩在外磁场中的进动

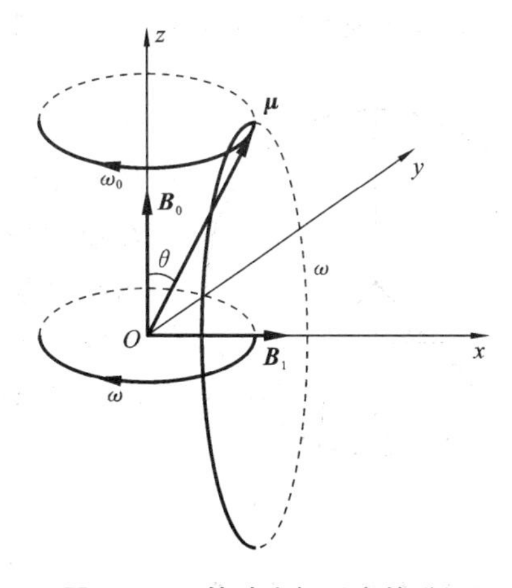

图 4-6-4　转动坐标系中的磁矩

现在来研究如果在与 $\boldsymbol{B}_0$ 垂直的方向上加一个旋转磁场 $\boldsymbol{B}_1$，且其数值大小有 $B_1\ll B_0$，会出现什么情况。如果这时再在垂直于 $\boldsymbol{B}_0$ 的平面内加上一个弱的旋转磁场 $\boldsymbol{B}_1$，$\boldsymbol{B}_1$ 的角频率和转动方向与磁矩 $\boldsymbol{\mu}$ 的进动角频率和进动方向都相同，如图 4-6-4 所示。这时，和核磁矩 $\boldsymbol{\mu}$ 除了受到 $\boldsymbol{B}_0$ 的作用之外，还要受到旋转磁场 $\boldsymbol{B}_1$ 的影响。也就是说，$\boldsymbol{\mu}$ 除了要围绕 $\boldsymbol{B}_0$ 进动之外，还要绕 $\boldsymbol{B}_1$ 进动。所以 $\boldsymbol{\mu}$ 与 $\boldsymbol{B}_0$ 之间的夹角 θ 将发生变化。由核磁矩的势能：

$$E=-\boldsymbol{\mu}\cdot\boldsymbol{B}=-\mu\cdot B_0\cos\theta \tag{4-6-17}$$

可知,θ 的变化意味着核的能量状态变化。当 θ 值增加时,核要从旋转磁场 $\boldsymbol{B}_1$ 中吸收能量。这就是核磁共振。产生共振的条件为

$$\omega=\omega_0=\gamma B_0 \tag{4-6-18}$$

这一结论与量子力学得出的结论完全一致。

如果旋转磁场 $\boldsymbol{B}_1$ 的转动角频率 ω 与核磁矩 μ 的进动角频率 ω_0 不相等,即 $\omega\neq\omega_0$,则 θ 角的变化不显著。总的来说,θ 角的变化为零,原子核没有吸收磁场的能量,因此就观察不到核磁共振信号。

2) 布洛赫方程

上面讨论的是单个核的核磁共振。但我们在实验中研究的样品不是单个核磁矩,而是由这些磁矩构成的磁化强度矢量 $\boldsymbol{M}$。另外,我们研究的系统并不是孤立的,而是与周围物质有一定的相互作用。只有全面考虑了这些问题,才能建立起核磁共振的理论。

因为磁化强度矢量 $\boldsymbol{M}$ 是单位体积内核磁矩 $\boldsymbol{\mu}$ 的矢量和,所以有

$$\frac{\mathrm{d}\boldsymbol{M}}{\mathrm{d}t}=\gamma(\boldsymbol{M}\times\boldsymbol{B}) \tag{4-6-19}$$

它表明磁化强度矢量 $\boldsymbol{M}$ 围绕着外磁场 $\boldsymbol{B}_0$ 做进动,进动的角频率 $\omega=\gamma B$;现在假定外磁场 $\boldsymbol{B}_0$ 沿着 z 轴方向,再沿着 x 轴方向加上一射频场:

$$\boldsymbol{B}_1=2B_1\cos(\omega t)\boldsymbol{e}_x \tag{4-6-20}$$

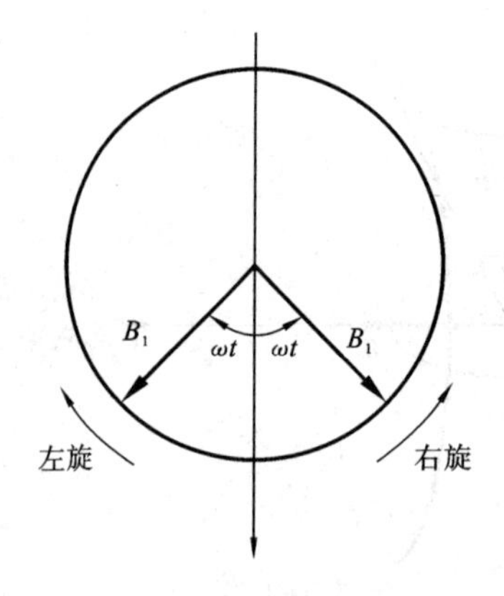

图 4-6-5 线偏振磁场分解为圆偏振磁场

式中:$\boldsymbol{e}_x$ 为 x 轴上的单位矢量;$2B_1$ 为振幅。这个线偏振场可以看作是左旋圆偏振场和右旋圆偏振场的叠加,如图 4-6-5 所示。在这两个圆偏振场中,只有当圆偏振场的旋转方向与进动方向相同时才起作用。所以对于 γ 为正的系统,起作用的是顺时针方向的圆偏振场,即

$$M_z=M_0=\chi_0 H_0=\frac{\chi_0 B_0}{\mu_0}$$

式中 χ_0 是静磁化率,μ_0 为真空中的磁导率,M_0 是自旋系统与晶格达到热平衡时自旋系统的磁化强度。

原子核系统吸收了射频场能量之后,处于高能态的粒子数目增多,亦使得 $M_z<M_0$,偏离了热平衡状态。由于自旋与晶格的相互作用,晶格将吸收核的能量,使原子核跃迁到低能态而向热平衡过渡。表示这个过渡的特征时间称为纵向弛豫时间,用 T_1 表示(它反映了沿外磁场方向上磁化强度矢量 M_z 恢复到平衡值 M_0 所需时间的大小)。考虑了纵向弛豫作用后,假定 M_z 向平衡值 M_0 过渡的速度与 M_z 偏离 M_0 的程度 (M_0-M_z) 成正比,即有

$$\frac{\mathrm{d}M_z}{\mathrm{d}t}=-\frac{M_z-M_0}{T_1} \tag{4-6-21}$$

此外，自旋与自旋之间也存在相互作用，M 的横向分量也要由非平衡态时的 M_x 和 M_y 向平衡态时的值 $M_x=M_y=0$ 过渡，表征这个过程的特征时间为横向弛豫时间，用 T_2 表示。与 M_z 类似，可以假定：

$$\begin{cases}\dfrac{\mathrm{d}M_x}{\mathrm{d}t}=-\dfrac{M_x}{T_2}\\ \dfrac{\mathrm{d}M_y}{\mathrm{d}t}=-\dfrac{M_y}{T_2}\end{cases} \tag{4-6-22}$$

前面分别分析了外磁场和弛豫过程对核磁化强度矢量 $\boldsymbol{M}$ 的作用。当上述两种作用同时存在时，描述核磁共振现象的基本运动方程为

$$\frac{\mathrm{d}\boldsymbol{M}}{\mathrm{d}t}=\gamma(\boldsymbol{M}\times\boldsymbol{B})-\frac{1}{T_2}(M_x\boldsymbol{i}+M_y\boldsymbol{j})-\frac{M_z-M_0}{T_1}\boldsymbol{k} \tag{4-6-23}$$

该方程称为布洛赫方程。式中：$\boldsymbol{i}$、$\boldsymbol{j}$、$\boldsymbol{k}$ 分别是 x、y、z 方向上的单位矢量。

值得注意的是，(4-6-23)式中 $\boldsymbol{B}$ 是外磁场 $\boldsymbol{B}_0$ 与线偏振场 $\boldsymbol{B}_1$ 的叠加。其中，$\boldsymbol{B}_0=B_0\boldsymbol{k}$，$\boldsymbol{B}_1=B_1\cos(\omega t)\boldsymbol{i}-B_1\sin(\omega t)\boldsymbol{j}$，$\boldsymbol{M}\times\boldsymbol{B}$ 的三个分量是

$$\begin{cases}(M_yB_0+M_zB_1\sin\omega t)\boldsymbol{i}\\ (M_zB_1\cos\omega t-M_xB_0)\boldsymbol{j}\\ (-M_xB_1\sin\omega t-M_yB_1\cos\omega t)\boldsymbol{k}\end{cases} \tag{4-6-24}$$

这样，布洛赫方程写成分量形式即为

$$\begin{cases}\dfrac{\mathrm{d}M_x}{\mathrm{d}t}=\gamma(M_yB_0+M_zB_1\sin\omega t)-\dfrac{M_x}{T_2}\\ \dfrac{\mathrm{d}M_y}{\mathrm{d}t}=\gamma(M_zB_1\cos\omega t-M_xB_0)-\dfrac{M_y}{T_2}\\ \dfrac{\mathrm{d}M_z}{\mathrm{d}t}=-\gamma(M_xB_1\sin\omega t+M_yB_1\cos\omega t)-\dfrac{M_z-M_0}{T_1}\end{cases} \tag{4-6-25}$$

在各种条件下解布洛赫方程，可以解释各种核磁共振现象。一般来说，布洛赫方程中含有 $\cos\omega t$、$\sin\omega t$ 这些高频振荡项，解起来很麻烦。如果我们能对它作一坐标变换，把它变换到旋转坐标系中去，解起来就容易得多。

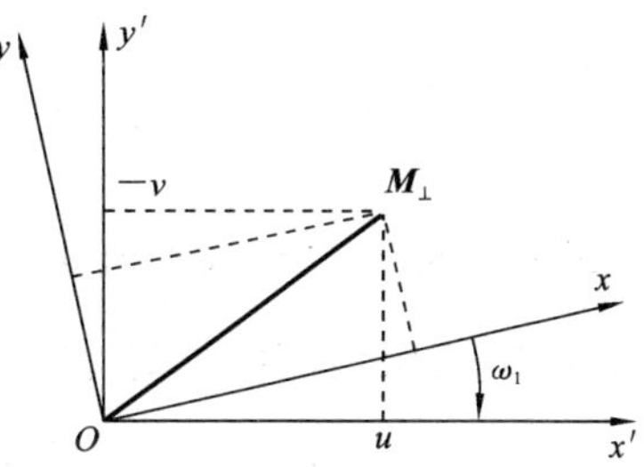

图 4-6-6 旋转坐标系

如图 4-6-6 所示，取新坐标系 $Ox'y'z'$，z' 轴与原来的实验室坐标系中的 z 轴重合，旋转磁场 $\boldsymbol{B}_1$ 与 x' 轴重合。显然，新坐标系是与旋转磁场以同一频率 ω 转动的旋转坐标系。图中 $\boldsymbol{M}_\perp$ 是 $\boldsymbol{M}$ 在垂直于恒定磁场方向上的分量，即 $\boldsymbol{M}$ 在 xy 平面内的分量，设 u 和 v 是 $\boldsymbol{M}_\perp$ 在 x' 和 y' 方向上

的分量,则

$$\begin{cases}M_x=u\cos\omega t-v\sin\omega t\\M_y=-v\cos\omega t-u\sin\omega t\end{cases}\tag{4-6-26}$$

把它们代入(4-6-25)式即得

$$\begin{cases}\dfrac{\mathrm{d}u}{\mathrm{d}t}=-(\omega_0-\omega)v-\dfrac{u}{T_2}\\\dfrac{\mathrm{d}v}{\mathrm{d}t}=(\omega_0-\omega)u-\dfrac{v}{T_2}-\gamma B_1M_z\\\dfrac{\mathrm{d}M_z}{\mathrm{d}t}=\dfrac{M_0-M_z}{T_1}+\gamma B_1v\end{cases}\tag{4-6-27}$$

式中:$\omega_0=\gamma B_0$。(4-6-27)式表明 M_z 的变化是 v 的函数而不是 u 的函数,而 M_z 的变化表示核磁化强度矢量的能量变化,所以 v 的变化反映了系统能量的变化。

从(4-6-27)式可以看出,它们已经不包括 $\cos\omega t$、$\sin\omega t$ 这些高频振荡项了,但要严格求解仍是相当困难的,通常是根据实验条件来进行简化。如果磁场或频率的变化十分缓慢,则可以认为 u、v、M_z 都不随时间发生变化,$\dfrac{\mathrm{d}u}{\mathrm{d}t}=0$,$\dfrac{\mathrm{d}v}{\mathrm{d}t}=0$,$\dfrac{\mathrm{d}M_z}{\mathrm{d}t}=0$,即系统达到稳定状态,此时(4-6-27)式的解称为稳态解,即

$$\begin{cases}u=\dfrac{\gamma B_1T_2^2(\omega_0-\omega)M_0}{1+T_2^2(\omega_0-\omega)^2+\gamma^2B_1^2T_1T_2}\\v=\dfrac{\gamma B_1M_0T_2}{1+T_2^2(\omega_0-\omega)^2+\gamma^2B_1^2T_1T_2}\\M_z=\dfrac{[1+T_2^2(\omega_0-\omega)]M_0}{1+T_2^2(\omega_0-\omega)^2+\gamma^2B_1^2T_1T_2}\end{cases}\tag{4-6-28}$$

根据(4-6-28)式中前两式可以画出 u 和 v 随 ω 而变化的函数关系曲线。根据曲线知道,当外加旋转磁场 $\boldsymbol{B}_1$ 的角频率 ω 等于 $\boldsymbol{M}$ 在磁场 $\boldsymbol{B}_0$ 中的进动角频率 ω_0 时,吸收信号最强,即出现共振吸收现象。

3) 结果分析

由上面得到的布洛赫方程的稳态解可以看出,稳态共振吸收信号有以下几个重要特点。

当 $\omega=\omega_0$ 时,v 为极大值,可以表示为 $v_{极大}=\dfrac{\gamma B_1T_2M_0}{1+\gamma^2B_1^2T_1T_2}$,可见,当 $B_1=\dfrac{1}{\gamma(T_1T_2)^{1/2}}$时,$v$ 达到最大值 $v_{\max}=\dfrac{1}{2}\sqrt{\dfrac{T_2}{T_1}}M_0$。由此表明,吸收信号的最大值并不是要求 B_1 无限小,而是要求它有一定的大小。

共振时,$\Delta\omega=\omega_0-\omega=0$,则吸收信号的表示式中包含有 $S=\dfrac{1}{1+\gamma B_1^2T_1T_2}$项,也就是说,$B_1$ 增加时,S 值减小。这意味着自旋系统吸收的能量减少,相当于高能级部

分的被饱和，所以称 S 为饱和因子。

实际的核磁共振吸收不是只发生在由(4-6-7)式所决定的单一频率上，而是发生在一定的频率范围内，即谱线有一定的宽度。通常把吸收曲线半高度的宽度所对应的频率间隔称为共振线宽。由于弛豫过程造成的线宽称为本征线宽，外磁场 $\boldsymbol{B}_0$ 不均匀也会使吸收谱线加宽。由(4-6-28)式可以看出，吸收曲线半宽度为

$$\omega_0-\omega=\frac{1}{T_2(1-\gamma^2 B_1^2 T_1 T_2^{\frac{1}{2}})} \tag{4-6-29}$$

可见，线宽主要由 T_2 的值决定，所以横向弛豫时间是线宽的主要参数。

【实验仪器】

实验室采用上海复旦天欣教学仪器有限公司生产的 FD-CNMR-B 型连续波核磁共振实验仪(见图 4-6-7)，主要由磁铁、实验主机以及外购示波器、频率计组成。

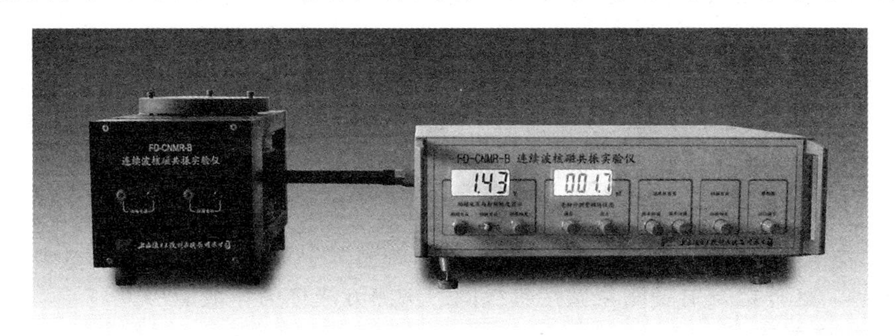

图 4-6-7　FD-CNMR-B 型连续波核磁共振实验仪

核磁共振实验仪的性能指标如下。

(1) 测量原子核：氢核和氟核。

(2) 信噪比：优于 46 dB(H)。

(3) 振荡频率：范围 17～23 MHz，连续可调。

(4) 磁铁磁极：直径 100 mm，间隙 20 mm。

(5) 信号幅度：$H>5$ V，$F>300$ mV。

(6) 磁铁均匀度：优于 8 ppm。

(7) 磁场调节：调节范围 160 Gs(调场线圈)。

(8) 尾波个数：大于 15 个。

1. 磁铁

磁铁的作用是产生稳恒磁场 $\boldsymbol{B}_0$，它是核磁共振实验装置的核心，要求磁铁能够产生尽量强的、非常稳定、非常均匀的磁场。首先，强磁场有利于更好地观察核磁共振信号；其次，磁场空间分布均匀性和稳定性越好则核磁共振实验仪的分辨率越高。核磁共振实验装置中的磁铁有三类：永久磁铁、电磁铁和超导磁铁。永久磁铁的优点

是，不需要磁铁电源和冷却装置，运行费用低，而且稳定度高。电磁铁的优点是，通过改变励磁电流可以在较大范围内改变磁场的大小，但为了产生所需要的磁场，电磁铁需要很稳定的大功率直流电源和冷却系统，另外还要保持电磁铁温度恒定。超导磁铁最大的优点是，能够产生高达十几特斯拉的强磁场，对大幅度提高核磁共振谱仪的灵敏度和分辨率极为有益，同时磁场的均匀性和稳定性也很好，是现代谱仪较理想的磁铁，但仪器使用液氮或液氦给实验带来了不便。

2. 边限振荡器

边限振荡器具有与一般振荡器不同的输出特性，其输出幅度随外界吸收能量的轻微增加而明显下降，当吸收能量大于某一阈值时即停振，因此通常被调整在振荡和不振荡的边缘状态，故称为边限振荡器。

样品放在边限振荡器的振荡线圈中，振荡线圈放在固定磁场 $\boldsymbol{B}_0$ 中，由于边限振荡器是处于振荡与不振荡的边缘，当样品吸收的能量不同(即线圈的 Q 值发生变化)时，振荡器的振幅将有较大的变化。当发生共振时，样品吸收增强，振荡变弱，经过二极管的倍压检波，就可以把反映振荡器振幅大小变化的共振吸收信号检测出来，进而用示波器显示。由于采用边限振荡器，所以射频场 $\boldsymbol{B}_1$ 很弱，饱和的影响很小。但如果电路调节的不好，偏离边线振荡器状态很远，一方面射频场 $\boldsymbol{B}_1$ 很强，出现饱和效应，另一方面样品中少量的能量吸收对振幅的影响很小，这时就有可能观察不到共振吸收信号。这种把发射线圈兼做接收线圈的探测方法称为单线圈法。

3. 扫场单元

观察核磁共振信号最好的手段是使用示波器，但是示波器只能观察交变信号，所以必须想办法使核磁共振信号交替出现。有两种方法可以达到这一目的。一种是扫频法，即让磁场 $\boldsymbol{B}_0$ 固定，使射频场 $\boldsymbol{B}_1$ 的频率 ω 连续变化，通过共振区域，当 $\omega=\omega_0=\gamma B_0$ 时出现共振峰。另一种方法是扫场法，即把射频场 $\boldsymbol{B}_1$ 的频率 ω 固定，而让磁场 $\boldsymbol{B}_0$ 连续变化，通过共振区域。这两种方法是完全等效的，显示的都是共振吸收信号 v 与频率差($\omega-\omega_0$)之间的关系曲线。

由于扫场法简单易行，确定共振频率比较准确，所以现在通常采用大调制场技术；在稳恒磁场 B_0 上叠加一个低频调制磁场 $B_m\sin\omega' t$，这个低频调制磁场就是由扫场单元(实际上是一对亥姆霍兹线圈)产生的。那么此时样品所在区域的实际磁场大小为 $B_0+B_m\sin\omega' t$。由于调制场的幅度 B_m 很小，总磁场的方向保持不变，只是磁场的幅值按调制频率发生周期性变化(其最大值为 B_0+B_m，最小值为 B_0-B_m)，相应的拉摩尔进动频率 ω_0 也相应地发生周期性变化，即

$$\omega_0=\gamma(B_0+B_m\sin\omega' t) \tag{4-6-30}$$

这时只要射频场的角频率 ω 在 ω_0 变化范围之内，同时调制磁场扫过共振区域，即 $B_0-B_m\leqslant B_0\leqslant B_0+B_m$，则共振条件在调制场的一个周期内被满足两次，所以在示波器上观察到如图 4-6-8(b)所示的共振吸收信号。此时若调节射频场的频率，则吸收曲

线上的吸收峰将左右移动。当这些吸收峰间距相等时，如图 4-6-8(a)所示，则说明在这个频率下的共振磁场为 B_0。

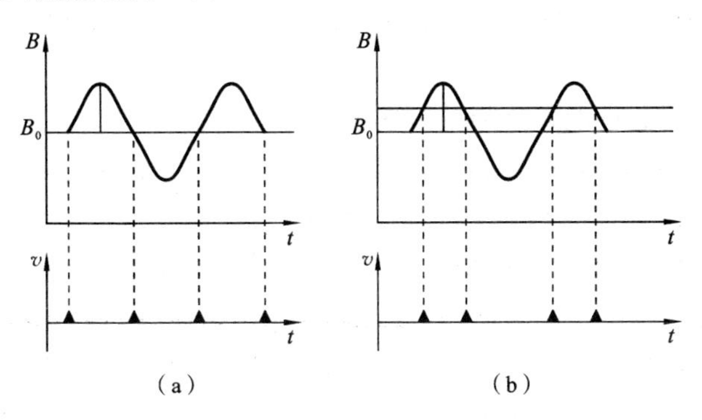

图 4-6-8　扫场法检测共振吸收信号

值得指出的是，如果扫场速度很快，也就是通过共振点的时间比弛豫时间小得多，这时共振吸收信号的形状会发生很大的变化。在通过共振点之后，会出现衰减振荡。这个衰减的振荡称为“尾波”，这种尾波非常有用，因为磁场越均匀，尾波越大。所以，应调节匀场线圈使尾波达到最大。

【实验内容】

1. 实验过程

(1) 观察水中氢核(即质子)的核磁共振现象，并比较纯水样品(5＃)与水中加入少量顺磁离子的样品(如 1＃、2＃、6＃样品)以及与 4＃有机物丙三醇样品的核磁共振信号的变化。

(2) 如果核磁共振实验仪配有特斯拉计，通过其测量样品所在位置处的磁感应强度，根据频率计读出的共振频率，可以计算出样品的旋磁比，与标准值对照，验证满足共振条件 $\omega_0=\gamma B_0$ 即可观察到核磁共振信号的结论(已知氢核的旋磁比 $\gamma_H=2.6752\times10^8$ Hz/T，氟核的旋磁比 $\gamma_F=2.5167\times10^8$ Hz/T)。

(3) 已知质子的旋磁比 $\gamma=2.6752\times10^8$ Hz/T，首先放入 1＃或者 2＃、5＃、6＃样品，调节并观察核磁共振信号，从频率计读出共振频率，根据共振条件 $\omega_0=\gamma B_0$，求出此时的磁感应强度 B_0。不改变样品在磁场中的位置，将样品换为 3＃氢氟酸样品，调节并观察氟的共振信号(注意：氟的核磁共振信号较小，应仔细调节)，然后根据刚才得到的 B_0，计算氟核的旋磁比 γ_F、朗德因子 g_F 和核磁矩 μ_F。

(4) 精确测量磁场：核磁共振是精确测量磁场的方法之一，可以用来校准特斯拉计。如果已知氢核(即质子)的旋磁比，测量共振频率，根据共振条件就可以求出磁感应强度，用计算值来校准特斯拉计。

(5) 放入共振信号较明显的样品，如 1＃和 2＃样品，观察信号尾波，移动探头在磁场中的空间位置，了解磁场均匀性对尾波的影响。

(6) 李萨如图形的观测:全部采用示波器内扫法,观察到的是等间隔的共振吸收信号,也可以将扫场信号及共振信号同时输出至示波器,可以观察到对称的信号波形、调节频率及相位,使共振峰重合并处于中央位置,这时频率和磁场也满足条件 $\omega_0=\gamma B_0$。

2. 熟悉各仪器的性能并用相关线连接

实验中,FD-CNMR-B 型连续波核磁共振仪主要应用四部分:磁铁、实验主机(其上装有探头,探头内装样品)、频率计和示波器。

(1) 首先将探头旋进边限振荡器后面板指定位置,并将测量样品插入探头内(一般首先选用 1# 样品,掺有硫酸铜的水)。

(2) 将主机后面板上“扫场输出”和“调场输出”分别与磁铁面板上的“扫场电源”和“调场电源”用红黑手枪插连接线连接,主机后“移相输出”用 Q9 连接线接示波器“CH1”通道,主机后“接示波器”用示波器接“CH2”通道,“接频率计”用 Q9 线连接至频率计,5 芯航空插接毫特计探头(频率计的通道选择:A 通道,即 1 Hz~100 MHz;FUNCTION 选择:FA;GATE TIME 选择:1s)。

(3) 移动探头连同样品放入磁场中,并调节主机机箱底部四个调节螺丝,使探头放置的位置保证使内部线圈产生的射频磁场方向与稳恒磁场方向垂直。

(4) 打开主机电源预热一段时间,准备后面的仪器调试。

3. 核磁共振信号的调节

FD-CNMR-B 型连续波核磁共振实验仪仪配备了五种样品:1#——溶硫酸铜的水、2#——溶三氯化铁的水、3#——氢氟酸、4#——丙三醇、5#——纯水。实验中,因为 1# 样品的共振信号比较明显,所以开始时应该用 1# 样品,熟悉了实验操作之后,再选用其他样品调节。

(1) 将磁场扫描电源的“扫描输出”旋钮顺时针调节至接近最大(旋至最大后,再往回旋半圈,因为最大时电位器电阻为零,输出短路,因而对仪器有一定的损伤),这样可以加大捕捉信号的范围。

(2) 将主机上“励磁电压”调节至零(可以通过中间白色波段开关左转指示,右转指示“射频幅度”),因为励磁电压通过改变磁铁上两个线圈上电压来小范围改变磁场(叠加在永磁场之上),一开始调制将该电磁场调零,利于共振信号的调节。

(3) “切换指示”开关右拨,调节“射频幅度”电位器使射频幅度显示 4 V 左右。

(4) 调节边限振荡器的频率“粗调”电位器,将频率调节至磁铁标志的 H 共振频率附近,然后旋动频率调节“细调”旋钮,在此附近捕捉信号,当满足共振条件 $\omega=\gamma B_0$ 时,可以观察到如图 4-6-9 所示的共振信号。调节旋钮时要尽量缓慢,因为共振范围非常小,很容易跳过。

注意:因为磁铁的磁感应强度随温度的变化而变化(成反比关系),所以应在标志频率附近 ±1 MHz 的范围内进行信号捕捉。

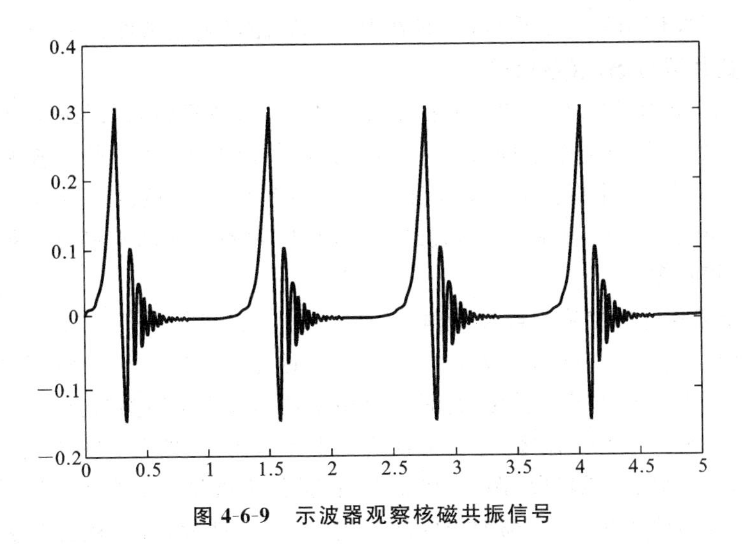

图 4-6-9　示波器观察核磁共振信号

(5) 调出大致共振信号后，降低扫描幅度，调节频率“微调”至信号等宽，同时调节样品在磁铁中的空间位置以得到尾波最多的共振信号。

(6) 测量氢氟酸中氟原子核时，将测得的氢核的共振频率÷42.577×40.055，即得到氟的共振频率(例如，测量得到氢核的共振频率为 20.000 MHz，则氟的共振频率为 20.000÷42.577×40.055 MHz=18.815 MHz)。将氢氟酸样品放入探头中，将频率调节至磁铁上标志的氟的共振频率值，并仔细调节得到共振信号。由于氟的共振信号比较小，故此时应适当降低扫描幅度(一般不大于 3 V)。这是因为样品的弛豫时间过长导致饱和现象而引起信号变小。实验使用的射频幅度随样品而异。表 4-6-1 所示的是部分样品的最佳射频幅度，在初次调试时应注意，否则信号太小不容易观测。

表 4-6-1　部分样品的弛豫时间及最佳射频幅度范围

样　　品	弛豫时间(T_1)	最佳射频幅度范围
硫酸铜溶液	约 0.1 ms	3～4 V
甘油	约 25 ms	0.5～2 V
纯水	约 2 s	0.1～1 V
氢氟酸(氟原子)	约 0.1 ms	0.5～3 V

4. 李萨如图形的观测

以上采用示波器内扫法，观察到的是等间隔的共振吸收信号。在前面信号调节的基础上，按下示波器上的“X-Y”按钮，当磁场扫描到共振点时，就可以在示波器上观察到两个形状对称的信号波形，它对应于调制磁场一个周期内发生的两次核磁共振。调节频率及磁场扫描电源上的“X 轴幅度”和“X 轴相位”旋钮，使共振信号波形处于中间位置并使两峰完全重合,这时共振频率和磁场满足条件 $\omega_0=\gamma B_0$。

5. 改变共振磁场,观察信号

调节“励磁电压”电位器,改变共振磁场强度,可以观察到原来调好的共振信号马上消失,这是因为根据共振条件 $\omega_0=\gamma B_0$,共振磁场改变了,相应的共振频率也要改变,此时仔细调节“边限振荡器”“频率粗调”和“频率细调”电位器,又可以调节出核磁共振信号。可见,对同一种样品,当旋磁比一定时,频率和磁场需满足共振条件才能产生核磁共振现象。

6. 毫特斯拉计的校准与磁场测量

根据共振条件 $\omega_0=\gamma B_0$,已知氢原子核的旋磁比,通过频率计测量共振频率,就可以精确计算出共振磁场的强度,此时可以用来精确校准毫特斯拉计(首先将探头放在磁场为零的地方,调节“调零”电位器使主机上示数为零,然后将探头放入核磁共振磁铁中,根据计算出的磁场值,调节“校正”电位器使主机显示值等于计算值),注意要将探头放在样品位置附近(磁场均匀性的问题)。因为精度较高,核磁共振法已成为非常重要的磁场校准方法。校准好的毫特斯拉计可以用来精确测量其他固定磁场强度。

实验数据处理参考

【思考题】

(1) 什么是质子的进动?进动频率如何求?

(2) 什么是纵向磁化、纵向磁化?用图形描述质子在静磁场中的宏观磁化。

(3) 在静磁场中的质子,对其施加 90°脉冲,描述其进动状态。

(4) 什么是横向弛豫时间、纵向弛豫时间?

(5) 描述 MRI 的成像基本过程。

实验7　全息照相

所谓全息照片就是一种记录被摄物体反射(或透射)光波中全部信息的先进照相技术。全息照片不使用一般的照相机,而要使用一台激光器。激光束用分光镜一分为二,其中一束照到被拍摄的景物上,称为物光束;另一束直接照到感光胶片即全息干板上,称为参考光束。当光束被物体反射后,其反射光束也照射在胶片上,就完成了全息照相的摄制过程。全息照相的原理是利用光的干涉原理,利用两束光的干涉来记录被摄物体的信息。

1948年,英国人丹尼斯·加博尔在研究光的干涉现象时,为了提高电子显微镜的分辨率,采用了两束相干光叠加,在位相相同的地方波幅相加,出现亮纹;反之,位相相反的地方就为暗纹。加博尔从这些若明若暗的干涉图中,得到了启发:既然光的干涉现象是光波位相不同所造成的,那么在光的干涉图中,就记录有光的位相信息。而这正是照相技术所需要的。

普通照片是根据景物所反射的光波亮度强弱感光而成的,它只能记录光的振幅信息,拍摄的景物是平面图像,没有立体真实感。只有当光的位相信息也能被同时记下来,并重新表现出来时,照片才能给人以远近深浅的立体感。加博尔在光干涉的现象中,找到了解决普通照相缺陷的方法,提出了全息照相的理论。加博尔的方法看来似乎极为简单,但要完全解决拍摄全息照相的难题并非轻而易举,因为当时缺乏理想的单色相干光源。20世纪60年代激光的问世,才为全息术提供了理想的相干光源。1963年,在美国密歇根大学从事雷达工作的利斯和乌巴特尼克斯两个人首先做出了第一张成功的全息照相。

激光全息照相用不着普通照相机所用的透镜,只要把激光分为两束:一束照明物体,使其反射成物波;另一束作为参考光直接射向底片。由于从景物上反射的物波,到达底片所经历的光程各不相同,因而位相千差万别,又由于与参考光相干涉的结果,会在底片上同时记下了全部信息。底片曝光后,经显影、定影,即得到一张全息底片。全息底片是由许多细小弯曲的干涉条纹组成的复杂光栅。在常光下观察底片,看不出物体的轮廓,只见到一系列弯曲的干涉条纹。将激光投射到底片背面,透过底片就可以观察到被拍摄物体的虚像。改变再现光的亮度,可以改变像的亮度;改变再现光的波长,可以改变像的颜色和大小;部分的全息照片仍能再现完整的物像。

激光全息摄影技术发明后,很快就得到了广泛应用。对于收藏珍贵的历史文物、稀有动物标本、各种精制器件、复杂的分子结构模型、医学或生物学的图像等都可以制作成全息照片加以展示。全息技术的重要作用还远不止于此,利用拍摄时所用参考光束的不同,在一张全息底片上可以录下许多不同的图像,就像在一条电话线路上能同时多路通话一样;利用全息底片高存储容量特性,可把一整页的文件、资料微缩在仅 1 mm^2 大小的底片上，在这张底片上，可存贮 2500 页资料，即一座图书馆的藏书，只要几卷底片就够了；同时，全息照片必须用拍摄时相同的参考光波重现，才能看到真像，这又为文字、图像的信息创造了保密条件。现在，不仅有了单色的激光全息，还可以制作彩色全息、白光全息，甚至不考虑光波，用别的波代替也行，从而产生了超声波全息、微波全息、X 射线全息等技术。可以预测，随着激光技术和其他领域科学技术的不断发展，全息照相术必将取得更大的成就。

全息技术发展历史及其应用前景

【实验目的】

(1) 了解全息照相技术的基本原理。

(2) 拍摄物体的三维全息图。

(3) 制作全息光栅。

【实验仪器】

防震全息台、氦—氖激光器、扩束透镜、分束棱镜(或分束板)、反射镜、毛玻璃屏、调节支架、米尺、计时器、照相冲洗设备等。

全息照相辅导讲义

【实验原理】

普通照相机底片上所记录的图像只反映了物体上各点发光(辐射光或反射光)的强弱变化，也就是只记录了物光的振幅信息，于是在照相纸上显示的只是物体的二维平面像，丧失了物体的三维特征。而全息照相则是借助于相干的参考光束和物光束相互干涉来记录物光振幅和相位的全部信息。

全息图的种类很多，有菲涅耳图、夫琅禾费图、傅立叶变换全息图、彩虹全息图、像全息图、体积全息图等①。不管哪种全息图都要分成两步来完成，即用干涉法记录光波全息图，称为波前记录；用全息图使原光波波前再现，称为波前再现。

图 4-7-1、图 4-7-2 所示的分别是一般拍摄菲涅耳全息图的光路图、实物图。为了说明全息图的形成过程，我们只取物体上的一个发光点 O，并取全息干板平面 Oxy 为坐标平面，如图 4-7-3 所示，设物点 O 的坐标和参考光点 R 的坐标分别为(x_0, y_0, z_0)和(x_R, y_R, z_R)，则在 Oxy 平面上物光的复振幅分布为

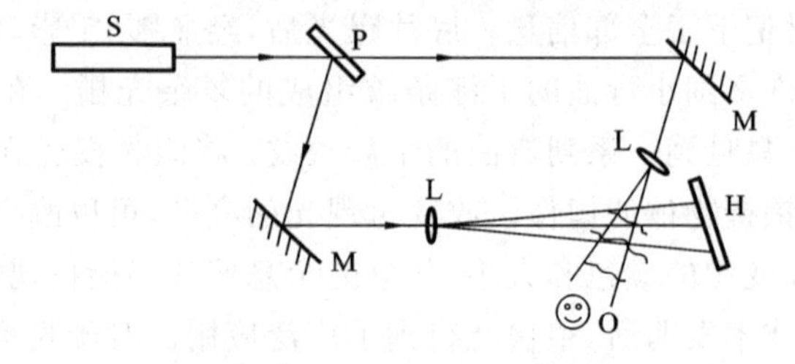

图 4-7-1　全息照相光路图

S. 激光器；P. 分束镜；M. 全反射镜；L. 扩束镜；O. 物体；H. 全息干板。

① 详细分类请参考《傅里叶光学(第 2 版)》，吕乃光编著，机械工业出版社。

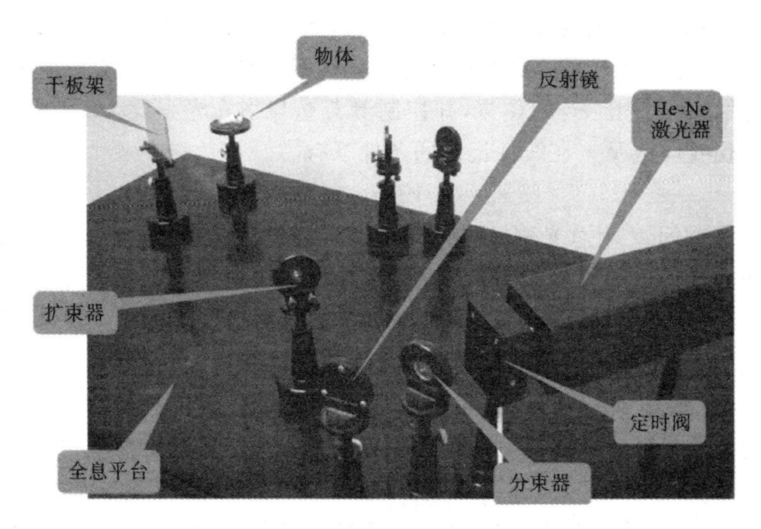

图 4-7-2　全息照相实物图

$$O(x,y)=O_0(x,y)\exp[\mathrm{j}\Phi_O(x,y)]$$

在 Oxy 平面上参考光的复振幅分布为

$$R(x,y)=R_0(x,y)\exp[\mathrm{j}\Phi_R(x,y)]$$

参考光波和物光波在 Oxy 平面上干涉叠加后的光强为

$$\begin{aligned} I &= (O+R)(O+R)^* = OO^* + RR^* + OR^* + RO^* \\ &= O_0^2 + R_0^2 + 2O_0R_0\cos(\Phi_O - \Phi_R) \end{aligned}$$

可用作全息记录的感光材料很多，一般最常用的是卤化银乳胶涂布的超微粒干板，称为全息干板，按图 4-7-2 拍摄的全息图也叫作平面全息图，我们用振幅透射率来表示其特性。一般情况下，它是一个复函数，具有形式为

$$\tau_H(x,y)=\tau_0(x,y)\exp[\mathrm{j}\psi(x,y)] \tag{4-7-1}$$

在(4-7-1)式中，如果 ψ 与(x,y)无关，是一个常数，则称为振幅型全息图；如果 τ_0 与(x,y)无关，是一个常数，则称为相位型全息图；如果两者都与(x,y)有关，则称为混合型全息图。

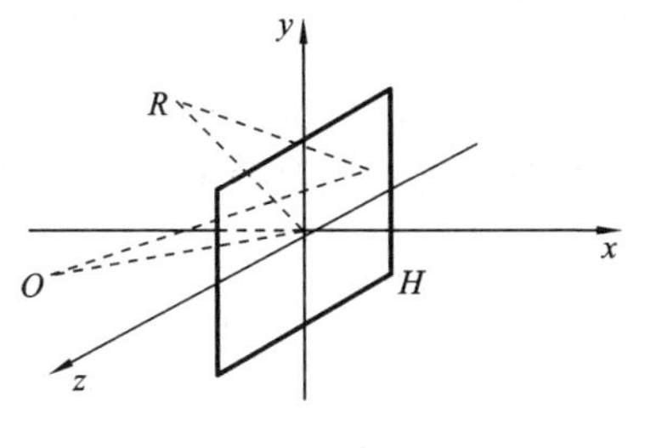

图 4-7-3　实验图 1

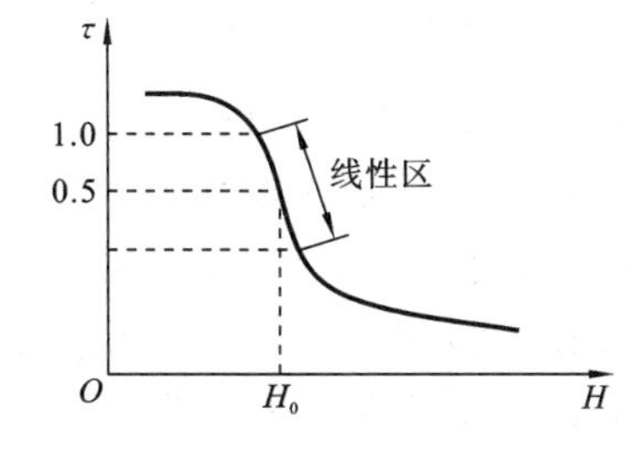

图 4-7-4　实验图 2

全息照相相干板的特性可以用图 4-7-4 所示的曲线来表示。其中，τ 为振幅透

射系数,H 为曝光量。因为在 τ-H 曲线上,只有中间一段近似为直线,所以对于不同的曝光量(光强与曝光时间的乘积),就可以完成不同的记录(线性记录和非线性记)。一般记录时取曝光量在 H_0 的位置,并控制参考光与物光光强比为 2∶1～10∶1,这样就可以实现线性记录。在线性记录的条件下有

$$\tau_H=\beta_0+\beta H=\beta_0+\beta tI \tag{4-7-2}$$

式中:t 为曝光时间;I 为总光强;β_0 和 β 为常数,其中 β 等于图 4-7-4 中线性区的斜率。将光强公式代入(4-7-2)式中,便可得到拍好的全息图的复振幅透射率,即

$$\tau_H=\beta_0+\beta t[O_0^2+R_0^2+2O_0R_0\cos(\Phi_O-\Phi_R)] \tag{4-7-3}$$

设再现用的照相光波在 Oxy 平面上的分布为

$$C(x,y)=C_0(x,y)\exp[\mathrm{j}\Phi_C(x,y)] \tag{4-7-4}$$

此再现光波经过全息图后衍射波的复振幅分布为

$$\tau=C\tau_H=C\beta_0+C\beta t[O_0^2+R_0^2+2O_0R_0\cos(\Phi_O-\Phi_R)] \tag{4-7-5}$$

考察(4-7-5)式等号右边的第二项(由于第一项较小,大多数情况下可以忽略),可以认为

$$\tau\propto CI=C(O_0^2+R_0^2)+COR^*+CRO^* \tag{4-7-6}$$

(4-7-6)式为全息照相的基本公式,其中等号右边的第一项代表直射光,第二项代表原始像,第三项代表共轭像。对有许多物点组成的物体,该式中 $O=O_1+O_2+O_3+\cdots$,于是有

$$O_0^2=O_1O_1^*+O_2O_2^*+\cdots+O_1O_2^*+O_2O_1^*+O_1O_3^*+O_2O_3^*+\cdots \tag{4-7-7}$$

(4-7-7)式叫作晕轮光,当物体较小时它的空间频率不高,在拍摄全息图时,取稍大一些的参考光与物光的夹角就可以避开它的影响,观察到清晰的原始图。

【实验内容】

根据全息照相原理,只要将物光和参考光光路设计得能够发生干涉,那么实验一定会取得成功。

光源 S:保证其相干性,全息照相只能使用激光光源。常用的激光器是 He-Ne 激光器(波长 632.8 nm,功率 3～30 mW),由于激光谱线有一定宽度 $\Delta\lambda\approx0.002$ nm,相应的相干长度 $L=\dfrac{\lambda^2}{\Delta\lambda}\cdot 20$ cm,为保证物光和参考光发生干涉,布置光路时必须使两条光束的光程差不大于相干长度,一般使两者光程大致相等。

分束镜 P:它把光分成相干的两束,其中一束光作为物光照射到被摄物体上,另一束光作为参考光照射到记录介质上。

全反射镜 M:根据需要改变光束方向。

扩束镜 L:扩大激光束的光斑。

全息感光板 H:常采用分辨率为 3000 条/mm 的全息干板。

漫射屏 G:拍摄透射全息时让物光漫射后再照到物体上去,使照明更加均匀,再

现物像观察效果更好。

全息图片记录了参考光束和物光束之间的干涉条纹，极小的扰动都会使干涉条纹模糊不清。为了成功记录干涉条纹，光源、各光学元件、被摄物和感光板的底座都要固定在防震台上。实验室所用防震台是由一块方形磁铁放置在海绵垫子上，光具座被牢牢吸附在防震台上，使系统保持稳定。曝光期间应避免噪声、走动、吹风等干扰，还可以增大光源强度，缩短曝光时间以降低对系统稳定性的要求。另外，在布置光路时要求物光束与参考光束之间的夹角 θ 小些，这样条纹的间距就会大些，对防震措施要求就可以低一些。

1. 三维全息记录

(1) 如图 4-7-1 和图 4-7-2 所示，在防震平台上布置光路，使各元件等高。分束板用反射率为 50%的平晶(两面互相倾斜而且较厚)，扩束镜用 40×显微物镜。选择漫反射性能较好的物体作为拍摄三维全息照相的物体。

(2) 调好光路，使物光和参考光的光程大致相等。

(3) 使参考光与物光束的光强比为 2∶1～10∶1。具体做法是当参考光均匀照亮胶片夹上的白纸屏时，使被摄物体各部分得到均匀照亮，两光束夹角小于 30°，使尽量多的物光照射到屏上。

(4) 曝光拍摄。满足上述要求后，取下白纸屏：① 确定曝光时间，为 2～20 s；② 在暗室的暗绿灯下把全息干板夹在胶片夹上，感光药面朝着被摄物；③ 静等 1～2 min，待整个系统稳定后，打开光源进行曝光，曝光后取下干板，放入暗盒，就完成了波前记录的任务。

(5) 待全息干板完全干燥后，放入原光路中进行再现。再现的方法是将干板放在原光路中，在拍摄三维全息时把 50%分束镜换成全反射镜，拿走物体，向着全息干板后原物体所在的方向看去就可以看到与原物体相似的明亮的像。

2. 全息照片的冲洗

在照相暗室中，可在暗绿灯下操作，整个过程中不能用手摸药面。

(1) 用 D9 显影液显影 2～3 min，显影温度为 20 ℃，需不断摇晃显影盆。

(2) 水洗后放在温度为 20 ℃的停显液中 20～30 s。

(3) 在温度为 20 ℃左右的 F-5 定影液中定影 5 min，定影过程中需不断摇晃定影盆。

(4) 用自来水冲洗 1～2 min，晾干。

3. 物像再现与观察

按上述步骤完成后便可拍摄理想的全息光栅。加上空间滤波器，保证所制作的光栅具有很好的均匀性。用下面的方法检查所拍摄的光栅的质量：将拍好并干燥的全息干板放在白炽灯前观察，应能观察到白炽灯明亮的彩色衍射；用经扩束、准直的激光照射全息干板，在一傅立叶透镜的焦平面上观察，应可以看到±1 级较亮的光斑。

根据前面的知识可知,全息照相在感光板上记录的不是物体的直观形象,而是无数组干涉条纹的复杂组合,观察全息照片记录的物像时,一般用与原参考光相同的光束去照射底片(也可以把激光束直接扩束后照明全息底片),这束光称为再现光。把制作好的全息片放回原来位置(药面仍对着光),遮住物光束,只让参考光照明全息片,在全息片后面原物所在的方位可以观察到物的虚像,如图 4-7-5 所示。

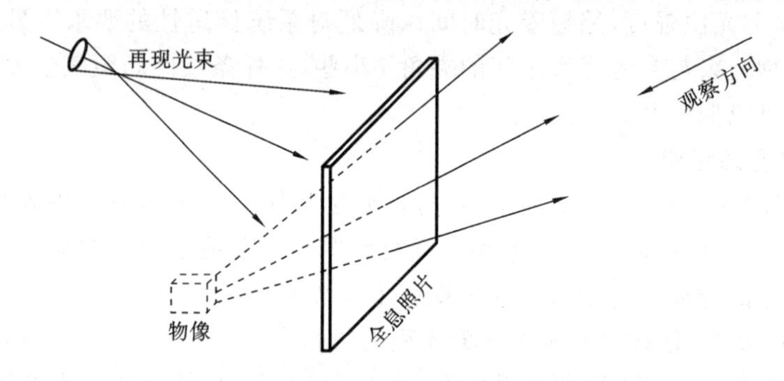

图 4-7-5　全息照片的再现观察

(1) 从不同方向反复观察,比较再现的像有何变化,并记录观察结果。

(2) 用一张带有小孔的纸片贴近全息片,人眼通过小孔观察虚像;改变小孔在全息片上的不同位置做同样观察,并记录观察结果。

(3) 改变光的波长或再现光的曲率,观察再现像的变化,并记录观察结果。

(4) 改变再现光的强度,再观察再现像的变化,并记录观察结果。

【注意事项】

(1) 布置光路时,调节器光学元件的高低和位置,使激光束的高低与面台平行,并使参、物光的光程基本相等。

(2) 在做全息光栅实验时按(4-7-8)式计算物点和参考点(即两个扩束镜的焦点)与全息干板有相对位置,即

$$\xi=\frac{1}{\lambda_0}\left[x\left(\frac{1}{l_0}-\frac{1}{l_R}\right)-\left(\frac{x_0}{l_0}-\frac{x_R}{l_R}\right)\right] \tag{4-7-8}$$

式中:l_0为物点到坐标原点的距离;l_R为参考点到坐标原点的距离,其中坐标原点取在干板的中心。

(3) 注意扩束镜 5、6 相对于全息干板的对称性,并应与全息干板距离较远。

(4) 在干板架上先放一块白板,用轮流遮光的办法比较两束光的强弱,并用改变扩束镜距离白板远近的方法来调节光强比,使之满足前面所说的要求。

打开快门定时将白板取下,换上全息干板,然后开始曝光,曝光时间一般取 6～15 s,曝光时注意不要碰台面。

【思考题】

(1) 拍摄全息照片,为什么参考光的强度必须比物光大?

(2)分析说明在观察到的实验现象中，各种条件下形成的再现像的特点。

(3) 拍摄全息照相用的感光底片为什么一般用负片？

(4) 全息物像再现有什么特点？

(5) 全息物像再现有什么条件？

(6) 绘制三维漫射物拍摄的全息光路图。

(7) 根据理论和实验写出全息照相和普通照相的异同？

(8) 全息照相的条件有哪些？

(9) 如果一张拍好的全息照片被打碎了或部分污染了，用其中一部分再现，看到的是部分物像还是整个物像？为什么？

(10) 实验中为什么要求物光程与参考光光程近似相等？

(11) 在观察全息虚像时，你能否用手去触及再现物像？当你的手靠近或远离物像时，能否据此来判断像的位置、大小和深度？

实验 8　光速的测量

光波是电磁波,其光速是最重要的物理常数之一。光速的准确测量有着重要的物理意义,也有着重要的实用价值。基本物理量长度的单位就是通过光速定义的。

17 世纪 70 年代,人们就开始对光速进行测量。由于光速数值很大,早期测量都是应用天文学方法。光速首先是由丹麦天文学家罗默在 1676 年测定的。1849 年,菲索利利用旋转齿法实现了在地面实验室中测定光速,其测量方法是通过测量光波传播距离 s 和相应时间 t,由 $c=s/t$ 来计算光速。由于测量仪器限制,其精度不高。19 世纪 50 年代以后,光速测量都采用测量光波频率 f 和其波长 λ,由 $c=f\lambda$ 来计算光速。20 世纪 60 年代,高稳定性光源——激光出现以后,光速测量精度得到很大提高。1975 年第十五届国际计量大会提出在真空中光速为 $c=299792458$ m/s。

光速测量方法很多,经典的、现代的都有。实验室中测光速一般有光脉冲测量法、相位法、驻波法和光的频率、波长直接测量方法等。本实验介绍光拍频法,该方法集声、光、电于一体,所以通过本实验,不仅可学习一种新的光速测量方法,而且对声光调制的基本原理、衍射特性等声光效应有所了解。

光速测定的历史

【实验目的】

(1) 理解光拍频法测量光拍的频率和波长,从而确定光速的实验原理。

(2) 熟练掌握用光速测定仪测量光速的实验方法。

光拍频法测量光速辅导讲义

【实验原理】

光拍频法测量光速是利用声光频移法形成光拍,根据光拍的空间分布,测量光拍频率和光拍波长,从而间接测定光速。

1. 光拍的形成

光速测量的方法介绍、历史

根据振动叠加原理,频差较小、速度相同的二列同向传播的简谐波叠加即形成拍。设有振幅 E_0 相同,频率分别为 ω_1 和 ω_2(频差 $\Delta\omega=\omega_1-\omega_2$ 较小)的二光束:

$$E_1=E_0\cos(\omega_1 t-k_1 x+\varphi_1) \tag{4-8-1}$$

$$E_2=E_0\cos(\omega_2 t-k_2 x+\varphi_2) \tag{4-8-2}$$

式中:$k_1=2\pi/\lambda_1$,$k_2=2\pi/\lambda_2$ 为波数,φ_1 和 φ_2 分别为两列波在坐标原点的初位相。若这两列光波的偏振方向相同,则叠加后的总场为

$$\begin{aligned}E&=E_1+E_2\\&=2E_0\cos\left[\frac{\omega_1-\omega_2}{2}\left(t-\frac{x}{c}\right)+\frac{\varphi_1-\varphi_2}{2}\right]\times\cos\left[\frac{\omega_1+\omega_2}{2}\left(t-\frac{x}{c}\right)+\frac{\varphi_1+\varphi_2}{2}\right]\end{aligned} \tag{4-8-3}$$

(4-8-3)式是沿 x 轴方向的前进波,其圆频率为 $(\omega_1+\omega_2)/2$,振幅为 $2E_0\cos\left[\frac{\Delta\omega}{2}\left(t-\frac{x}{c}\right)+\frac{\varphi_1-\varphi_2}{2}\right]$。

因为振幅以频率 $\Delta f=\Delta\omega/2\pi$ 周期性的变化,所以被称为拍频波,Δf 称为拍频。图 4-8-1 所示的是拍频波场在某一时刻 t 的空间分布,振幅的空间分布周期就是拍频波长,以 Λ 表示。

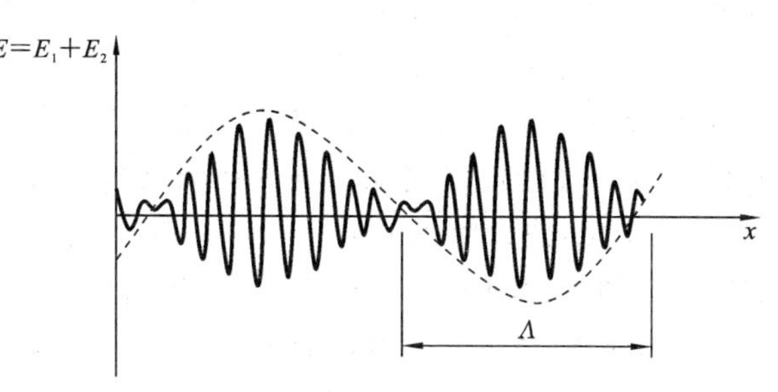

图 4-8-1 拍频波场在某一时刻 t 的空间分布

2. 光拍的检测

用光电探测器(如光电倍增管等)接收光的拍频波,把光拍信号变成电信号,由于光频 f_0 高达 10^{14} Hz,光振动的周期约为 10^{-14} s,到目前为止,即使是最好的光电探测器,其响应时间 τ 也只能达到 10^{-8} s,它远大于光波的周期。因此,任何探测器所产生的光电流都只能是在响应时间 $\tau\left(\frac{1}{f_0}<\tau<\frac{1}{\Delta f}\right)$ 内的时间平均值:积分结果在 $\bar{i}$ 中高频项为零,只留下常数项和缓变项,即

$$\bar{i}=\frac{1}{\tau}\int_{\tau} i\,\mathrm{d}t=gE_0^2\left\{1+\cos\left[\Delta\omega\left(t-\frac{x}{c}\right)+(\varphi_1-\varphi_2)\right]\right\} \tag{4-8-4}$$

其中缓变项即是光拍信号,$\Delta\omega$ 是与 Δf 相应的角频率,$(\varphi_1-\varphi_2)$ 是初相位,可见光电检测器输出的光电流包含有直流和光拍信号两种成分。式中:g 为探测器的光电转换常数。在同一时刻,光电流 $\bar{i}$ 的空间分布如图 4-8-2 所示。

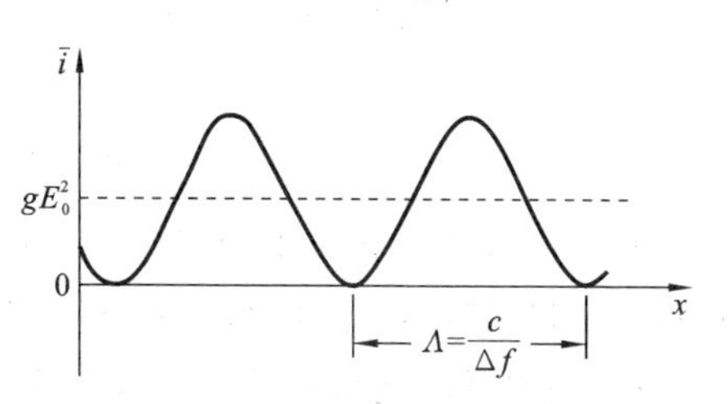

图 4-8-2 光电流 $\bar{i}$ 在时刻 t 的空间分布图

将直流成分滤掉,即得光拍信号。而光拍信号位相又与空间位置 x 有关,即处在不同位置的探测器所输出的光拍信号具有不同的位相。设空间某两点的光程差为 ΔL,该两点的光拍信号的位相差为 $\Delta\varphi$,据(4-8-4)式应有

$$\Delta\varphi=\frac{\Delta\omega\Delta L}{c}=\frac{2\pi\Delta f\Delta L}{c} \tag{4-8-5}$$

如果将光频波分为两路,使其通过不同的光程后入射同一光电探测器,则该探测

器所输出的两个光拍信号的位相差 $\Delta\varphi$ 与两路光的光程差 ΔL 之间的关系仍由式(4-8-5)确定。当 $\Delta\varphi=2\pi$ 时,$\Delta L=\Lambda$,恰为光拍波长,此时(4-8-5)式简化为

$$c=\Delta f\cdot\Lambda \tag{4-8-6}$$

可见,只要测定了 Λ 和 Δf,即可确定光速 c。

3. 相拍二光束的获得

为产生光拍频波,要求相叠加的两光波具有一定的频差,这可通过超声与光波的相互作用来实现。其具体方法有以下两种。

一种方法是行波法,如图 4-8-3(a)所示。在声光介质与声源(压电换能器)相对的端面敷以吸声材料,防止声反射,以保证只有声行波通过介质。超声在介质中传播,引起折射率的周期性变化,使介质成为一个位相光栅,激光束通过介质时要发生衍射。衍射光的圆频率与超声波的圆频率有关,第 L 级衍射光的圆频 $\omega_L=\omega_0+L\Omega$ 率,其中 ω_0 是入射光的圆频率,Ω 为超声波的原频率,$L=0,\pm1,\pm2,\cdots$ 为衍射级,利用适当的光路使零级与 $+1$ 级衍射光汇合起来,沿同一条路径传播,即可产生频差为 Ω 的光拍频波。

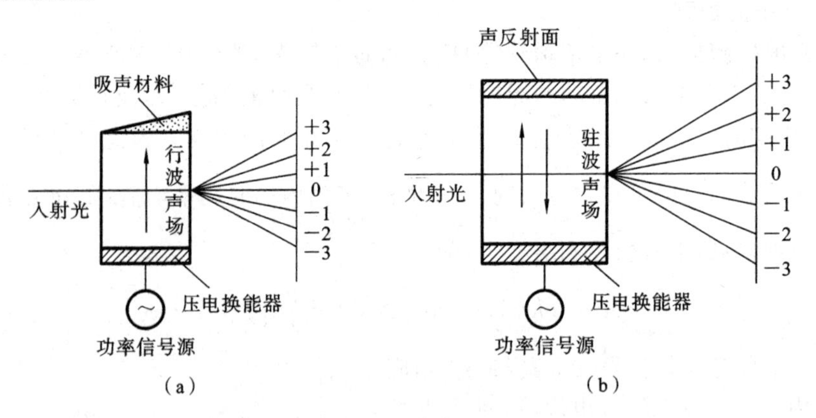

图 4-8-3 行波与驻波

另一种方法是驻波法,如图 4-8-3(b)所示。前进波与反射波在介质中形成驻波超声场,此时沿超声传播方向,介质的厚度恰为超声半波长的整数倍,这样的介质也是一个超声位相光栅,激光束通过时也要发生衍射,且衍射效率比行波法要高。第 L 级衍射光的圆频率 $\omega_{L,m}=\omega_0+(L+2m)\Omega$,其中 $L,m=0,+1,\pm2,\cdots$。由此可见,在同一级衍射光内就含有许多不同频率的光波。因此,用同一级衍射光即可获得拍频波。例如,选取第一级,由 $m=0,-1$ 的两种频率成分叠加,可得拍频为 2Ω 的拍频波。

对比以上两种方法,显然驻波法有利,故本实验中采用驻波法。

【实验仪器】

1. 仪器结构

本实验所用仪器有 CG-V 型光速测定仪、双踪示波器、数字频率计(见图 4-8-4

至图 4-8-6)。CG-V 型光速测定仪主要由光路和电路两部分组成。

图 4-8-4　实验仪器实物图

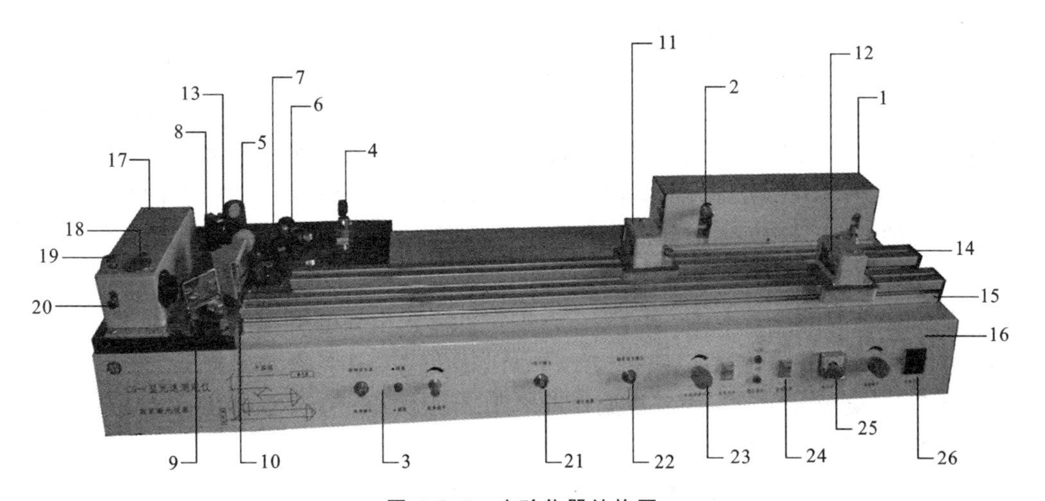

图 4-8-5　实验仪器结构图

1. 氦氖激光器；2. 声光频移器；3. 高频信号源；4. 小孔光阑；5、6、7. 全反镜；8、9. 半返镜；10. 全返三棱镜(固定)；11、12. 全返三棱镜(移动)；13. 斩光器；14、15. 导轨；16. 箱体；17. 光电接收盒；18. 光电接收观察孔；19. 光电管纵向调节杆；20 光电管横向调节杆；21. Y 信号输出；22. 触发信号输出；23. 斩光器转速调节；24. 直流电源开关；25. 激光器电流调节指示；26. 总电源开关。

2. 电原理说明

1）发射部分

氦氖激光器波长为 632 nm，功率大于 1 mW 的激光束射入声光频移器中，同时功率信号输出的频率为 50 MHz 左右，功率为 1 W 左右的正弦信号加在移频器晶体

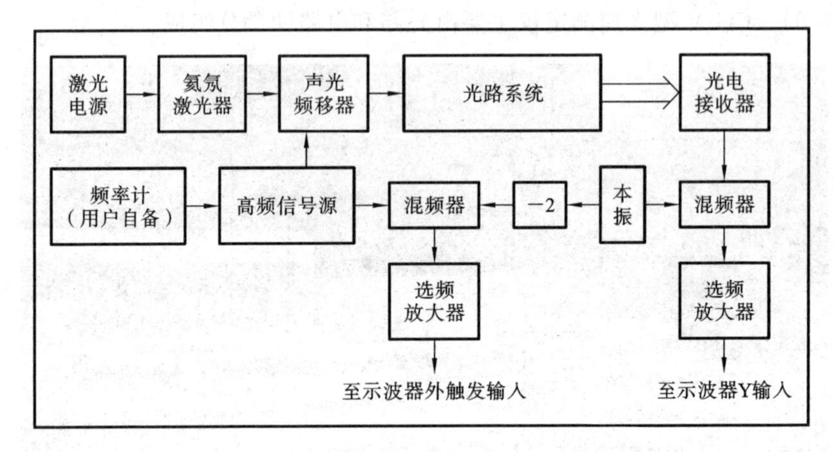

图 4-8-6　仪器电原理框图

换能器上，声光介质中产生声驻波，使介质产生相应疏密变化，形成一位相光栅，则出射光具有两种以上的光频，其产生的“光拍”信号为高频功率信号的倍频高频功率信号源，经预选放大、功率放大后输出。

2）光电接收和信号处理部分

由光路系统出射的拍频光，经光学镜片反射和聚焦后照射到光电二极管上，转化为光拍频的高频信号，经过放大输入至分频器盒。该信号与本机振荡信号混频，选频放大后输出至示波器的 Y 输入端。与此同时，高频信号源的另一路高频信号输入至分频器盒，经过与除二分频后的本振信号混频，选频放大后作为示波器的外触发信号。需要指出的是，如果使用示波器内触发，将不能正确显示二路光波之间的相位差。

3）电源

激光器电源采用倍压整流电路，工作电压部分采用大电解，有一定的电流输出，触发电压采用小容量电容，电路结构简洁、可靠。

±15 V 电源采用三端固定集成稳压器件，分别供给光电接收器和信号处理部分以及高频信号源。

−15 V 经降压调节处理后供给斩光器电机用。

±15 V 电源电压指示灯由稳压电源供给。

3. 实验光路组成

在光路图（见图 4-8-5）中，M_8、M_9 为半反镜，M_{10}、$M_{5\text{-}7}$ 为反射镜，要求把 M_{11}、M_{12} 安装在可沿光束传播方向移动的平台上，适当地调整面镜的角度使光束平行于仪器的台面，并且使两光束都射入光电探测器中。通过会聚透镜的焦点上时，示波器上曲线的幅度最大。直流电机轴上装的锥形遮光罩一半是空的，它每转过一周两光束各通过一次。

(1) 高频振荡器能产生大约 15 MHz 的高频正弦信号，经高频功放后驱动超声换能器。调节振荡频率等于调制器的谐振频率，这时介质中便有驻波产生。

（2）光电检测器中的光电管先把入射光转换成电信号，但考虑到氦氖激光本身的噪声，其频谱主要在 25 MHz 以下，在调幅光中除了频率为 2Ω 的有用信号外，也包含多种谐波成分。为此，光电检测器中设置了带通滤波器，用于提高信噪比，对 30 MHz 左右的信频信号进行选频，然后信号经放大后送变频电路。

（3）为便于放大和用普通示波器观察，变频电路把光电检测器输出的频率约为 30 MHz 的高频信号通过变频器降频。本振信号一路送混频器 1，它把接收到的信号频率降至 280 kHz 左右。一路经二分频送混频器 2，它把 15 MHz 左右的调制信号降到 150 kHz 左右，用此信号作为示波器的外同步信号，使显示波形稳定。由于变频仅改变信号的频率而不改变其相差，所以降频信号的相位差与原信号的相位差相等。

（4）电源电路包括直流电机调速电路、激光管的泵电源以及仪器所需的各种稳压电源。

【实验步骤】

（1）接通电源开关；激光器应射出光束（光路图如图 4-8-7 所示）。

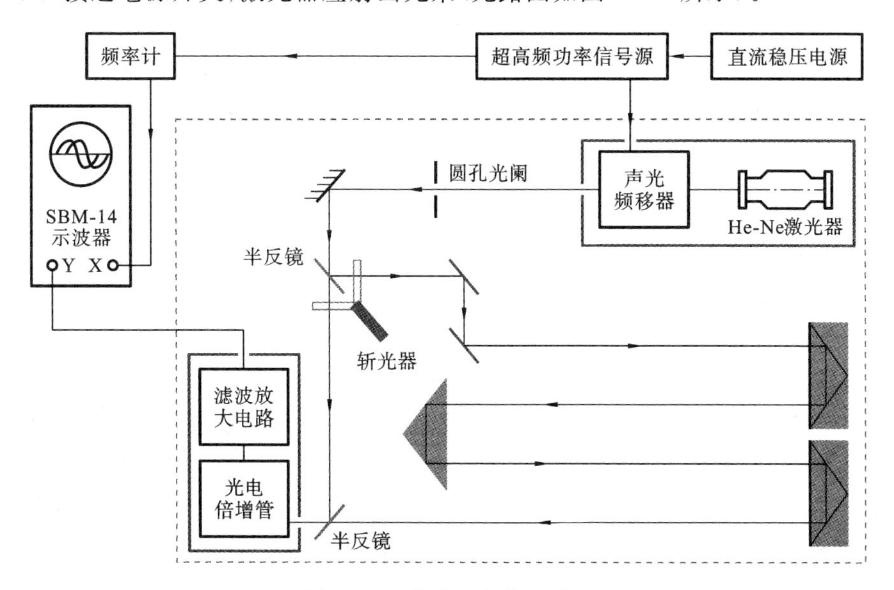

图 4-8-7 光速测定仪光路图

（2）按示波器使用说明书，将示波器的各有关开关和旋钮置于适当位置上。Y 轴衰减和扫描速度按输入信号强度和频率适当选择。注意：必须将示波器设置成外触发工作状态，否则不能准确比较光拍信号的相位差。

（3）接通稳压电源开关，两个指示灯亮，表示±15 V 电源正常供电。

（4）使激光器的光束无阻碍地通过声光频移器通光孔的中心，与声光介质中声场相互作用（通过调节频移器底座上的 6 个螺丝），在光阑上应看到一排水平衍射光斑点。

(5) 让光阑 4 中心孔高度与光路反射镜面 5 中心等高，使激光束无遮挡地顺利通过光栏(注意：做此步调节时应关闭稳压电源开关)。

(6) 用斩光器 13 挡住远程光，调节全反镜 5 和半反镜 9 使近程光经聚焦镜 18 的中心入射到光电接收器 17 光电二极管的光敏面上，拨开光电接收器盒上的窗口 19 可观察激光束斑点是否准确地入射在光敏面的中心上，示波器上应看到光拍波形出现(注意：做此步调节时应接通稳压电源开关)。

(7) 用斩光器挡住近程光，调节半反镜 8 全反镜(6、7)三棱镜(10、11、12)经半反镜 9 与近程光在半反镜上的相同的路线入射到光敏管的光敏面中心点上。示波器上应看到光拍波形出现。将步骤(7)、(8)反复调节，直至达到要求。

(8) 光电二极管(即它的光敏面)的方位可通过调节装置(20、21)反复仔细调节，使波形振幅值最大。

(9) 检查示波器是否工作在外触发状态。

(10) 接通斩光器的电源开关，调节斩光器频率控制旋钮，在示波器上显示近程光和远程光稳定的信号波形。

(11) 移动棱镜(11、12)改变远近光程差，可使相应二光拍信号同相(相位差为 2π)。测量光程差 ΔL，拍频 $\Delta f=2F$，其中 F 为功率信号源的振荡频率。

(12) 根据公式 $c=\dfrac{2\pi f\Delta L}{\Delta\Phi}$，计算光速 c，若 $\Delta\phi=2\pi$，则 $\Delta L=\lambda$ 为光拍波长；若 $\Delta\phi=\pi$，则 $\Delta L=\dfrac{\lambda}{2}$。反复测量五次，求出光速值及其标准误差。

【注意事项】

(1) 防止假相移的产生。

本仪器实验精度除了与频率和光程差准确测量有关外，主要由相位差比较决定。如果操作不当，将产生虚假的相移，会影响既定实验精度。

产生假相移的主要原因，在于光电管光敏面上各点的灵敏度不同和电子渡越时间 τ 的不一致。

如图 4-8-8 所示的近程光(L1)沿透镜 L 光轴入射，会聚于 P_1 点，远程光(L2)离轴入射会聚于 P_2 点，由于上述原因将产生虚假相移造成误差。

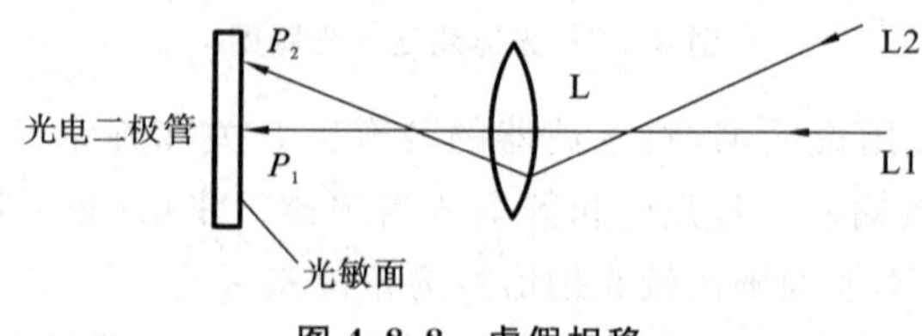

图 4-8-8　虚假相移

(2) 虚假相移的防止。

可行的方法是仔细调整光路，使 L1 和 L2 均沿 L 光轴入射。

检验 L1、L2 同轴的方法：用手轻轻拨动斩光器的遮光碗，让远、近程光束依次通过，拨开接收器盒上的窗口开关片，观察光电二极管光敏面上的光斑是否都成像在光轴 L 上。

（3）关于声光频移器。

声光频移器是本仪器核心部件，其工作原理见实验说明书。

声光频移器在仪器工作时需要调节高度和方位角，激光束进出声光频移器时要经过两圆孔的中心，入射光与声光频移器内的晶体需充分相互作用，否则不可能产生衍射光或衍射光极弱，无法进行实验。而且声光频移器不得拆卸。

（4）光速测定仪应放置在稳固、平整的实验桌上，实验室中的光线不能太明亮。

（5）在调节光录过程中，请勿用手直接与玻璃镜片接触，以免污染镜面。

（6）切勿带电触摸激光电源和激光管电极等高压部位，以保证仪器、人身安全。

（7）仪器在使用后用布盖上防尘。

【思考题】

（1）光拍是如何形成的？

（2）本实验采用何种方法得到相拍二光束？

（3）按实验中各个量的测量精度，估计本实验的误差，如何进一步提高本实验的测量准确度？

（4）为什么说用示波器内触发同步会引起较大的光速测量误差？

（5）如何测量拍的波长？

（6）声光调制器是如何形成驻波衍射光栅的？激光束通过它以后其衍射有什么特点？

思考题答案

【附】

实验仪器技术指标

（1）输入电压：AC220±10%，50 Hz。

（2）消耗功率：30 W。

（3）外形尺寸：1000 mm×280 mm×200 mm。

（4）净重：24 kg。

（5）连续工作时间：5 h。

（6）环境温度：10 ℃～35 ℃（室温）。

（7）光源氦氖激光器输出功率：不小于 1 mW，波长为 632 nm，单模。

（8）光载频：100 MHz～102 MHz。

（9）准确度：0.5%（相位差为 2π），2%（其他相位差）。

第5章　激光原理实验

实验1　固体激光原理与技术综合实验

半导体泵浦固体激光器(diode-pumped solid-state laser,DPL),是以激光二极管(LD)代替闪光灯泵浦固体激光介质的固体激光器,具有效率高、体积小、寿命长等优点,在光通信、激光雷达、激光医学、激光加工等方面有巨大应用前景,是未来固体激光器的发展方向。本实验的目的是了解并掌握半导体泵浦固体激光器的工作原理、构成和调试技术,以及调Q、倍频等激光技术的原理和应用。

【实验目的】

(1) 掌握半导体泵浦固体激光器的工作原理和调试方法。

(2) 掌握固体激光器被动调Q的工作原理,进行调Q脉冲的测量。

(3) 了解固体激光器倍频的基本原理。

【实验原理】

1. 半导体泵浦源

20世纪80年代起,半导体激光器技术得到了蓬勃发展,使得LD的功率和效率有了极大的提高,也极大地促进了DPL技术的发展。与闪光灯泵浦固体激光器相比,DPL的效率大大提高,体积大大减小。在使用中,由于泵浦源LD的光束发散角较大,为使其聚焦在增益介质上,必须对泵浦光束进行光束变换(耦合)。泵浦耦合方式主要有端面泵浦和侧面泵浦两种,其中端面泵浦方式适用于中小功率固体激光器,具有体积小、结构简单、空间模式匹配好等优点。侧面泵浦方式主要应用在大功率激光器。本实验采用端面泵浦方式。端面泵浦耦合通常有直接耦合和间接耦合两种方式(见图5-1-1)。

直接耦合:将半导体激光器的发光面紧贴增益介质,使泵浦光束在尚未发散开之前便被增益介质吸收,泵浦源和增益介质之间无光学系统,这种耦合方式称为直接耦合方式。直接耦合方式结构紧凑,但是在实际应用中较难实现,并且容易对LD造成损伤。

间接耦合:指先将半导体激光器输出的光束进行准直、整形,再进行端面泵浦。

本实验采用间接耦合方式,间接耦合常见的方法有三种。

(1) 组合透镜系统耦合:用球面透镜组合或者柱面透镜组合进行耦合。

(2) 自聚焦透镜耦合:由自聚焦透镜取代组合透镜进行耦合。其优点是结构简单,准直光斑的大小取决于自聚焦透镜的数值孔径。

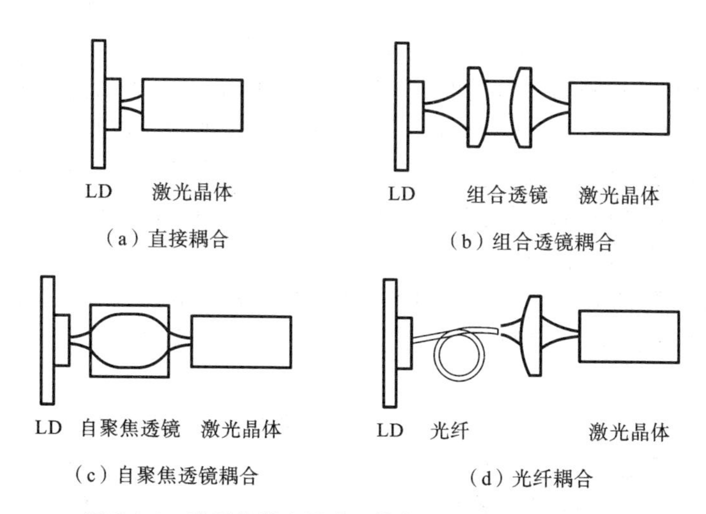

图 5-1-1 半导体激光泵浦固体激光器的常用耦合方式

(3) 光纤耦合:指用带尾纤输出的 LD 进行泵浦耦合。其优点是结构灵活。

本实验先用光纤柱透镜对半导体激光器进行快轴准直,压缩发散角,然后采用组合透镜对泵浦光束进行整形变换,各透镜表面均镀对泵浦光的增透膜,耦合效率高。本实验的压缩和耦合如图 5-1-2 所示。

2. 激光晶体

激光晶体是影响 DPL 性能的重要器件。为了获得高效率的激光输出,在一定运转方式下选择合适的激光晶体是非常重要的。目前已经有上百种晶体作为增益介质实现了连续波和脉冲激光运转,以钕离子(Nd^{3+})作为激活粒子的钕激光器是使用最广泛的激光器。其中,以 Nd^{3+} 离子部分取代 $Y_3Al_5O_{12}$ 晶体中 Y^{3+} 离子的掺钕钇铝石榴石(Nd:YAG),由于它具有量子效率高、受激辐射截面大、光学质量好、热导率高、容易生长等优点,成为目前应用最广泛的 LD 泵浦的理想激光晶体之一。Nd:YAG 晶体的吸收光谱如图 5-1-3 所示。

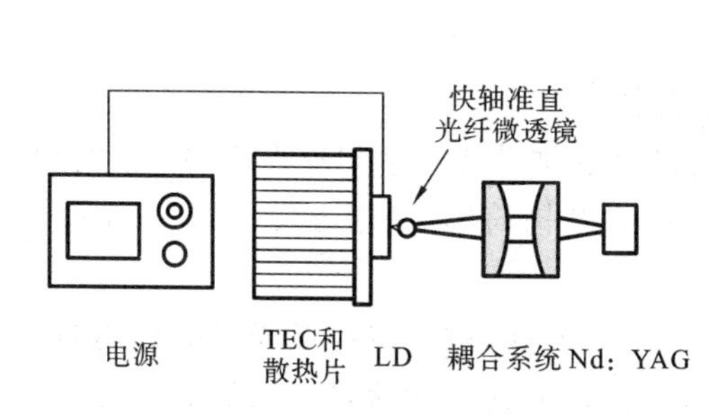

图 5-1-2 本实验 LD 光束快轴压缩耦合泵浦简图

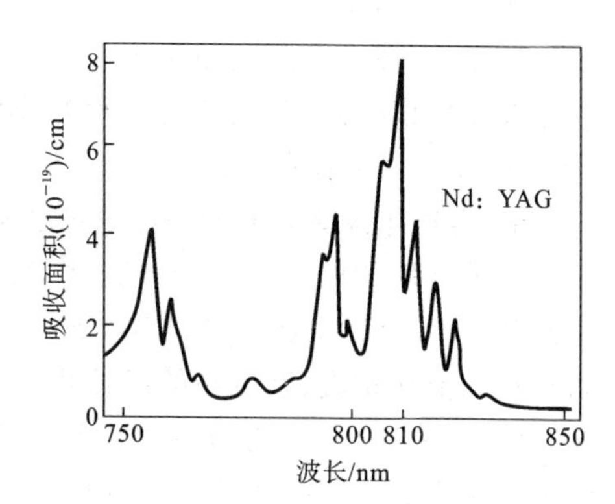

图 5-1-3 Nd:YAG 晶体中 Nd^{3+} 吸收光谱图

从 Nd:YAG 的吸收光谱图我们可以看出，Nd:YAG 在 807.5 nm 处有一强吸收峰。我们如果选择波长与之匹配的 LD 作为泵浦源，就可获得较高的输出功率和泵浦效率，这时我们称实现了光谱匹配。但是，LD 的输出激光波长受温度的影响，温度变化时，输出激光波长会产生漂移，输出功率也会发生变化。因此，为了获得稳定的波长，需采用具备精确控温的 LD 电源，并把 LD 的温度设置好，使 LD 工作时的波长与 Nd:YAG 的吸收峰匹配。

另外，在实际的激光器设计中，除了吸收波长和出射波长外，选择激光晶体时还需要考虑掺杂浓度、上能级寿命、热导率、发射截面、吸收截面、吸收带宽等多种因素。

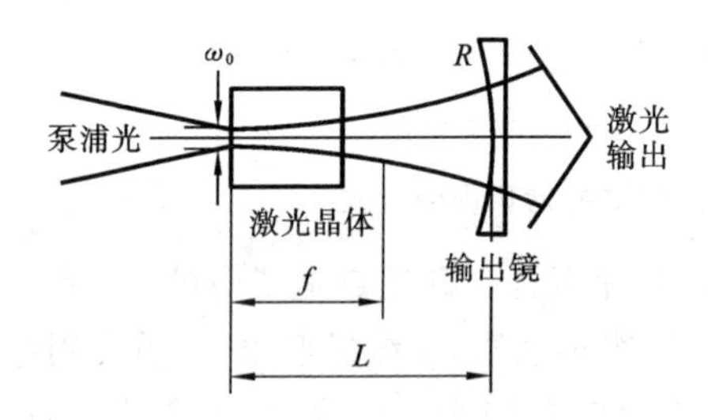

图 5-1-4　端面泵浦的激光谐振腔形式

3. 端面泵浦固体激光器的模式匹配技术

图 5-1-4 所示的是典型的平凹腔型结构图。激光晶体的一面镀泵浦光增透和输出激光全反膜，并作为输入镜，镀有输出激光全反膜且具有一定透过率的凹面镜作为输出镜。这种平凹腔容易形成稳定的输出模，同时具有较高的光光转换效率，但在设计时必须考虑模式匹配的问题。

如图 5-1-4 所示，平凹腔中的 g 参数表示为

$$g_1=1-\frac{L}{R_1}=1,\quad g_2=1-\frac{L}{R_2}$$

根据腔的稳定性条件，当 $0<g_1g_2<1$ 时，腔为稳定腔。故当 $L<R_2$ 时腔稳定。

同时容易算出其束腰位置在晶体的输入平面上，该处的光斑尺寸为

$$\omega_0=\sqrt{\frac{[L(R_2-L)]^{\frac{1}{2}}\lambda}{\pi}}$$

本实验中，R_1 为平面，$R_2=200$ mm，$L=80$ mm。由此可以算出 ω_0 大小。

所以，泵浦光在激光晶体输入面上的光斑半径应该不大于 ω_0，这样可使泵浦光与基模振荡模式匹配，在容易获得基模输出。实验中配了透过率为 3% 和 8%($\lambda=1064$ nm)的两种前腔镜。

4. 半导体泵浦固体激光器的被动调 Q 技术

目前常用的调 Q 方法有电光调 Q、声光调 Q 和被动式可饱和吸收调 Q。本实验采用的 Cr^{4+}:YAG 是可饱和吸收调 Q 的一种，它结构简单，使用方便，无电磁干扰，可获得峰值功率大、脉宽小的巨脉冲。

Cr^{4+}:YAG 被动调 Q 的工作原理是：当 Cr^{4+}:YAG 被放置在激光谐振腔内时，它的透过率会随着腔内的光强而改变。在激光振荡的初始阶段，Cr^{4+}:YAG 的透过率较低(初始透过率)，随着泵浦作用增益介质的反转粒子数不断增加，当谐振腔增益

等于谐振腔损耗时，反转粒子数达到最大值，此时可饱和吸收体的透过率仍为初始值。随着泵浦的进一步作用，腔内光子数不断增加，可饱和吸收体的透过率也逐渐变大，并最终达到饱和。此时，Cr^{4+}：YAG的透过率突然增大，光子数密度迅速增加，激光振荡形成。腔内光子数密度达到最大值时，激光为最大输出。此后，由于反转粒子的减少，光子数密度也开始减低，则可饱和吸收体Cr^{4+}：YAG的透过率也开始减低。当光子数密度降到初始值时，Cr^{4+}：YAG的透过率也恢复到初始值，调Q脉冲结束。

光波电磁场与非磁性透明电介质相互作用时，光波电场会出现极化现象。当强光激光产生后，由此产生的介质极化已不再是与场强呈线性关系，而是明显地表现出二次及更高次的非线性效应。倍频现象就是二次非线性效应的一种特例。本实验中的倍频就是通过倍频晶体实现对Nd：YAG输出的1064 nm红外激光倍频成532 nm绿光。

常用的倍频晶体有KTP晶体、KDP晶体、LBO晶体、BBO晶体和LN晶体等。其中，KTP晶体在1064 nm光附近有较高的有效非线性系数，导热性良好，非常适合用于YAG激光的倍频。KTP晶体属于负双轴晶体，对它的相位匹配及有效非线性系数的计算，已有大量的理论研究。通过KTP晶体的色散方程，人们计算出其最佳相位匹配角为$\theta=90°$，$\phi=23.3°$，对应的有效非线性系数$d_{eff}=7.36\times10^{-12}$ V/m。

倍频技术通常有腔内倍频和腔外倍频两种。腔内倍频是指将倍频晶体放置在激光谐振腔之内，由于腔内具有较高的功率密度，因此较适合用于连续运转的固体激光器。腔外倍频方式指将倍频晶体放置在激光谐振腔之外的倍频技术，较适合用于脉冲运转的固体激光器。

【实验内容】

1. 808 nm半导体泵浦光源的*I-P*曲线测量

实物照片如图5-1-5所示，将808 nm半导体泵浦光源固定于谐振腔光路导轨座的右端，将功率计探头放置于其前端出光口处并靠近，调节其工作电流从零到最大，依次记录对应的电源电流示数I和功率计读取的功率读数P，填入下列表格(见表5-1-1)，并且做出*I-P*曲线，研究阈值关系。

表5-1-1 实验表1

泵浦电流/A	泵浦功率/W

注意：功率计使用前应先调零；功率计读数显示较慢，每次待功率计示数稳定后再读数；测试完成后将半导体泵浦光源的电流调回至最小。

图 5-1-5　半导体泵浦光源 I-P 曲线测试的光路实物图

2. 1064 nm **固体激光谐振腔设计调整**

(1) 实物照片如图 5-1-6 所示，将 808 nm 半导体泵浦光源固定于谐振腔光路导轨座的右端，650 nm 指示激光器及调节架固定于导轨最左侧，调节二维平移旋钮，使 650 nm 指示激光束居中；再调节二维俯仰旋钮，使 650 nm 指示激光束照射到右端泵浦光源的中心。

图 5-1-6　指示激光器调节光路实物图

注意：调节指示激光束居中时，可以将其放置在右端泵浦光源前，调节二维平移旋钮，使指示激光束照射到泵浦光源中心即可，然后再放回左端调节二维俯仰旋钮。如此操作调节两回即可。

(2) 实物照片如图 5-1-7 所示，将耦合镜组及调节架放置于半导体泵浦光源前并靠近，调节二维平移旋钮，使指示激光束照射到耦合镜组的中心；再调节二维俯仰旋钮，使指示激光束经耦合镜组中心反射回的光点移回到指示激光器出光口内。

注意：如果无法判断指示激光束是否照射到耦合镜组中间，可将半导体泵浦光源的电源旋钮调节到 600 mA 左右，此时将一张白纸放置于耦合镜组前，沿导轨移动

图 5-1-7　耦合镜组调节光路实物图

(白纸面要向下倾斜,防止泵浦光反射到人眼中),会看到泵浦光被会聚到镜组前某一位置(光点最小)。此时 650 nm 指示激光和 808 nm 泵浦光会聚点会在白纸上同时看到,如果两光点重合即可说明耦合镜组中心与指示激光束有偏移,调节二维平移旋钮直至重合,再将电流调节到零。

(3) 实物照片如图 5-1-8 所示,将激光晶体及调节架放置于耦合镜组前,调节激光晶体的前后位置,使 808 nm 泵浦光源的会聚点能够落于激光晶体的前后中心。调节晶体的二维平移旋钮,使 650 nm 的指示激光束照射到晶体的中心;再调节二维俯仰旋钮,使激光晶体反射的指示激光点返回到其出光口内。

图 5-1-8　激光晶体调节光路实物图

注意:如何判断指示激光束已经照射到激光晶体中心,因为激光晶体端面积很小,如果晶体反射的光点是完整均匀的圆形(没有明显的缺失),即可大致说明光束照射到了激光晶体中心。

(4) 实物照片如图 5-1-9 所示,将 1064 nm 的激光输出镜及调节架放置于激光晶体前,输出镜的镀膜面朝向激光晶体,中间预留出 50 mm 左右的距离,以备后面腔内还要插入其他器件。调节输出镜的二维俯仰旋钮,使其反射的 650 nm 的指示激光束光点返回到指示激光出光口内。将半导体泵浦光源的电源旋钮调节到 800 mA,取出红外显示卡片放置到输出镜的前端并轻微晃动,检查是否可以看到 1064 nm 的激光点。如果没有,微调输出镜的二维俯仰旋钮,使 650 nm 指示激光在其出光口附近微扫描,直至 1064 nm 激光出光,并关闭指示激光。

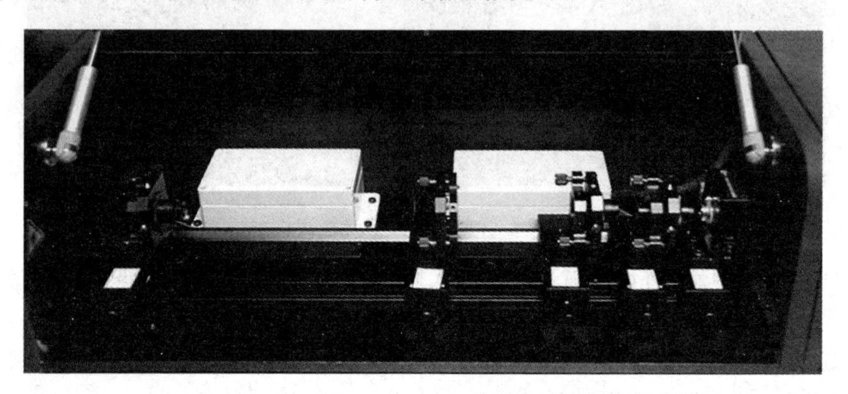

图 5-1-9 激光输出镜调节光路实物图

注意:红外显示卡要向下倾斜使用,防止泵浦光反射到人眼中,在最后微扫描调节激光输出镜的时候,要及时把红外显示卡片放置到输出镜前,以防止 1064 nm 激光瞬间出来了,却没有发现,从而增加了调节时间。

3. 1064 nm 固体激光模式观测及调整

1064 nm 激光出光后,在红外显示卡上仔细观察光斑形状(注意不要让红外光线反射到眼睛当中),根据光斑分瓣形状及分斑方向讨论此时的激光模式。缓慢调整激光输出镜的二维俯仰旋钮,仔细观察模式的变化。松开激光输出镜最下端的导轨滑块旋钮,调整输出镜沿导轨方向的位置,观察激光谐振腔长改变后对激光模式的影响。本实验配备了不同透过率的两片输出镜,也可更换不同透过率对比研究模式的变化。

注意:如果移动激光输出镜导致谐振腔失调,没有 1064 nm 激光输出,则需要按照上面步骤(2)～(4)的方法调节出光。另外,如果激光腔长超出一定距离,则激光有可能无法震荡出光,所以腔长改变是有一定范围的。

4. 1064 nm 固体激光输出功率测量及转换效率等参数研究

选择一种激光输出镜,固定某一激光腔长,实物照片如图 5-1-10 所示,调节出光,通过激光功率计来监测功率。按照功率计监测示数最大为目标,依次微调输出镜二维俯仰旋钮、激光晶体四维调整旋钮、耦合镜组四维调整旋钮,同时将激光晶体沿导轨方向位置微调,以达到功率计示数最高,确保激光谐振腔此时处于最佳的输出状态。测量激光输出功率与泵浦光源的关系数据,填入下列表格(见表 5-1-2)。

根据测试数据,拟合出 1064 nm 固体激光输出的 *I-P* 转换效率曲线和 *P-P* 转换效率曲线,并研究阈值条件。

图 5-1-10 输出功率测量光路实物图

表 5-1-2 实验表 2

<table>
<tr><td colspan="2">输出镜透过率：　　　　%</td><td>腔长：　　　mm</td></tr>
<tr><td>泵浦电流/A</td><td>泵浦功率/W</td><td>输出功率/W</td></tr>
<tr><td></td><td></td><td></td></tr>
<tr><td></td><td></td><td></td></tr>
<tr><td></td><td></td><td></td></tr>
</table>

改变腔长或输出镜透过率，重复测试数据并拟合曲线，综合对比研究谐振腔的改变对激光出光功率、转换效率、阈值条件等各项指标的影响关系。

注意：泵浦功率为第一个实验内容已经测量过的数据，直接搬用即可。激光功率计放置在距离输出镜前端稍远位置处，而不是紧靠激光输出镜，原因在于透过输出镜的光除了正常的 1064 nm 固体激光外，泵浦光源的 808 nm 半导体激光也会被功率计探测，但是半导体激光发散较大，固体激光发散较小，因此只要将功率计位置调整稍远一些，即可忽略其影响。

5. 固体激光倍频效应观察研究

实物照片如图 5-1-11 所示，在调整好的 1064 nm 固体激光谐振腔内插入倍频晶体及调整架，微调平移、俯仰、面内旋转五维，观察出射 532 nm 绿光亮度的变化，直至最亮。

6. 固体激光被动调 Q 测量及研究

(1) 实物照片如图 5-1-12 所示，将倍频实验中的倍频晶体更换为被动调 Q 晶体，将半导体泵浦光源的电源旋钮调节到 1 A 左右，微调晶体平移、俯仰四维旋钮，直至在激光输出镜前的红外显示卡片上看到 1064 nm 的激光点。

测量 1064 nm 固体激光的调 Q 输出功率与泵浦光源、基础激光的关系数据，填入下列表格(见表 5-1-3)。

改变输出镜透过率和腔长，研究对比所测参数的变化。

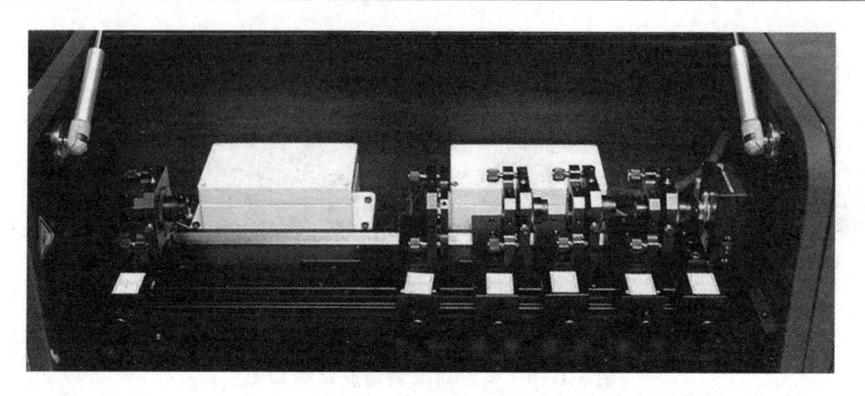

图 5-1-11　腔内倍频光路实物图

图 5-1-12　调 Q 输出功率测量实物光路图

表 5-1-3　实验表 3

输出镜透过率：　　%		腔长：　　mm	
泵浦电流/A	泵浦功率/W	输出功率/W	调 Q 输出功率/mW

(2) 实物照片如图 5-1-13 所示，将快速探测器固定在激光输出镜前，接收调 Q 输出光，从示波器读取调 Q 脉冲信号的脉宽及重频参数，填入下列表格(见表 5-1-4)。

表 5-1-4　实验表 4

输出镜透过率：　　%			腔长：　　mm		
泵浦电流/A	泵浦功率/W	输出功率/W	调 Q 输出功率/mW	调 Q 脉宽/ns	调 Q 重频/kHz

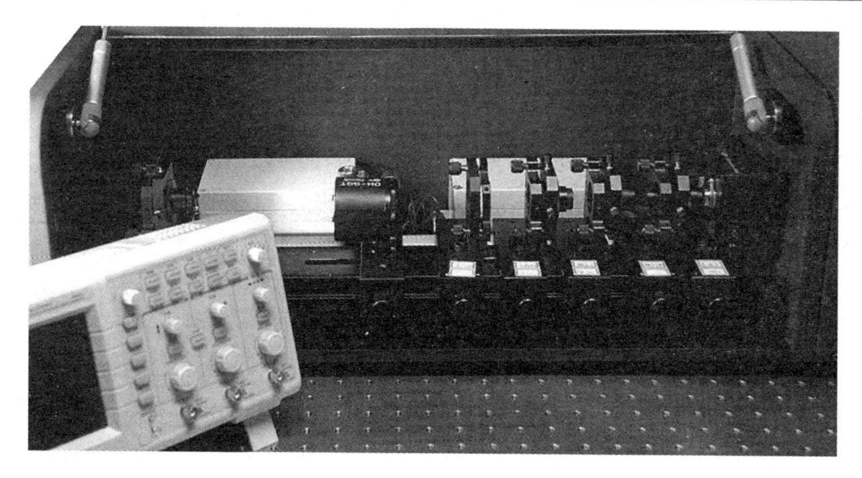

图 5-1-13　调 Q 输出脉冲参数测量光路实物图

【思考题】

(1) 什么是半导体泵浦固体激光器中的光谱匹配和模式匹配?

(2) 可饱和吸收调 Q 中的激光脉宽、重复频率随泵浦功率如何变化? 为什么?

(3) 把倍频晶体放在激光谐振腔内对提高倍频效率有何好处?

【附】

半导体泵浦固体激光器注意事项

(1) 半导体激光器(LD)对环境有较高要求,因此本实验系统需放置于洁净实验室内。实验完成后,应及时盖上仪器箱盖,以免 LD 沾染灰尘。

(2) LD 对静电非常敏感,所以严禁随意拆装 LD 和用手直接触摸 LD 外壳。如果确实需要拆装,请带上静电环操作,并将拆下的 LD 两个电极立即短接。

(3) 不要自行拆装 LD 电源。电源如果出现问题,请与厂家联系。同时,LD 电源的控制温度已经设定,对应于 LD 的最佳泵浦波长,请不要自行更改。

(4) 准直好光路后需用遮挡物(如功率计或硬纸片)挡住准直器,避免准直器被输出的红外激光打坏。

(5) 实验过程避免直视激光光路,人眼不要与光路处与同一高度。

实验2　气体激光原理与技术综合实验

虽然在1917年爱因斯坦就预言了受激辐射的存在,但在一般热平衡的情况下,物质的受激辐射总是被受激吸收所掩盖,未能在实验中观察到。直到1960年,第一台红宝石激光器才面世,它标志了激光技术的诞生。

激光器由光学谐振腔、工作物质、激励系统构成,相对一般光源,激光有良好的方向性,也就是说,光能量在空间的分布高度集中在光的传播方向上,但它也有一定的发散度。在激光的横截面上,光强是以高斯函数型分布的,故称作高斯光束。同时激光还具有单色性好的特点,也就是说,它可以具有非常窄的谱线宽度。受激辐射后经过谐振腔等多种机制的作用和相互干涉,最后形成一个或者多个离散的、稳定的谱线,这些谱线就是激光的模。

在激光生产与应用中,如定向、制导、精密测量、焊接、光通信等,我们常常需要先知道激光器的构造,同时还要了解激光器的各种参数指标。因此,激光原理与技术综合实验是光电专业学生的必修课程。本实验通过研究氦氖激光器这一典型气体激光器来对激光系统做深入、完整的了解。

【实验目的】

(1) 理解激光谐振原理,掌握激光谐振腔的调节方法。

(2) 掌握激光传播特性的主要参数的测量方法。

(3) 了解F-P扫描干涉仪的结构和性能,掌握其使用方法。

(4) 加深对激光器物理概念的理解,掌握模式分析的基本方法。

(5) 理解激光光束特性,学会对高斯光束进行测量与变换。

(6) 了解激光器的偏振特性,掌握激光偏振测量方法。

(7) 了解激光纵模正交偏振理论与模式竞争理论。

【实验原理】

1. 氦氖激光器原理与结构

氦氖激光器(简称He-Ne激光器)由光学谐振腔(输出镜与全反镜)、工作物质(密封在玻璃管里的氦气、氖气)、激励系统(激光电源)构成。

对He-Ne激光器而言,增益介质就是在毛细管内按一定的气压充以适当比例的氦、氖气体,当氦、氖混合气体被电流激励时,与某些谱线对应的上下能级的粒子数发生反转,使介质具有增益。介质增益与毛细管长度、内径粗细、两种气体的比例、总气压以及放电电流等因素有关。

对谐振腔而言,腔长要满足频率的驻波条件,谐振腔镜的曲率半径要满足腔的稳定条件。总之腔的损耗必须小于介质的增益,才能建立激光振荡。

内腔式He-Ne激光器的腔镜封装在激光管两端,而外腔式He-Ne激光器的激光管、输出镜及全反镜是安装在调节支架上的，如图 5-2-1 所示。调节支架能调节输出镜与全反镜之间平行度，使激光器工作时处于输出镜与全反镜相互平行且与放电管垂直的状态。在激光管的阴极、阳极上串接着镇流电阻，防止激光管在放电时出现闪烁现象。氦氖激光器激励系统采用开关电路的直流电源，其体积小、分量轻、可靠性高、可长时间运行。

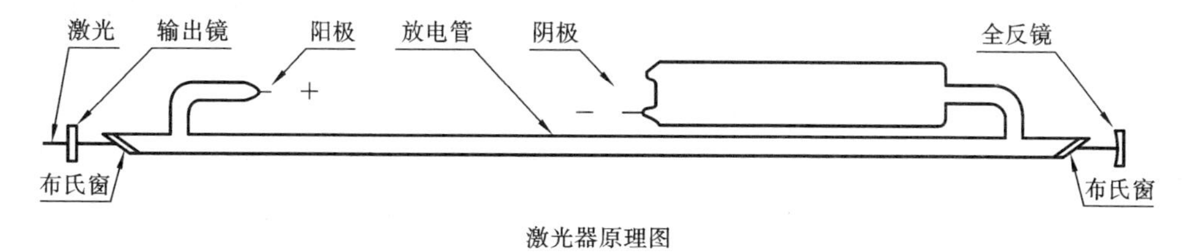

激光器原理图

图 5-2-1 外腔 He-Ne 激光器结构示意

2. 激光模式的形成

激光器的三个基本组成部分是增益介质、谐振腔和激励能源。如果用某种激励方式，将介质的某一对能级间形成粒子数反转分布，由于自发辐射和受激辐射的作用，将有一定频率的光波产生，且在腔内传播，并被增益介质逐渐增强、放大。被传播的光波绝不是单一频率的(通常所谓某一波长的光，不过是光中心波长而已)。因为能级有一定宽度，所以粒子在谐振腔内运动受多种因素的影响，实际上，激光器输出的光谱宽度是自然增宽、碰撞增宽和多普勒增宽叠加而成。不同类型的激光器，且工作条件不同，受到以上这些影响有主次之分。例如，低气压、小功率的 He-Ne 激光器 6328 Å 谱线，则以多普勒增宽为主，增宽线型基本呈高斯函数分布，宽度约为 1500 MHz，只有频率落在展宽范围内的光在介质中传播时，光强将获得不同程度的放大。但只有单程放大，还不足以产生激光，还需要有谐振腔对它进行光学反馈，使光在多次往返传播中形成稳定持续的振荡，才有激光输出的可能。而形成持续振荡的条件是，光在谐振腔中往返一周的光程差应是波长的整数倍，即

$$2\mu L = q\lambda_q \tag{5-2-1}$$

这正是光波相干极大条件，满足此条件的光将获得极大增强，其他的光则相互抵消。式中：μ 是折射率，对气体有 $\mu \approx 1$；L 是腔长；q 的值是正整数，每一个 q 对应纵向一种稳定的电磁场分布 λ_q，叫一个纵模，q 称作纵模序数。q 是一个很大的数，通常我们不需要知道它的数值，而需要关心的是有几个不同的 q 值，即激光器有几个不同的纵模。从(5-2-1)式我们还可以看出，这也是驻波形成的条件，腔内的纵模是以驻波形式存在的，q 值反映的恰是驻波波腹的数目。纵模的频率为

$$v_q = q\frac{c}{2\mu L} \tag{5-2-2}$$

同样，一般我们不去求它，而关心的是相邻两个纵模的频率间隔：

$$\Delta v_{\Delta q=1}=\frac{c}{2\mu L}\approx\frac{c}{2L} \tag{5-2-3}$$

从(5-2-3)式中看出，相邻纵模频率间隔和激光器的腔长成反比，即腔越长，$\Delta v_{纵}$越小，满足振荡条件的纵模个数越多；相反腔越短，$\Delta v_{纵}$越大，在同样的增宽曲线范围内，纵模个数就越少。因而，用缩短腔长的办法是获得单纵模运行激光器的方法之一。

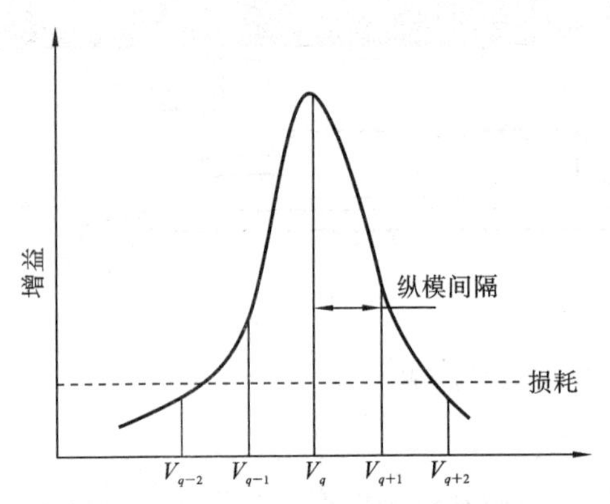

图 5-2-2　腔内纵模振荡增益损耗示意

以上我们得出纵模具有的特征：相邻纵模频率间隔相等；对应同一横模的一组纵模，它们强度的顶点构成了多普勒线型的轮廓线，如图 5-2-2 所示。

任何事物都具有两重性，光波在腔内往返振荡时，一方面有增益，使光不断增强；另一方面也存在着不可避免的多种损耗，使光能减弱，如介质的吸收损耗、散射损耗、镜面透射损耗和放电毛细管的衍射损耗等。所以，不仅要满足谐振条件，还需要增益大于各种损耗的总和，才能形成持续振荡，有激光输出。如图 5-2-2 所示，增益线宽内虽有五个纵模满足谐振条件，但只有三个纵模的增益大于损耗，能有激光输出。对于纵模的观测，由于 q 值很大，相邻纵模频率差异很小，眼不能直接分辨，必须借用一定的检测仪器才能观测到。

谐振腔对光多次反馈，在纵向形成不同的场分布，那么对横向是否也会产生影响呢？答案是肯定的。这是因为光每经过放电毛细管反馈一次，就相当于一次衍射。多次反复衍射，就在横向的同一波腹处形成一个或多个稳定的干涉光斑。每一个衍射光斑对应一种稳定的横向电磁场分布，称为一个横模。我们所看到的复杂的光斑则是这些基本光斑的叠加，图 5-2-3 所示的是几种常见的基本横模光斑图样。

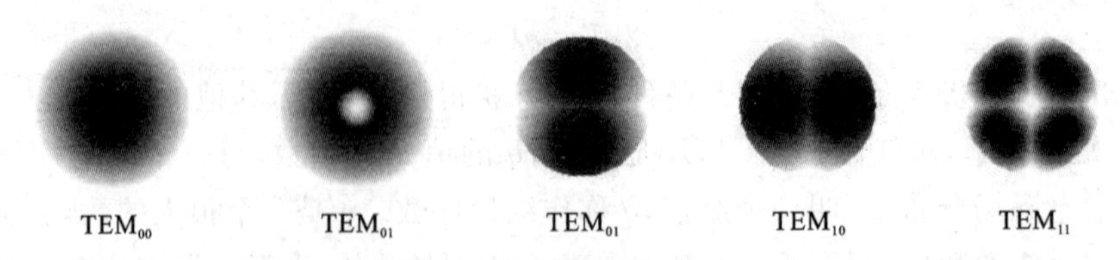

图 5-2-3　基本横模光斑图样示意

总之，任何一个模，既是纵模，又是横模。它同时有两个名称，不过是对两个不同方向的观测结果分开称呼而已。一个模由三个量子数来表示，通常写作 TEM_{mnq}，q 是纵模标记，m 和 n 是横模标记，其中 m 是沿 x 轴场强为零的节点数，n 是沿 y 轴场强为零的节点数。

由前文已知，不同的纵模对应不同的频率，那么同一纵模序数内的不同横模又如何呢？同样，不同横模也对应不同的频率，横模序数越大，频率越高。通常我们也不需要求出横模频率，只需关心具有几个不同的横模及不同横模之间的频率差，经推导得

$$\Delta v_{\Delta m+\Delta n}=\frac{c}{2\mu L}\left\{\frac{1}{\pi}\arccos\left[\left(1-\frac{L}{R_1}\right)\left(1-\frac{L}{R_2}\right)\right]^{\frac{1}{2}}\right\} \tag{5-2-4}$$

式中：Δm、Δn 分别表示 x、y 方向上横模模序数差；R_1、R_2 为谐振腔的两个反射镜的曲率半径。相邻横模频率间隔为

$$\Delta v_{\Delta m+\Delta n=1}=\Delta v_{\Delta q=1}\left\{\frac{1}{\pi}\arccos\left[\left(1-\frac{L}{R_1}\right)\left(1-\frac{L}{R_2}\right)\right]^{\frac{1}{2}}\right\} \tag{5-2-5}$$

从(5-2-5)式中可以看出，相邻的横模频率间隔与纵模频率间隔的比值是一个分数，如分数的大小由激光器的腔长和曲率半径决定。腔长与曲率半径的比值越大，分数值越大。当腔长等于曲率半径时（$L=R_1=R_2$，即共焦腔），分数达到极大值，即相邻两个横模的横模间隔是纵模间隔的 1/2，横模序数相差为 2 的谱线频率正好与纵模序数相差为 1 的谱线频率简并（见图 5-2-4）。

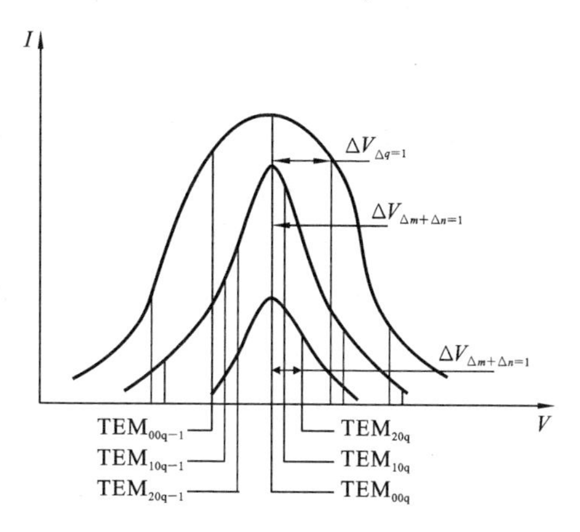

图 5-2-4　腔内高阶横模振荡分布示意图

激光器中能产生的横模个数，除前述增益因素外，还与放电毛细管的粗细，内部损耗等因素有关。一般说来，放电管直径越大，可能出现的横模个数越多。横模序数越高的，衍射损耗越大，形成振荡越困难。但激光器输出光中横模的强弱决不能仅从衍射损耗一个因素考虑，而是由多种因素共同决定的。这是在模式分析实验中，辨认哪一个是高阶横模时易出错的地方。因为仅从光的强弱来判断横模阶数的高低，即认为光最强的谱线一定是基横模，这是不对的，而应根据高阶横模具有高频率来确定。

横模频率间隔的测量同纵模间隔一样，需借助展现的频谱图进行相关计算。但阶数 m 和 n 的数值仅从频谱图上是不能确定的，因为频谱图上只能看到有几个不同的$(m+n)$值，及可以测出它们间的差值 $\Delta(m+n)$，然而不同的 m 或 n 可对应相同的$(m+n)$值，相同的$(m+n)$在频谱图上又处在相同的位置，因此要确定 m 和 n 的值，还需要结合激光输出的光斑图形加以分析才行。当我们对光斑进行观察时，看到的应是它全部横模的叠加图（即图 5-2-3 中一个或几个单一态图形的组合）。当只有一个横模时，很易辨认；如果横模个数比较多，或基横模很强，掩盖了其他的横模，或某

高阶模太弱,都会给分辨带来一定的难度。但由于我们有频谱图,知道了横模的个数及彼此强度上的大致关系,就可缩小考虑的范围,从而能准确地定位每个横模的 m 和 n 值。

3. 高斯光束的基本性质

众所周知,电磁场运动的普遍规律可用麦克斯韦方程组来描述。对于稳态传输光频电磁场可以归结为对光现象起主要作用的电矢量所满足的波动方程。在标量场近似条件下,可以简化为亥姆霍兹方程,高斯光束是亥姆霍兹方程在缓变振幅近似下的一个特解,它可以较好地描述激光光束的性质。使用高斯光束的复参数表示和 ABCD 定律能够统一而简洁地处理高斯光束在腔内、外的传输变换问题。

在缓变振幅近似下求解亥姆霍兹方程,可以得到高斯光束的一般表达式:

$$A(r,z)=\frac{A_0\omega_0}{\omega(z)}e^{\frac{-r^2}{\omega^2(z)}}\cdot e^{-i\left[\frac{kr^2}{2R(z)}-\psi\right]} \tag{5-2-6}$$

式中:A_0 为振幅常数;ω_0 定义为场振幅减小到最大值的 1/e 的 r 值,称为腰斑,它是高斯光束光斑半径的最小值;$\omega(z)$、$R(z)$、ψ 分别表示了高斯光束的光斑半径、等相面曲率半径、相位因子,是描述高斯光束的三个重要参数,其具体表达式分别为

$$\omega(z)=\omega_0\sqrt{1+\left(\frac{z}{Z_0}\right)^2} \tag{5-2-7}$$

$$R(z)=Z_0\left(\frac{z}{Z_0}+\frac{Z_0}{z}\right) \tag{5-2-8}$$

$$\psi=tg^{-1}\frac{z}{Z_0} \tag{5-2-9}$$

其中,$Z_0=\frac{\pi\omega_0^2}{\lambda}$,称为瑞利长度或共焦参数。

高斯光束以及相关参数的定义如下。

(1) 高斯光束在 $z=\text{const}$ 的面内,场振幅以高斯函数 $e^{-r^2/\omega^2(z)}$ 的形式从中心向外平滑的减小,因而光斑半径 $\omega(z)$ 随坐标 z 按双曲线:

$$\frac{\omega^2(z)}{\omega_0^2}-\frac{z}{Z_0}=1 \tag{5-2-10}$$

规律而向外扩展,如图 5-2-5 所示。

(2) 在(5-2-10)式中,令相位部分等于常数,并略去 $\psi(z)$ 项,可以得到高斯光束的等相面方程:

$$\frac{r^2}{2R(z)}+z=\text{const} \tag{5-2-11}$$

因而,可以认为高斯光束的等相面为球面。

(3) 瑞利长度的物理意义:当 $|z|=Z_0$ 时,$\omega(Z_0)=\sqrt{2}\omega_0$。在实际应用中通常取 $z=\pm Z_0$ 范围为高斯光束的准直范围,即在这段长度范围内,高斯光束近似认为是平

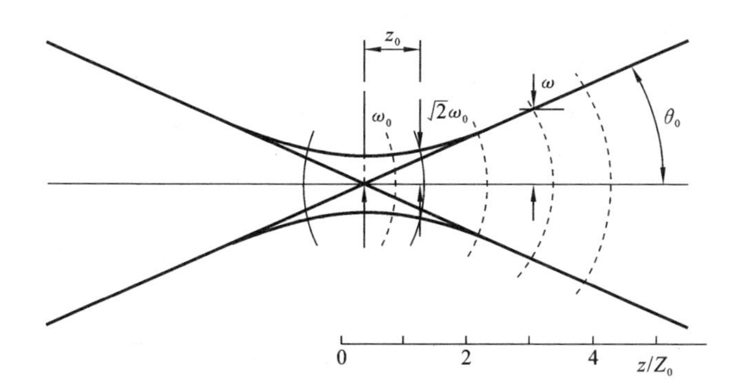

图 5-2-5 激光束高斯发散传播示意图

行的。所以,瑞利长度越长,就意味着高斯光束的准直范围越大,反之亦然。

(4) 高斯光束远场发散角 θ_0 的一般定义为当 $z\rightarrow\infty$ 时,高斯光束振幅减小到中心最大值 1/e 处与 z 轴的交角。即表示为

$$\theta_0=\lim_{z\rightarrow\infty}\frac{\omega(z)}{z}=\frac{\lambda}{\pi\omega_0} \tag{5-2-12}$$

4. 高斯光束的复参数表示和高斯光束通过光学系统的变换

定义 $\frac{1}{q}=\frac{1}{R}-\mathrm{i}\,\frac{1}{\pi\omega^2}$,由前面的定义,可以得到 $q=z+\mathrm{i}Z_0$,因而(5-2-6)式可以改写为

$$A(r,q)=A_0\ \frac{\mathrm{i}Z_0}{q}\mathrm{e}^{-\frac{kr^2}{2q}} \tag{5-2-13}$$

此时,$\frac{1}{R}=\mathrm{Re}\left(\frac{1}{q}\right)$,$\frac{1}{\omega^2}=-\frac{\pi}{\lambda}\mathrm{Im}\left(\frac{1}{q}\right)$。

高斯光束通过变换矩阵为 $\boldsymbol{M}=\begin{bmatrix}A & B\\ C & D\end{bmatrix}$ 的光学系统后,其复参数 q_2 变换为

$$q_2=\frac{Aq_1+B}{Cq_1+D}$$

因而,在已知光学系统变换矩阵参数的情况下,采用高斯光束的复参数表示法可以简洁快速的求得变换后的高斯光束的特性参数。

5. 共焦球面扫描干涉仪结构与工作原理

共焦球面扫描干涉仪是一种分辨率很高的分光仪器,已成为激光技术中一种重要的测量设备。在实验中使用它时,由于彼此频率差异甚小(几十至几百兆赫兹),用眼睛和一般光谱仪器不能分辨的,故所有纵模、横模都是展现成频谱图来进行观测的。

共焦球面扫描干涉仪是一个无源谐振腔。由两块球形凹面反射镜构成共焦腔,即两块镜的曲率半径和腔长相等,$R_1=R_2=l$。反射镜镀有高反射膜。两块镜中的

一块是固定不变的，另一块固定在可随外加电压而变化的压电陶瓷上。如图 5-2-6 所示，① 为由低膨胀系数制成的间隔圈，用以保持两球形凹面反射镜 R_1 和 R_2 总是处在共焦状态；② 为压电陶瓷环，其特性是若在环的内外壁上加一定数值的电压，环的长度将随之发生变化，而且长度的变化量与外加电压的幅度呈线性关系，这正是扫描干涉仪被用来扫描的基本条件。由于长度的变化量很小，仅为波长数量级，它不足以改变腔的共焦状态。但是当线性关系不好时，它会给测量带来一定的误差。

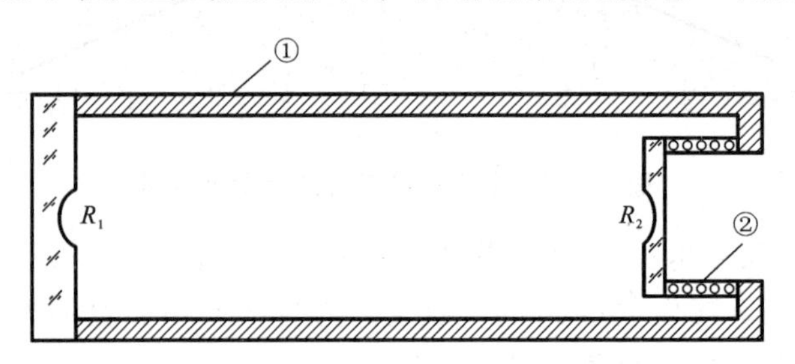

图 5-2-6　共焦球面扫描干涉仪共焦腔示意图

扫描干涉仪有两个重要的性能参数，即自由光谱范围和精细常数常要用到，以下分别对它们进行讨论。

1）自由光谱范围

当一束激光以近光轴方向射入干涉仪后，在共焦腔中径四次反射呈 X 型路径，光程近似为 $4l$，如图 5-2-7 所示，光在腔内每走一个周期都会有部分光从镜面透射出去。如果在 A、B 两点，形成一束束透射光 1，2，3，… 和 1′，2′，3′…，这时我们在压电陶瓷上加一线性电压，当外加电压使腔长变化到某一长度 l_a，正好使相邻两次透射光束的光程差是入射光中模的波长为 λ_a 的这条谱线的整数倍时，即

$$4l_a = k\lambda_a \tag{5-2-14}$$

此时，模 λ_a 将产生相干极大透射，而其他波长的模则相互抵消（k 为扫描干涉仪的干涉序数，是一个整数）。同理，外加电压又可使腔长变化到 l_b，使模 λ_b 符合谐振条件——极大透射，而 λ_a 等其他模又相互抵消……因此，透射极大的波长值和腔长值有一一对应关系。只要有一定幅度的电压改变腔长，就可以使激光器全部不同波长（或频率）的模依次产生相干极大透过，从而形成扫描。值得注意的是，若入射光波长

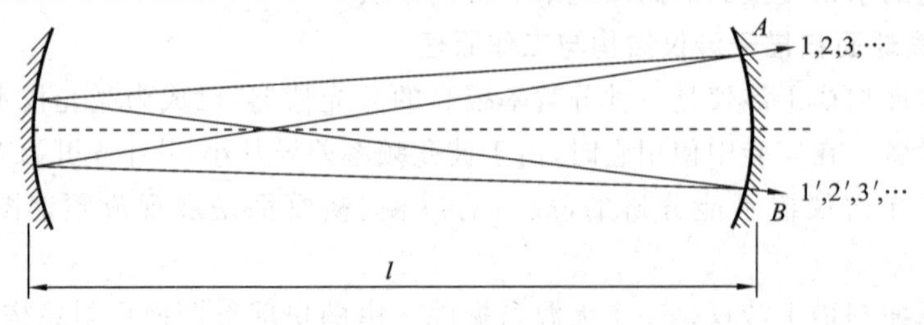

图 5-2-7　激光在共焦腔内传播示意

范围超过某一限定时，外加电压虽可使腔长线性变化，但一个确定的腔长有可能使几个不同波长的模同时产生相干极大，从而造成重序。例如，当腔长变化使λ_b极大时，λ_a会再次出现极大值，有

$$4l_d = k\lambda_d = (k+1)\lambda_a \tag{5-2-15}$$

即k序中的λ_d和$k+1$序中的λ_a同时满足极大条件，两种不同的模被同时扫出，并叠加在一起。因此，扫描干涉仪本身存在一个不重序的波长范围限制。所谓自由光谱范围(S. R.)就是指扫描干涉仪所能扫出的不重序的最大波长差或频率差，用$\Delta\lambda_{S.R.}$或者$\Delta\nu_{S.R.}$表示。假如(5-2-15)式中l_d为刚刚重序的起点，则$\lambda_d \sim \lambda_a$即为此干涉仪的自由光谱范围值。径推导，可得

$$\lambda_d - \lambda_a = \frac{\lambda_a^2}{4l} \tag{5-2-16}$$

由于λ_d与λ_a间相差很小，可共用λ近似表示，即

$$\Delta\lambda_{S.R.} = \frac{\lambda_a^2}{4l} \tag{5-2-17}$$

用频率表示，即为

$$\Delta\nu_{S.R.} = \frac{c}{4l} \tag{5-2-18}$$

在模式分析实验中，由于我们不希望出现(5-2-15)式中的重序现象，故选用扫描干涉仪时，必须首先知道它的$\Delta\nu_{S.R.}$和待分析的激光器频率范围$\Delta\nu$，并使$\Delta\nu_{S.R.} > \Delta\nu$，才能保证在频谱面上不重序，即腔长和模的波长或频率之间是一一对应关系。

自由光谱范围还可用腔长的变化量来描述，即腔长变化量为$\lambda/4$时所对应的扫描范围。因为光在共焦腔内呈X型，四倍路程的光程差正好等于λ，干涉序数改变1。

另外，还可看出，当满足$\Delta\nu_{S.R.} > \Delta\nu$的条件后，如果外加电压足够大，可使腔长的变化量是$\lambda/4$的$i$倍时，那么将会扫描出$i$个干涉序，激光器的所有模式将周期性地重复出现在干涉序$k, k+1, \cdots, k+i$中，如图5-2-8所示。

2) 精细常数

精细常数F是用来表征扫描干涉仪分辨本领的参数。它的定义是：自由光谱范围与最小分辨率极限宽度之比，即在自由光谱范围内能分辨的最多的谱线数目。精细常数的理论公式为

$$F = \frac{\pi R}{1-R} \tag{5-2-19}$$

式中：R为凹面镜的反射率。从(5-2-19)式看，F只与镜片的反射率有关，实际上还与共焦腔的调整精度、镜片加工精度、干涉仪的入射和出射光孔的大小及使用时的准直精度等因素有关。因此，精细常数的实际值应由实验来确定，根据精细常数的定义：

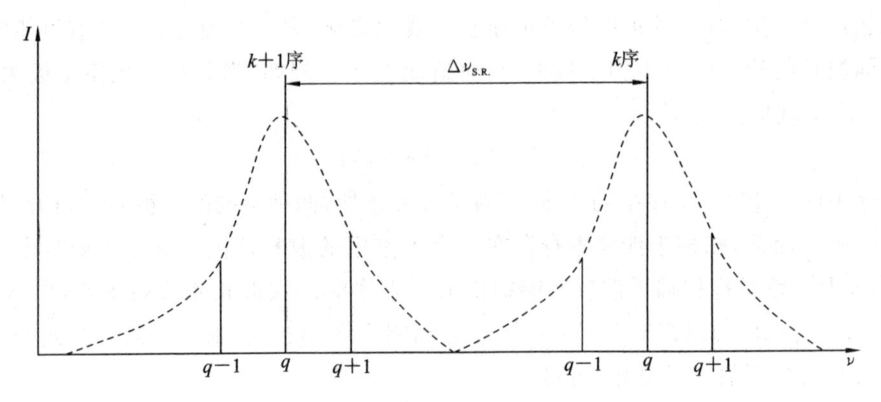

图 5-2-8 重复扫描出的模式线示意

$$F=\frac{\Delta\lambda_{S.R.}}{\delta\lambda} \tag{5-2-20}$$

显然,$\delta\lambda$ 就是干涉仪所能分辨出的最小波长差,我们用仪器的半宽度 $\Delta\lambda$ 代替,实验中就是一个模的半值宽度。从展开的频谱图中我们可以测定出 F 值的大小。

【实验内容】

1. 激光器谐振腔的变化调整与输出功率测量

当输出镜与全反镜平行度偏离到一定程度时,激光器将无功率输出。然而,只要将前后腔镜与放电管的管芯都居中垂直,这样激光器便可以重新恢复到最佳工作状态。但这个过程对于经验不多的操作者来说是比较困难的,因此我们设计了半外腔激光器。由于前腔镜是固死无须调节的,只需调节后腔镜,这样既掌握了基本的调节方法,还大大降低了调节的难度,并且调节后腔镜也降低了激光突然出光对人眼的伤害(激光后腔镜溢出的尾光很微弱)。

将半外腔激光器平稳固定在导轨上,后端靠近导轨及实验桌的一侧,人处于激光器后端,十字叉板置于半外腔激光器后端和人眼之间,与放电管垂直,十字叉面向激光器一侧,如图 5-2-9 所示。接通电源,激光管中荧光亮起,人眼通过十字叉板中心的小孔观察放电管的内径,首先会看到一个明显圆形亮斑,此亮斑为放电管内径中被激发的气体。由于十字叉板中心的小孔很小,上下左右微动十字叉板,使该圆形亮斑均匀对称居中出现在视野中(如果小孔严重偏离放电管中心,则看不到圆形亮斑)。当眼睛适应放电管亮度后仔细观察,可看到圆形亮斑中心还有一个更亮的小亮点,进一步上下左右微调十字叉板,使通过小孔看到的小亮点位于圆形亮斑的正中心,此时十字叉板不再动,而且仍然保持与放电管的垂直状态。打开台灯从斜前方照亮十字叉板,可通过小孔看到由后腔镜反射出的十字叉像如图 5-2-10 所示。调节后腔镜的二维俯仰旋钮,十字叉像会随之移动,直到十字叉像的中心与之前观察到的小亮点重合,理论上此时激光器即可出光。实际操作时,如果没有出光,必然之前某一步操作存在偏差，可以重新检查一遍，或者使十字叉在小亮点周围小范围来回移动扫描，直至出光。

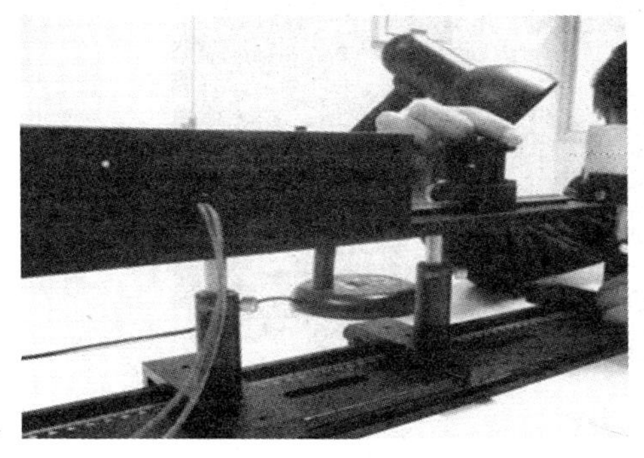

图 5-2-9　激光器调节示意图

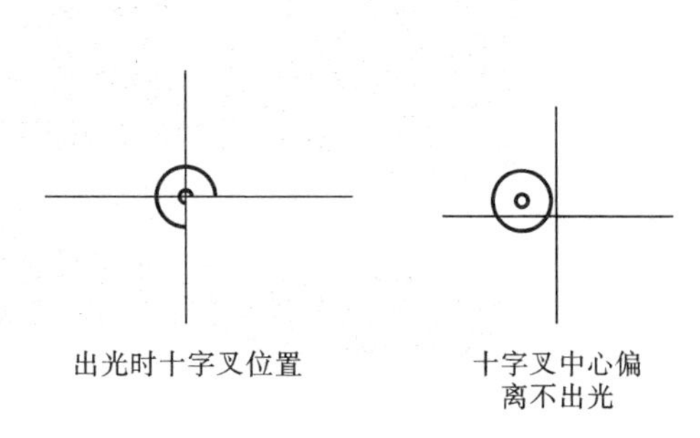

图 5-2-10　十字叉与管芯亮点关系示意图

将功率指示器放置于半外腔激光器前出光口，监测输出功率，进一步调节后腔镜二维俯仰，使输出功率最大并记录，然后改变腔长和腔镜监测功率，完成下表并分析规律(见表 5-2-1)。

表 5-2-1　实验表

功率监测：　　mW	腔长 1：　　mm	腔长 2：　　mm	腔长 3：　　mm
曲率半径：R500 mm			
曲率半径：R1 mmm			
曲率半径：R2 mmm			

2. 氦氖激光器模式分析

(1) 短腔 He-Ne 激光器，其模式简单、清晰、稳定，适于初学者理解激光模式的概念意义以及掌握测量分析的方法。

(2) 将半外腔激光器固定于导轨中心，并调节出光。取焦距最短的 −50 mm 的凹透镜，置于出光口，此时光束被扩束，在远处的白屏或者墙上会看到放大的光斑。微调后腔镜的俯仰旋钮，使半外腔激光器输出 TEM_{00} 模(基横模)，如图 5-2-11 所示，光斑内光强呈圆对称高斯分布。

(3) 分析半外腔激光器模式。

如图 5-2-11 所示，首先在激光器出光口前加入光阑，使激光束从光阑小孔垂直通过，将共焦腔置于光阑后，光束从共焦腔内穿过(一般情况下小口进光大口出光)，接通锯齿波电源，调节幅度调节钮居中，频率调节扭到 50 Hz(示波器 1 通道显示)。此时从共焦腔入口会反射出一个光斑到光阑面上，上下左右微调共焦腔，直至光阑上的光斑以光阑孔为圆心。此时共焦腔后端会有两个光点出射，进一步微调共焦腔的四维姿态俯仰，直至共焦腔后端的两个光点合二为一。将光电探测器靠近共焦腔后

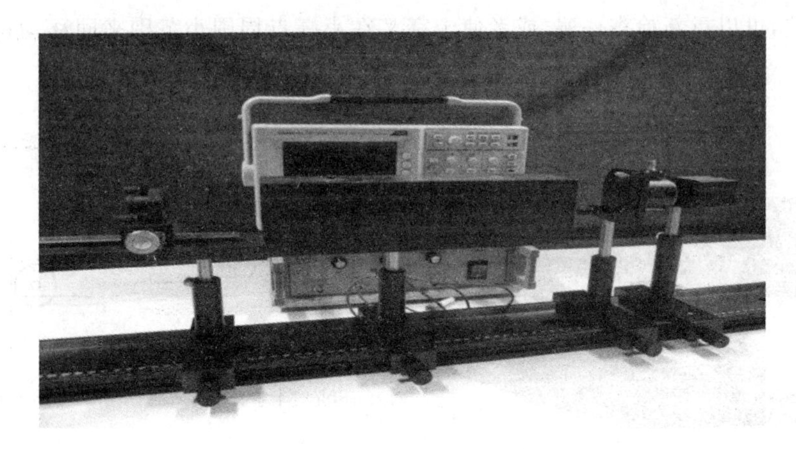

图 5-2-11 半外腔激光器模式分析示意图

端,并且使合二为一的光点进入探测器,此时示波器上会出现如图 5-2-12 所示的形状的模式峰,进一步微调共焦腔和探测器,使看到的模式峰更高。

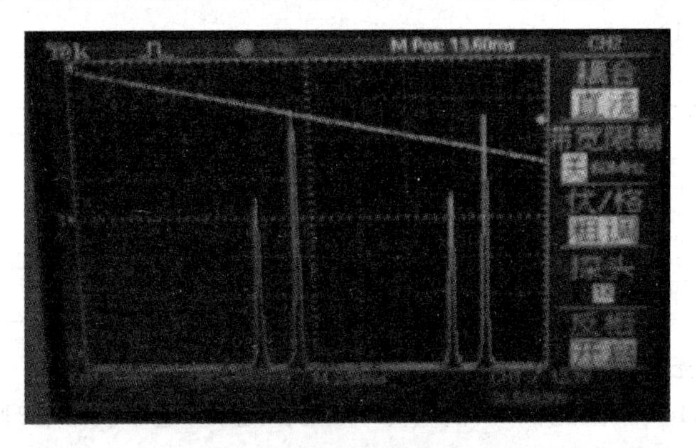

图 5-2-12 短腔激光器模式示意图

模式峰处于锯齿波的平滑线性区间内,适当调节锯齿波的幅度,会看到出现重复的多组模式峰(图 5-2-12 是重复的两组)。将示波器的时间轴调宽,进一步观察一组内,如图 5-2-13(a)所示,只有两个清晰稳定的主峰,附近没有小峰,与之前光斑图样判断 TEM_{00} 模基本相吻合,这样就能够初步判断是腔内有两"序"纵模,可以命名为 q 序和 $q+1$ 序,每"序"纵模中只有基横模,属于"双纵模 & 基横模"情况。

适当调整示波器的时间旋钮,使重复的两组模式峰同时稳定的出现在屏幕上,类似图 5-2-12 中两组之间对应的峰,如两个 q 序在示波器时间轴上的间隔对应的是共焦腔的固有参数自由光谱区为 2.5 GHz,若等比,则可以得出同一组内两峰(q 序和 $q+1$ 序)之间的频率间隔。将量出的半外腔激光器腔长带入(5-2-3)式中的 L,即可从理论上算出该激光器纵模间隔(q 序和 $q+1$ 序的频率间隔),如果与从示波器上等比推测出的数值相符,则完全判定了该内腔激光器的模式为"双纵模 & 基横模"。同

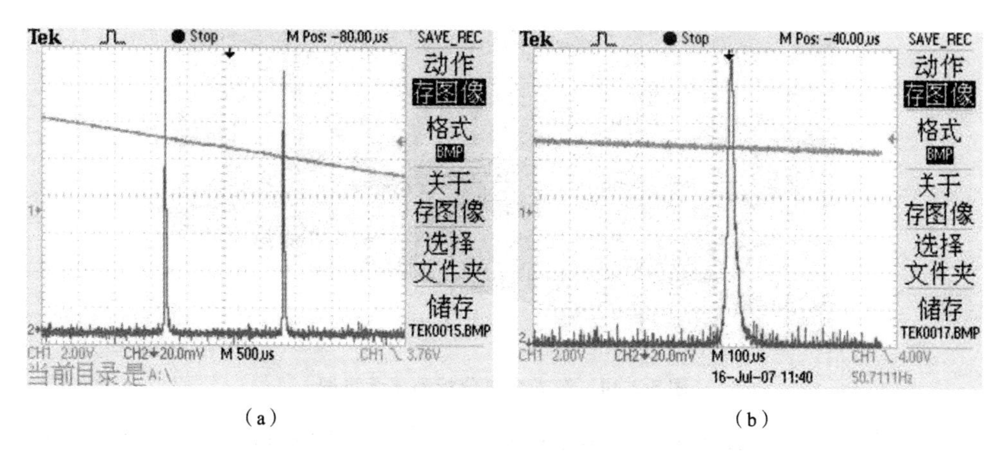

(a)　　　　(b)

图 5-2-13　短腔激光器扫描模式峰示意图

时，也可测量出每一个模式峰的“半高宽”(也要与自由光谱区等比测出)，即该模式的“频宽”，如图 5-2-13(b)所示。

由于腔长可变，腔镜俯仰可调，后腔镜的曲率半径可更换，因此在不同的组合状态下模式会相应有变化，甚至变化的相对复杂(会产生高阶横模)。无论怎样，分析模式的方法不变，在半外腔激光器的后端放置焦距最短的－50 mm 的凹透镜放大光斑，一边观察光斑内的形状，一边观察示波器上显示的模式峰，结合(5-2-3)式、(5-2-4)式、(5-2-5)式，分析可调半外腔激光器的模式。

3. 氦氖激光器偏振态验证

在外腔氦氖激光器的谐振腔内由于放置了布儒斯特窗片，限制了输出光偏振态为线偏振。因此，可在输出光里放置一个偏振片，通过旋转偏振片来分析氦氖激光器激光的偏振状态。

(1) 调整半外腔氦氖激光器稳定出光，并固定在导轨上。

(2) 将偏振片和激光功率指示计放在半外腔激光器的前端出光处旋转，验证前端光束的偏振态。

4. 氦氖激光器发散角测量

测量发散角关键在于保证探测接收器能在垂直光束的传播方向上扫描，这是测量光束(见图 5-2-14)横截面尺寸和发散角的必要条件。

由于远场发散角实际是以光斑尺寸为轨迹的两条双曲线的渐近线之间的夹角，所以我们应尽量延长光路以保证其精确度。可以证明当距离大于 $\pi W_0^2/\lambda$ 时所测的全发散角与理论上的远场发散角相比，其误差仅在 1%以内。

(1) 调整半外腔激光器正常出光，前端放置两个偏振片和 CCD 摄像机，CCD 摄像机的入光口装有带 632.8 nm 滤光片的 CCD 光阑，保证只有激光束可以进入到靶面。

图 5-2-14 激光光斑分析测量示意图

(2) 在电脑 PCI 插槽上插入图像采集卡，在后端 USB 接口上插入软件密码锁，启动电脑，桌面会提示发现新硬件。首先安装图像采集卡驱动，默认安装之后会在桌面上生成“ok image products”文件夹，CCD 插电，并且与图像采集卡用信号线连接，运行该文件夹中“OK DEMO”，点击“实时显示”，如果能正常显示则可以将其光闭，如果不能正常显示则可以重启电脑。其次，插入软件锁，安装加密锁驱动，即文件夹中的“微狗 Driver”。最后安装光斑分析软件，运行光盘中“光斑分析软件”文件夹中的“setup. exe”，默认安装之后在桌面会生成“激光光斑分析”快捷方式。

(3) 打开光斑分析软件，点击“采集背景”在界面上会出现一矩形框，双击即可。点击“光斑直径”，会提示输入 x、y 的像元大小，分别填写 9 mm 即可，在界面左边会显示直径大小。如需停止采集，可点击空格键；如需重新开始，继续点击空格键。

(4) 在距离激光器 L_1 处垂直放置 CCD(靶面)，旋转偏振片，调节光束强度，使光斑中心的白色区域微微看到一点即可(不能过度饱和)，如果光斑不是基横模，微调后腔镜的俯仰旋钮，直到出现基横模为止。依照上述办法可以测量光斑 X、Y 方向各自的直径，单位是 mm，平均后就是该位置处的光斑直径 D_1，如图 5-2-15 所示。

(5) 同样方法，在后方 L_2 处用同样方法测出光斑直径 D_2。

(6) 由于发散角度较小，可做近似计算：

$$2\theta=(D_2-D_1)/(L_2-L_1)$$

便可以算出全发散角 2θ。

5. 激光高斯光束变换与测量

利用光斑分析软件，在半外腔激光器的前端，多个位置测量光斑直径，寻找光斑最小的位置。如果光斑是不断向远方发散的状态，那就说明束腰在腔内，这样就要借助一个焦距长的球透镜(可选用焦距 200 mm 透镜)，将光束聚焦于透镜右侧的某一位置，如图 5-2-16(a)所示。此聚焦点与光束原束腰存在简单的几何成像关系，利用物距、像距、焦距的关系，可以反测出原光束要的位置，具体步骤如下。

(1) 调整半外腔激光器的后腔镜，使输出为基横模，将透镜(焦距 200 mm)放置

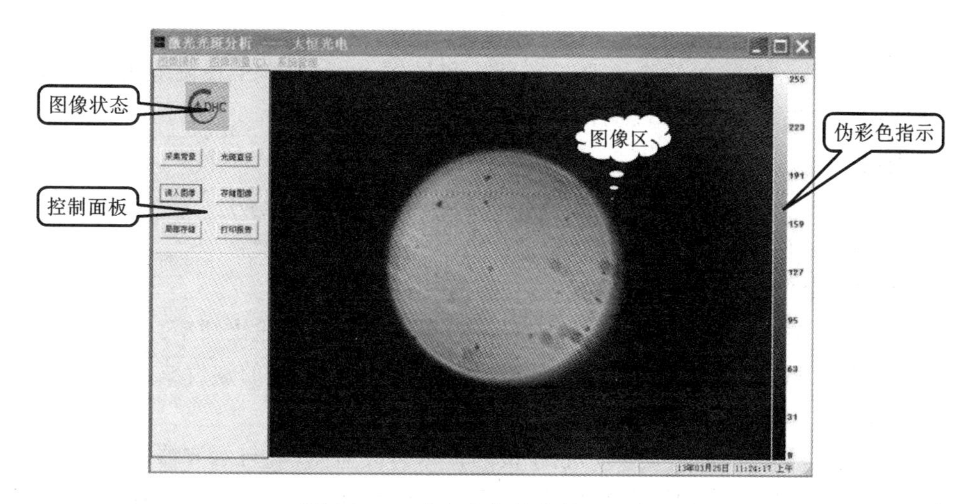

图 5-2-15　光斑分析软件界面示意图

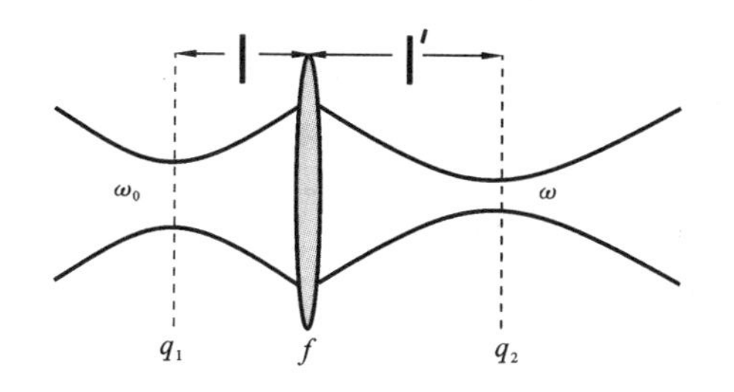

（a）基于薄透镜的高斯光束聚焦光学系统

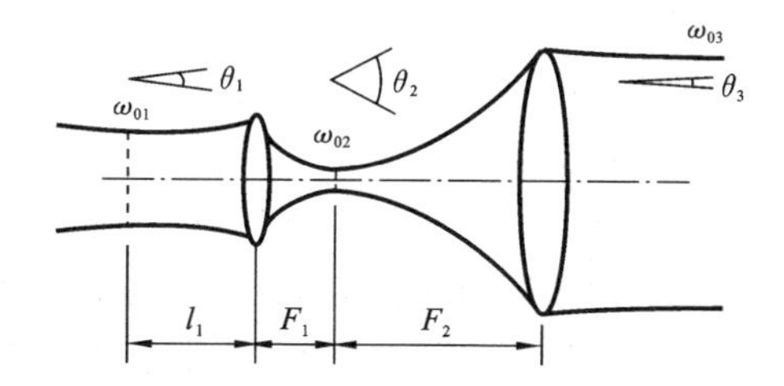

（b）望远镜系统对高斯光束的准直与扩束

图 5-2-16　光束聚焦及变换示意图

于半外腔激光器前输出端，实验过程中为方便测量希望获得束腰放大像，一般要求透镜与激光器出光口的距离在 200 mm 到 400 mm 之间。由于前端输出激光较强，实验中可在透镜之前放置两个偏振片对消改变光强。

（2）用 CCD 摄像机接收光斑并显示，在透镜后不同位置测量光斑大小，寻找最小的聚焦光斑位置。如果显示光斑饱和，可旋转偏振片来衰减光强。

（3）量出 CCD 靶面到透镜的距离为像距；透镜焦距已知，利用成像公式可算出物距。从透镜向前量出物距，该位置即为实际束腰的大概位置。

此时如果改用其他焦距的透镜，如放置在相同位置，观察后端聚焦点的位置和大小，体会其不同之处。

更换柱面透镜放置在光路当中，用 CCD 摄像机在后面的不同位置来接收扩束后的光斑，体会与之前球透镜扩束后的光束变换差别。

【思考题】

（1）观察半外腔激光器的结构，总结调节经验，分析影响出光功率的因素有哪些?

(2) 将半外腔激光器的腔长调节为最长和最短,后腔曲率半径调节为最大和最小,分别总结对发散角有什么影响?

【附】

共焦球面扫描干涉仪(电部分)使用说明

(1) 接好工作负载电路,用馈线接通 220 V 电源。

(2) 将扫描"幅度""频率""偏置"旋钮放置中间位置。

(3) 按"开关电源"按钮,调节"频率"旋钮,可改变锯齿波输出频率。

(4) 调节"幅度"旋钮,改变"锯齿波输出"和"锯齿波监测"的锯齿波电压幅度。

(5) 调节"偏置调节"旋钮,可以改变偏压值。

(6)"锯齿波输出"端是与共焦腔连接的;"锯齿波监测"端与示波器 1 通道连接,与输出端波形频率完全相同,但幅度衰减了;"探测器电源"端与光电探测器连接,实现给探测器供电和探测信号返回的功能;"信号输出"端与示波器 2 通道连接,为最终输出的模式信号。

(7) 使用完后,按"开关电源"按钮,关机。

注意事项:

(1) 该电源负载为压电陶瓷类的高阻元件,不适用低阻负载。

(2) 偏压调节操作应缓慢,使电压缓慢加载到压电陶瓷上。

(3) 信号输出切勿短路,否则损坏电路。

(4) 该仪器出现问题,及时与厂家联系,不得自行拆卸。

光斑分析软件功能说明

详见软件说明书。

附录A 国际单位制和常用物理常数

1. 国际单位制

表 A-1 国际单位制(SI)的基本单位

量的名称	单位名称	单位符号
长度	米	m
质量	千克	kg
时间	秒	s
电流	安培	A
热力学温度	开尔文	K
物质的量	摩尔	mol
发光强度	坎德拉	cd

表 A-2 包括 SI 辅助单位在内具有专门名称的 SI 导出单位

量的名称	SI 导出单位		
	名称	符号	用 SI 基本单位和 SI 导出单位表示
平面角	弧度	rad	$rad=m/m=1$
立体角	球面度	sr	$sr=m^2/m^2=1$
频率	赫兹	Hz	$Hz=s^{-1}$
力,重力	牛	N	$N=kg\cdot m/s^2$
压力,压强,应力	帕	Pa	$Pa=N/m^2=m^{-1}\cdot kg\cdot s^{-2}$
能量,功,热量	焦耳	J	$J=N\cdot m=m^2\cdot kg\cdot s^{-2}$
功率,辐射能	瓦特	W	$W=J/s=m^2\cdot kg\cdot s^{-3}$
电荷量	库仑	C	$C=A/s$
电压,电动势,电位	伏特	V	$V=M/A=m^2\cdot kg\cdot s^{-3}\cdot A^{-1}$
电容	法拉	F	$F=C/A=m^{-2}\cdot kg^{-1}\cdot s^4\cdot A^2$
电阻	欧姆	Ω	$\Omega=V/A=m^2\cdot kg\cdot s^{-3}\cdot A^{-2}$

续表

量的名称	SI导出单位		
	名称	符号	用SI基本单位和SI导出单位表示
电导	西门子	S	$S=\Omega^{-1}=m^{-2}\cdot kg^{-10}\cdot s^{3}\cdot A^{2}$
磁通量	韦伯	Wb	$Wb=V\cdot s=m^{2}\cdot kg\cdot s^{-2}\cdot A^{-1}$
磁通量密度	特斯拉	T	$T=Wb/m^{2}=kg\cdot s^{-2}\cdot A^{-1}$
电感	亨利	H	$H=Wb/A=m^{2}\cdot kg\cdot s^{-2}\cdot A^{-2}$
摄氏温度	摄氏度	℃	℃$=K-273.15$
光通量	流明	lm	$lm=cd\cdot sr$
光照度	勒克斯	lx	$lx=lm/m^{2}=m^{-2}\cdot cd\cdot sr$

表 A-3　因人类健康安全防护上的需要而确定的具有专门名称的SI导出单位

量的名称	SI导出单位		
	名称	符号	用SI基本单位和SI导出单位表示
放射性活度	贝可勒尔	Bq	$Bq=s^{-1}$
吸收剂量 比授予能 比释动能	戈瑞	Gy	$Gy=J/kg=m^{2}\cdot s^{-2}$
剂量当量	希沃特	Sv	$Sv=J/kg=m^{2}\cdot s^{-2}$

表 A-4　SI词头

因　数	词头名称		符　号
	原文[法]	中文	
10^{24}	yotta	尧它	Y
10^{21}	zetta	泽它	Z
10^{18}	exa	艾可萨	E
10^{15}	peta	拍它	P
10^{12}	tera	太拉	T
10^{9}	gige	吉咖	G
10^{6}	mega	兆	M

续表

因　数	词头名称		符　号
	原文[法]	中文	
10^{3}	kilo	千	k
10^{2}	hecto	百	h
10^{1}	deca	十	da
10^{-1}	deci	分	d
10^{-2}	centi	厘	c
10^{-3}	milli	毫	m
10^{-6}	micro	微	μ
10^{-9}	nano	纳诺	n
10^{-12}	pico	皮可	p
10^{-15}	femto	飞母托	f
10^{-18}	atto	阿托	a
10^{-21}	zepto	仄普托	z
10^{-24}	yocto	幺科托	y

表 A-5　部分与国际单位制并用的单位

单位名称	单位符号	用SI基本单位表示的值
分	min	1 min=60 s
小时	h	1 h=60 min=3600 s
日	d	1 d=24 h=86400 s
度	°	$1°=(\pi/180)$ rad
分	′	$1'=(1/60°)=(\pi/10800)$ rad
秒	″	$1''=(1/60)'=(\pi/64800)$ rad
升	L,(l)	$1\ L=1\ dm^{3}=10^{-3}\ m^{3}$
吨	t	$1\ t=10^{3}\ kg$

2. 常用物理常数

表 A-6 基本和重要的物理常数

名　称	符号	数　值	单位符号
真空中的光速	c	2.99792458×10^{8}	$m\cdot s^{-1}$
基本电荷	e	$1.60217733(49)\times10^{-19}$	C
电子的静止质量	m_e	$9.1093897(54)\times10^{-31}$	kg
中子质量	m_n	$1.6749286(10)\times10^{-27}$	kg
质子质量	m_p	$1.6726231(10)\times10^{-27}$	kg
原子质量单位	u	$1.660540(10)\times10^{-27}$	kg
普朗克常量	h	$6.6260755(40)\times10^{-34}$	$J\cdot s$
阿伏伽德罗常量	N_0	$6.0221367(36)\times10^{23}$	mol^{-1}
摩尔气体常量	R	$8.314510(70)$	$J\cdot mol^{-1}\cdot K^{-1}$
玻尔兹曼常量	k	$1.380658(12)\times10^{-23}$	$J\cdot K^{-1}$
万有引力常量	G	$6.67259(85)\times10^{-11}$	$N\cdot m^{2}\cdot kg^{-2}$
法拉第常量	F	$9.6485309(29)\times10^{4}$	$C\cdot mol^{-1}$
热功当量	J	4.186	$J\cdot Cal^{-1}$
里德伯常量	R_∞	$1.0973731534(13)\times10^{7}$	m^{-1}
洛斯密特常量	n	$2.686763(23)\times10^{25}$	m^{-3}
电子荷质比	e/m_e	$-1.75881962(53)\times10^{11}$	$C\cdot kg^{2}$
标准大气压	p_a	1.01325×10^{5}	Pa
冰点绝对温度	T_0	273.15	K
标准状态下声音在空气中的速度	$\eta_{声}$	331.46	$m\cdot s^{-1}$
标准状态下干燥空气的密度	$\rho_{空气}$	1.293	$kg\cdot m^{-3}$
标准状态下水银的密度	$\rho_{水银}$	13595.04	$kg\cdot m^{-3}$
标准状态下理想气体的摩尔体积	V_m	$22.41310(19)\times10^{-3}$	$m^{3}\cdot mol^{-1}$
真空介电常数(电容率)	ε_0	$8.854187817\times10^{-12}$	$F\cdot m^{-1}$
真空磁导率	η_0	12.56370614×10^{-7}	$H\cdot m^{-1}$
钠光谱中黄线波长	D	589.3×10^{-9}	m
在 15 ℃,101325 Pa 时镉光谱中红线波长	λ_{od}	643.84699×10^{-9}	m

表 A-7 在 20 ℃时常用固体和液体的密度

物质	密度 ρ/(kg·m^{-3})	物质	密度 ρ/(kg·m^{-3})
铝	2698.9	水晶玻璃	2900～3000
铜	8960	窗玻璃	2400～2700
铁	7874	冰(0 ℃)	880～920
银	10500	甲醇	792
金	19320	乙醇	789.4
钨	19300	乙醚	714
铂	21450	汽车用汽油	710～720
铅	11350	氟利昂-12	1329
锡	7298	(氟氯烷-12)	—
水银	13546.2	变压汽油	840～890
钢	7600～7900	甘油	1260
石英	2500～2800	蜂蜜	1435

表 A-8 水在不同温度下的密度

温度 t/℃	密度 ρ/(kg·m^{-3})	温度 t/℃	密度 ρ/(kg·m^{-3})	温度 t/℃	密度 ρ/(kg·m^{-3})
0	999.841	17	998.744	34	994.371
1	999.900	18	998.595	35	994.031
2	999.941	19	998.405	36	993.68
3	999.965	20	998.203	37	993.33
4	999.973	21	998.992	38	992.96
5	999.965	22	997.770	39	992.59
6	999.941	23	997.538	40	992.21
7	999.902	24	997.296	41	991.83
8	999.849	25	997.044	42	991.44
9	999.781	26	997.783	50	988.04
10	999.700	27	996.512	60	983.21
11	999.605	28	996.232	70	977.78
12	999.498	29	996.944	80	971.80
13	999.377	30	995.646	90	965.31
14	999.244	31	995.340	100	958.35
15	999.099	32	995.025		
16	998.943	33	994.702		

表 A-9 在海平面上不同纬度处的重力加速度

纬度 ψ/(°)	g/(m·s^{-2})	纬度 ψ/(°)	g/(m·s^{-2})
0	9.78049	50	9.81079
5	9.78088	55	9.81515
10	9.78204	60	9.81924
15	9.78394	65	9.82294
20	9.78652	70	9.82614
25	9.78969	75	9.82873
30	9.79338	80	9.83065
35	9.79746	85	9.83182
40	9.80180	90	9.83221
45	9.80629		

表 A-10 固体的线膨胀系数

物　质	温度或温度范围/℃	a/(10^{-6}℃$^{-1}$)
铝	0～100	23.8
铜	0～100	17.1
铁	0～100	12.2
金	0～100	14.3
银	0～100	19.6
钢(碳 0.05%)	0～100	12.0
康铜	0～100	15.2
铅	0～100	29.2
锌	0～100	32
铂	0～100	9.1
钨	0～100	4.5
石英玻璃	20～200	0.56
窗玻璃	20～200	9.5
花岗石	20	6～9
瓷器	20～700	3.4～4.1

表 A-11 20 ℃时某些金属的弹性模量

金 属	杨氏弹性模量 E	
	GPa	Pa(N · m^{-2})
铝	70.00～71.00	$(7.00\sim7.100)\times10^{10}$
钨	415.0	4.150×10^{11}
铁	190.0～210.0	$(1.900\sim2.100)\times10^{11}$
铜	105.00～130.0	$(1.050\sim1.300)\times10^{11}$
金	79.00	7.900×10^{10}
银	70.00～82.00	$(7.000\sim8.200)\times10^{10}$
锌	800.0	8.000×10^{11}
镍	205.0	2.050×10^{11}
铬	240.0～250.0	$(2.400\sim2.500)\times10^{11}$
合金钢	210.0～220.0	$(2.100\sim2.200)\times10^{11}$
碳钢	200.0～220.0	$(2.000\sim2.100)\times10^{11}$
康铜	163.0	1.630×10^{11}

表 A-12 在 20 ℃时与空气接触的液体的表面张力系数

液 体	$\sigma/(10^{-3}\cdot m^{-1})$	液 体	$\sigma/(10^{-3}\cdot m^{-1})$
航空汽油(在 10 ℃时)	21	甘油	63
石油	30	水银	513
煤油	24	甲醇	22.6
松节油	28.8	甲醇(在 0 ℃时)	24.5
水	72.75	乙醇	22.0
肥皂溶液	40	甲醇(在 60 ℃)	18.4
氟利昂-12	9.0	甲醇(在 0 ℃时)	24.1
蓖麻油	36.4		

表 A-13 在不同温度下与空气接触的水的表面张力系数

温度/℃	$\sigma/(10^{-3}\cdot m^{-1})$	温度/℃	$\sigma/(10^{-3}\cdot m^{-1})$	温度/℃	$\sigma/(10^{-3}\cdot m^{-1})$
0	75.62	16	73.34	30	71.15
5	74.90	17	73.20	40	69.55
6	74.76	18	73.05	50	67.90
8	74.48	19	72.89	60	66.17
10	74.20	20	72.75	70	64.41
11	74.07	21	72.60	80	62.60
12	73.92	22	72.44	90	60.74
13	73.78	23	72.28	100	58.84
14	73.64	24	72.12		
15	73.48	25	71.96		

表 A-14 不同温度时水的黏滞系数

温度/℃	黏度 $\eta/(10^{-6}N\cdot m^{-2}\cdot s)$	温度/℃	黏度 $\eta/(10^{-6}N\cdot m^{-2}\cdot s)$
0	1787.8	60	469.7
10	1305.3	70	406.0
20	1004.2	80	355.0
30	801.2	90	314.8
40	653.1	100	282.5
50	549.2		

表 A-15 液体的黏滞系数

液体	温度/℃	$\eta/(\mu Pa\cdot s)$	液体	温度/℃	$\eta/(\mu Pa\cdot s)$
汽油	0	1788	甘油	−20	134×10^{6}
	18	530		0	121×10^{5}
甲醇	0	717		20	1499×10^{3}
	20	584		100	12945
乙醇	−20	2780	蜂蜜	20	650×10^{4}
	0	1780		80	100×10^{8}
	20	1190	鱼肝油	20	45600
乙醚	0	296		80	4600
	20	243	水银	−20	1855
变压器油	20	19800		0	1685
蓖麻油	10	242×10^{4}		20	1554
葵花籽油	20	5000		100	1224

表 A-16　固体的比热容

物　质	温度/℃	比　热	
		kcal/(kg·K)	kJ/(kg·K)
铝	20	0.214	0.895
黄铜	20	0.091 7	0.380
铜	20	0.092	0.385
铂	20	0.032	0.134
生铁	0～100	0.13	0.54
铁	20	0.115	0.481
铅	20	0.0306	0.130
镍	20	0.115	0.481
银	20	0.056	0.234
钢	20	0.107	0.447
锌	20	0.093	0.389
玻璃	—	0.14～0.22	0.585～0.920
冰	−40～0	0.43	1.797
水	—	0.999	4.176

表 A-17　液体的比热容

物　质	温度/℃	比　热　容	
		kJ/(kg·K)	kcal/(kg·K)
乙醇	0	2.30	0.55
	20	2.47	0.59
甲醇	0	2.43	0.58
	20	2.47	0.59
乙醚	20	2.34	0.56
水	0	4.220	1.009
	20	4.182	0.999
氟利昂-12	20	0.84	0.20
变压器	0～100	1.88	0.45
汽油	10	1.42	0.34
	50	2.09	0.50
水银	0	0.146 5	0.035 0
	20	0.139 0	0.033 2
甘油	18	—	0.58

表 A-18 某些金属和合金的电阻率及其温度系数

金属 或合金	电阻率 /(μΩ·m)	温度系数 /(℃$^{-1}$)	金属 或合金	电阻率 /(μΩ·m)	温度系数 /(℃$^{-1}$)
铝	0.028	42×10^{-4}	锌	0.059	42×10^{-4}
铜	0.0172	43×10^{-4}	锡	0.12	44×10^{-4}
银	0.016	40×10^{-4}	水银	0.958	10×10^{-4}
金	0.024	40×10^{-4}	伍德合金	0.52	37×10^{-4}
铁	0.098	60×10^{-4}	钢 (0.10%～0.15%碳)	0.10～0.14	6×10^{-3}
铅	0.205	37×10^{-4}	康铜	0.47～0.51	$(-0.04\sim0.01)\times10^{-3}$
铂	0.105	39×10^{-4}	铜锰镍合金	0.34～1.00	$(-0.03\sim0.02)\times10^{-3}$
钨	0.055	48×10^{-4}	镍铬合金	0.98～1.10	$(0.03\sim0.4)\times10^{-3}$

表 A-19 标准化热电偶的特性

名　称	国　际	分度号	旧分度号	测量范围/℃	100 ℃时的电动势/mV
铂铑 10-铂	GB 3772—1983	S	LB—3	0～1 600	0.645
铂铑 30-铂铑 6	GB 2902—1982	B	LL—2	0～1 800	0.033
铂铑 13-铂	GB 1598—1986	R	FDB—2	0～1 600	0.647
镍铬-镍硅	GB 2614—1985	K	EU—2	−200～1 300	4.095
镍铬-考铜			EA—2	0～800	6.985
镍铬-康铜	GB 4993—1985	E		−200～900	5.268
铜-康铜	GB 2903—1989	T	CK	−200～350	4.277
铁-康铜	GB 4994—1985	J		−40～750	6.317

表 A-20 在常温下某些物质相对于空气的光的折射率

物　质	H^{α} 线(656.3 nm)	D 线(589.3 nm)	H 线(486.1 nm)
水(18 ℃)	1.334 1	1.333 2	1.337 3
乙醇(18 ℃)	1.306 9	1.362 5	1.366 5
二硫化碳(18 ℃)	1.619 9	1.629 1	1.654 1
冕玻璃(轻)	1.512 7	1.515 3	1.521 4
冕玻璃(重)	1.612 6	1.615 2	1.621 3
燧石玻璃(轻)	1.603 8	1.608 5	1.620 0

续表

物　　质	H^{α} 线(656.3 nm)	D 线(589.3 nm)	H 线(486.1 nm)
燧石玻璃(重)	1.743 8	1.751 5	1.772 3
方解石(寻常光)	1.654 5	1.658 5	1.667 9
方解石(非常光)	1.484 6	1.486 4	1.490 8
水晶(寻常光)	1.541 8	1.544 2	1.549 6
水晶(非常光)	1.550 9	1.553 3	1.558 9

表 A-21　常用光源的谱线波长　　(单位:nm)

H(氢)	红	656.28	Ne(氖)	橙	626.65
	绿蓝	486.13			621.73
	蓝	434.05			614.31
	蓝紫	410.17		黄	588.19
		397.01			585.25
He(氦)	红	706.52	Na(钠)	黄	589.592(D_1)
		667.82			588.955(D_2)
	黄	587.56(D_2)	Hg(汞)	橙	623.44
	绿	501.57		黄	579.07
	绿蓝	492.19			576.96
	蓝	471.31		绿	646.07
		447.15		绿蓝	491.60
	蓝紫	402.62		蓝	435.83
		388.87		蓝紫	407.68
Ne(氖)	红	650.65			404.66
	橙	640.23	He-Ne 激光	橙	632.8
		639.30			

附录B 常用物理数据

表 B-1 基本物理常量

名　称	符号、数值和单位
真空中的光速	$c=2.99792458\times10^{8}$ m/s
电子的电荷	$e=1.6021892\times10^{-19}$ C
普朗克常量	$h=6.626176\times10^{-34}$ J·s
阿伏伽德罗常量	$N_0=6.022045\times10^{23}$ mol^{-1}
原子质量单位	$u=1.6605655\times10^{-27}$ kg
电子的静止质量	$m_e=9.109534\times10^{-31}$ kg
电子的荷质比	$e/m_e=1.7588047\times10^{11}$ C/kg
法拉第常量	$F=9.648456\times10^{4}$ C/mol
氢原子的里德伯常量	$R_H=1.096776\times10^{7}$ m^{-1}
摩尔气体常量	$R=8.31441$ J/(mol·k)
玻尔兹曼常量	$k=1.380622\times10^{-23}$ J/K
洛施密特常量	$n=2.68719\times10^{25}$ m^{-3}
万有引力常量	$G=6.6720\times10^{-11}$ N·m^2/kg^2
标准大气压	$P_0=101325$ Pa
冰点的绝对温度	$T_0=273.15$ K
声音在空气中的速度(标准状态下)	$v=331.46$ m/s
干燥空气的密度(标准状态下)	$\rho_{空气}=1.293$ kg/m^3
水银的密度(标准状态下)	$\rho_{水银}=13595.04$ kg/m^3
理想气体的摩尔体积(标准状态下)	$V_m=22.41383\times10^{-3}$ m^3/mol
真空中介电常量(电容率)	$\varepsilon_0=8.854188\times10^{-12}$ F/m
真空中磁导率	$\mu_0=12.566371\times10^{-7}$ H/m
钠光谱中黄线的波长	$D=589.3\times10^{-9}$ m
镉光谱中红线的波长(15 ℃,101325 Pa)	$\lambda_{cd}=643.84696\times10^{-9}$ m

表 B-2 在 20 ℃时固体和液体的密度

物质	密度 ρ/(kg/m³)	物质	密度 ρ/(kg/m³)
铝	2698.9	钢	7600～7900
铜	8960	石英	2500～2800
铁	7874	水晶玻璃	2900～3000
银	10500	冰(0 ℃)	880～920
金	19320	乙醇	789.4
钨	19300	乙醚	714
铂	21450	汽车用汽油	710～720
铅	11350	氟利昂-12(氟氯烷-12)	1329
锡	7298	变压器油	840～890
水银	13546.2	甘油	1260

表 B-3 在标准大气压下不同温度时水的密度

温度 t/℃	密度 ρ/(kg/m³)	温度 t/℃	密度 ρ/(kg/m³)	温度 t/℃	密度 ρ/(kg/m³)
0	999.841	16	998.943	32	995.025
1	999.900	17	998.774	33	994.702
2	999.941	18	998.595	34	994.371
3	999.965	19	998.405	35	994.031
4	999.973	20	998.203	36	993.68
5	999.965	21	997.992	37	993.33
6	999.941	22	997.770	38	992.96
7	999.902	23	997.538	39	992.59
8	999.849	24	997.296	40	992.21
9	999.781	25	997.044	50	988.04
10	999.700	26	996.783	60	983.21
11	999.605	27	996.512	70	977.78
12	999.498	28	996.232	80	971.80
13	999.377	29	995.944	90	965.31
14	999.244	30	995.646	100	958.35
15	999.099	31	995.340		

表 B-4　在海平面上不同纬度处的重力加速度①

纬度 ϕ/(°)	g/(m/s²)	纬度 ϕ/(°)	g/(m/s²)
0	9.78049	50	9.81079
5	9.78088	55	9.81515
10	9.78204	60	9.81924
15	9.78394	65	9.82294
20	9.78652	70	9.82614
25	9.78969	75	9.82873
30	9.78338	80	9.83065
35	9.79746	85	9.83182
40	9.80180	90	9.83221
45	9.80629		

①表中所列数值是根据公式 $g=9.78049(1+0.005288\sin^2\phi-0.000006\sin^2\phi)$算出的，其中 ϕ 为纬度。

表 B-5　固体的线膨胀系数

物　质	温度或温度范围/℃	$\alpha/\times10^{-6}$℃$^{-1}$
铝	0～100	23.8
铜	0～100	17.1
铁	0～100	12.2
金	0～100	14.3
银	0～100	19.6
钢(0.05%碳)	0～100	12.0
康铜	0～100	15.2
铅	0～100	29.2
锌	0～100	32
铂	0～100	9.1
钨	0～100	4.5
石英玻璃	20～200	0.56
窗玻璃	20～200	9.5
花岗石	20	6～9
瓷器	20～700	3.4～4.1

表 B-6 在 20 ℃时某些金属的弹性模量(杨氏模量)[①]

金　　属	杨氏模量 Y	
	压力/GPa	应力/(kg/mm²)
铝	69～70	7000～7100
钨	407	41500
铁	186～206	19000～21000
铜	103～127	10500～13000
金	77	7900
银	69～80	7000～8200
锌	78	8000
镍	203	20500
铬	235～245	24000～25000
合金钢	206～216	21000～22000
碳钢	196～206	20000～21000
康铜	160	16300

①杨氏弹性模量的值与材料的结构、化学成分及其加工制造方法有关。因此，在某些情况下，Y 的值可能与表中所列的平均值不同。

表 B-7 在 20 ℃时与空气接触的液体的表面张力系数

液　　体	$\sigma/(\times 10^{-3}$ N/m)	液　　体	$\sigma/(\times 10^{-3}$ N/m)
石油	30	甘油	63
煤油	24	水银	513
松节油	28.8	蓖麻	36.4
水	72.75	乙醇	22.0
肥皂溶液	40	乙醇(在 60 ℃时)	18.4
氟利昂-12	9.0	乙醇(在 0 ℃时)	24.1

表 B-8 在不同温度下与空气接触的水的表面张力系数

温度/℃	$\sigma/(\times 10^{-3}$ N/m)	温度/℃	$\sigma/(\times 10^{-3}$ N/m)	温度/℃	$\sigma/(\times 10^{-3}$ N/m)
0	75.62	16	73.34	30	71.15
5	74.90	17	73.20	40	69.55
6	74.76	18	73.05	50	67.90

续表

温度/℃	σ/(×10⁻³ N/m)	温度/℃	σ/(×10⁻³ N/m)	温度/℃	σ/(×10⁻³ N/m)
8	74.48	19	72.89	60	66.17
10	74.20	20	72.75	70	64.41
11	74.07	21	72.60	80	62.60
12	73.92	22	72.44	90	60.74
13	73.78	23	72.28	100	58.84
14	73.64	24	72.12		
15	73.48	25	71.96		

表 B-9 不同温度时水的黏滞系数

温度/℃	黏滞系数 η		温度/℃	黏滞系数 η	
	(μPa · s)	(×10⁻⁶ kgf · s/mm²)		(μPa · s)	(×10⁻⁶ kgf · s/mm²)
0	1787.8	182.3	60	469.7	47.9
10	1305.3	133.1	70	406.0	41.4
20	1004.2	102.4	80	355.0	36.2
30	801.2	81.7	90	314.8	32.1
40	653.1	66.6	100	282.5	28.8
50	549.2	56.0			

表 B-10 某些液体的黏滞系数

液体	温度/℃	η/(μPa · s)	液体	温度/℃	η/(μPa · s)
汽油	0	1788	甘油	−20	134×10^{6}
	18	530		0	121×10^{5}
甲醇	0	817		20	1499×10^{3}
	20	584		100	12945
乙醇	−20	2780	蜂蜜	20	650×10^{4}
	0	1780		80	100×10^{3}
	20	1190	鱼肝油	20	45600
乙醚	0	296		80	4600
	20	243	水银	−20	1855
变压器	20	19800		0	1685
蓖麻油	10	242×10^{4}		20	1554
葵花子油	20	50000		100	1224

表 B-11　不同温度时干燥空气中的声速　(单位:m/s)

温度/℃	0	1	2	3	4	5	6	7	8	9
60	366.05	366.60	367.14	367.69	368.24	368.78	369.33	369.87	370.42	370.96
50	360.51	361.07	361.62	362.18	362.74	363.29	363.84	364.39	364.95	365.50
40	354.89	355.46	356.02	356.58	357.15	357.71	358.27	358.83	359.39	359.95
30	349.18	349.75	350.33	350.90	351.47	352.04	352.62	353.19	353.75	354.32
20	343.37	343.95	344.54	345.12	345.70	346.29	346.87	347.44	348.02	348.60
10	337.46	338.06	338.65	339.25	339.84	340.43	341.02	341.61	342.20	342.58
0	331.45	332.06	332.66	333.27	333.87	334.47	335.07	335.67	336.27	336.87
−10	325.33	324.71	324.09	323.47	322.84	322.22	321.60	320.97	320.34	319.52
−20	319.09	318.45	317.82	317.19	316.55	315.92	315.28	314.64	314.00	313.36
−30	312.72	312.08	311.43	310.78	310.14	309.49	308.84	308.19	307.53	306.88
−40	306.22	305.56	304.91	304.25	303.58	302.92	302.26	301.59	300.92	300.25
−50	299.58	298.91	298.24	397.56	296.89	296.21	295.53	294.85	294.16	293.48
−60	292.79	292.11	291.42	290.73	290.03	289.34	288.64	287.95	287.25	286.55
−70	285.84	285.14	284.43	283.73	283.02	282.30	281.59	280.88	280.16	279.44
−80	278.72	278.00	277.27	276.55	275.82	275.09	274.36	273.62	272.89	272.15
−90	271.41	270.67	269.92	269.18	268.43	267.68	266.93	266.17	265.42	264.66

表 B-12　固体导热系数 λ

物质	温度/K	λ/($\times 10^2$ W/m·K)	物质	温度/K	λ($\times 10^2$ W/m·K)
银	273	4.18	康铜	273	0.22
铝	273	2.38	不锈钢	273	0.14
金	273	3.11	镍铬合金	273	0.11
铜	273	4.0	软木	273	0.3×10^{-3}
铁	273	0.82	橡胶	298	1.6×10^{-3}
黄铜	273	1.2	玻璃纤维	323	0.4×10^{-3}

表 B-13　某些固体的比热容

固体	比热容/J·kg^{-1}·K^{-1}	固体	比热容/J·kg^{-1}·K^{-1}
铝	908	铁	460
黄铜	389	钢	450
铜	385	玻璃	670
康铜	420	冰	2090

表 B-14 某些液体的比热容

液体	比热容/J·kg^{-1}·K^{-1}	温度/℃	液体	比热容/J·kg^{-1}·K^{-1}	温度/℃
乙醇	2300	0	水银	146.5	0
	2470	20		139.3	20

表 B-15 不同温度时水的比热容

温度/℃	0	5	10	15	20	25	30	40	50	60	70	80	90	99
比热容/J·kg^{-1}·K^{-1}	4217	4202	4192	4186	4182	4179	4178	4178	4180	4184	4189	4196	4205	4215

表 B-16 某些金属和合金的电阻率及其温度系数[①]

金属或合金	电阻率/×10^{-6} Ω·m	温度系数/℃$^{-1}$	金属或合金	电阻率/×10^{-6} Ω·m	温度系数/℃$^{-1}$
铝	0.028	42×10^{-4}	锌	0.059	42×10^{-4}
铜	0.0172	43×10^{-4}	锡	0.12	44×10^{-4}
银	0.016	40×10^{-4}	水银	0.958	10×10^{-4}
金	0.024	40×10^{-4}	武德合金	0.52	37×10^{-4}
铁	0.098	60×10^{-4}	钢(0.10%～0.15%碳)	0.10～0.14	6×10^{-3}
铅	0.205	37×10^{-4}	康铜	0.47～0.51	(−0.04～+0.01)×10^{-3}
铂	0.105	39×10^{-4}	铜锰镍合金	0.34～1.00	(−0.03～+0.02)×10^{-3}
钨	0.055	48×10^{-4}	镍铬合金	0.98～1.10	(0.03～0.4)×10^{-3}

①电阻率与金属中的杂质有关，因此表中列出的只是 20 ℃时电阻率的平均值。

表 B-17 不同金属或合金与铂(化学纯)构成热电偶的热电动势(热端在 100 ℃，冷端在 0 ℃时)[①]

金属或合金	热电动势/mV	连续使用温度/℃	短时使用最高温度/℃
95%Ni+5%(Al,Si,Mn)	−1.38	1000	1250
钨	+0.79	2000	2500
手工制造的铁	+1.87	600	800
康铜(60%Cu+40%Ni)	−3.5	600	800
56%Cu+44%Ni	−4.0	600	800
制导线用铜	+0.75	350	500
镍	−1.5	1000	1100
80%Ni+20%Cr	+2.5	1000	1100

续表

金属或合金	热电动势/mV	连续使用温度/℃	短时使用最高温度/℃
90%Ni+10%Cr	+2.71	1000	1250
90%Pt+10%Ir	+1.3	1000	1200
90%Pt+10%Rh	+0.64	1300	1600
银	+0.72②	600	700

① 表中的"+"或"−"表示该电极与铂组成热电偶时，其热电动势是正或负。当热电动势为正时，在处于 0 ℃的热电偶一端电流由金属（或合金）流向铂。

② 为了确定用表中所列任何两种材料构成的热电偶的热电动势，应当取这两种材料的热电动势的差值。例如：铜—康铜热电偶的热电动势等于+0.75−(−3.5)=4.25(mV)。

表 B-18　几种标准温差电偶

名　　称	分度号	100 ℃时的电动势/mV	使用温度范围/℃
铜—康铜(Cu55Ni45)	CK	4.26	−200～300
镍铬(Cr9～10Si0.4Ni90)—康铜(Cu56～57Ni43～44)	EA—2	6.95	−200～800
镍铬(Cr9～10Si0.4Ni90)—镍硅(Si2.5～3Co<0.6Ni97)	EV—2	4.10	1200
铂铑(Pt90Rh10)—铂	LB—3	0.643	1600
铂铑(Pt70Rh30)—铂铑(Pt94Rh6)	LL—2	0.034	1800

表 B-19　铜—康铜热电偶的温差电动势(自由端温度 0 ℃)　(单位：mV)

康铜的温度	铜的温度/℃										
	0	10	20	30	40	50	60	70	80	90	100
0	0.000	0.389	0.787	1.194	1.610	2.035	2.468	2.909	3.357	3.813	4.277
100	4.227	4.749	5.227	5.712	6.204	6.702	7.207	7.719	8.236	8.759	9.288
200	9.288	9.823	10.363	10.909	11.459	12.014	12.575	13.140	13.710	14.285	14.864
300	14.864	15.448	16.035	16.627	17.222	17.821	18.424	19.031	19.642	20.256	20.873

附录C 常用电气测量指示仪表和附件的符号

表 C-1 测量单位及功率因数的符号

名　　称	符　　号	名　　称	符　　号
千安	kA	兆欧	MΩ
安培	A	千欧	kΩ
毫安	mA	欧姆	Ω
微安	μA	毫欧	mΩ
千伏	kV	微欧	μΩ
伏特	V	相位角	φ
毫伏	mV	功率因数	$\cos\varphi$
微伏	μV	无功功率因数	$\sin\varphi$
兆瓦	MW	库仑	C
千瓦	kW	毫韦伯	mWb
瓦特	W	毫特斯拉	mT
兆乏	Mvar	微法	μF
千乏	kvar	皮法	pF
乏	var	亨利	H
兆赫	MHz	毫亨	mH
千赫	kHz	微亨	μH
赫兹	Hz	摄氏度	℃
太欧	TΩ		

表 C-2 仪表工作原理的图形符号

名　　称	符　　号	名　　称	符　　号
磁电系仪表		电动系比率表	

续表

名　称	符　号	名　称	符　号
磁电系比率表		铁磁电动系仪表	
电磁系仪表		铁磁电动系比率表	
电磁系比率表	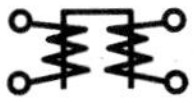	感应系仪表	
电动系仪表		静电系仪表	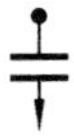
整流系仪表（带半导体整流器和磁电系测量机构）		热电系仪表（带接触式热变换器和磁电系测量机构）	

表 C-3　电流种类的符号

名　称	符　号
直流	—
交流（单相）	~
直流和交流	≂
具有单元件的三相平衡负载交流	≋

表 C-4　准确度等级的符号

名　称	符　号
以标度尺量限百分数表示的准确度等级（如 1.5 级）	1.5
以标度尺长度百分数表示的准确度等级（如 1.5 级）	 1.5
以指示值的百分数表示的准确度等级（如1.5级）	 1.5

表 C-5　工作位置的符号

名　　称	符　　号
标度尺位置为垂直的	⊥
标度尺位置为水平的	⊓
标度尺位置与水平面倾斜成一角度(如 60°)	∠60°

表 C-6　绝缘强度的符号

名　　称	符　　号
不进行绝缘强度试验	 ☆(0)
绝缘强度试验电压为 2 kV	 ☆(2)

表 C-7　端钮、调零器的符号

名　　称	符　　号
负端钮	—
正端钮	+
公共端钮(多量限仪表和复用电表)	 ✳
接地用的端钮(螺钉或螺杆)	⏚
与外壳相连接的端钮	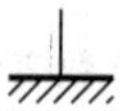 ⊥
与屏蔽相连接的端钮	◌
调零器	 ⌒

表C-8　按外界条件分组的符号

名　　称	符　　号
Ⅰ级防外磁场(如磁电系)	
Ⅰ级防外磁场(如静电系)	
Ⅱ级防外磁场及电场	Ⅱ　Ⅱ
Ⅲ级防外磁场及电场	Ⅲ　Ⅲ
Ⅳ级防外磁场及电场	Ⅳ　Ⅳ

参考文献

[1] 王正行.近代物理学[M].北京:北京大学出版社,2004.
[2] 杨福家.原子物理学[M].4 版.北京:高等教育出版社,2002.
[3] 苏汝铿.量子力学[M].2 版.上海:复旦大学出版社,2002.
[4] 姚启均.光学教程[M].5 版.北京:高等教育出版社,2014.
[5] 潘笃武,贾玉润,陈善华.光学[M].2 版.上海:复旦大学出版社,1997.
[6] 戴乐山,戴道宣.近代物理实验[M].2 版.上海:复旦大学出版社,2006.
[7] 吴思诚,王祖栓.近代物理实验[M].3 版.北京:高等教育出版社,2005.
[8] 钱锋,潘人培.大学物理实验[M].北京:高等教育出版社,2005.
[9] 汪胜辉,刘长青,蔡新华.大学物理实验[M].北京:北京邮电大学出版社,2014.
[10] 杜旭日.大学物理实验教程[M].厦门:厦门大学出版社,2017.
[11] 刘书华,宋建民.物理实验教程[M].2 版.北京:清华大学出版社,2014.
[12] 剪知渐.大学物理实验教程[M].长沙:湖南大学出版社,2016.
[13] 吴平.大学物理实验教程[M].2 版.北京:机械工业出版社,2015.
[14] 陈世涛,王秀芳.大学物理实验教程[M].2 版.成都:西南交通大学出版社,2014.
[15] 姜向东,邱春蓉,黄整.大学物理实验双语教程[M].成都:西南交通大学出版社,2010.
[16] 朱鹤年.新概念基础物理实验讲义[M].北京:清华大学出版社,2013.
[17] 吕斯骅,段家忯,张朝晖.新编基础物理实验[M].2 版.北京:高等教育出版社,2013.
[18] 沈元华,陆申龙.基础物理实验教程[M].北京:高等教育出版社,2014.
[19] 谢行恕,康士秀,霍剑青.大学物理实验[M].2 版.北京:高等教育出版社,2016.
[20] 马黎君.普通物理实验[M].北京:清华大学出版社,2015.
[21] 丁慎训,张连芳.物理实验教程[M].2 版.北京:清华大学出版社,2010.
[22] 杨述武,赵立竹,沈国土.普通物理学实验 1:力学、热学部分[M].4 版.北京:高等教育出版社,2007.
[23] 杨述武,赵立竹,沈国土.普通物理学实验 2:电磁学部分[M].4 版.北京:高等教育出版社,2007.
[24] 杨述武,赵立竹,沈国土.普通物理学实验 3:光学部分[M].4 版.北京:高等教育出版社,2007.

[25] 杨述武,赵立竹,沈国土.普通物理学实验 4:综合及设计部分[M].4 版.北京:高等教育出版社,2007.
[26] 赵家凤.大学物理实验[M].北京:科学出版社,2008.
[27] 王正清.普通物理·热学[M].北京:高等教育出版社,1992.
[28] 周炳琨,高以智,陈倜嵘,等.激光原理[M].北京:国防工业出版社,2009.
[29] 吕百达.激光光学:激光束的传输变换和光束质量控制[M].2 版.成都:四川大学出版社,1992.
[30] 郭永康.光学教程[M].成都:四川大学出版社,1992.